www.ucampus.ac

Professional Engineer Electric Safety

최신 전기안전기술사 300선

기술사 김일기 / 기술사 양재학 / 기술사 박종철 공저

- 출제 빈도가 높은 문제를 누구나 알기 쉽게 풀이 함
- 최신 관련 법규 개정 내용을 반영함
- 그림과 표를 많이 삽입하여 쉽게 이해 하도록 함
- 중요한 내용은 암기비법으로 쉽게 암기하도록 함

nt media

최신 전기안전기술사 300선 (상)

초 판	2014년 06월 01일	
3 판	2017년 10월 16일	
(2 쇄)	2020년 06월 02일	

저　　　자　　김일기, 양재학, 박종철

발 행 인　　이재선
발 행 처　　도서출판 nt media
주　　　소　　서울시 영등포구 영등포동 618-79
대 표 전 화　　02) 836-3543~5
팩　　　스　　02) 835-8928
홈 페 이 지　　www.ucampus.ac

　　　　　　값 50,000원
　　　　　　ISBN : 978-89-92657-77-8(94560)

이 책의 저작권은 도서출판 NT미디어에 있으며, 무단복제 할 수 없습니다.

Preface — 최신 전기안전기술사 300선 (상)

   기술사법에 기술사는 "과학기술에 관한 전문적 응용능력을 필요로 하는 사항에 대하여 계획, 연구, 설계, 분석, 조사, 시험, 시공, 감리, 평가, 진단, 시험 운전, 사업 관리, 기술 판단, 기술 중재 또는 이에 관한 기술자문과 기술 지도를 그 직무로 한다."라고 되어 있습니다.

   이와 같이 기술사는 그 직무 분야가 다양한 만큼 시험 문제도 매우 폭 넓게 출제되고 있습니다.

   저자가 몇 개의 기술사 자격을 취득하면서 겪은 애로 사항은 좋은 교재를 찾기가 쉽지 않은 것이었습니다. 그래서 이 교재를 만들게 되었습니다.

   책의 특징은
1. 최근 10여년간 기출 문제 중 출제 빈도가 높은 문제를 누구나 알기 쉽게 내용을 정리하고 그림도 쉽게 그렸습니다.
2. 최신 관련 법규의 개정 내용을 최대한 반영하여 수록하였으며
3. 그림과 표를 많이 삽입하여 쉽게 이해하도록 하였고
4. 중요한 내용은 암기비법으로 쉽게 암기하도록 하였습니다.

   저자가 기술사 공부를 하면서 나름대로 터득한 기술사 공부 방법 10계명을 정리해 드리니 공부하는데 지침이 되시길 바랍니다.

기술사 공부 방법 10계명

1. 주변을 정리하고 애경사는 가족의 도움을 받으세요.

   기술사는 많은 시간과 노력이 필요합니다. 보통 3,000 시간 이상은 투자를 한다고 보시면 될 것이며 집중을 안 하면 그 보다도 훨씬 더 많은 시간이 소요 된다고 보시면 됩니다.

   기술사가 영어로는 Professional Engineer입니다. 즉 그 분야의 프로가 되어야 가능하다는 말이겠지요. 프로는 1등을 해야지 2등은 별 의미가 없지 않습니까.

2. 주변에 공부하는 것을 알리세요.

   어느 분들은 공부하는 것을 알리지 않고 몰래 하던데 이는 만약 떨어지면 창피하다는 이유겠지요. 그러면 중간에 그만 둘 수도 있다는 말이 아닙니까.

   그래서는 안 됩니다.

Electrical Safety Professional Engineers
최신 전기안전기술사 300선 (상)

나는 죽어도 합격할 때까지 하겠다는 마음이 아니면 대부분 중간에 포기합니다. 주변 분들께 공부하는 것을 알리고 회식 등에서 빼달라고 솔직하게 이야기 하십시오. 그러면 좋은 결과가 있을 것입니다.

3. 좋은 강사와 좋은 교재를 선택하세요.
   제가 공부하면서 제일 어려웠던 부분이 이 부분이었다면 이해가 되시겠지요.

4. 매일 3시간 이상 꾸준히 투자하세요.
   평일 근무시간 후 적어도 3시간씩을 투자하라고 권하고 싶습니다.
   회식이 끝나고 집에 와서 공부를 못해도 책을 폈다 바로 덮는다 해도 정신만은 하루 3시간입니다.

5. 휴가와 공휴일을 최대한 활용하세요.
   기술사 자격 취득하는데 몇 년간만 가족들의 양해를 구하시고 휴가와 공휴일은 도서관으로 직행하세요.

6. 자기만의 Sub-Note를 반드시 만들고 암기비법을 개발하세요.
   PC가 아닌 손으로 직접 Sub-Note를 만들고 교재에 있는 암기비법을 참고하여 자신의 암기비법 노트를 만드세요.

7. 짬을 최대한 이용하세요.
   출퇴근 때 전철에서 아니면 자가용 운전 중 신호 대기 시간에 암기노트를 활용하시고 회사에서도 최대한 짬을 만들어 보세요.

8. 기술 관련 매스컴, 정보 등을 가까이 하세요.
   전기 신문 등을 수시로 보시고 전기관련 잡지등과 가까이 하세요.
   보물이 숨겨져 있을 수 있습니다.

Preface

Electrical Safety Professional Engineers
최신 전기안전기술사 300선 (상)

9. 기본에 충실하고 이해를 한 다음 외우세요.

    기술사 시험은 기사와 달리 공부의 양이 방대하고 답안이 짜임새가 있도록 기술해야 합니다. 그러려면 기본에 충실해야 하고, 이해를 한 다음에는 열심히 외워야 시험장에서 답안 작성이 가능합니다.

10. 중간에 포기하지 마세요.

    전기안전 기술사 합격률이 최근에는 매회 1~2% 정도입니다.
    결코 쉬운 시험이 아니지만 포기하지 않고 열심을 다 한다면 언젠가는 합격의 기쁨을 맛볼 수 있습니다.

아무쪼록 본서를 통해 기술사라는 관문을 통과하여 한 단계 Up-Grade 된 인생을 살 수 있기를 바라고 하나님의 축복이 본서를 공부하시는 모든 분들과 발간에 도움을 주신 NT미디어 여러분께 함께 하시길 기원합니다.

저 자 씀

Contents

총목차

(상)

- 제1장 산업안전 기본 2
- 제2장 재해통계 및 분석과 이론 74
- 제3장 인간공학 106
- 제4장 감전 방지 대책 및 E L B 156
- 제5장 정전기 204
- 제6장 방폭설비 246
- 제7장 전기안전작업 282
- 제8장 피뢰설비 354
- 제9장 옥내배선 406
- 제10장 전기화재 및 대책 436

(하)

- 제11장 전자파 1
- 제12장 발전공학관련 45
- 제13장 송전공학 관련 121
- 제14장 변전공학 213
- 제15장 배전공학 339
- 제16장 자동제어 및 신뢰도 439
- 제17장 접지공학 463
- 제18장 시스템안전 533

제1장 - 산업안전 기본

1. 안전교육의 목적 및 안전교육 방법 ··· 2
2. 안전교육 3단계 및 진행의 4단계 ·· 8
3. 안전교육에 대한 법적근거 ·· 10
4. 위험예지훈련 ··· 17
5. 무재해운동 ·· 20
6. 안전보건관리규정 작성 ··· 25
7. 산업안전 보건법 관리체계 ·· 29
8. 브레인 스토밍 ·· 36
9. 안전관리자의 직무 ··· 38
10. 전기안전관리자 직무 ··· 40
11. 전기 감리원의 직무 ·· 43
12. 전기안전 기술사 직무 ··· 51
13. 맥그리거의 X-Y 이론, 오우찌의 Z이론 ··· 53
14. 4M의 위험성 평가 ·· 55
15. 안전관리조직의 유형 ··· 58
16. 유해·위험 방지 계획서 제출 대상 ·· 61
17. 안전보건 개선계획 ·· 66
18. 안전 점검의 종류 ·· 69

Contents

Electrical Safety Professional Engineers
최신 전기안전기술사 300선 (상)

제2장 - 재해통계 및 분석과 이론

1. 재해 종류(구분) ──────────────────────────── 74
2. 산업 재해율 계산 방법 및 안전 성적 평가 방법 ──────── 76
3. (전기) 안전관리 정의 ──────────────────────── 80
4. 재해의 직접적 원인과 간접적 원인 ────────────── 82
5. 도미노 이론 ──────────────────────────── 86
6. 재해 손실 비용 ────────────────────────── 89
7. 재해조사 ────────────────────────────── 93
8. 직무분석(Job Analysis) ─────────────────────── 97
9. 안전점검을 위한 점검표(Check List) ─────────────── 100
10. 본질 안전기법 ───────────────────────── 102

제3장 - 인간 공학

1. 인간공학 개념 ─────────────────────────── 106
2. 인간과 기계의 체계(Man Machine System) ─────────── 109
3. 록 시스템(Lock System) ────────────────────── 113
4. 에너지 대사율(RMR : Relative Metabolic Rate) ────────── 114
5. 고령자 안전관리방법 ───────────────────────── 116
6. 인간에러가 산업안전에 미치는 영향 ─────────────── 118
7. 휴먼에러의 기본 유형과 종류 ───────────────── 121
8. 인간과 기계의 신뢰도 ─────────────────────── 123
9. 재해방지 및 안전관리 대책 ───────────────────── 125
10. 불안전한 행동의 요인 및 대책 ───────────────── 128
11. 주의와 부주의 ───────────────────────── 132
12. 인간의 안전욕구 ──────────────────────── 135

13. 무의식적 재해 요인	138
14. 바이오리듬을 이용한 안전관리	141
15. 피로의 종류와 원인	144
16. 인간의 과오방지 대책	146
17. 근 골격계 질환	148
18. Fail safe와 Fool proof System	151

제4장 - 감전 방지 대책 및 E L B

1. 감전의 안전한계(IEC 4개 Zone)	156
2. 감전 전류별 생리적 현상	159
3. 전기설비의 재해 원인 및 대책	163
4. 감전 재해 유형 및 예방 대책	165
5. KSCIEC 60364의 감전 보호(안전보호)	172
6. 400[V] 이상 저압회로 또는 저압측 Main 회로	176
7. 감전사, 감전지연사	177
8. 습기장소 및 저압 전로 감전방지 대책	179
9. 접촉전압 계산문제	181
10. 응급조치 요령	183
11. 누전차단기	185
12. ZCT 정격 및 설치방법	192
13. 꽂음 접속기	196
14. 용접작업시 감전방지 대책	197
15. 자동 전격 방지 장치	199
16. 기기의 절연등급	201

제5장 - 정전기

1. 정전기 정의, 발생 Mechanism, 완화시간, 일함수 — 204
2. 정전기 발생원인 및 방지 대책 — 206
3. 정전기의 축적과 소멸(액체, 도체, 절연물질에서) — 210
4. 고전압을 이용한 응용장치 — 212
5. 표면전위 측정(Faraday Gauge의 측정원리) — 215
6. 전하분할법, 전하완화법 — 218
7. 제전기에 의한 대전방지 — 220
8. 정전기 방전의 종류 — 225
9. 연무체의 발생 상황이나 성상에 따른 분류 — 227
10. 정전기에 의한 재해 — 228
11. 인체 정전용량 측정방법 — 230
11.1 정전기 측정 안전진단이 용이하지 않은 이유 — 231
12. 정전기 방전에 의한 피해 종류 및 해석 모델 — 233
13. 정전기 방전 에너지와 착화한계 — 235
14. 공정별 정전기 대전 방지 대책 — 236
15. 정치시간 — 239
16. 가연성, 인화성 액체의 정전기 재해 — 240
17. 정전기 방지제(대전 방지제) — 243

제6장 - 방폭설비

1. 연소의 3요소와 소화방법 — 246
2. 방폭 이론 — 248
3. 위험장소 및 방폭지역 구분 — 250
4. 방폭구조의 분류 — 253
5. 방폭전기 배선의 시설 — 258
6. 본질안전 방폭 기기의 특징(장·단점) — 260
7. 방폭 전기기기의 선정 원칙 — 262
8. 분진 위험 장소 — 265
9. 가연성가스(gas)가 있는 곳의 저압시설 — 267
10. 화염일주한계 및 최소점화전류 — 269
11. 인화점, 발화점, 최소발화에너지 — 271
12. 방폭전기 설비 설치 — 274
13. 내압방폭 금속관 배선 — 277

제7장 - 전기안전작업

1. 하도급 시공의 문제점과 대책 — 282
2. 작업표준 — 284
3. 지적(指摘) 확인의 필요성 — 287
4. 안전 보건 표지 — 288
5. 건설현장의 안전대책 — 290
6. 특고압 전선로 안전대책 — 294
7. 작업장 감전사고 대책 — 297
8. 전력구, 맨홀 작업시 안전대책 — 300
9. 수전설비 정전작업시 안전대책 — 303
10. 아크현상의 발생원인과 대책 — 305
11. 인간과 작업환경 — 308
12. 정전작업시 사고예방대책 — 313
13. 산업안전 보건기준에 의한 정전작업요령 — 317
14. 발·변전소 안전 점검항목 — 320
15. 송전선로 안전대책 — 322
16. 정전작업시 사용하는 보호구 및 표지물 — 325
17. 단락접지를 하는 이유와 주의사항 — 331
18. 검전기 및 활선 접근 경보기 — 334
19. 충전부 방호 방법 — 339
20. 충전구조물 도장 작업시 안전대책 — 343
21. 활선 작업시 안전대책 — 346
22. 무정전 작업 안전대책 — 349

제8장 - 피뢰설비

1. 이상전압, 개폐 서지 현상 — 354
2. BIL, 절연협조 — 360
2.1 충격파 — 363
3. V - t 곡선 — 365
4. 진행파의 특성임피던스 — 366
5. 이행 전압 — 368
6. S A (Surge Absorbor) — 370
7. 피뢰기 — 372
8. 산화아연 피뢰기 및 열폭주 현상 — 378
9. 건축물의 설비기준 등에 관한 규칙 — 381
10. 피뢰설비(KSC IEC 62305) — 383
11. 내부피뢰시스템(KSC IEC 62305-3) — 390
12. 피뢰침의 검사 및 유지보수(KSC IEC 62305-3.7) — 393
13. 수뢰부 시스템의 배치(KSC IEC 62305 부속서 A) — 396
14. 뇌차폐 이론(AW이론) — 401

제9장 - 옥내배선

1. 옥내 저압용 이동전선의 시설 ― 406
2. 옥내 저압용 배선기구 시설방법 ― 408
3. 금속관 공사 ― 411
4. 저압 옥내배선의 허용전류 ― 413
5. 배선용 차단기 설치기준 ― 417
6. 분기회로 설계시 고려사항 ― 419
7. 간선 계획시 고려사항, 굵기 결정 요소 ― 421
8. 전선의 용단 4단계 ― 429
9. 절연저항 및 절연내력 ― 430
10. 다중이용장소의 전기안전 ― 431
11. 용단전류 및 W.H Preece 실험식 ― 433

제10장 - 전기화재 및 대책

1. 일반화재 개론 — 436
2. 전기화재 원인 및 대책 — 442
3. 자동화재 탐지설비 — 448
4. 내화배선, 내열전선 — 454
5. 비상 콘센트 — 459
6. 비상 조명등, 휴대용 비상 조명등 — 462
7. 유도등 — 464
8. 무선통신 보조설비 — 469
9. 누전 화재 경보설비 — 474
10. 누전 화재 대책 — 478
11. 트랙킹, 흑연화, 아산화동 증식현상 — 481
12. 열 경화성과 열 가소성 비교 — 483
13. 전력케이블 화재대책 — 486
14. 전기화재 조사방법 — 490
15. 비상 발전기 용량 산정 — 494
16. 유입변압기 화재대책 — 497
17. 지하구 화재대책 — 499
18. 지하건축물 전기설비의 안전대책 — 502
19. 엘리베이터의 기본 구성 및 안전장치 — 505
20. 건축법상 승강기 설치기준 — 509
21. SI 단위 — 511
22. 열전 현상 (제벡효과, 펠티에효과, 톰슨효과) — 513

제1장
산업안전 기본

1.1 안전교육의 목적 및 안전교육 방법

1. 개요
　안전교육이란 안전유지를 위한 지식과 기능의 부여 및 안전 태도를 형성하기 위한 교육을 말하며, 안전교육을 효과적으로 시행하기 위해서는 사전에 철저한 준비와 적합한 교육내용 및 교육방법이 선행되어야 한다.

2. 안전교육의 목적
　1) 안전교육의 기본방향
　　- 사고사례 중심의 교육
　　- 안전작업을 위한 교육
　　- 안전의식을 위한 교육
　2) 안전교육의 4대 목표(목적)
　　- 인간정신의 안전화
　　- 환경의 안전화
　　- 행동의 안전화
　　- 설비물자의 안전화
　3) 안전교육의 효과
　　- 잠재위험의 발견능력 향상
　　- 재해사고의 발생 가능성 예측
　　- 사고예방대책 기술의 습득
　　- 재해사고의 조사와 비상사태에 대응

3. 안전보건 교육에 대한 개념적 계통도

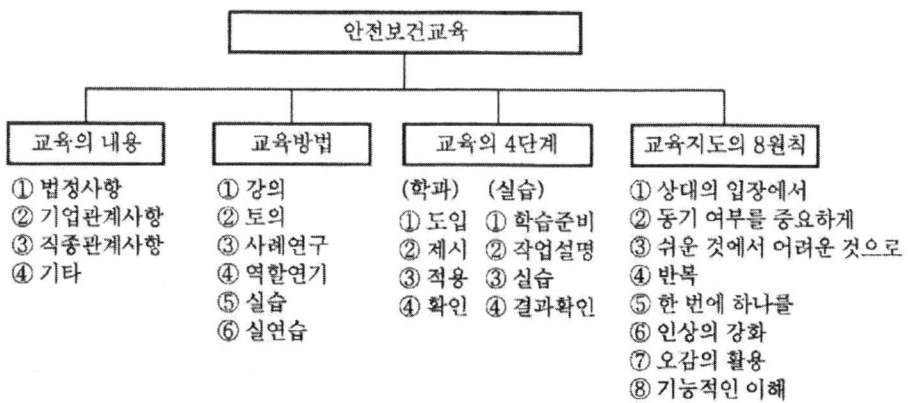

【안전보건교육 계통도】

4. 안전교육의 3요소

구분	형식적 교육	비형식적 교육
교육의 주체	강사(교수)	부모, 형, 선배, 사회인사 등
교육의 객체	수강자(학생)	자녀, 미성숙자 등
교육의 매개체	교재	교육환경, 인간관계 등

5. 교육지도의 원칙 〈동.상의.반.스는 /저.인.기.오〉

1) 동기부여(동기유발)
   - 관심과 흥미를 갖도록 동기부여
   - 동기유발(동기부여) 방법.
     가르치기에 앞서 우선 피교육자가 알려고 하는 의욕이 일어나게 하는 것이 중요하다.
   (동기 유발 방법)
   - 안전의 근본이념을 인식 시킬 것
   - 안전 목표를 명확히 설정할 것
   - 결과를 알려줄 것
   - 상과 벌을 줄 것
   - 경쟁과 협동을 유발할 것

- 동기 유발의 최적 수준을 유지할 것
2) 피교육자 중심의 교육
    - 상대방 입장에서의 교육
    - 교육 대상자의 지식이나 기능에 맞게 교육.
3) 반복
    - 지식은 반복에 의해서 기억되고, 기억된 것은 무의식 중에 행동으로 표현 됨.
    - 반복학습을 함으로써 지식, 기술, 기능 및 태도가 몸에 익혀져 향상됨.
4) 스텝바이스텝/한 번에 한 가지씩
    - 순서에 따라 한가지씩 교육 지도교육을 할 때 욕심을 내어 한꺼번에 이것저것 많은 것을 가르치려고 하면 상대방에게 흡수능력 이상의 것을 강요하기 쉽다.
    - 교육에 대한 이해의 폭을 넓힘 교육의 성과는 양보다 질을 중시 한다는 점을 명시해야 한다.
5) 저 차원에서 고차원으로 (쉬운 것에서부터 어려운 것으로)
    - 피교육자의 능력을 교육 전에 파악.
    - 쉬운 수준에서 점차 어렵고 전문적인 것으로 진행
    - 자신의 만족도 향상과 성공감의 부여로 자기 개발의 목표도 스스로 설정토록 함.
6) 인상의 강화(강조하고 싶은 사항)
    - 작업장 안전관리에 관계되는 핵심을 확실히 인식 시킬 것.
    - 지도자는 인상을 강화시키는 수단을 강구하여야 함.
    - 인상의 강화방법.
        ㉠ 현장의 사진제시 및 교육 전 견학
        ㉡ 보조자료의 활동
        ㉢ 사고사례의 제시
        ㉣ 중요점의 재강조
        ㉤ 토의과제 제시 및 의견청취
        ㉥ 속담, 격언과의 연결 및 암시
7) 기능적인 이해
    - 기술교육 과정에서 기능적인 이해의 증진이 가장 중요함. 왜 그렇게 되어야 하는가? 하는 문제에 관하여 근거 있게 기능적으로 이해시켜야 한다.
    - 무조건적인 암기식 교육이나 주입식 교육은 오래가지 않으며 기억량이 적을 뿐만 아니라 행동상에도 무리가 옴

- 효과
    - ㉠ 안전작업의 기능향상
    - ㉡ 표준작업의 기능향상
    - ㉢ 위험 예측 및 응급처치 기능 향상

8) 오감의 활용
   - 사물의 인식을 위해서 인간의 5감을 각 목적에 알맞게 복합적으로 활용시켜 그 목적에 대한 인상강화 도모.
   - 5감의 교육 효과치
     - ㉠ 시각효과 : 60(%)
     - ㉡ 청각효과 : 20(%)
     - ㉢ 촉각효과 : 15(%)
     - ㉣ 미각효과 : 3(%)
     - ㉤ 후각효과 : 2(%)
   - 이해도
     - ㉠ 귀 : 20(%)
     - ㉡ 눈 : 40(%)
     - ㉢ 귀 + 눈 : 60(%)
     - ㉣ 입 : 80(%)
     - ㉤ 머리+손, 발 : 90(%)

6. 안전 교육의 방법(형태)

1) OJT와 OFF JT
   (1) OJT(On Job Training)
      관리감독자 등 직속상사가 부하직원에 대해서 일상 업무를 통하여 지식, 기능, 문제 해결능력 및 태도 등을 교육 훈련하는 방법이며, 개별교육 및 추가지도에 적합하다.
   (2) OFF JT(Off the Job Training)
      공통된 교육목적을 가진 근로자를 일정한 장소에 집합시켜 외부 강사를 초청하여 실시하는 방법으로 집합교육에 적합하다.
   (3) OJT와 OFF JT 특징비교

OJT 특징	OFF JT 특징
- 개개인에게 적절한 지도훈련 가능 - 직장의 실정에 맞게 실제적인 훈련가능 - 즉시 업무에 연결되는 관계로 신체와 관련 있음. - 훈련에 필요한 업무의 연속성 지속 끊어지지 않는다.	- 다수의 근로자에게 조직적 훈련을 행하는 것이 가능하다. - 훈련에만 전념하게 된다. - 전문적 강사를 각각 초청가능. 특별 설비기구 이용 가능

- 훈련의 효과가 바로 나타나 훈련의 품질에 따라 개선 용이. - 훈련효과를 분석, 상호 이해도를 향상	- 각 직장의 근로자가 많은 지식이나 경험을 활용가능. - 교육훈련 목표에 대하여 집단적 노력이 약해질 수 있다.

2) 토의식과 강의식 교육

 (1) 강의법
  - 많은 인원을 단기간에 교육 시키는 방법
  - 최적인원 40~50명
  - 강의법의 종류
   ㉠ 강의식 : 한사람 또는 몇 사람의 강사가 교육 내용을 강의
   ㉡ 문답식 : 강사와 수강자가 문답을 함으로써 강의를 진행
   ㉢ 문제 제기식 : 문제 제기 방식에 따라 문제에 당면시켜서 문제해결을 시도하는 방법과 이미 강의에서 전달된 내용을 재생시켜 보기 위한 방법으로 분류.

 (2) 토의식
  ① 문제법 (Problem Method)
   문제법은 첫째 문제의 인식, 둘째 해결방법의 연구계획, 셋째 자료의 수집, 넷째 해결방법의 실시, 다섯째 정리와 결과의 검토단계를 거친다.
  ② 사례연구법 (Case Study : Case Method)
   먼저 사례를 제시하고 문제적 사실들과 그의 상호관계에 대해서 검토하고 대책을 토의 한다.
  ③ 포럼 (Forum)
   새로운 자료나 교재를 제시하고 거기서의 문제점을 피교육자로 하여금 제기하게 하거나 의견을 여러 가지 방법으로 발표하게 하고 다시 깊이 파고들어 토의를 행하는 방법이다.
  ④ 심포지엄 (Symposium)
   몇 사람의 전문가에 의하여 과제에 관한 견해를 발표한 뒤 참가자로 하여금 의견이나 질문을 하게 하여 토의하는 방법이다.
  ⑤ 패널 디스커션(Panel Discussion)
   패널 멤버(교육과제에 정통한 전문가 4~5명)가 피교육자 앞에서 자유로이 토의하고 뒤에 피교육자 전원이 참가하여 사회자의 사회에 따라 토의하는 방법이다.

⑥ 버즈 세션(Buzz Session)

먼저 사회자와 기록계를 선출한 후 나머지 사람은 6명씩의 소집단으로 구분하고 소집단별로 각각 사회자를 선발하여 6분씩 자유토의를 행하여 의견을 종합하는 방법 이다.

(3) 강의식과 토의식 교육의 비교

강의식	토의식
- 교육의 주역은 강사이다. - 수강자가 의타적, 소극적이 되기 쉽다. - 일방 통행적, 개인 개발적 이다. - 교육내용을 철저하게 주의시키기 어렵다. - 생각이나 원리. 법규 등을 단시간에 체계적, 이론적으로 다수인에게 전달할 수 있다. - 참가자 개개인에 동기 부여가 어렵다. - 기능적, 태도적인 것의 교육이 어렵다. - 발언, 질문이 어렵고 참여의식이 낮다. - 참가자의 납득, 협조를, 얻기 어렵고 목표 달성 의욕도 환기시키기 어렵다. - 강사의 결론, 요청을 타인의 일로 받아들이기 쉽다. - 수강자 1인 당 경비는 적으나 교육 효과를 올리기 어려운 경우도 있다.	- 교육의 주역은 참가자이다. - 참가자가 자주적, 적극적이 되기 쉽다. - 상호 통행적, 상호 개발적이다. - 교육내용을 참가자 전원에게 철저하게 주의시키기 쉽다. - 중지를 모아 문제의 대책을 검토할 수 있다. - 참가자 개개인에게 동기부여가 쉽다. - 기능적, 태도적인 것에 대한 교육이 쉽다. - 발언, 질문하기가 쉬우므로 참가의 만족감이 크다. - 회의의 결론, 결정에 참가자가 납득, 협조하여 목표의 달성 의욕을 높인다. - 참가자 1인 당 피상적 경비는 많아질 수 있으나 효과는 좋다.

1.2 안전교육 3단계 및 진행의 4단계

1. 안전교육의 3단계

단계 및 과정	교육목표	교육내용
제1단계 (지식교육)	- 안전의식 제고 - 기능지식의 주입 - 안전의 감수성 향상	- 재해발생의 원리이해 - 작업에 필요한 안전 법규, 안전규정, 안전기준을 습득 - 작업 속에 잠재한 위험 요소를 이해 - 안전의 책임감을 주입
제2단계 (기능교육)	- 안전작업의 기능 - 표준작업의 기능 - 위험예측 및 응급처치 기능 향상	- 전문적 기술 및 안전 기술기능 - 안전장치(방호장치) 관리기능 - 위험 예측 및 응급처치 기능 향상 - 점검, 검사장비기능
제3단계 (태도교육)	- 작업동작의 정확화 - 공구, 보호구 취급태도의 안전화 - 점검태도의 정확화 - 언어태도의 안전화	- 표준작업방법의 습관화 - 공구 보호구 취급과 관리자세의 확립 - 작업 전후의 점검, 검사요령의 정확한 습관화 - 안전작업 지시 전달확인 등 언어태도의 습관화 및 정확화

2. 교육진행 4단계

1) 제1단계 (도입)

   교육해야 할 주제와 목적 또는 중요성을 설명
   - 피교육자의 마음을 안정
   - 학습의 목적 및 취지와 배경 설명
   - 관심과 흥미를 갖도록 동기 부여

2) 제2단계 (제시)

   피교육자의 능력에 맞는 교육실시 및 내용 이해와 기능 습득
   - 교육체계와 중점 명시

- 주요단계의 설명 및 시범
- 시청각 교재의 적극적 활용
- 중요사항(급소)를 강조한다.
- 확실하게 빠짐없이 끈기있게 지도한다.
- 이해할 수 있는 능력 이상으로 강요하지 않는다.

3) 제3단계 (적용)

  이해시킨 내용을 구체적으로 활용하거나 응용할 수 있도록 지도
- 교육내용에 대한 활용 및 응용
- 사례연구, 재해 사례 등을 연구발표
- 교육내용 복습
- 작업을 지켜보고 잘못을 고쳐준다.
- 작업을 시키면서 설명하게 한다.
- 확실히 알았다고 할 때까지 확인한다.

4) 제4단계 (확인)

  교육내용의 올바른 이해여부를 확인
- 교육 이해도 확인
- 시험 또는 과제 부과
- 향후 피교육자 실천사항 명시
- 일에 임하도록 한다.
- 질문을 하도록 분위기를 조성한다.
- 점차 지도 횟수를 줄여간다

3. 안전 교육 시 유의사항

1) 교육 대상자의 지식이나 기능 정도에 따라 교재 준비
2) 계속적이고 반복적으로 끊기 있게 교육
3) 구체적인 내용으로 실시
4) 사례 중심으로 산교육 유도
5) 교육 후 평가 실시

1.3 안전교육에 대한 법적 근거

1. 산업 안전보건법 제31조(안전·보건교육) 2009개정

1) 사업주는 해당 사업장의 근로자에 대하여 정기적으로 안전·보건에 관한 교육을 하여야 한다.
2) 사업주는 근로자를 채용할 때와 작업내용을 변경할 때에는 그 근로자에 대하여 해당 업무와 관계되는 안전·보건에 관한 교육을 하여야 한다.
3) 사업주는 유해하거나 위험한 작업에 근로자를 사용할 때에는 그 업무와 관계되는 안전·보건에 관한 특별교육을 하여야 한다.
4) 제1항부터 제3항까지의 규정에도 불구하고 해당 업무에 경험이 있는 근로자에 대하여 교육을 실시하는 등 고용노동부령으로 정하는 경우에는 안전·보건에 관한 교육의 전부 또는 일부를 면제할 수 있다. 〈신설 2013.6.12〉
5) 사업주는 제1항부터 제3항까지의 규정에 따른 안전·보건에 관한 교육을 그에 필요한 인력·시설·장비 등을 갖춘 전문기관으로서 대통령령으로 정하는 기관에 위탁할 수 있다. 〈개정 2013.6.12〉

2. 규칙 제33조 (교육시간 및 교육내용)

1) 법 제31조제1항부터 제3항까지의 규정에 따라 사업주가 근로자에 대하여 실시하여야 하는 교육시간은 별표 8과 같고, 교육내용은 별표 8의2와 같다.
2) 법 제31조제1항부터 제3항까지의 규정에 따른 근로자에 대한 안전·보건에 관한 교육을 사업주가 자체적으로 실시하는 경우에 교육을 실시할 수 있는 사람은 다음 각 호의 어느 하나에 해당하는 사람으로 한다. 〈개정 2014.3.12〉
   ① 해당 사업장의 안전보건관리책임자, 관리감독자, 안전관리자, 보건관리자 및 산업보건의
   ② 공단에서 실시하는 해당 분야의 강사요원 교육과정을 이수한 사람
   ③ 산업안전지도사 또는 산업위생지도사
   ④ 산업안전·보건에 관하여 학식과 경험이 있는 사람으로서 고용노동부장관이 정하는 기준에 해당하는 사람

3. 산업안전·보건 관련 교육과정별 교육시간 [별표 8] 〈개정 2009.8.7〉
   1) 사업장 내 안전·보건교육(제33조제1항 관련)

교육과정	교육대상		교육시간
가. 정기교육	사무직 종사 근로자		매분기 3시간 이상
	사무직 종사 근로자 외의 근로자	판매업무에 직접 종사하는 근로자	매분기 3시간 이상
		판매업무에 직접 종사하는 근로자 외의 근로자	매분기 6시간 이상
	관리감독자의 지위에 있는 사람		연간 16시간 이상
나. 채용 시의 교육	일용 근로자		1시간 이상
	일용 근로자를 제외한 근로자		8시간 이상
다. 작업내용 변경시의 교육	일용 근로자		1시간 이상
	일용 근로자를 제외한 근로자		2시간 이상
라. 특별교육	별표 8의2 제목 1호 라목 각 호의 어느 하나에 해당하는 작업에 종사하는 일용근로자		2시간 이상
	별표 8의2 제목1호라목 각 호의 어느 하나에 해당하는 작업에 종사하는 일용근로자를 제외한 근로자		- 16시간 이상(최초 작업에 종사하기 전 4시간 이상 실시하고 12시간은 3개월 이내에서 분할하여 실시 가능) - 단기간 작업 또는 간헐적 작업인 경우에는 2시간 이상
마. 건설업 기초 안전·보건 교육	건설 일용 근로자		4시간

2) 안전보건관리책임자 등에 대한 교육(법 제39조 제2항 관련)

교육대상	교육시간	
	신규교육	보수교육
가. 안전보건관리책임자	6시간 이상	6시간 이상
나. 안전관리자	34시간 이상	24시간 이상
다. 보건관리자	34시간 이상	24시간 이상
라. 재해예방 전문지도기관 종사자	-	24시간 이상

4. 각 특별안전·보건교육 대상 작업별 개별 교육내용 [별표 8의2]

1) 사업 내 안전·보건교육(법 제33조 제1항 관련)

   가. 근로자 정기안전·보건교육

교육내용
○ 산업안전 및 사고 예방에 관한 사항
○ 산업보건 및 직업병 예방에 관한 사항
○ 건강증진 및 질병 예방에 관한 사항
○ 유해·위험 작업환경 관리에 관한 사항
○ 「산업안전보건법」 및 일반관리에 관한 사항

   나. 관리감독자 정기안전·보건교육

교육내용
○ 작업공정의 유해·위험과 재해 예방대책에 관한 사항
○ 표준안전작업방법 및 지도 요령에 관한 사항
○ 관리감독자의 역할과 임무에 관한 사항
○ 산업보건 및 직업병 예방에 관한 사항
○ 유해·위험 작업환경 관리에 관한 사항
○ 「산업안전보건법」 및 일반관리에 관한 사항

다. 채용 시의 교육 및 작업내용 변경 시의 교육

교육내용
○ 기계·기구의 위험성과 작업의 순서 및 동선에 관한 사항 ○ 작업 개시 전 점검에 관한 사항 ○ 정리정돈 및 청소에 관한 사항 ○ 사고 발생 시 긴급조치에 관한 사항 ○ 산업보건 및 직업병 예방에 관한 사항 ○ 물질안전보건자료에 관한 사항 ○ 「산업안전보건법」 및 일반관리에 관한 사항

라. 특별안전·보건교육 대상 작업별 교육내용

작업명	교육내용
<공통내용> 제1호부터 제38호까지의 작업	다목과 같은 내용
<개별내용>	작업에 따른 각각의 내용(5. 참조)

2) 안전보건관리책임자 등에 대한 교육내용(제39조제2항 관련)

교육대상	교육내용
안전보건관리책임자	○ 관리책임자의 책임과 직무에 관한 사항 ○ 산업안전보건법령 및 안전·보건조치에 관한 사항
안전 관리자	○ 산업안전·보건법령에 관한 사항 ○ 산업안전개론에 관한 사항 ○ 인간공학 및 산업심리에 관한 사항 ○ 안전교육방법에 관한 사항 ○ 재해 발생 시 응급처치에 관한 사항 ○ 안전점검·평가 및 재해 분석기법에 관한 사항 ○ 안전기준 및 개인보호구 등 각 분야별 재해예방 실무에 관한 사항 ○ 산업안전보건관리비 계상 및 사용기준에 관한 사항 ○ 작업환경 개선 등 산업위생 분야에 관한 사항(위생보호구 포함) ○ 무재해운동 추진기법 및 실무에 관한 사항 ○ 그 밖에 안전관리자의 직무 향상을 위하여 필요한 사항

5. 특별안전·보건교육 대상 작업별 교육내용(전기 관련 발췌)

1. 밀폐된 장소에서 하는 용접 작업 또는 습한 장소에서 하는 전기용접 작업	○ 작업순서, 안전작업방법 및 수칙에 관한 사항 ○ 환기설비에 관한 사항 ○ 전격 방지 및 보호구 착용에 관한 사항 ○ 질식 시 응급조치에 관한 사항 ○ 작업환경 점검에 관한 사항 ○ 그 밖에 안전·보건관리에 필요한 사항
2. 폭발성·물반응성·자기반응성·자기발열성 물질, 자연발화성 액체·고체 및 인화성 액체의 제조 또는 취급 작업	○ 폭발성·물반응성·자기반응성·자기발열성 물질, 자연발화성 액체·고체 및 인화성 액체의 성질이나 상태에 관한 사항 ○ 폭발 한계점, 발화점 및 인화점 등에 관한 사항 ○ 취급방법 및 안전수칙에 관한 사항 ○ 이상 발견 시의 응급처치 및 대피 요령에 관한 사항 ○ 화기·정전기·충격 및 자연발화 등의 위험방지에 관한 사항 ○ 작업순서, 취급주의사항 및 방호거리 등에 관한 사항 ○ 그 밖에 안전·보건관리에 필요한 사항
3. 액화석유가스·수소가스 등 인화성 가스 또는 폭발성 물질 중 가스의 발생장치 취급 작업	○ 취급가스의 상태 및 성질에 관한 사항 ○ 발생장치 등의 위험 방지에 관한 사항 ○ 고압가스 저장설비 및 안전취급방법에 관한 사항 ○ 설비 및 기구의 점검 요령 ○ 그 밖에 안전·보건관리에 필요한 사항
4. 동력에 의하여 작동되는 프레스기계를 5대 이상 보유한 사업장에서 해당 기계로 하는 작업	○ 프레스의 특성과 위험성에 관한 사항 ○ 방호장치 종류와 취급에 관한 사항 ○ 안전작업방법에 관한 사항 ○ 프레스 안전기준에 관한 사항 ○ 그 밖에 안전·보건관리에 필요한 사항
5. 전압이 75볼트 이상인 정전 및 활선작업	○ 전기의 위험성 및 전격 방지에 관한 사항 ○ 해당 설비의 보수 및 점검에 관한 사항 ○ 정전작업·활선작업 시의 안전작업방법 및 순서에 관한 사항 ○ 절연용 보호구, 절연용 보호구 및 활선작업용 기구 등의 사용에 관한 사항 ○ 그 밖에 안전·보건관리에 필요한 사항

6. 맨홀작업	○ 장비·설비 및 시설 등의 안전점검에 관한 사항 ○ 산소농도 측정 및 작업환경에 관한 사항 ○ 작업내용·안전작업방법 및 절차에 관한 사항 ○ 보호구 착용 및 보호 장비 사용에 관한 사항 ○ 그 밖에 안전·보건관리에 필요한 사항
7. 밀폐공간에서의 작업	○ 산소농도 측정 및 작업환경에 관한 사항 ○ 사고 시의 응급처치 및 비상 시 구출에 관한 사항 ○ 보호구 착용 및 사용방법에 관한 사항 ○ 밀폐공간작업의 안전작업방법에 관한 사항 ○ 그 밖에 안전·보건관리에 필요한 사항

6. 정전 작업 및 활성 작업시 교육해야 할 내용

1) **정전작업시** 교육하여야 할 내용

  사업주는 감전을 방지하기 위하여 아래 내용을 포함한 정전작업요령을 작성하여 관계근로자에게 교육하여야 한다.
  (1) 작업책임자의 임명, 정전범위·절연용보호구의 이상 유무 점검 및 활선접근경보장치의 휴대 등 작업 시작 전에 필요한 사항
  (2) 전로 또는 설비의 정전순서에 관한 사항
  (3) 개폐기관리 및 표지판 부착에 관한 사항
  (4) 정전확인순서에 관한 사항
  (5) 단락접지실시에 관한 사항
  (6) 전원재투입 순서에 관한 사항
  (7) 점검 또는 시운전을 위한 일시운전에 관한 사항
  (8) 교대근무시 근무인계에 필요한 사항

2) **활선작업** 및 활선 근접작업(345조)

  사업주는 활선(活線)작업 및 활선근접작업으로 인한 감전을 방지하기 위하여 아래 내용을 포함한 활선작업요령을 작성하여 관계 근로자에게 교육하여야 한다.
  (1) 작업책임자의 임명, 작업범위 등 작업 시작 전에 필요한 사항
  (2) 작업장소의 주변상태, 작업구간의 특성 등을 고려한 작업방법 및 작업절차
  (3) 절연용방호구 및 활선작업용 기구·장치 등의 준비 및 사용에 관한 사항

(4) 절연용보호구의 착용 및 이상유무의 점검에 관한 사항

(5) 작업중단에 관한 사항

(6) 교대근무시 근무인계에 관한 사항

(7) 작업장소의 관계근로자 외의 자의 출입금지에 관한 사항

1.4 위험예지 훈련

1. 개요

위험예지훈련은 직장이나 작업 상황 중에 잠재위험요인과 그것이 일으키는 현상을, 작업 상황을 그린 그림 등의 시트를 사용 또는 현장에서 실제 작업을 하게 하거나, 작업해 보이거나 하면서 직장 소그룹에서 대화하고, 서로 생각하여 서로 이해해서 위험의 포인트나 중점실시사항을 지적 확인하여 행동하기 전에 해결하는 훈련이다.

2. 위험예지 훈련의 필요성

누구라도 다치고 싶어서 다치는 것은 아니다. 작업을 시작하기 전에 이 작업에 어떠한 위험이 잠재하고 있는가를 한 사람 한 사람이 생각한다.

가능하면 작업하는 사람들이 함께 위험에 대하여 어떻게 하면 좋은가를 본심으로 신속하게 의논하여 그 대책을 실천한다.

작업의 요소요소에서 마음을 쏟아서 날카롭게 지적확인을 하여 위험의 포인트를 확인한다. 이것이 안전선취의 위험예지활동이다.

2-1 (사잠재 조비)

1) 사고예방 대책에 대한 기술의 습득
2) 잠재위험의 발견능력 향상
3) 재해사고의 발생가능성 예측
4) 재해사고의 조사와 비상사태대응

3. 위험예지훈련 절차

1) 준비
   - 구성원 4~6명 역할 분담
   - 리더, 서기, 발표자, 보고서 담당 등), 신문용지 배포
2) 도입
   - 정렬, 구령, 건강 확인
3) 4라운드 진행(위험예지훈련의 4단계)

(1) 1R : 현상파악
   - 어떤 위험이 있는가
   - 잠재 위험 요인을 발견한다.
(2) 2R : 본질 추구
   - 이것이 위험의 포인트이다.
   - 발견된 위험요인 중에서 중요하다고 생각되는 항목을 ○◎하여 둠.
   - 잠재 위험요인을 조사, 분석함.
(3) 3R : 대책 수립
   - 당신이라면 어떻게 하겠는가
   - ◎를 한 위험요소를 해결하기 위한 구체적 대책수립
   - 잠재적인 위험요인의 대책수립
(4) 4R : 시행
   - 우리들은 이렇게 하자
   - 수립대책을 시행함
4) 확인발표 및 코멘트

4. 원 포인트 위험예지훈련

위험예지훈련을 현장에서 실천하는 수법으로서 2~3분의 단시간에 실시하는 것을 목표로 해서 개발된 단시간 위험예지훈련을 말한다.

위험예지훈련이 유효한 것은 알고 있지만, 현장 사정이 바빠서 실행할 시간이 없다는 실정에서, 단시간에 올바르게 언제 어디서나 실행할 수 있도록 **기초 4라운드 법**을 다음과 같이 연구하고 있다.

리더를 중심으로
1) 3~4명의 적은 인원이 서있는 상태에서 실시한다.
2) 구호로만 한다. 모조지 등에 필기하지 않는다.
3) **2라운드(본질추구) ~ 4라운드(시행)는 하나로** 축소한다.

그래서 「원 포인트 위험예지훈련」이라고 한다.

하나로 축소한다는 것은 「이것만은 반드시 한다.」고 하는 의미이며 「오늘의 개선목표는 이것이다.」라는 원 포인트로 축소한다.

현재 각 사업장에서 활발하게 실행되어 정착하고 있는 위험예지훈련은 대부분이 이 원 포인트 위험예지훈련이다.

5. 위험 예지훈련 책임자의 마음가짐

1) 대략적인 훈련계획을 세우자.
2) 점검, 토의 시간을 단축하자.
3) 위험 요인의 발견에 노력하자.
4) 상황의 범위를 좁혀가자.
5) 주의 위험을 파악하자.
6) 위험한 것을 빠뜨리지 말자.
7) 불안전 행동만으로 한정하지 말자.
8) 참석자의 납득으로 선결하자.
9) 명랑한 분위기에서 말을 하자.

6. 결론

1) 재해의 대부분은 인위적인 재해로, 방지할 수 있는 것이며, 천재지변 등 불가항력에 의해서 일어나는 재해는 전체 재해의 2%이다.
2) 대부분의 재해는 인간의 과실에 의해서 발생하고 있다. 재해의 원인 중 교육적인 원인이 전체의 65%를 차지하고 있는 실정으로 생산성의 향상과 안전화를 이루기 위해서는 무엇보다도 위험예지훈련의 실시가 절실히 요구된다.

1.5 무재해운동

1. 무재해운동의 개념

무재해운동이란 인간존중의 이념에 바탕을 두어 직장의 안전과 건강을 다 함께 성취하자는 운동이다.

2. 산업안전보건법상의 용어

1) 산업안전보건법(제2조. 용어)

   "산업재해" 란 근로자가 업무에 관계되는 건설물·설비·원재료·가스·증기·분진 등에 의하거나 작업 또는 그 밖의 업무로 인하여 사망 또는 부상하거나 질병에 걸리는 것을 말한다.

2) 산업안전보건법 시행규칙(제2조. 정의)

   "중대재해" 란 다음 각 호의 어느 하나에 해당하는 재해를 말한다.〈개정 2010.7.12〉

   ① 사망자가 1명 이상 발생한 재해

   ② 3개월 이상의 요양이 필요한 부상자가 동시에 2명 이상 발생한 재해

   ③ 부상자 또는 직업성질병자가 동시에 10명 이상 발생한 재해

3) **사업장 무재해운동 시행규정 (노동부장관)**

제2조(용어의 정의)

1. 「무재해」라 함은 <u>무재해운동 시행사업장</u>에서 근로자가 업무에 기인하여 <u>사망 또는 4일 이상의 요양</u>을 요하는 부상 또는 질병에 이환되지 않는 것을 말한다. 다만, 다음 각목에 해당하는 경우에는 무재해로 본다.

   1) 작업 시간 중 천재지변 또는 돌발적인 사고로 인한 구조행위 또는 긴급피난 중 발생한 사고

   2) 작업 시간외에 천재지변 또는 돌발적인 사고우려가 많은 장소에서 사회통념상 인정되는 업무수행 중 발생한 사고

   3) 출·퇴근 도중에 발생한 재해

   4) 운동경기 등 각종 행사 중 발생한 사고

   5) 제3자의 행위에 의한 업무상 재해

   6) 업무상 재해 인정 기준 중 뇌혈관질환 또는 심장질환에 의한 재해

7) 업무시간외에 발생한 재해. 다만, 사업주가 제공한 사업장내의 시설물에서 발생한 재해 또는 작업개시전의 작업준비 및 작업 종료 후의 정리정돈 과정에서 발생한 재해는 제외한다.

3. 무재해 운동의 의의(목적)

1) 인간존중
2) 합리적인 기업 경영
3) 일체의 산업재해 근절
4) 직장의 각종 위험이나 문제점에 대해 전원 참가로 해결
5) 안전 보건의 선취

4. 무재해운동의 기본이념(3원칙)

1) 무(zero)의 원칙

   비휴업재해는 물론 직장 내 모든 위험요인을 적극적으로 사전에 발견, 파악하여 해결함으로써 근본적으로 산업재해를 없앰. (인간애)

2) 안전제일의 원칙

   무재해, 무질병 직장 실현의 궁극적인 목표 (사전에 재해를 방지)

3) 참여의 원칙

   전원이 일치 협력하여 각자의 처지에서 노력하겠다는 의욕으로 문제 해결을 위한 행동 실천

5. 무재해운동의 추진 3요소

1) 최고 경영자의 경영자세

   안전 · 보건은 최고 경영자의 무재해 · 무질병에 대한 확고한 경영자세로부터 시작

2) 안전 활동을 라인(Line)화 할 것

   관리감독자(Line)들이 생산 활동 속에 안전 · 보건을 포함하여 실천하는 것이 중요

3) 안전 활동을 생산화 할 것

   안전 · 보건을 직장 Team Member와의 협동 노력으로 자주적으로 추진

6. 무재해운동의 추진방법

1) 무재해 실천 4단계
   ① 제1단계(인식단계) : 최고경영자의 안전·보건에 대한 확고한 경영방침 설정
   ② 제2단계(준비단계) : 무재해운동의 추진도 작성 및 추진체제 구축
   ③ 제3단계(개시 및 시행단계) : 개시선포식(전체종업원참석)및 무재해 운동의 적극 추진
   ④ 제4단계(목표달성 및 시상식) : 무재해 목표달성보고 및 시상(무재해 달성장 수여)
2) 무재해 실천 세부추진방법
   ① 준비기간
   ② 개시일
   ③ 잠재요인 발굴운동
   ④ 소집단의 활동
   ⑤ 안전교육 훈련
   ⑥ 작업장 내의 정리정돈
   ⑦ 타성의 배제
   ⑧ 사내 포상제도의 실시

7. 무재해운동의 적용범위(적용 사업장)

1) 안전관리자를 선임해야 할 사업장(상시 근로자 50인 이상인 사업장)
2) 건설공사의 경우 도급금액 10억 이상 건설현장

8. 무재해운동의 시간계산방식

1) 시간계산 : 총시간 = 실제 근로시간 수 × 실 근무자수
2) 사무직은 통산 8시간으로 계산한다.
3) 무재해 개시 후 재해가 발생하면 0점으로 다시 시작한다.
4) 계산제외 : 치료기일이 4일 이내의 경미한 사항은 무재해로 계산한다.

9. 무재해 운동 세부 실천기법

1) 위험예지훈련(4R 법)
   - 1R : 현상파악하여
   - 2R : 위험 포인트를 찾고(본질추구)

- 3R : 대책수립
- 4R : 목표를 설정하고 대책을 시행한다.

2) 원포인트 위험 예지

위험예지훈련 4라운드 중 2R, 3R, 4R을 모두 원포인트 요약하여 실시하는 기법이다. 2~3 분이면 실시할 수 있는 현장 활동용이다.

3) 1인 위험 예지

한사람이 1라운드에서 4라운드까지 직접 확인하면서 원포인드 위험예지 활동을 하는 기법이다.

4) 터치앤드콜

작업현장에서 동료의 손등 피부를 맞대고 공동 목표를 향한 다짐의 큰소리를 외쳐 팀의 일체감, 연대감을 조성하는 스킨쉽이다.

고리형, 포개기형, 어깨동무형 등이 있다.

5) Tool Box Meeting 위험예지

현장에서 그때, 그 장소의 상황에서 적응하여 실시하는 위험예지 활동기법으로서 즉시즉응법이라고 한다.

6) 소단위 활동기법

사업장의 안전보건을 5~6명의 소집단에 의한 자주 활동으로써 작업의 위험을 장기적 또는 단시간에 해결하기 위하여 공동의 목표달성에 노력을 결집하는 무재해 팀워크 이다.

7) 5C 운동

작업장에서 기본적으로 꼭 지켜야 하는 복장단정(Correctness), 정리정돈(Clearance), 청소청결(Cleaning), 점검확인(Checking).

전심전력(Concentration)을 추가한 다섯 가지 항목의 영문자 첫 자인 "C"를 따서 5C 운동 이라고 하는 무재해 추진 기법이다.

8) 안전제안제도

안전에 대한 동기부여의 일환으로서 지속적인 안전의식 함양에 있으며, 심사 후 좋은 내용은 포상하여 설비, 제도 등의 개선에 전 사원이 적극 동참하도록 유도한다.

9) Brain Storming

자유롭게 아이디어를 내는 방법

비판금지, 대량발언, 자유발언, 수정발언 등

◆ 산업재해 발생 보고 (시행규칙 제4조)

① 사업주는 산업재해로 사망자가 발생하거나 4일 이상의 요양이 필요한 부상을 입거나 질병에 걸린 사람이 발생한 경우에는 법 제10조제2항에 따라 해당 산업 재해가 발생한 날부터 1개월 이내에 산업재해조사표를 작성하여 관할 지방고용노동청장 또는 지청장에게 제출하여야 한다.

> 법 제10조
> ② 사업주는 제1항에 따라 기록한 산업재해 중 고용노동부령으로 정하는 산업재해에 대하여는 그 발생 개요·원인 및 보고 시기, 재발방지 계획 등을 고용노동부령으로 정하는 바에 따라 고용노동부장관에게 보고하여야 한다.

② 사업주는 중대재해가 발생한 사실을 알게 된 경우에는 지체 없이 다음 각 호의 사항을 관할 지방고용노동관서의 장에게 전화·팩스, 또는 그 밖에 적절한 방법으로 보고하여야 한다. 다만, 천재지변 등 부득이한 사유가 발생한 경우에는 그 사유가 소멸된 때부터 지체 없이 보고하여야 한다.
 1. 발생 개요 및 피해 상황
 2. 조치 및 전망
 3. 그 밖의 중요한 사항

③ 사업주는 제1항에 따른 산업재해조사표에 근로자대표의 확인을 받아야 하며, 그 기재 내용에 대하여 근로자대표의 이견이 있는 경우에는 그 내용을 첨부하여야 한다.
다만, 건설업의 경우에는 근로자대표의 확인을 생략할 수 있다.

1.6 안전보건관리규정 작성
(산업안전보건법 제20조. 2010)

1. 안전보건관리규정 내용(제20조)

1) 사업주는 사업장의 안전·보건을 유지하기 위하여 다음 각 호의 사항이 포함된 안전보건관리규정을 작성하여 각 사업장에 게시하거나 갖춰 두고, 이를 근로자에게 알려야 한다.
   ① 안전·보건 관리조직과 그 직무에 관한 사항
   ② 안전·보건교육에 관한 사항
   ③ 작업장 안전관리에 관한 사항
   ④ 작업장 보건관리에 관한 사항
   ⑤ 사고 조사 및 대책 수립에 관한 사항
   ⑥ 그 밖에 안전·보건에 관한 사항

2) 제1항의 안전보건관리규정은 해당 사업장에 적용되는 단체협약 및 취업규칙에 반할 수 없다. 이 경우 안전보건관리규정 중 단체협약 또는 취업규칙에 반하는 부분에 관하여는 그 단체협약 또는 취업규칙으로 정한 기준에 따른다.

3) 안전보건관리규정을 작성하여야 할 사업의 종류·규모와 안전보건관리규정에 포함되어야 할 세부적인 내용 등에 관하여 필요한 사항은 고용노동부령으로 정한다.

안전보건관리규정을 작성하여야 할 사업의 종류 및 규모 (제26조201항 관련)

시행규칙제26조(안전보건관리규정의 작성해야 하는 사업장)
① 상시 근로자 100명 이상을 사용하는 사업으로 한다.
② 사업주는 안전보건관리규정을 작성하여야 할 사유가 발생한 날부터 30일 이내에 별표 6의2의 내용을 포함한 안전보건관리규정을 작성하여야 한다. 이를 변경할 사유가 발생한 경우에도 또한 같다.
③ 사업주가 제2항에 따른 안전보건관리규정을 작성하는 경우에는
 소방·가스·전기·교통 분야 등의 다른 법령에서 정하는 안전관리에 관한 규정과 통합하여 작성할 수 있다.

2. 안전보건관리규정의 작성·변경 절차(제21조)

사업주는 제20조에 따라 안전보건관리규정을 작성하거나 변경할 때에는 제19조에 따른 산업안전보건위원회의 심의·의결을 거쳐야 한다. 다만, 산업안전보건위원회가 설치되어 있지 아니한 사업장의 경우에는 근로자대표의 동의를 받아야 한다.

3. 안전보건관리규정의 준수(제22조)

1) 사업주와 근로자는 안전보건관리규정을 지켜야 한다.
2) 안전보건관리규정에 관하여는 이 법에서 규정한 것을 제외하고는 그 성질에 반하지 아니하는 범위에서 취업규칙에 관한 규정을 준용한다.

〈별표 6의2 안전보건관리규정의 세부 내용〉
1. 총칙
 가. 안전보건관리규정 작성의 목적 및 적용 범위에 관한 사항
 나. 사업주 및 근로자의 재해 예방 책임 및 의무 등에 관한 사항
 다. 하도급 사업장에 대한 안전·보건관리에 관한 사항

2. 안전·보건 관리조직과 그 직무
 가. 안전·보건 관리조직의 구성방법, 소속, 업무 분장 등에 관한 사항
 나. 안전보건관리책임자(안전보건총괄책임자), 안전관리자, 보건관리자, 관리감독자의

직무 및 선임에 관한 사항
다. 산업안전보건위원회의 설치·운영에 관한 사항
라. 명예산업안전감독관의 직무 및 활동에 관한 사항
마. 작업지휘자 배치 등에 관한 사항

3. 안전·보건교육
가. 근로자 및 관리감독자의 안전·보건교육에 관한 사항
나. 교육계획의 수립 및 기록 등에 관한 사항

4. 작업장 안전관리
가. 안전·보건관리에 관한 계획의 수립 및 시행에 관한 사항
나. 기계·기구 및 설비의 방호조치에 관한 사항
다. 유해·위험기계 등에 대한 자율검사프로그램에 의한 검사 또는 안전검사 사항
라. 근로자의 안전수칙 준수에 관한 사항
마. 위험물질의 보관 및 출입 제한에 관한 사항
바. 중대재해 및 중대산업사고 발생, 급박한 산업재해 발생의 위험이 있는 경우 작업 중지에 관한 사항
사. 안전표지·안전수칙의 종류 및 게시에 관한 사항과 그 밖에 안전관리 사항

5. 작업장 보건관리
가. 근로자 건강진단, 작업환경측정의 실시 및 조치절차 등에 관한 사항
나. 유해물질의 취급에 관한 사항
다. 보호구의 지급 등에 관한 사항
라. 질병자의 근로 금지 및 취업 제한 등에 관한 사항
마. 보건표지·보건수칙의 종류 및 게시에 관한 사항과 그 밖에 보건관리 사항

6. 사고 조사 및 대책 수립
가. 산업재해 및 중대산업 사고의 발생 시 처리 절차 및 긴급조치 사항
나. 산업재해 및 중대산업 사고의 발생 원인에 대한 조사 및 분석, 대책 수립
다. 산업재해 및 중대산업 사고 발생의 기록·관리 등에 관한 사항

7. 보칙
가. 무재해운동 참여, 안전·보건 관련 제안 및 포상·징계 등 산업재해 예방을 위하여 필요하다고 판단하는 사항
나. 안전·보건 관련 문서의 보존에 관한 사항
다. 그 밖의 사항

사업장의 규모·업종 등에 적합하게 작성하며, 필요한 사항을 추가하거나 그 사업장에 관련되지 않는 사항은 제외할 수 있다.

1.7 산업안전 보건법 관리체계

< 안전관리 체계도 >

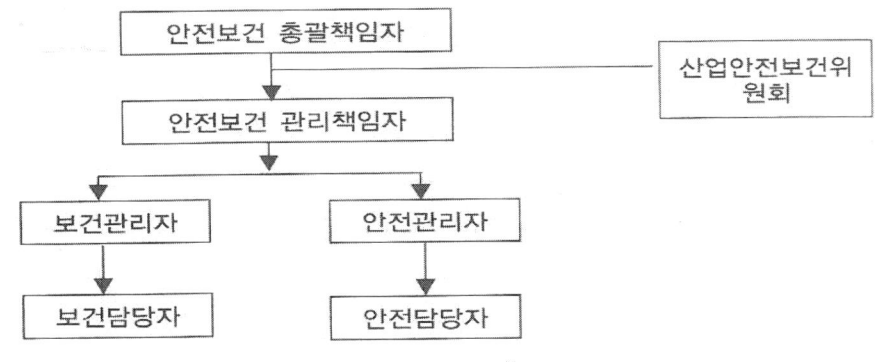

그림1. 안전관리 체계도

1. 안전보건총괄책임자(산업안전보건법 제18조)

① 같은 장소에서 행하여지는 사업으로서 다음 각 호의 어느 하나에 해당하는 사업 중 **대통령령으로 정하는 사업(아래표)**의 사업주는 그가 사용하는 근로자와 그의 수급인이 사용하는 근로자가 같은 장소에서 작업을 할 때에 생기는 산업재해를 예방하기 위한 업무를 총괄·관리하기 위하여 그 사업의 관리책임자를 안전보건총괄책임자로 지정하여야 한다.
이 경우 관리책임자를 두지 아니하여도 되는 사업에서는 그 사업장에서 사업을 총괄·관리하는 자를 안전보건총괄책임자로 지정하여야 한다.

(안전보건총괄책임자를 두어야하는 사업장)

근로자를 포함한 상시 근로자가 50명(제4호부터 제7호까지의 규정에 해당하는 사업의 경우에는 100명) 이상인 사업 및 해당 공사의 총공사금액이 20억원 이상인 건설업.
 1. 1차 금속 제조업
 2. 선박 및 보트 건조업
 3. 토사석 광업

> 4. 제조업(제1호 및 제2호는 제외한다)
> 5. 서적, 잡지 및 기타 인쇄물 출판업
> 6. 음악 및 기타 오디오물 출판업
> 7. 금속 및 비금속 원료 재생업

② 제1항에 따라 안전보건총괄책임자를 지정한 경우에는 안전총괄책임자를 둔 것으로 본다.

③ 안전보건총괄책임자의 직무·권한, 그 밖에 필요한 사항은 대통령령으로 정한다.

> 제24조(안전보건총괄책임자의 직무)
> 1. 작업의 중지 및 재개
>   - 산업재해가 발생할 급박한 위험이 있을 때
>   - 중대재해가 발생하였을 때
> 2. 도급사업 시의 안전·보건 조치
>   - 사업의 일부를 분리하여 도급을 주어하는 사업
>   - 사업이 전문분야의 공사로 이루어져 시행되는 경우
> 3. 산업안전보건관리비의 집행 감독 및 그 사용에 관한 수급인 간의 협의·조정
> 4. 의무안전인증 대상기계·기구등과 자율안전확인대상 기계·기구등의 사용 여부 확인

2. 안전보건관리책임자 직무 (제13조)

① 사업주는 다음 각 호의 업무를 총괄·관리할 안전보건관리책임자를 두어야 한다.<개정 2010.6.4>

1. 산업재해 예방계획의 수립에 관한 사항
2. 안전보건관리규정의 작성 및 변경에 관한 사항
3. 근로자의 안전·보건교육에 관한 사항
4. 작업환경측정 등 작업환경의 점검 및 개선에 관한 사항
5. 근로자의 건강진단 등 건강관리에 관한 사항

6. 산업재해의 원인 조사 및 재발 방지대책 수립에 관한 사항

7. 산업재해에 관한 통계의 기록 및 유지에 관한 사항

8. 안전·보건과 관련된 안전장치 및 보호구 구입 시의 적격품 여부 확인에 관한 사항

9. 그 밖에 근로자의 유해·위험 예방조치에 관한 사항으로서 고용노동부령으로 정하는 사항

② 관리책임자는 제15조에 따른 안전관리자와 제16조에 따른 보건관리자를 지휘·감독한다.

③ 관리책임자를 두어야 할 사업의 종류·규모, 그 밖에 필요한 사항은 대통령령으로 정한다.

시행령 제9조(안전보건관리책임자의 선임 대상)
1) 상시 근로자 100명 이상의 사업
2) 상시 근로자 100명 미만의 사업중 고용노동부령으로 정하는 사업
 ① 총공사금액이 20억원 이상인 공사를 시행하는 건설업
 ② 상시 근로자 50명이상 100명 미만 사업중 아래 사업
  - 1차금속 제조업
  - 금속가공제품 제조업
  - 기타 기계 및 장비 제조업
  - 컴퓨터 및 주변장치 제조업
  - 전기장비 제조업, 전자코일, 변성기 및 기타 전자유도자 제조업
  - 유선 통신장비 제조업
  - 의료, 정밀, 광학기기 및 시계 제조업
  - 자동차 및 트레일러 제조업등
② 관리책임자는 해당 사업에서 그 사업을 실질적으로 총괄·관리하는 사람이어야 한다.

3. 안전관리자 (제15조)

① 사업주는 안전에 관한 기술적인 사항에 관하여 사업주 또는 관리 책임자를 보좌하고 관리감독자에게 지도·조언을 하도록 사업장에 안전관리자를 두어야 한다.

② 안전관리자를 두어야 할 사업의 종류·규모, 안전관리자의 자격·직무·권한·선임방법, 그 밖에 필요한 사항은 대통령령으로 정한다.

③ 고용노동부장관은 산업재해 예방을 위하여 필요하다고 인정할 때에는 안전관리자를 정수(定數) 이상으로 늘리거나 다시 임명할 것을 명할 수 있다.<개정 2010.6.4>

④ 대통령령으로 정하는 종류 및 규모에 해당하는 사업의 사업주는 고용노동부장관이 지정하는 안전관리 업무를 전문적으로 수행하는 기관(이하 "안전관리대행기관"이라 한다)에 안전관리자의 업무를 위탁할 수 있다.<개정 2010.6.4>

⑤ 안전관리대행기관의 지정 요건 및 절차에 관한 사항은 대통령령으로 정하고, 안전관리대행기관의 업무수행기준, 안전관리대행지역, 그 밖에 필요한 사항은 고용노동부령으로 정한다.<개정 2010.6.4>

4. 산업안전보건위원회(제19조)

① 사업주는 산업안전·보건에 관한 중요 사항을 심의·의결하기 위하여 근로자와 사용자가 같은 수로 구성되는 산업안전보건위원회를 설치·운영하여야 한다.

② 사업주는 다음 각 호의 사항에 대하여는 산업안전보건위원회의 심의·의결을 거쳐야 한다.

　1. 제13조 제1항 제1호부터 제5호까지 및 제7호에 관한 사항

> 1. 산업재해 예방계획의 수립에 관한 사항
> 2. 안전보건관리규정의 작성 및 변경에 관한 사항
> 3. 근로자의 안전·보건교육에 관한 사항
> 4. 작업환경측정 등 작업환경의 점검 및 개선에 관한 사항
> 5. 근로자의 건강진단 등 건강관리에 관한 사항
> <u>6. 산업재해의 원인 조사 및 재발 방지대책 수립에 관한 사항</u>
> 7. 산업재해에 관한 통계의 기록 및 유지에 관한 사항

8. 안전·보건과 관련된 안전장치 및 보호구 구입 시의 적격품 여부 확인 사항

  2. 제13조 제1항 제6호의 규정 중 중대재해에 관한 사항
  3. 유해하거나 위험한 기계·기구와 그 밖의 설비를 도입한 경우 안전·보건조치에 관한 사항

③ 산업안전보건위원회의 회의는 대통령령으로 정하는 바에 따라 개최하고 그 결과를 회의록으로 작성하여 보존하여야 한다.

제25조의4(회의 등)
① 산업안전보건위원회의 회의는 정기회의와 임시회의로 구분하되, 정기회의는 3개월마다 위원장이 소집하며, 임시회의는 위원장이 필요하다고 인정할 때에 소집한다.
② 회의는 근로자위원 및 사용자위원 각 과반수의 출석으로 시작하고 출석위원 과반수의 찬성으로 의결한다.
③ 근로자대표, 명예감독관, 해당 사업의 대표자, 안전관리자 또는 보건관리자는 회의에 출석하지 못할 경우에는 해당 사업에 종사하는 사람 중에서 1명을 지정하여 위원으로서의 직무를 대리하게 할 수 있다.
④ 산업안전보건위원회는 다음 각 호의 사항을 기록한 회의록을 작성하여 갖춰 두어야 한다.
  1. 개최 일시 및 장소
  2. 출석위원
  3. 심의 내용 및 의결·결정 사항
  4. 그 밖의 토의사항

④ 산업안전보건위원회는 해당 사업장 근로자의 안전과 보건을 유지·증진시키기 위하여 필요한 사항을 정할 수 있다.

⑤ 사업주와 근로자는 산업안전보건위원회가 심의·의결 또는 결정한 사항을 성실하게

이행하여야 한다.
⑥ 산업안전보건위원회의 심의·의결 또는 결정은 이 법과 이 법에 따른 명령, 단체협약, 취업규칙 및 안전보건관리규정에 반하여서는 아니 된다.
⑦ 사업주는 산업안전보건위원회의 위원으로서 정당한 활동을 한 것을 이유로 그 위원에게 불이익을 주어서는 아니 된다.
⑧ 산업안전보건위원회를 설치하여야 할 사업의 종류 및 규모, 산업안전보건위원회의 구성과 운영, 의결되지 아니한 경우의 처리방법 등에 관하여 필요한 사항은 대통령령으로 정한다.

제25조(산업안전보건위원회의 설치 대상)
1. 상시 근로자 100명 이상을 사용하는 사업장.
   다만, 건설업의 경우에는 공사금액이 120억원 이상인 사업장
2. 상시 근로자 50명 이상 100명 미만을 사용하는 사업 중 다른 업종과 비교할 경우 근로자 수 대비 산업재해 발생 빈도가 현저히 높은 유해·위험 업종으로서 고용노동부령으로 정하는 사업장(이하 "유해·위험사업"이라 한다)

3. 시행규칙 제25조(산업안전보건위원회 설치대상)
   1. 토사석 광업
   2. 목재 및 나무제품 제조업(가구는 제외한다)
   3. 화학물질 및 화학제품 제조업(의약품, 세제·화장품 및 광택제 제조업, 화학섬유 제조업은 제외한다)
   4. 비금속광물제품 제조업
   5. 1차 금속 제조업
   6. 금속가공제품 제조업(기계 및 가구는 제외한다)
   7. 자동차 및 트레일러 제조업
   8. 기타 기계 및 장비 제조업(사무용기기 및 장비 제조업은 제외한다), 가정용기기 제조업, 그 외 기타 전기장비 제조업
   9. 기타 운송장비 제조업(전투용 차량 제조업은 제외한다)

5. 관리감독자 (제14조)

① 사업주는 사업장의 관리감독자(경영조직에서 생산과 관련되는 업무와 그 소속 직원을 직접 지휘·감독하는 부서의 장 또는 그 직위를 담당하는 자를 말한다. 이하 같다)로 하여금 직무와 관련된 안전·보건에 관한 업무로서 안전·보건점검 등 대통령령으로 정하는 업무를 수행하도록 하여야 한다.

② 제1항에 따른 관리감독자가 있는 경우에는 안전관리책임자 및 안전관리담당자를 각각 둔 것으로 본다.

1.8 브레인 스토밍(Brain Storming)

1. 브레인 스토밍(Brain Storming)이란?

1) 브레인 스토밍은 BBDO의 창설자 중 한 사람인 알렉스 오스본이 주창하여 세계적으로 다양한 영역에서 활용되는 집단적 아이디어 발상법이다.

   방법론이 배우기 쉽고 활용범위가 넓어 광고 아이데이션은 물론 제품 개발, 정책개발, 각종 기획안 입안 등에 널리 활용되고 있다.

2) 보통 5~8명으로 구성된 팀이 참여하여 서로 아이디어의 시너지를 증폭 시키는 발상법이다.

2. 브레인 스토밍(Brain Storming)의 규칙

1) 다른 사람의 아이디어를 비판하지 말라.

   브레인 스토밍의 핵심은 타인의 아이디어에 자극을 받아 끊임없이 연쇄적 아이디어를 창출하는 것이다.

   따라서 자유발상단계에서 나오는 모든 아이디어는 수준에 상관없이 모두 받아들여져야 한다.

   비판적 검토 단계에서 충분히 평가, 비판될 기회가 있기 때문이다.

2) 아무리 자신 없는 아이디어라도 주저 없이 발표하라.

   브레인 스토밍의 적은 '한심한 아이디어'가 아니라 '일관된 침묵'이다.

   브레인 스토밍은 산 위에서 굴리는 눈덩이처럼 아이디어의 연쇄적 확산을 도모하기 때문이다.

   훌륭한 아이디어는 평범한 아이디어들이 시너지를 이루며 탄생함을 잊지 말아야 한다.

3) 최소 100개 이상의 아이디어가 나와야 한다.

   브레인 스토밍에서는 아이디어의 질(質)만큼 양(量)도 중요하다.

   아무리 뛰어난 사람도 한정된 시간에 수 십 가지의 독창적인 아이디어를 창출하기는 쉽지 않다.

   그러나 자유발상 단계에서는 정해진 회의시간에 가능한 한 많은 아이디어를 추출하도록 최선의 노력을 다한다.

4) 다른 사람의 아이디어를 결합, 발전 시켜라.

   브레인 스토밍의 핵심은 기존 아이디어의 결합이다.

일단 자신의 아이디어 창출에 최선을 다하라. 그리고 다른 팀원의 아이디어를 자신의 아이디어와 결합시키고, 비약시키고, 과장하여 새로운 아이디어를 만들어 내라. 이를 통해 가능한 한 많은 경우의 수를 확보하는 것이 중요하다.

3. 브레인 스토밍(Brain Storming)의 실행방법

1) 준비단계
   ① 리더 1명, 기록 1명을 포함한 5~8명의 팀을 구성한다.
      리더는 회의 진행 중에 브레인 스토밍의 주제를 명확히 환기시키고, 자연스럽고 활발하게 아이데이션이 진행될 수 있도록 하는 역할을 한다.
   ② 회의 장소는 서로가 얼굴을 마주할 수 있는 곳이면 좋다.
      회의에 참석한 모든 팀원들이 가장 잘 볼 수 있는 곳에 아이디어를 기록할 수 있어야 한다.
2) 자유발상단계
   ① 팀이 구성되면 회의 주제를 설명한다. 주제는 구체적이고 명확하여야 하며, 팀원 모두가 충분히 숙지하여야 한다.
      리더는 회의 전에 브레인 스토밍 필수 규칙을 다시 한 번 강조한다.
   ② 자유롭고 편안한 분위기에서 브레인 스토밍을 시작한다.
      먼저 각자가 자신의 아이디어를 발표하고, 다음으로 다른 사람의 발표를 듣고 떠오른 추가적인 아이디어를 교환한다.
      가능한 한 많은 수의 아이디어를 뽑아내는 것이 중요하다.
   ③ 아이디어는 최소 100개(팀) 정도를 목표로 하지만 다다익선이다.
      회의가 길어질 때는 5~10분 정도 휴식 후 회의를 속개한다.
3) 평가, 검토, 발전 단계
   자유발상 단계에서 더 이상의 아이디어가 나오지 않는다고 판단되면 회의를 종료한다. 휴식 후 회의를 속개할 수 있고, 객관적 판단을 위해 다음 날 회의를 속개할 수 있다. 이 단계에서의 멤버는 최소 1/2정도 교체 가능하다.

(아이디어 평가 기준)
   ① 아이디어가 독창적인가?
   ② 실현가능성이 있는가?
   ③ 효과는 어떠한가?

1.9 안전관리자 직무

산업안전시행령 제13조(안전관리자의 직무 등)
① 안전관리자가 수행하여야 할 직무는 다음 각 호와 같다.
〈개정 2010.7.12〉
   1. 산업안전보건위원회 또는 안전·보건에 관한 노사협의체에서 심의·의결한 직무와 안전보건관리규정(이하 "안전보건관리규정"이라 한다) 및 취업규칙에서 정한 직무
   2. 의무안전인증대상 기계·기구등과 자율안전 확인대상 기계·기구등 구입시 적격품의 선정
   3. 해당 사업장 안전교육계획의 수립 및 실시
   4. 사업장 순회점검·지도 및 조치의 건의
   5. 산업재해 발생의 원인 조사 및 재발 방지를 위한 기술적 지도·조언
   6. 산업재해에 관한 통계의 유지·관리를 위한 지도·조언
   7. 취업규칙 중 안전에 관한 사항을 위반한 근로자에 대한 조치의 건의
   8. 그 밖에 안전에 관한 사항으로서 고용노동부장관이 정하는 사항

② 사업주가 안전관리자를 배치할 때에는 연장근로·야간근로 또는 휴일근로 등 해당 사업장의 작업 형태를 고려하여야 한다.

제14조(안전관리자의 자격) 법 제15조제2항에 따른 안전관리자의 자격
[시행령. 별표 4] 〈개정 2010.11.18〉
   1. 산업안전지도사
   2. 산업안전기사 이상의 자격을 취득한 사람
   3. 산업안전산업기사의 자격을 취득한 사람
   4. 건설안전기사 이상의 자격을 취득한 사람
   5. 건설안전산업기사의 자격을 취득한 사람
   6. 4년제 대학 이상의 학교에서 산업안전 관련 학과를 전공하고 졸업한 사람 또는 이와 같은 수준 이상의 학력을 가진 사람
   7. 전문대학 또는 이와 같은 수준 이상의 학교에서 산업 안전 관련 학과를 전공하고 졸업한 사람

8. 이공계 전문대학 또는 이와 같은 수준 이상의 학교를 졸업하고 해당 사업의 관리감독자로서의 업무를 3년(4년제 이공계 대학졸업자는 1년) 이상 담당한 사람
9. 공업계 고등학교 또는 이와 같은 수준 이상의 학교를 졸업하고 해당 사업의 관리감독자로서의 업무를 5년 이상 담당한 사람
10. 기타 법규 참조

제15조(안전관리 업무의 위탁 등)
① 안전관리자의 업무를 안전관리대행기관에 위탁할 수 있는 사업의 종류 및 규모는 건설업을 제외한 사업으로서 상시 근로자 300명 미만을 사용하는 사업으로 한다.
② 사업주가 제1항에 따라 안전관리자의 업무를 안전관리대행기관에 위탁한 경우에는 그 대행기관을 안전관리자로 본다.

1.10 전기안전관리자의 직무

1. 전기안전관리자의 선임기준 (전기수용설비) 전기사업자는 다름.

안전관리 범위	자격 기준	보조원
전압 10만V 미만으로서 전기설비 용량 1,500kW 미만 전기설비	- 전기산업기사 이상	
전압 10만V 미만으로서 전기설비 용량 2,000 kW 미만 전기설비	- 전기산업기사 + 실무경력 2년 이상 - 전기기사 + 실무경력 1년 이상 - 전기기능장 + 실무경력 1년 이상	-5,000~10,000KW 미만 : 1명
전압 10만V 미만 전기설비	- 전기산업기사 + 실무경력 4년 이상	-10,000 KW 이상 : 2명
모든 전기설비	- 전기 분야 기술사 - 전기기사 + 실무경력 2년 이상 - 전기기능장 + 실무경력 2년 이상	

2. 전기안전관리자의 선임 대상 (전기사업법 시행규칙 제40조)

① 전기안전관리자를 선임하여야 하는 전기설비
  1. 전압이 600V 초과 전기수용설비
  2. 심야전력을 이용하는 전기설비로서 전압이 600V 초과 설비
  3. 설비용량 20kW 초과 발전설비
② 선임 시기
    전기설비의 사용 전 검사 신청 전 또는 사업개시 전
③ 전기안전관리자 겸직(1인이 할 수 있는 경우)
  1. 1천 미터 이내에 있는 2개소의 유수지 배수펌프용 전기설비
  2. 농사용으로 동일 수계에 설치된 4개소 이하의 양수 및 배수펌프용 전기설비
  3. 동일 노선의 고속국도 또는 국도에 설치된 2개소
     터널 전기설비를 원격감시 및 제어할 수 있는 고속국도는 4개소

3. 전기안전관리자의 직무 (전기사업법 시행규칙 제44조)

1. 전기설비의 공사·유지 및 운용에 관한 업무 및 이에 종사하는 사람에 대한 안전교육
2. 전기설비의 안전관리를 위한 확인·점검 및 이에 대한 업무의 감독
3. 전기설비의 운전·조작 또는 이에 대한 업무의 감독
4. 전기설비의 안전관리에 관한 기록 및 그 기록의 보존
5. 공사계획의 인가신청 또는 신고에 필요한 서류의 검토
6. 다음 각 목의 어느 하나에 해당하는 공사의 감리업무
   가. 비상용 예비발전설비의 설치·변경공사로서 총공사비가 1억원 미만
   나. 전기수용설비의 증설 또는 변경공사로서 총공사비가 5천만원 미만
7. 전기설비의 일상점검·정기점검·정밀점검의 절차, 방법 및 기준에 대한 안전관리규정의 작성
8. 전기재해의 발생을 예방하거나 그 피해를 줄이기 위하여 필요한 응급조치

4. 안전관리업무의 대행 (전기사업법 제71조)

1) 안전공사
  2) 전기안전관리대행사업자(이하 "대행사업자"라 한다)
3) 대행 범위
  1. 안전공사 및 대행사업자
      다음 각 목의 어느 하나에 해당하는 전기설비(둘 이상의 전기설비 용량의 합계가 2,500kW 미만인 경우로 한정한다.)
  가. 용량 1,000kW 미만의 전기수용설비
  나. 용량 300kW 미만의 발전설비.
      다만, 비상용 예비발전설비의 경우에는 용량 500kW 미만.
  다. 태양광발전설비로서 용량 1,000kW 미만인 것

  2. 개인대행자
      다음 각 목의 어느 하나에 해당하는 전기설비
      (둘 이상의 용량의 합계가 1,050kW 미만인 전기설비로 한정한다.)
  가. 용량 500kW 미만의 전기수용설비
  나. 용량 150kW 미만의 발전설비.
      다만, 비상용 예비발전설비의 경우에는 용량 300kW 미만
  다. 용량 250킬로와트 미만의 태양광발전설비[전문개정 2009.11.20]

5. 전기안전관리자 자격 완화 (시행규칙 제42조)

전기안전관리자를 선임하는 것이 곤란하거나 적합하지 아니하다고 인정되는 지역의 전기설비의 범위와 전기안전관리자로 선임할 수 있는 사람의 자격기준은 다음 각 호와 같다.

1) 다음 각 목의 어느 하나에 해당하는 전기설비
   전기ㆍ토목ㆍ기계 분야 기능사 이상의 자격소지자 또는 고등학교의 전기ㆍ토목ㆍ기계 관련 학과 졸업 이상의 학력 소지자로서 해당 분야에서 3년 이상의 실무경력이 있는 사람
   가. 통행 또는 사용의 제한을 받는 군사시설보호구역에 설치된 설비용량 500kW 이하의 전기설비
   나. 섬이나 외딴곳에 설치된 설비용량 1,000kW 이하의 전기설비 및 발전설비
   다. 신에너지 및 재생에너지를 이용하여 전기를 생산하는 설비용량 1,000kW 이하의 발전설비
2) 군사용 시설에 속하는 전기설비
   전기 분야 기능사 이상의 자격소지자 또는 군 교육기관에서 정해진 교육을 이수한 사람
   [전문개정 2009.11.20]

6. 전기안전관리자의 직무대행자의 지정요건(제43조)

① 전기안전관리자의 직무대행자는 다음 각 호의 어느 하나에 해당하는 자격 또는 경력을 가진 사람으로 한다.
  1. 전기ㆍ토목ㆍ기계 분야 기능사 이상의 자격소지자
  2. 고등학교의 전기ㆍ토목ㆍ기계 관련 학과 졸업 이상의 학력 소지자로서 해당 분야에서 1년 이상의 실무경력이 있는 사람
  3. 해당 전기설비의 일상적인 운용을 위한 운전ㆍ조작 또는 이에 대한 업무의 감독이 가능한 사람
② 전기안전관리자의 직무대행자로 지정된 사람은 전기설비의 안전관리를 위한 확인과 전기설비의 일상적인 운용을 위한 운전ㆍ조작 또는 이에 대한 감독업무를 수행한다.
③ 전기안전관리자의 직무대행자를 지정한 자는 전기안전관리자의 직무 대행자 지정서를 작성하여 갖춰 두어야 한다.
④ 전기안전관리자의 직무대행자의 직무대행기간은 30일을 초과할 수 없다.

1.11 전기 감리원의 직무

1. 개요

  감리에는 설계 감리와 공사 감리가 있으며 설계 감리는 설계 도서(시방서, 도면, 계산서 등)가 관계 법령, 기술기준 등에 6적합하며 목적하는 대로 설계가 되었는지 확인 하는 것을 말하며, 공사 감리는 전력 시설물의 설치, 보수 공사에 대하여 발주자의 위탁을 받은 공사 감리업체에 소속된 감리원이 설계 도서 기타 관계서류의 내용대로 시공되는지 여부를 확인하고 품질 관리, 공사 관리 및 안전 관리 등에 대한 기술 지도를 하며, 관계 법령에 따라 발주자의 권한을 대행하는 것을 말한다.(전력 기술 관리법)

2. 공사 감리원의 소양

1) 감리원의 자격

등급	국가기술자격자	학력경력자
초급	- 기사 또는 산업기사 자격을 취득한자 - 기능사자격 취득한 후 2년 이상 전력 기술 업무를 수행한자(이하 경력자)	- 학사 학위 취득 후 1년 이상 경력자 - 전문대학 졸업 후 3년 이상 경력자 - 고등학교 졸업 후 5년 이상 경력자 - 석사 이상 학위 취득자 - 전력 기술 업무를 7년 이상 수행하고 전력 기술인 양성 교육을 이수한자
중급	- 기사자격을 취득한 후 2년 이상 경력자 - 산업기사자격을 취득한 후 5년 이상 경력자 - 기능사자격 취득한 후 8년 이상 경력자 - 기능장 자격 취득한 자	
고급	- 기사자격을 취득한 후 5년 이상 경력자 - 산업기사자격을 취득한 후 8년 이상 경력자 - 기능장 자격 취득한 후 2년 이상 경력자	
특급	- 기술사	

2) 감리원의 교육 훈련

감리원은 산업 자원부 장관이 시행하는 감리원의 직무 기술의 향상을 위한 교육 훈련을 이수해야 한다.

3. 감리원의 직무

1) 공사착공단계
    - 감리업무착수계 제출
    - 업무연락처 등의 보고
    - 설계도서 등의 검토 및 관리
    - 공사표지판 등의 설치
    - 착공신고서 검토 및 보고
    - 공사관계자 합동회의
    - 하도급 관련사항
    - 현장사무소, 공사용도로 작업장부지 등의 선정
    - 현지여건조사

2) 공사 시공단계
    (1) 일반행정업무
        - 발주자에 대한 정기 및 수시보고사항
        - 현장정기교육
        - 감리원의 의견제시 등
        - 민원사항처리 등
        - 시공기술자 등의 교체
        - 제3자 손해의 방지
        - 공사업자에 대한 지시
        - 수명사항의 처리
        - 사진촬영 및 보관
    (2) 품질 관리
        - 품질관리계획
        - 품질시험계획서
        - 중점품질관리
        - 외부기관에 품질시험의뢰

(3) 시공 관리
      - 시공계획서
      - 시공상세도
      - 금일작업실적 및 명일작업계획서
      - 시공확인
      - 검사업무
      - 현장상황 보고
   (4) 공정 관리
      - 공정관리계획서
      - 공사진도 관리
      - 부진공정 만회대책
      - 수정 공정계획
      - 준공기한 연기원
      - 공정현황보고
   (5) 안전 관리
      - 안전관리 조직편성 및 임무
      - 안전점검 및 안전교육
      - 안전관리 결과보고서
      - 사고처리
3) 설계변경
   - 경미한 설계변경
   - 발주자의 지시에 따른 설계변경
   - 공사업자 제안에 따른 설계변경
   - 계약금액의 조정
   - 기성고 및 지급자재의 지급 검토
4) 기성 검사
   - 검사자의 임명
   - 불합격 공사에 대한 재시공 명령
   - 기성부분 검사원 및 기성내역서 검토
   - 감리조서의 작성
   - 기성부분 검사

5) 준공 및 인계인수 단계
- 시설물 시운전
- 예비 준공검사
- 준공도면 등의 검토·확인
- 준공표지의 설치 검토
- 시설물 인수·인계계획 수립
- 준공도서 등의 인수
- 시설물의 유지관리 지침서 작성
- 하자보수에 대한 의견제시

4. 감리 보고

책임감리원은 다음 사항을 기재한 수시보고서 및 분기보고서 최종보고를 작성하여 발주자에게 제출하여야 한다.

1. 공정현황
2. 기자재의 적합성 검토사항
3. 품질관리에 관한 사항
4. 하도급공사 추진현황
5. 설계 또는 시공의 변경사항
6. 나머지 공사의 전망 및 감리계획
7. 부당 시공 적발 및 시정사항
8. 해당기간 중 시공에 대한 종합평가
9. 발주자가 지시하는 사항
10. 기타 책임감리원이 감리에 관하여 중요하다고 인정되는 사항

〈감리원의 공사중지명령〉 공사감리업무 수행지침 제41조

① 법 제13조에 따라 감리원은 공사업자가 공사의 설계도서, 설계설명서 그 밖에 관계 서류의 내용과 적합하지 아니하게 시공하는 경우에는 재시공 또는 공사 중지명령이나 그 밖에 필요한 조치를 할 수 있다.

② 제1항에 따라 감리원으로 부터 재시공 또는 공사 중지명령 그 밖에 필요한 조치에 대한 지시를 받은 공사업자는 특별한 사유가 없으면 이에 응하여야 한다.

③ 감리원이 공사업자에게 재시공 또는 공사 중지명령 그 밖에 필요한 조치를 취한 때에는 발주자에게 보고하여야 한다. 다만, 경미한 시정사항 및 재시공은 보고를 생략할 수 있다.

④ 발주자는 감리원으로 부터 제3항에 따른 재시공 또는 공사 중지명령 그 밖에 필요한 조치에 관한 보고를 받은 때에는 이를 검토한 후 시정여부의 확인, 공사 재개지시 등 필요한 조치를 하여야 한다.

⑤ 감리원은 제1항에 따른 재시공 또는 공사 중지명령을 하였을 경우에는 발주자가 공사 중지 사유가 해소되었다고 판단되어 공사 재개를 지시할 때에는 특별한 사유가 없으면 이에 응하여야 한다.

⑥ 발주자는 제1항에 따른 감리원의 공사 중지명령 등의 조치를 이유로 감리원 등의 변경, 현장상주의 거부, 감리대가 지급의 거부·지체 등 감리원에게 불이익한 처분을 하여서는 아니 된다.

⑦ 공사 중지 및 재시공 지시 등의 적용한계는 다음 각 호와 같다.
  1. 재시공 : 시공된 공사가 품질확보 미흡 또는 위해를 발생시킬 우려가 있다고 판단되거나, 감리원의 확인·검사에 대한 승인을 받지 아니하고 후속 공정을 진행한 경우와 관계 규정에 맞지 아니하게 시공한 경우
  2. 공사중지 : 시공된 공사가 품질확보 미흡 또는 중대한 위해를 발생시킬 우려가 있다고 판단되거나, 안전상 중대한 위험이 발견된 경우에는 공사 중지를 지시할 수 있으며 공사 중지는 부분중지와 전면중지로 구분한다.

  가. 부분중지
  (1) 재시공 지시가 이행되지 않는 상태에서는 다음 단계의 공정이 진행됨으로써 하자 발생이 될 수 있다고 판단될 때
  (2) 안전시공상 중대한 위험이 예상되어 물적, 인적 중대한 피해가 예견될 때
  (3) 동일 공정에 있어 3회 이상 시정지시가 이행되지 않을 때

(4) 동일 공정에 있어 2회 이상 경고가 있었음에도 이행되지 않을 때
나. 전면중지
　(1) 공사업자가 고의로 공사의 추진을 지연시키거나, 공사의 부실 발생우려가 짙은 상황에서 적절한 조치를 취하지 않은 채 공사를 계속 진행하는 경우
　(2) 부분중지가 이행되지 않음으로써 전체공정에 영향을 끼칠 것으로 판단될 때
　(3) 지진·해일·폭풍 등 불가항력적인 사태가 발생하여 시공을 계속할 수 없다고 판단될 때
　(4) 천재지변 등으로 발주자의 지시가 있을 때
⑧ 감리원은 공사업자가 재시공, 공사 중지명령 등에 대한 필요한 조치를 이행하지 아니한 때에는 법 제13조에 따라 공사업자에 대한 제재조치를 취하도록 발주자에게 요구하여야 한다.

〈 감리원 검사업무 〉 공사감리업무 수행지침 제34조

① 감리원은 다음 각 호의 검사업무 수행 기본방향에 따라 검사업무를 수행하여야 한다.
　1. "검사업무지침"을 현장별로 작성·수립하여 발주자의 승인을 받은 후 이를 근거로 검사업무를 수행함을 원칙으로 한다.
　　검사업무지침은 검사하여야 할 세부공종, 검사절차, 검사시기 또는 검사빈도, 검사체크리스트 등의 내용을 포함하여야 한다.
　2. 수립된 검사업무지침은 모든 시공 관련자에게 배포하고 주지시켜야 하며, 보다 확실한 이행을 위하여 교육한다.
　3. 현장에서의 검사는 체크리스트를 사용하여 수행하고, 그 결과를 검사 체크리스트에 기록한 후 공사업자에게 통보하여 후속 공정의 승인여부와 지적사항을 명확히 전달한다.
　4. 검사 체크리스트에는 검사항목에 대한 시공기준 또는 합격기준을 기재하여 검사결과의 합격여부를 합리적으로 신속 판정한다.
　5. 단계적인 검사로는 현장 확인이 곤란한 공종은 시공 중 감리원의 계속적인 입회·확인으로 시행한다.
　6. 공사업자가 검사요청서를 제출할 때 시공기술자 실명부가 첨부되었는지를 확인한다.
　7. 공사업자가 요청한 검사일에 감리원이 정당한 사유 없이 검사를 하지 않는 경우에는 공정추진에 지장이 없도록 요청한 날 이전 또는 휴일 검사를 하여야 하며 이때 발생하는 감리대가는 감리업자가 부담한다.

② 감리원은 다음 각 호의 사항이 유지될 수 있도록 **검사 체크리스트**를 작성하여야 한다.
 1. 체계적이고 객관성 있는 현장 확인과 승인
 2. 부주의, 착오, 미확인에 따른 실수를 사전 예방하여 충실한 현장 확인업무 유도
 3. 확인·검사의 표준화로 현장의 시공기술자에게 작업의 기준 및 주안점을 정확히 주지시켜 품질향상을 도모
 4. 객관적이고 명확한 검사결과를 공사업자에게 제시하여 현장에서의 불필요한 시비를 방지하는 등의 효율적인 확인·검사업무 도모

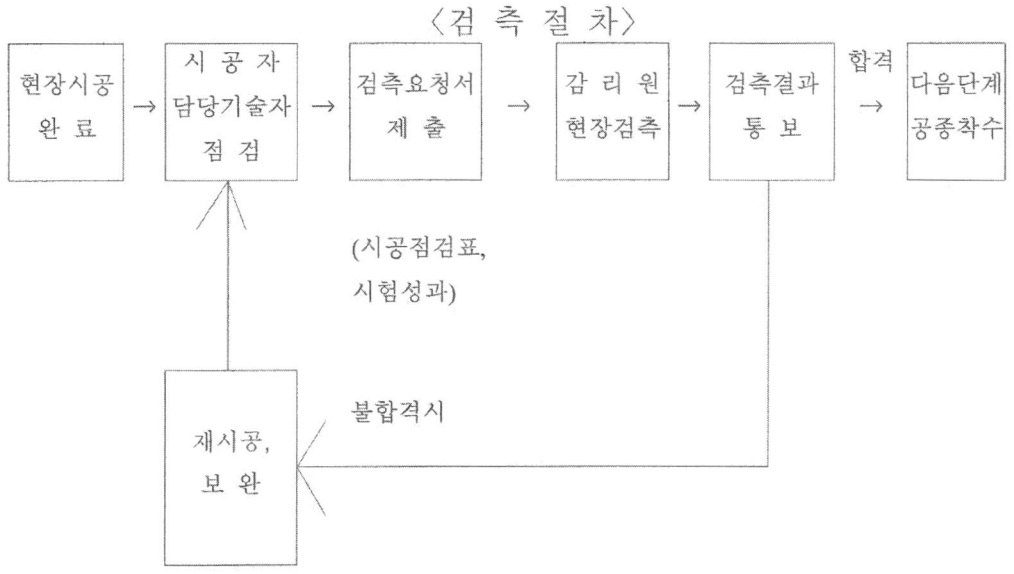

〈 전기공사 감리원 배치기준 〉

1. 공사비에 따른 분류
 1) 자가용 수용설비 설치공사(신규설치공사)
  - 감리업체에서 감리를 실시한다. (저압신규공사포함)
 2) 자가용전기수용설비 변경공사
  - 총 공사비 5천만원 미만 : 전기안전관리자의 자체감리가능
  - 총 공사비 5천만원 이상 : 감리업체
 3) 비상용 예비발전설비 설치 또는 변경공사
  - 총공사비 1억 미만 : 전기안전관리자 자체감리가능
  - 총공사비 1억 이상 : 감리업체에서만 감리 가능

4) 전기안전관리자의 자체감리
   - 저압자가용전기설비의 용량 변경시
   - 저압자가용전기설비에서 고압이상 자가용전기설비로 변경시, 총공사비 5천만원 미만의 변경공사는 안전관리자 자체감리가 가능함
   - 일반용 전기설비에서 자가용전기설비로 변경시 안전관리자를 선임하여 변경 공사가 이루어질 경우 총공사비 5천만원 미만시 안전관리자 자체감리가 가능.

* 비상주감리원의 업무(공사감리업무수행지침 제5조)

1. 설계도서 등의 검토
2. 상주감리원이 수행하지 못하는 현장 조사 분석 및 시공상의 문제점에 대한 기술검토와 민원사항에 대한 현지조사 및 해결방안 검토
3. 중요한 설계변경에 대한 기술검토
4. 설계변경 및 계약금액 조정의 심사
5. 기성 및 준공검사
6. 정기적(분기 또는 월별)으로 현장 시공 상태를 종합적으로 점검·확인·평가하고 기술지도
7. 공사와 관련하여 발주자(지원업무수행자 포함)가 요구한 기술적 사항 등에 대한 검토
8. 그 밖에 감리업무 추진에 필요한 기술지원 업무

1.12 전기안전 기술사 직무

1. 기술사의 정의(기술사법 제2조)

"기술사"라 함은 해당 기술분야에 관한 고도의 전문지식과 실무경험에 입각한 응용능력을 보유한 자로서 「국가기술자격법」에 의하여 기술사의 자격을 취득한 자를 말한다.

2. 기술사의 직무(기술사법 제3조)

기술사는 "과학기술에 관한 전문적 응용능력을 필요로 하는 사항에 대하여 계획·연구·설계·분석·조사·시험·시공·감리·평가·진단, 시험운전, 사업관리·기술판단(기술감정을 포함)·기술중재 또는 이에 관한 기술자문과 기술 지도를 그 직무로 한다."라고 되어 있다.

3. 업무영역(전력기술관리법 운영요령 2009)

제25조(감리원배치기준)

⑨ 각 호의 공사는 국가기술자격법에 의한 전기분야 기술사(전기안전기술사를 포함한다)를 책임감리원으로 배치하여야 한다.
  1. 용량 80만 킬로와트 이상의 발전설비공사
  2. 전압 30만 볼트 이상의 송전·변전설비공사
  3. 전압 10만 볼트 이상의 수전설비·구내배전설비·전력사용설비공사

4. 전기 안전 기술사의 업무내용

1) 전기 시설물 감리

   감리에는 설계 감리와 공사 감리가 있으며 그 업무는 다음과 같다.

   (1) 설계 감리
   - 설계 도서(시방서, 도면, 계산서 등)가 관계 법령, 기술 기준 등에 적합하며 목적하는 대로 설계가 되었는지 확인

   (2) 공사 감리
   - 전력 시설물의 설치, 보수 공사에 대하여 발주자의 위탁을 받은 공사 감리업체에 소속된 감리원이

- 설계 도서 기타 관계서류의 내용대로 시공되는지 여부를 확인
- 품질 관리, 공사 관리 및 안전 관리 등에 대한 기술 지도
- 관계 법령에 따라 발주자의 권한을 대행하는 것을 말한다.

2) 전력 시설의 계획, 연구 평가, 자문 등
- 엔지니어링 : 기술 집약화를 촉진
- 제조업 등 관련 산업 : 균형 발전 도모
- 과학 기술 분야 : 연구 결과 실용화 촉진
- 국민 경제의 발전에 이바지

3) 전력 시설물의 안전관리, 유지 보수 및 검사 진단
- 전기 설비 기술 기준(제2조)등 관련법을 토대로 다음 조건에 적합 한지를 확인하는 동시에 그 설비를 운전함에 있어서 충분한 기능을 발휘할 수 있는지 확인
  (1) 감전, 화재, 인체에 위해를 주거나 물체에 손상을 주지 않을 것
  (2) 사용 목적에 적절하고 안전하게 작동
  (3) 손상으로 인해 전기공급에 지장을 초래하지 말 것
  (4) 다른 시설물에 전기적 또는 자기적 장해를 주지 않을 것

5. 인력 개발 방안

1) 전력 기술 업무는 설계, 감리, 전기 공사, 시설관리분야로 크게 구분할 수 있으므로 전기 기술자의 전문성과 자율성을 보장하고 능력을 증대 시켜 권익을 향상 시켜야 한다.
2) 급변하는 국제화 시대에 선진국 수준의 기술을 확보하기 위하여 연구, 노력을 하여 우리의 경쟁 상대가 선진국이 될 수 있도록 해야 할 것이다.
3) 그러기 위하여 기술자들의 기술 향상 및 수준 향상을 위하여 교육 훈련도 지속 실시 해야 할 것이다.

1.13 맥그리거의 X-Y이론. 오우찌의 Z이론

1. 맥그리거의 X이론 · Y이론

1) 개요

맥그리거에 의하면 경영자나 관리자는 종업원을 대하는 관점이 경험을 통하거나 또는 타성적인 속단에서 보통 다음과 같은 인간관을 가진다고 하였다.

2) X 이론

① 인간은 선천적으로 일을 싫어하며, 가능한 한 일을 하지 않고 지냈으면 한다.
② 기업내의 목표달성을 위해서는 통제 · 명령 · 상벌이 필요하다.
③ 종업원은 대체로 평범하며, 자발적으로 책임을 지기보다는 명령받기를 좋아하고 안전 제일 주의의 사고 · 행동을 취한다.

맥그레거는 이 3가지를 X이론이라 하고, 이는 명령통제에 관한 전통적 견해이며 낡은 인간관이라고 비판하였다.

3) Y 이론

그는 또 이러한 인간관에 입각한 조직원칙 · 관리기법으로는 새로운 당면문제나 목표달성을 위해 조직의 총력을 결집하는 행동을 바라기 어렵다고 하면서, X이론을 대신할 새로운 인간관으로서 다음과 같은 Y이론을 제창하였다.

① 오락이나 휴식과 마찬가지로 일에 심신을 바치는 것은 인간의 본성이다.
② 상벌만이 기업목표 달성의 수단은 아니다. 조건에 따라서 인간은 스스로 목표를 향해 전력을 기울이려고 한다.
③ 책임의 회피, 야심의 결여, 안전제일주의는 인간의 본성이 아니다.
④ 새로운 당면문제를 잘 처리하는 능력은 특정인에게만 있는 것은 아니다.
⑤ 오히려 현재 기업 내에서 인간의 지적 능력이 제대로 활용되지 않고 있을 가능성이 많다.

이와 같은 Y이론은 인간의 행동에 관한 여러 사회과학의 성과를 토대로 한 것인데, 이러한 사고방식을 가진다면, 종업원들은 자발적으로 일할 마음을 가지게 되고, 개개인의 목표와 기업목표의 결합을 꾀할 수 있으며, 능률을 향상시킬 수 있다고 보았다.

2. 오우찌의 Z이론

1) 기본개념
   (1) 과거의 생산성 향상요소로서는 최고의 기술, 최적의 설비, 품질 좋은 자재에 기인하였으나 현대의 생산성 향상요소는 조직관리와 인적관리의 개선에서 더욱더 크게 영향을 받는다.
   (2) 조직내 근로자들 상호간 정신적 조화와 동료의식을 통한 하나의 산업적 동료를 구성하고 있는 집단을 Z형 조직이라고 정의할 수 있다.

2) Z이론의 개발배경
   미국 UCLA의 W.Ouchi 교수가 조직의 효율성 향상을 위해 미국 및 일본기업 48개 업체를 조사한 결과, 고 효율적이며 고 생산성을 갖고 있는 기업조직을 "Z"형으로 지칭하고 "Z"이론을 개발하였음.

3) Z형 조직의 특징
   (1) 공통의 문화를 향유하며 그 특징으로는
      ① 신뢰감   ② 집단 공동성   ③ 동질성
      ④ 친밀감   ⑤ 평등성   ⑥ 비판에 대한 수용태세
      ⑦ 정착성   ⑧ 정도성   ⑨ 참여성
      ⑩ 기술적 환경 ⑪ 자율성   ⑫ 공개성 등이다.

   (2) 이러한 특징은 Z형 조직내에서는 상호 신뢰감, 인간적인 친밀감, 상호인간 관계의 민감성을 요구하며, 동질성, 정착성, 집단주의적인 의식이 필수적이다.
   (3) 그리하여 이러한 요소로 인해 조직의 응집력는 강하게 형성되며, 결과적으로 생산성 향상이 이루어진다.

1.14 4M의 위험성 평가

1. 개요
4M 위험성평가는 사업장에서 예상되는 산업재해 발생 위험요인을 노사가 함께 찾아내어 사고발생 가능성을 최소화하는 위험성평가 방법을 사업장에서 보다 쉽게 적용하는데 있어 참고토록 하기 위함.

2. 용어의 정의
- "4M 위험성 평가"라 함은 공정(작업)내 잠재하고 있는 위험요인을 Man(인적) Machine(기계적) Management(관리적) Media(물질) 등 4가지 분야로 위험성을 파악하여 위험제거 대책을 제시하는 방법을 말함
- "위험성 평가(Risk assessment)"라 함은 잠재 위험요인이 사고로 발전할 수 있는 빈도와 피해크기를 평가하고 위험도가 허용될 수 있는 범위인지 여부를 평가하는 체계적인 방법을 말함

3. 평가실시 시기
- 위험성평가를 처음 실시하는 경우
- 위험성평가를 실시한 후 6개월이 경과한 경우
- 공정변경, 작업내용, 방법 및 절차가 바뀐 경우
- 새로운 설비를 도입하거나 새로운 물질을 사용할 경우
- 중대사고 및 재해가 발생한 경우(해당공정 및 작업)

4. 평가 절차

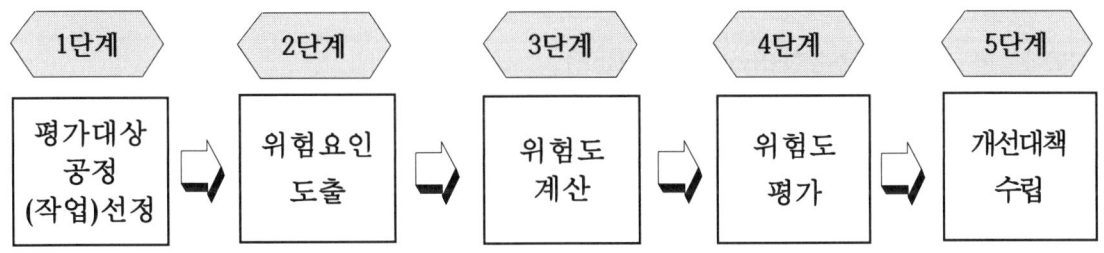

5. 위험요인 도출방법

- 위험을 Man(인적), Machine(기계적), Management (관리적), Media(물질·환경적) 등 4개 항목으로 구분평가

1) 인적 항목
   작업자의 불안전 행동을 유발시키는 인적위험 평가
2) 기계적 항목
   모든 생산설비의 불안전 상태를 유발시키는 설계·제작·안전장치 등을 포함한 기계자체 및 기계주변의 위험 평가
3) 관리적 항목
   안전의식 해이로 사고를 유발시키는 관리적인 사항 평가
4) 물질 및 원재료 항목

* 5M : Environment(환경적)를 추가하여 5M으로 함.

소음, 분진, 유해물질 등 작업환경 평가

〈 3E : 안전의 3요소 〉

안전의 3요소란 사고를 방지하고, 안전을 도모하기 위한 대책을 말함.

1) Education : 안전 교육 및 훈련을 실시
2) Engineering : 개선, 안전기준의 설정, 환경설비 개선, 점검보존의 확립
3) Enforcement : 관리적 대책
   - 적합한 기준 선정
   - 규정 및 수칙의 준수
   - 전 종업원의 기준 이해
   - 경영자 및 관리자의 솔선수범
   - 지속적인 동기부여 및 사기 진작

* 4E : Environment(환경)를 추가하여 4E로 적용함.

〈 3S 〉 - 4S=3S+총합화(Synthesization)

Simplification(단순화), Standardization(표준화), Specification(전문화)

〈 5S 운동 〉

1. 개요
5S는 일본어 발음을 영문으로 표시한 머릿글자인 S를 따서 5S 운동이라 함.

2. 5S 운동
1) 정리(Seiri) : 필요한 것과 불필요한 것을 구분하여 불필요한 것은 버림.
2) 정돈(Seition) : 필요한 것을 사용하기 편하도록 정리하는 것
3) 청소(Seiso) : 먼지, 오염원을 치우는 것
4) 청결(Seiketsu) : 정리, 정돈, 청소상태를 유지하며 쾌적하게 하는 것
5) 습관화(Sitsuke) : 규정, 규칙을 꾸준히 지켜 나가는 것
　　-7S=5S+(세정, 살균)

3. 5S 운동 효과
1) 불안정한 상태 제거
2) 쾌적한 작업환경 유지
3) 근로자들의 자신감 넘치는 작업장 분위기 조성
4) 생산성 향상
5) 장기 근속 및 애사심 고취

1.15 안전관리조직의 유형

1. 개요

1) 안전조직의 기본개념

   기업의 경영자가 책임을 완수하기 위해서는 재해방지대책에 대한 검토, 기획, 실시를 분담하는 조직을 만들고 조직을 통하여 인간관계의 조화 및 협동화를 도모하여 조직의 기능을 활성화하여 안전하는 것임.

2) 안전관리의 목적

   기업의 안전을 확보, 책임있는 관리활동 전개, 조직적인 사고와 예방활동, 조직계층간 및 종·횡으로 신속한 정보처리에 목적을 정함.

2. 안전관리조직의 유형별 비교

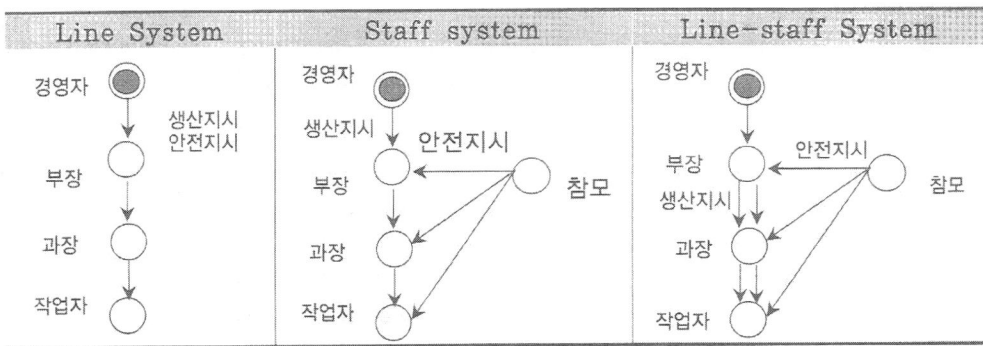

1) Line형 조직

   (1) 정의

   안전관리의 계획에서 실시까지 모든 업무를 생산라인을 통해 이루어지도록 편성된 조직이다.

   ① 특성

   책임이 생산 Line에 부여, 안전업무가 생산업무의 한 부분임.

   100명 미만의 소규모 사업장에 적합.

   ② 장점 : 안전지시가 정확, 신속히 이행됨.

   ③ 단점 : 안전의 전문지식, 정보축적 어려움.

   ④ 적용 : 사업장에 적합하며 활성화를 위해선 관리감독자의 체계적인 안전교육 실시가 필요함.

2) Staff 조직(참모식)-(100~1,000명)
(1) 정의
　　Line 조직 외에 안전업무를 권장하는 특별 Staff 부문을 두고 안전에 관한 계획, 조사, 검토, 권고, 보고 등을 행하는 관리방식이다.
① 장점
　- 안전전문지식 축적가능, 사업장에 적합한 안전대책 가능.
　- 안전업무의 표준화 및 전문화가 유리 함.
② 단점
　- 명령계통의 혼선, 지시, 명령이 신속, 정확히 이행불가.
　- 이 조직의 활성화를 위해선 관리감독자의 안전에 대한 이해가 부족하기 때문에 안전 Staff에게 많은 권한을 줘야 한다.
　- 전담안적조직이 생산조직과 원활한 융합이 안 될 경우 마찰발생 우려 및 생산부분의 능동적 안전관리활동을 기대할 수 없다.

3) Line-Staff 형
(1) 정의
　　Line형과 Staff형의 절충형으로 안전업무를 전담하는 Staff를 두고 생산 Line의 관리감독자에게 안전보건업무를 담당케 하는 조직이다.
　　대규모 사업장의 필수조직.
① 특성
　　생산 Line에 책임과 권한이 동시에 부여되고 1,000명 이상의 사업장에 유효하다.
② 장점 : 안전전무지식 축적가능, 명령이 신속, 정확함. 사업장에 맞는 대책 가능.
　　　　이 조직의 활성을 위해선 Line과 안전 Staff의 협조체제의 구축이 중요하고 Line과 Staff의 업무책임한계를 분명히 규정해 둘 필요가 있다.
③ 단점 : Staff조직에서 Line조직의 업무와 마찰이 발생하는 경우 월권행위가 발생할 소지가 있고 명령계통과 조언, 권고적 참여가 혼동되기 쉽다.

3. 안전관리조직의 효율적 운영방안
　　안전관리업무를 사실의 발견, 분석, 시정책의 선정, 시정책의 적용의 4가지로 구분한다. 조직을 편성할 때는 위의 4가지 업무가 효율적으로 추진될 수 있도록 하고, 분야별, 계층별로 적합한 역할을 맡겨야 한다.

1) 사실의 발견

   생산 라인의 관리감독자에게 임무 부여한다.

2) 분석과 시정책의 선정

   안전스텝(안전관리자)에게 임무 부여한다.

3) 시정책의 적용

   최고경영자와 생산라인이 맡아야 한다.

   즉, 생산라인에서 사고발생 요인을 발견하여 안전스텝에게 넘기면 안전스텝은 그것을 분석하여 사업장에 맞는 시정책을 선정하고, 이것을 경영자에게 상신하면, 경영자는 생산라인을 통해 그 시정책을 집행하여야 한다.

1.16 유해·위험 방지 계획서 제출 대상

1. 산업안전보건법 제48조(유해·위험 방지 계획서 제출 대상)

① **대통령령**(*)으로 정하는 업종 및 규모에 해당하는 사업의 사업주는 해당 제품생산 공정과 직접적으로 관련된 건설물·기계·기구 및 설비 등 일체를 설치·이전하거나 그 주요 구조 부분을 변경할 때에는 "유해·위험방지계획서"를 작성하여 노동부령으로 정하는 바에 따라 노동부장관에게 제출하여야 한다.

> 시행령 제33조의2(유해·위험방지계획서 제출 대상 사업장)
> "대통령령으로 정하는 업종 및 규모에 해당하는 사업"이란 다음 각 호의 어느 하나에 해당하는 사업으로서 **전기사용설비의 정격용량의 합이 300kW 이상인 사업**을 말한다.<개정 2012.1.26, 2014.3.12.> [시행일 : 2014.9.13]
> 1. 금속가공제품(기계 및 가구는 제외한다) 제조업
> 2. 비금속 광물제품 제조업
> 3. 기타 기계 및 장비 제조업
> 4. 자동차 및 트레일러 제조업
> 5. 식료품 제조업
> 6. 고무제품 및 플라스틱제품 제조업
> 7. 목재 및 나무제품 제조업
> 8. 기타 제품 제조업
> 9. 1차 금속 제조업
> 10. 가구 제조업
> 11. 화학물질 및 화학제품 제조업
> 12. 반도체 제조업
> 13. 전자부품 제조업

② 기계·기구 및 설비 등으로서 다음 각 호의 어느 하나에 해당하는 것으로서 고용노동부령으로 정하는 것을 설치·이전하거나 그 주요 구조부분을 변경하려는 사업주에 대하여는 제1항을 준용한다.〈개정 2010.6.4〉
  1. 유해하거나 위험한 작업을 필요로 하는 것
  2. 유해하거나 위험한 장소에서 사용하는 것
  3. 건강장해를 방지하기 위하여 사용하는 것

③ 건설업 중 노동부령으로 정하는 공사(*)를 착공하려는 사업주는 노동부령으로 정하는 자격을 갖춘 자(*)의 의견을 들은 후 이 법 또는 이 법에 따른 명령에서 정하는 유해·위험방지계획서를 작성하여 노동부령으로 정하는 바에 따라 노동부장관에게 제출하여야 한다.

④ 노동부장관은 제1항부터 제3항까지의 규정에 따른 유해·위험방지 계획서를 심사한 후 근로자의 안전과 보건을 위하여 필요하다고 인정할 때에는 공사를 중지하거나 계획을 변경할 것을 명할 수 있다.

⑤ 제1항부터 제3항까지의 규정에 따라 유해·위험방지계획서를 제출한 사업주는 노동부령으로 정하는 바에 따라 노동부장관의 확인을 받아야 한다.

산업안전시행규칙 제120조(유해위험방지 대상 사업장의 종류)

① 법 제48조제2항에서 **"고용노동부령으로 정하는 것"** 이란 다음 각 호의 어느 하나에 해당하는 기계·기구 및 설비를 말한다. 이 경우 제1호부터 제5호까지의 규정에 해당하는 기계·기구 및 설비의 구체적인 대상 범위는 고용노동부장관이 정하여 고시한다.

　<개정 2010.7.12>

1. 금속이나 그 밖의 광물의 용해로
2. 화학설비
3. 건조설비
4. 가스집합 용접장치
5. 허가대상·관리대상 유해물질 및 분진작업 관련 설비

② 법 제48조제3항에서 "고용노동부령으로 정하는 공사"란 다음 각 호의 어느 하나에 해당하는 공사를 말한다.<개정 2010.7.12>

1. － 지상높이가 31m 이상인 건축물 또는 인공구조물
　　－ 연면적 3만m_2 이상인 건축물
　　－ 연면적 5,000m_2 이상의 문화 및 집회시설, 판매시설, 운수시설, 종교시설, 의료시설 중 종합병원, 숙박시설 중 관광숙박시설,
　　－ 지하도상가 또는 냉동·냉장창고시설의 건설·개조 또는 해체
2. 연면적 5000m_2 이상의 냉동·냉장창고시설의 설비공사 및 단열공사
3. 최대 지간길이가 50m 이상인 교량 건설 등 공사
4. 터널 건설 등의 공사
5. 다목적댐, 발전용 댐 및 저수용량 2천만톤 이상의 용수 전용 댐, 지방상수도 전용 댐 건설 등의 공사
6. 깊이 10미터 이상인 굴착공사

③ 법 제48조제3항에서 "고용노동부령으로 정하는 자격을 갖춘 자"란 다음 각 호의 어느 하나에 해당하는 사람을 말한다.<개정 2010.7.12>
  1. 건설안전 분야 산업안전지도사
  2. 건설안전기술사 또는 토목·건축 분야 기술사
  3. 건설안전산업기사 이상으로서 건설안전 관련 실무경력이 7년(기사는 5년) 이상인 사람

④ 법 제48조제3항에서 "착공"이란 유해·위험방지계획서 작성 대상 시설물 또는 구조물의 공사를 시작하는 것을 말한다. 이 경우 대지 정리 및 가설사무소 설치 등의 공사 준비기간은 착공으로 보지 아니한다. [전문개정 2009.8.7]

2. 유해·위험 방지를 위하여 방호조치가 필요한 기계·기구

1) 방호조치 [protection management, 防護措置] 정의

　방호조치란 기계·기구에 의한 위험작업, 기타 작업에 의한 위험으로부터 근로자를 보호하기 위하여 행하는 위험기계·기구에 대한 방호장치의 설치, 보호구의 착용, 출입금지, 작업 중지, 대피, 안전교육 실시 등의 모든 행위를 말한다.

　사업주는 규정에 의한 방호조치가 정상적인 기능을 발휘할 수 있도록 점검 및 정비를 하여야 한다. 또한 근로자는 규정에 의한 방호조치에 대한 사항을 준수하여야 한다.

2) 법 제33조(유해하거나 위험한 기계·기구 등의 방호조치 등)

① 유해하거나 위험한 작업을 필요로 하거나 동력(動力)으로 작동하는 기계·기구로서 대통령령으로 정하는 것은 고용노동부장관이 정하는 유해·위험 방지를 위한 방호조치를 하지 아니하고는 양도·대여·설치·사용하거나, 양도·대여의 목적으로 진열하여서는 아니 된다.〈개정 2010.6.4〉

② 기계·기구·설비 및 건축물 등으로서 대통령령으로 정하는 것을 타인에게 대여하거나 대여 받는 자는 고용노동부령으로 정하는 유해·위험 방지를 위하여 필요한 조치를 하여야 한다.〈개정 2010.6.4〉

3) 시행령 27조(방호조치를 하여야 할 유해하거나 위험한 기계·기구 등)

① 법 제33조제1항에 따라 유해·위험 방지를 위한 방호조치를 하지 아니하고는 양도·대여·설치·사용하거나, 양도·대여를 목적으로 진열해서는 아니 되는 기계·기구는 별표 7과 같다.

[별표 7] 〈개정 2012.1.26〉
유해·위험 방지를 위하여 방호조치가 필요한 기계·기구 등(제27조제1항 관련)

1. 예초기
2. 원심기
3. 공기압축기
4. 금속절단지
5. 지게차
6. 포장기계(진공포장기, 랩핑기로 한정한다)

② 법 제33조제2항에 따라 고용노동부령으로 정하는 유해·위험 방지를 위하여 필요한 조치를 하여야 할 기계·기구·설비 및 건축물 등은 별표 8과 같다.〈개정 2010.7.12.〉

[별표 8] 〈개정 2010.7.12〉
유해·위험 방지를 위하여 필요한 조치를 하여야 할 기계·기구·설비 및 건축물 등(제27조제2항 관련)

1. 사무실 및 공장용 건축물
2. 이동식 크레인
3. 타워크레인
4. 불도저
5. 모터 그레이더
6. 로더
7. 스크레이퍼
8. 스크레이퍼 도저
9. 파워 셔블
10. 드래그라인
11. 클램셸
12. 버킷굴삭기
13. 트렌치
14. 항타기
15. 항발기
16. 어스드릴

17. 천공기
18. 어스오거
19. 페이퍼드레인머신
20. 리프트
21. 지게차
22. 롤러기
23. 콘크리트 펌프
24. 그 밖에 산업재해보상보험 및 예방심의위원회 심의를 거쳐 고용노동부장관이 정하여 고시하는 기계, 기구, 설비 및 건축물 등

1.17 안전보건 개선계획

1. 산업안전보건법. 제50조(안전보건개선계획)

① 고용노동부장관은 다음 각 호의 어느 하나에 해당하는 사업장으로서 산업재해 예방을 위하여 종합적인 개선조치를 할 필요가 있다고 인정할 때에는 고용노동부령으로 정하는 바에 따라 사업주에게 그 사업장, 시설, 그 밖의 사항에 관한 안전보건개선계획의 수립·시행을 명할 수 있다. 〈개정 2013.6.12.〉
  1. 산업재해율이 같은 업종의 규모별 평균 산업재해율 보다 높은 사업장
  2. 사업주가 안전보건조치의무를 이행하지 아니하여 중대재해가 발생한 사업장
  3. 제39조제2항에 따른 유해인자의 노출기준을 초과한 사업장
② 고용노동부장관은 제1항에 따른 명령을 하는 경우 필요하다고 인정할 때에는 해당 사업주에게 고용노동부령으로 정하는 바에 따라 안전·보건진단을 받아 안전보건개선계획을 수립·제출할 것을 명할 수 있다.
③ 사업주는 제1항에 따른 안전보건개선계획을 수립할 때에는 제19조에 따른 산업안전보건위원회의 심의를 거쳐야 한다. 다만, 산업안전보건위원회가 설치되어 있지 아니한 사업장의 경우에는 근로자대표의 의견을 들어야 한다.
④ 사업주와 근로자는 안전보건개선계획을 준수하여야 한다.

규칙. 제131조(안전보건개선계획 수립대상 사업장 등) <개정 2014.3.12>
③ 안전보건개선계획의 수립·시행명령을 받은 사업주는 안전보건개선계획서를 작성하여 그 명령을 받은 날부터 60일 이내에 관할 지방고용노동관서의 장에게 제출하여야 한다.
④ 안전보건개선계획서에는 시설, 안전·보건관리체제, 안전·보건교육, 산업재해 예방 및 작업환경의 개선을 위하여 필요한 사항이 포함되어야 한다.
⑤ 지방고용노동관서의 장은 안전보건개선계획서의 적정 여부를 검토하여 그 결과를 사업주에게 통보하여야 한다. 이 경우 지방고용노동관서의 장은 안전보건개선계획서의 적정 여부의 확인을 공단 또는 지도사에게 요청할 수 있다.
⑥ 지방고용노동관서의 장은 제5항에 따른 검토 결과에 따라 필요하다고 인정하면 해당 계획서의 보완을 명할 수 있다.
⑦ 법 제50조제2항에 따라 안전·보건진단을 받아 안전보건개선계획을 수립·제출하도록 명할 수 있는 사업장은 다음 각 호의 어느 하나에 해당하는 사업장으로 한다.

1. 중대재해 발생 사업장
   (사업주가 안전·보건조치의무를 이행하지 아니하여 발생한 중대재해만 해당한다.)
2. 산업재해율이 같은 업종 평균 산업재해율의 2배 이상인 사업장
3. 직업병에 걸린 사람이 연간 2명 이상 발생한 사업장
   (상시 근로자 1천명 이상 사업장의 경우 3명 이상)
4. 작업환경 불량, 화재·폭발 또는 누출사고 등으로 사회적 물의를 일으킨 사업

[시행령. 별표 9] 안전·보건진단의 종류 및 내용(제33조의5 관련)
[별표 9] 〈개정 2010.7.12〉

안전·보건진단의 종류 및 내용(제33조의5 관련)

종류	진단내용
종합진단	1. 경영·관리적 사항에 대한 평가 　가. 산업재해 예방계획의 적정성 　나. 안전·보건 관리조직과 그 직무의 적정성 　다. 산업안전보건위원회 설치·운영, 명예 감독관의 역할 등 근로자의 참여 정도 　라. 안전보건관리규정 내용의 적정성 2. 산업재해 또는 사고의 발생원인(산업재해 또는 사고가 발생한 경우만 해당한다.) 3. 작업조건 및 작업방법에 대한 평가 4. 유해·위험요인에 대한 측정 및 분석 　가. 기계·기구 또는 그 밖의 설비에 의한 위험성 　나. 폭발성·물반응성·자기반응성·자기발열성 물질, 자연 발화성 액체·고체 및 인화성 액체 등에 의한 위험성 　다. 전기·열 또는 그 밖의 에너지에 의한 위험성 　라. 추락, 붕괴, 낙하, 비래 등으로 인한 위험성 　마. 그 밖에 기계·기구·설비·장치·구축물·시설물·원재료 및 공정 등에 의한 위험성

	바. 제30조에 따른 허가 대상 유해물질, 고용노동부령으로 정하는 관리대상 유해물질 및 온도·습도·환기·소음·진동·분진, 유해광선 등의 유해성 또는 위험성 5. 보호구, 안전·보건장비 및 작업환경 개선시설의 적정성 6. 유해물질의 사용·보관·저장, 물질안전보건자료의 작성, 근로자 교육 및 경고표시 부착의 적정성 7. 그 밖에 작업환경 및 근로자 건강 유지·증진 등 보건관리의 개선을 위하여 필요한 사항
안전기술진단	종합진단 내용 중 제2호, 제3호의 사랑, 제4호 중 가목부터 마목까지의 사항 및 제5호 중 안전 관련 사항
보건기술진단	종합진단 내용 중 제2호·제3호의 사항, 제4호 중 바목의 사항, 제5호 중 보건 관련 사항, 제6호 및 제7호의 사항

1.18 안전 점검의 종류

1. 안전 점검의 의의
 안전점검이란 안전을 확보하기 위하여 실태를 명확히 파악하는 것으로 불안전한 상태와 불안전 행동을 발생시키는 결함을 사전에 발견하거나 안전 상태를 확인하는 것임.

2. 안전 점검의 목적
 1) 결함이나 불안전 조건의 제거
 2) 발견된 결함의 신속한 조치 통해 재해 예방
 3) 기계, 설비의 본래 성능 유지
 4) 합리적인 생산관리

3. 안전 점검의 종류
 1) 일상 점검
  매일 작업 전, 작업 중, 작업 후에 일상적으로 실시하는 점점 작업자, 작업책임자, 관리감독자가 실시한다.
 2) 정기점검
  정기점검은 일정기간마다 정기적으로 실시하는 점검 법적 기준, 사내 안전규정에 의해 해당 책임자가 실시한다.
 3) 임시점검
  정기점검 후 다음 점검일 이전에 임시로 실시하는 점검.
  기계, 기구 및 설비의 이상 발견시 임시로 점검하는 것을 말함.
 4) 특별점검
  기계, 기구 및 설비의 신설, 변경, 수리 등으로 비정기적인 점검을 말함.
  기술 책임자가 실시한다.

4. 안전 점검의 방법
 1) 외관 점검
  기기 배치상태, 손상, 부식, 진동, 발열, 누유 등을 육안이나 촉감에 의해 조사한다.

2) 작동 확인

　　정해진 순서대로 작동시켜 동작의 이상 유무 확인

3) 종합 점검

- 측정, 운전시험 등 방법으로 종합적으로 검사
- 일정한 조건하에서 운전시험을 해야하며 그 설비의 기능을 확인한다.

5. 진단 순서

1) 실태 파악
2) 결함의 발견
3) 대책 결정
4) 대책 실시

6. 안전 점검시 유의사항

1) 안전점검은 형식, 내용에 변화를 주어 몇 가지 점검방법을 병용한다.
2) 점검자의 능력을 감안해서 거기에 대응한 점검을 실시한다.
3) 과거 재해발생개소는 그 원인이 완전히 배제되어 있는지 확인한다.
4) 불량개소가 발견되었을 때는 다른 동종 설비에 대해서도 점검한다.
5) 발견된 불량개소는 원인을 조사해 즉시 필요한 대책을 강구한다.
6) 경미한 사실이라도 중대사고로 이어지는 일이 있기 때문에 지나쳐버리지 않도록 유의한다.
7) 안전점검은 안전수준의 향상을 목적으로 한다는 것을 염두에 두고, 결점을 지적하거나 관찰하는 태도는 삼가도록 한다.

제2장
재해 통계 및 분석과 이론

2.1 재해 종류(구분)

1. 재해의 국제적 구분
1) 사망 : 생명을 잃는 것
2) 영구 노동 불능상해 : 부상의 결과 노동 기능을 완전히 상실하는 것
3) 영구 부분노동 불능상해 : 부상의 결과 노동 기능을 일부 잃는 것
   (신체 장애 등급 : 1 ~ 3급)
4) 일시 부분노동 불능상해 : 일시적으로 노동에 종사할 수 없는 상해
5) 응급조치 상해 : 치료 후 바로 정상작업에 임할 수 있는 상태

2. 산업안전 보건법상 재해 구분
1) 재해
   (1) 시행규칙 제2조 정의
      ① "고용노동부령으로 정하는 재해"란(중대재해)
         - 사망자가 1명 이상 발생한 재해
         - 3개월 이상의 요양이 필요한 부상자가 동시에 2명 이상 발생한 재해
         - 부상자 또는 직업성질병자가 동시에 10명 이상 발생한 재해를 말한다.
   (2) 사업장 무재해운동 시행규정 (노동부장관)
      제2조(용어의 정의)
      - 「무재해」라 함은 무재해운동 시행사업장에서 근로자가 업무에 기인하여 사망 또는 4일이상의 요양을 요하는 부상 또는 질병에 이환되지 않는 것을 말한다.
        다만, 작업 시간 중 천재지변 또는 돌발적인 사고로 인한 구조행위 또는 긴급피난 중 발생한 사고 등은 제외한다.
      - 즉, 4일 이상의 요양을 요하는 재해를 산재에서는 재해로 본다는 뜻
      - 자세한 내용은 1.5 무재해운동 참조

2) 부상의 정도에 의한 구분
   (1) 중상해 : 부상으로 14일 이상의 노동 손실을 가져오는 상해
   (2) 경상해 : 부상으로 1일 이상 14일 미만의 노동 손실을 가져오는 상해
   (3) 경미상해 : 부상으로 8시간 이하의 노동 손실을 가져오는 상해

3. 산업재해 발생 보고 (시행규칙 제4조)

① 사업주는
- 산업재해로 사망자가 발생하거나
- 4일 이상의 요양이 필요한 부상을 입거나
- 질병에 걸린 사람이 발생한 경우에는 법 제10조제2항에 따라 해당 산업 재해가 발생한 날부터 1개월 이내에 산업재해조사표를 작성하여 관할 지방고용노동청장 또는 지청장에게 제출하여야 한다.

> 법 제10조
> ② 사업주는 제1항에 따라 기록한 산업재해 중 고용노동부령으로 정하는 산업재해에 대하여는 그 발생 개요·원인 및 보고 시기, 재발방지 계획 등을 고용노동부령으로 정하는 바에 따라 고용노동부장관에게 보고하여야 한다.

② 사업주는 중대재해가 발생한 사실을 알게 된 경우에는 지체 없이 다음 각 호의 사항을 관할 지방고용노동관서의 장에게 전화·팩스, 또는 그 밖에 적절한 방법으로 보고하여야 한다. 다만, 천재지변 등 부득이한 사유가 발생한 경우에는 그 사유가 소멸된 때부터 지체 없이 보고하여야 한다.
  1. 발생 개요 및 피해 상황
  2. 조치 및 전망
  3. 그 밖의 중요한 사항

③ 사업주는 제1항에 따른 산업재해조사표에 근로자대표의 확인을 받아야 하며, 그 기재 내용에 대하여 근로자대표의 이견이 있는 경우에는 그 내용을 첨부하여야 한다. 다만, 건설업의 경우에는 근로자대표의 확인을 생략할 수 있다.

2.2 산업 재해율 계산 방법 및 안전 성적 평가 방법

1. 년 천인율

1) 정의

근로자 1,000명당 1년간 발생하는 사상자 수

2) 공식

$$연천인율 = \frac{사상자\ 수}{연평균\ 근로자\ 수} \times 1,000$$

3) 적용 특징
   - 재해발생 빈도에 근로시간, 출근율, 가동 일수는 무관함.
   - 산출이 용이하여 알기 쉬운 장점이 있음
   - 근로자 수는 총인원을 말하며 연간을 통해 변화가 있을 경우는 평균치를 적용 한다.
   - 사상자 수는 사망자, 부상자, 직업병의 환자수를 합한 것 임.

2. 빈도율(도수율) (FR : Frequency Rate of Injury)

1) 정의

산업재해의 발생빈도를 나타내는 것으로 연간 총 근로시간에서 100만 시간당 재해발생건수를 말한다.

2) 공식

$$도수율(빈도율.FR) = \frac{재해\ 발생\ 건수}{연\ 근로시간\ 수} \times 10^6$$

3) 특징
   - 현재 재해 발생 빈도를 표시하는 표준 척도로 사용하고 있다.
   - 연 근로시간수의 정확한 산출이 곤란할 때는 1일 8시간, 월 25일, 연 300일을 시간으로 환산하여 연 2400시간으로 본다.
   - 연천인율과 도수율의 관계

     연천인율과 도수율의 관계는 그 계산공식이 다르므로 적확히 환산할 수 없으나 대개 다음의 공식을 이용한다.

     연천인율 ≒ 도수율 × 2.4

3. 강도율 (SR : Severity(극심한, 심각한) Rate of Injury)

1) 정의
   - 산업재해로 인한 근로손실정도를 나타내는 통계
   - 연간 총 근로 시간에서 1,000 시간당 근로손실일수를 말한다.

2) 공식

   $$강도율(SR) = \frac{근로손실일수}{연간 총 근로 시간} \times 1,000$$

3) 특징
   - 재해 건수만으로 비교가 안 되는 사고의 강도를 나타내는 기준임.
   - 근로 손실 일수 = 장해 등급별 근로 손실 일수 + 비장해 등급 손실 × $\frac{300}{365}$

4) 등급별 근로 손실 일수

장해등급	1~3	4	5	6	7	8	9	10	11	12	13	14
근로 손실일수	7500	5500	4000	3000	2200	1500	1000	600	400	200	100	50

* 1 ~ 3급 : 사망 및 영구 전 노동 불능시 적용
* 4 ~ 14급: 영구 일부 노동 불능시 적용

4. 종합 재해 지수 (도수 강도치. FSI : Frequency Severity Indicator)

1) 정의

   재해 빈도의 다수와 상해 정도의 강/약을 종합하여 나타낸 지수

2) 공식

   도수 강도치(FSI) = $\sqrt{도수율(F) \times 강도율(S)}$

3) 특징
   - 어느 기업의 위험도를 비교하는 수단과 안전에 대한 관심을 높이는데 적용 함.
   - 도수율과 강도율을 동시에 나타내는 방법으로서 산업체의 종류에 무관하게 위험성을 비교할 수 있음.

5. 안전 활동율

1) 정의

   안전 활동의 활성도를 정량적으로 나타낸 것

2) 공식

$$안전\ 활동율 = \frac{안전\ 활동\ 건수}{근로\ 총\ 시간}$$

3) 안전 활동 건수 : 안전 개선 건수, 안전회의, 홍보, 교육회수등

6. 계산

1) 사망자에 의한 손실일수 7500일
   - 근로 년수 = 7500/300 = 25년
   - 근로자 정년을 55세로 본다면
   - 사망자의 연령 = 55-25 = 30세가 된다.

2) 연 근로 시간 수 360,000 시간. 휴업재해 7건 발생시 도수율은?

   - 도수율(빈도율.FR) = $\dfrac{재해\ 발생건수}{연\ 근로시간\ 수} \times 10^6$

   $$= \frac{7 \times 10^6}{360,000} = 19.44$$

   - 이때 연 천인율 = 도수율 × 2.4 = 19.44 × 2.4 = 46.6 임

3) 상시 2,000명 근무 사업장, 연 평균 근무일수는 300일이고 이때 강도율이 10.7일 경우 1인당 근로 손실 일수는 ?

   - 강도율(SR) = $\dfrac{근로손실일수}{연간\ 총\ 근로\ 시간} \times 1,000 = 10.7$

   - 연간 총 근로 시간 수 = 평균 근로자수 × 1인당 년간 근로 시간 수
     $$= 2,000 \times 8 \times 300 = 4.8 \times 10^6\ (h)$$

   - 근로 손실 일수 = $\dfrac{강도율 \times 연간총근로시간}{1,000} = \dfrac{10.7 \times 4.8 \times 10^6}{1,000} = 51,360\ (일)$

   - 1인당 근로 손실 일수 = $\dfrac{51,360}{2,000} = 25.68\ (일)$

4) 상시 근로자 1명, 연 평균 근로일수 250일, 1일 근무시간 8시간인 사업장의 강도율이 10일 경우 1인당 근로 손실 일수는 ?

   - 근로 손실 일수 = $\dfrac{강도율 \times 연간총근로시간}{1,000 \times 근로자\ 수} = \dfrac{10 \times 250 \times 8}{1,000 \times 1} = 20\ (일)$

5) 종업원 350명 사업장에서 1년간 부상자가 5명 일 때 년 천인율은 ?

- 연천인율 = $\dfrac{\text{사상자 수}}{\text{연평균 근로자 수}} \times 1,000 = \dfrac{5}{350} \times 1,000 = 14.2$

2.3 (전기) 안전관리 정의

1. 안전관리 정의 [safety management, 安全管理]
1) 생산성의 향상과 손실(loss)의 최소화를 위하여 행하는 것으로
2) 비능률적 요소인 사고가 발생하지 않은 상태를 유지하기 위한 활동
   즉 재해로부터 인간의 생명과 재산을 보호하기 위한 계획적이고 체계적 제반 활동을 안전관리(safety management)라 한다.

2. 안전 관리 목적
1) 인명의 존중 (인도주의 실현)
2) 사회 복지의 증진
3) 생산성의 향상
4) 경제성

3. 안전 관리 효과
1) 근로자 : 안전하고 쾌적한 작업환경 조성
2) 경영자 : 재해에 의한 직. 간접적인 손해를 제거함으로서 이윤 증대
3) 국가적 : 국가 경쟁력 향상

4. 전기 안전 관련 법규
1) 전기 사업법
   (1) 전기사업법의 목적(제1조)
     - 전기사업에 관한 기본제도를 확립하고
     - 전기사업의 경쟁을 촉진함으로써
     - 전기사업의 건전한 발전을 도모하고
     - 전기사용자의 이익을 보호하여
     - 국민경제의 발전에 이바지함을 목적으로 한다.
   (2) 안전 관리 (법 제2조 정의 18)
     "안전관리"라 함은 국민의 생명과 재산을 보호하기 위하여 이 법이 정하는 바에 따라 전기설비의 공사·유지 및 운용에 필요한 조치를 하는 것을 말한다.

2) 전력기술관리법 목적 (제1조)
- 이 법은 전력기술의 연구·개발을 촉진하고
- 이를 효율적으로 이용·관리함으로써
- 전력기술 수준을 향상시키고
- 전력시설물 설치를 적절하게 하여
- 공공의 안전 확보와
- 국민경제의 발전에 이바지함을 목적으로 한다.

3) 전기설비 기술기준 제2조 (**안전 원칙**)
① 전기설비는 감전, 화재 그 밖에 사람에게 위해(危害)를 주거나 물건에 손상을 줄 우려가 없도록 시설하여야 한다.
② 전기설비는 사용목적에 적절하고 안전하게 작동하여야 하며, 그 손상으로 인하여 전기 공급에 지장을 주지 않도록 시설하여야 한다.
③ 전기설비는 다른 전기설비, 그 밖의 물건의 기능에 전기적 또는 자기적인 장해를 주지 않도록 시설하여야 한다.

5. 전기안전이 중요한 이유

1) 전기는 눈에 보이지 않는 현상이고
2) 사고시에는 사망이나 중상 등의 큰 인명 피해가 발생하고
3) 정전 등에 의한 산업 현장의 막대한 피해가 발생한다.
4) 이를 방지하기 위하여는 작업자의 실수를 배제해야 하고 불량하고 노후된 설비를 교체해야 한다.

2.4 재해의 직접적 원인과 간접적 원인

1. 개요
1) 재해란 안전사고의 결과로 일어난 인명과 재산손실을 말함
2) 재해는 작업 중 인간, 기계, 환경 중 어느 하나 이상이 잘못되어 발생하므로 재해의 원인은 잘못된 인간, 기계, 환경을 재해발생의 3대 요소라 한다.

2. 재해의 발생원인 분류

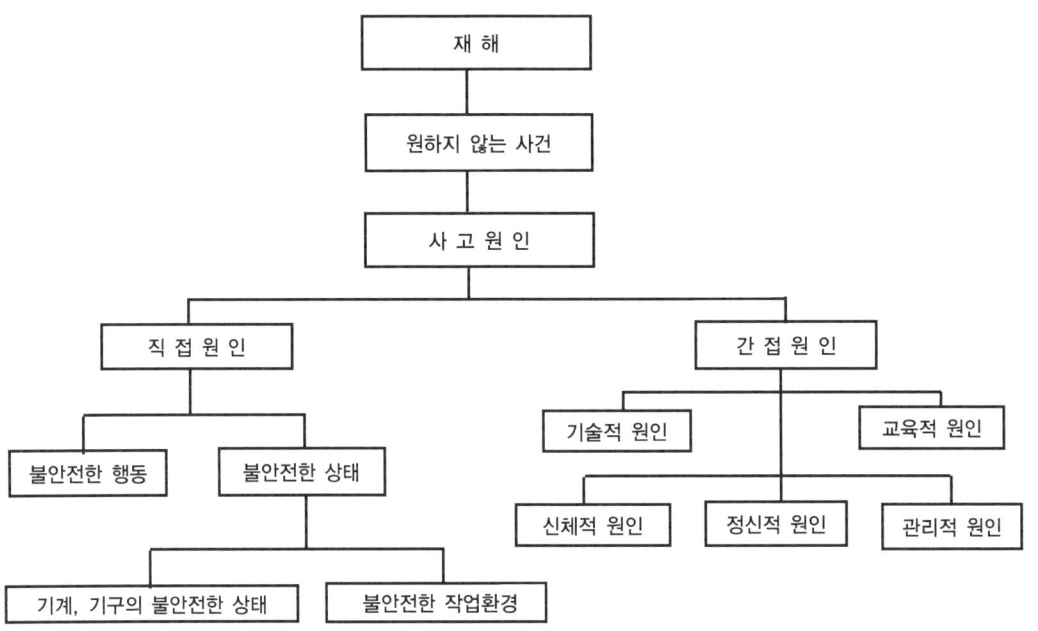

3. 재해의 직접적인 원인
재해의 직접적인 원인은 사고가 발생했을 때 사고현장에 관계된 모든 것을 말하며 불안전한 행동(인간)과 불안전한 상태(기계, 환경)가 있다.
1) 불안전한 행동(인간)
   불안전한 행동은 사고 발생자가 안전수칙을 무시하고 임의로 행동하거나 작업 방법을 무시하고 불필요한 행동을 하거나 작업에 부적당한 사람을 배치하거나 불량한 기계, 기구를 사용하는 것 등이 있다.
   ① 작업에 부적절한 태도

② 무단운전 및 행동
③ 지시 및 명령의 불이행
④ 기계 안전장치의 제거 또는 기능상실
⑤ 전문지식 결여 및 숙련도 부족
⑥ 신체적 결함이 있는 경우
⑦ 작업장의 정리, 정돈의 불량
⑧ 불안전한 배치 및 자재의 적치
⑨ 개인용 보호구의 미착용
⑩ 결함이 있는 기계나 기구를 사용

2) 불안전한 상태(기계, 환경)

불안전한 상태란, 사고 장소 내의 부적절한 주위환경과 불량기계, 기구의 상태임
① 기계에 부적당한 방호장치
② 불안전한 설계, 불안전한 건축물의 구조
③ 기계·기구의 부적절한 배치
④ 결함이 있는 기계·기구의 배치
⑤ 유해한 작업환경(분진, 가스, 위험물)
⑥ 조명, 환기, 소음 등의 환경 불량
⑦ 작업장의 혼잡
⑧ 부적당한 보호구의 배치
⑨ 정리, 정돈의 상태불량

4. 재해의 간접적인 원인

1) 개념
 (1) 정의 : 사고 현장 이외의 사고 발생 원인으로서, 산업체의 모든 안전 활동이 잘못된 것
 (2) 원인분석의 중요성과 안전 활동의 수행범위
  ① 산업체의 모든 안전 활동이 마비되거나 잘못되면 사고로 연결됨
  ② 경영자를 포함한 종업원을 대상으로 안전 활동을 수행하며, 경영자의 관리, 안전 교육, 기술문제, 인사문제 까지 고려하여 수행함
 (3) 간접적 원인 5가지 : 기술적 원인, 교육적 원인, 신체적 원인, 정신적 원인, 관리적 원인

2) 기술적 원인
- 작업자의 환경과(건축물 포함) 기계배치 상태 등에 따른 원인
- 사고현장 외에서 계획하고 구상하는 원인으로, 경영자, 안전관리자, 기술자의 계획, 설계 및 적응 면에서의 기술부족에 의한 것임
- 간접적인 재해원인에 대한 기술적 원인의 분류
  ① 기술부족에 의한 기계설비의 미흡
  ② 기계배치의 상태불량
  ③ 부적절한 조명, 환기
  ④ 기술상의 방호부적절
  ⑤ 보호구의 성능불량

3) 교육적 원인
- 기계, 기구의 조작에 관한 기능교육의 미비와 안전의식 고취를 위한 안전교육 결함이 사고의 원인이다.
  ① 피교육자의 훈련 미흡.
  ② 미경험자, 무자격자 배치
  ③ 근로자의 위험에 대한 무관심
  ④ 근로자의 안전의식 부족
  ⑤ 근로자의 안전교육 불량

4) 신체적인 원인
- 근로자의 질병, 피로, 음주, 약물 등으로 작업에 부적당한 근로자의 배치에 있다.
  ① 질병
  ② 장애(난청, 시각장애 등)
  ③ 감각기능 장애
  ④ 미성년자
  ⑤ 수면부족 및 피로
  ⑥ 음주, 약물의 복용

5) 정신적 원인
- 작업자의 잘못된 가치관, 개성, 습관 등을 말한다.
  ① 작업자의 불안과 초조
  ② 작업자 간의 갈등, 가정의 불화
  ③ 개성적으로 편향, 외고집, 혐오감

④ 낮은 지능지수

⑤ 불만과 태만

6) 관리적인 원인

- 경영자와 안전관리자가 안전관리를 잘못하여 생기며 경영진의 안전의식 부족, 안전조직 미흡, 안전 활동 부족 등에 의해서 나타나는 원인이다.

① 경영자의 의식부족

② 작업자의 배치 부적절

③ 근로자의 의욕침체

④ 안전활동 및 계획수립 부족

⑤ 안전점검제도의 결함

2.5 도미노 이론

< 하인리히의 도미노 이론 >
1. 개요
　도미노 이론은 하인리히가 제안한 사고(재해)의 원인이 5개의 블록상을 전개할 때 한 블록이 쓰러지면 나머지 블록도 넘어진다는 사고발생의 연쇄를 설명한 이론임.

2. 하인리히의 사고발생 연쇄성 이론

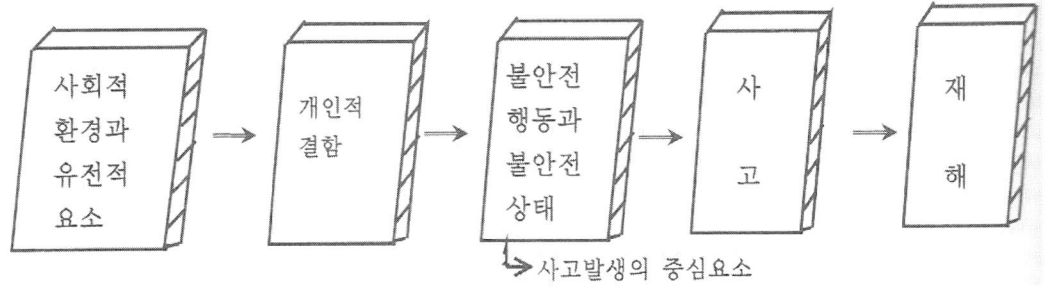

- 위에서 어느 한 개가 넘어지면 도미노처럼 진행되어 결국 재해에 이르지만
- 3번째(중심)의 블록을 제거하면 앞의 블록이 넘어지더라도 4번째와 5번째는 안전하다는 이론임
- 이런 경우 앞의 두 원인이 있어도 재해는 더 이상 발생하지 않는다는 이론임.

1) 유전적요인 및 사회적 환경
　① 무모, 완고, 탐욕 등 성격상 바람직하지 못한 특징은 유전적 가능성이 크다.
　② 환경은 성격의 잘못을 조장하고, 교육을 방해한다.
　③ 유전 및 환경은 인적 결함의 원인이 된다.

2) 개인적 결함
　① 무모함, 신경질, 흥분성, 안전수단에 대한 무지등과 같은 선천적, 후천적인 인적 결함은 불안전한 행동을 유발한다.
　② 기계적, 물리적 위험성의 존재에 따른 인적결함

3) 불안전 행동 및 불안전 상태
　① 위험한 기계나 설비에 함부로 접근하거나 안전장치의 기능을 제거하는 것과 같은 불안전한 행동
　② 부적당한 방호상태, 불충분한 조명 등과 같은 불안전 상태는 직접사고의 원인

4) 사고
   ① 불안전한 행동이나 상태가 선행되어 작업능률 저하
   ② 직접 또는 간접적으로 인명, 재산 손실을 가져옴
5) 재해
   ① 직접적으로 사고로부터 생기는 재해
   ② 사고의 최종 결과로 인적, 물적 손실을 가져옴

〈 버드의 신도미노 이론 〉
1. 개요
- 신 도미노 이론은 버드(Bird)에 의한 재해의 연쇄이론으로
- 하인리히의 도미노 이론에서는 직접원인을 제거하면 재해가 일어나지 않는다고 설명하고 있는데 반해
- 버드의 연쇄이론에서는 3번째 직접원인인 징후의 제거가 중요하다는 이론이다.
- 4M은 불안전한 상태, 불안전한 행동의 어느 곳에 대해서도 원인이 된다는 것을 이해할 필요가 있다.
- 버드가 주장하는 재해발생 단계는 다음과 같다.

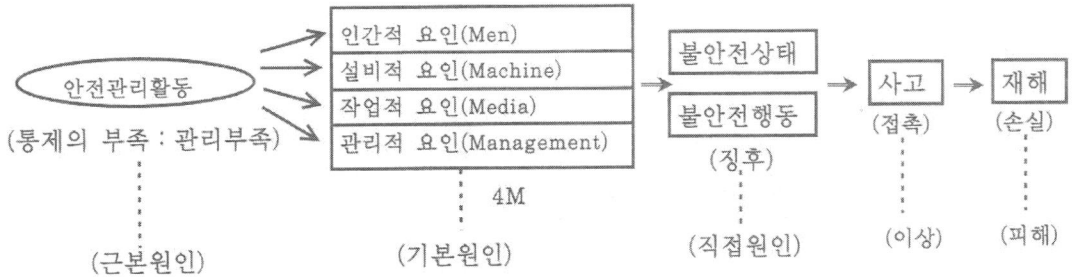

2. 재해 발생 단계
1) 제어(관리)의 부족
   재해연쇄 속에서 가장 중요한 인자는 안전관리자가 미리 선정되어 다음 각 호의 사항을 시행하는 것이다.
   - 안전관리계획 및 스스로가 실시해야 할 직무계획의 책정
   - 각 직무활동에서 하여야 할 실시기준의 설정
   - 설정된 기준에 의한 실시 평가
   - 계획의 개선, 추가 등의 수정

2) 기본 원인
  - 개인적 요인
    지식 및 기능의 부족, 부적당한 동기부여, 육체적 또는 정신적 문제 등
  - 작업상의 요인
    기계설비의 결함, 부적절한 작업기준, 부적당한 기기의 사용 방법, 작업체제등
3) 직접원인
  징후라고도 하며 불안전한 상태를 말함
4) 사고
  접촉을 말하며 기계, 기구, 물질 등에 접촉하여 발생되는 사고
5) 상해
  사고가 발생되면 작업자에게 상해는 입히거나 상해가 없더라도 정신적, 시간적 손실을 가져온다.(손해라고도 함)

3. 하인리히 이론과 버드의 이론 비교

하인리히의 도미노 이론	버드의 신 도미노 이론
1. 사회적 환경 및 유전적 요소(선천적 결함)	1. 통제의 부족 : 관리의 소홀
2. 개인적인 결함 (인간의 결함)	2. 기본 원인 : 개인적, 작업상
3. 불안전한 상태 및 불안전한 행동 (물리적, 기계적 위험)	3. 직접 원인 : 징후
4. 사고	4. 사고 : 접촉
5. 재해	5. 상해 : 손실, 손해

2.6 재해 손실 비용

1. 개요
- 재해손실비용(Accident Cost)이란 업무상 재해로서 인적 상해를 수반 하는 손실비용으로서 재해가 발생하지 않았다면 지출되지 않을 직·간접 손실 비용을 말한다.
- 재해 Cost 산정은 발생비용의 내용, 금액을 분명히 파악함으로서 그 손실에 따르는 안전관리의 대책을 수립하는데 유용하며 경영진에게 안전에 대한 중요성과 필요성을 재인식토록 하는 것이다.

2. 하인리히(H.W. Hinrich) 방식
1) 총재해 코스트=직접손실비 : 간접손실비 = 1:4이 된다는 이론을 말함.
   (1) 직접손실비용
      직접손실비란 보험회사가 상해자에게 지급하는 보상비 및 의료비로써 가시적인 비용을 말한다.
      - 휴업보상비 : 평균 임금의 70%
      - 장해보상비 : 신체 등급에 따라서 받는 금액
      - 요양보상비
      - 유족보상비
      - 장의비 등
   (2) 간접손실비용
      간접 손실비는 사고를 처리하기 위해 관계자가 소비하는 시간 손실과 부상한 종업원의 작업손실을 말한다.
      - 감독자의 시간 손실
      - 임대료, 광열비등 손실
      - 재료나 기계 등의 가동 정지에 따른 손실
      - 사기 저하 및 근로의욕 저하 등

3. 시몬즈(R. H. Simonds) 방식
1) 개요
   시몬즈 방식은 하인리히 방식인 직접손실비용과 간접손실비용의 1:4에 대해서 전면적으로 부정하고 새로운 산정방식인 평균치법을 채택 하고 있다.

2) 재해손실액 = 보험비용 + 비보험비용

(1) 보험비용 = 보험금총액 + 보험회사의 경비와 이익금

(2) 비보험비용 = (휴업상해건수×A) + (통원상해건수×B) + (응급조치건수×C) + (무상해건수×D)

여기서 A, B, C, D는 각각 재해(휴업, 통원, 응급, 무상해)에 대한 평균소요비용이다.

(3) 비보험 비용
  ① 휴업 상해
    - 영구 부분 노동 불능
    - 일시 전노동 불능
  ② 통원 상해
    - 일시 부분 노동 불능
    - 의사의 조치를 필요로 하는 통원 상해
  ③ 응급 처치
    - 8시간 미만의 휴업이 되는 정도의 상해
  ④ 무상해 사고
    - 의료 조치를 필요로 하지 않는 정도의 극미한 상해 사고

4. 하인리히 방식과 시몬즈 방식의 차이점

1) 두 방식이 근본적으로 다른점은 하인리히가 재해손실 비용을 직접손실비용 과 간접손실비용으로 나누고 그 비가 1:4라고 주장 하는데 대해 시몬즈는 상해 정도에 따라 4단계로 나누어 1건당의 평균치를 취하고 있는 점이다.

2) 하인리히 방식은 처음으로 산업재해의 경제적 평가를 행하여 경영자에 대한 안전의식을 촉구하고 안전의식 계몽에 획기적인 기여를 한 업적은 인정되지만, 이미 몇 세대가 흘러 그가 제시한 1:4라는 수치는 이론적, 실증적으로 실용성을 상실하고 있다.

3) 시몬즈 방식은 하인리히 방식을 검토·수정하여 재해손실비용을 보험 비용 과 비보험 비용으로 구분하여 산정하였고, 비 보험비용은 상해의 정도별로 평균치를 정해놓고 산정하였으며, 산재 대상에서 제외되고 있는 무상해 사고까지를 고려대상에 포함시켰다는데 그 의의가 있다.

5. 버즈(Bird's) 방식

1) 개념
   - 간접비의 항목을 보험으로 보상 가능한 비용과 보험으로 보상이 가능하지 않는 기타 비용으로 구분한다.
   - 버즈의 이론은 하인리히 이론과 재해의 빈도율 등에는 약간의 차이가 있지만 근본적으로는 그 맥락을 같이 한다.

2) 간접비 구분
   - 보험으로 보상 가능한 비용 : 쉽게 측정 가능한 비용
   - 보험으로 보상 가능하지 않는 기타 비용 : 측정하기 어려운 비용

3) 버즈 방식에 따른 비용

구 분	세부 항목 변수
보 험 비	- 의료비 - 보상금 - 건물 손실
비보험 재산 비용	- 기구 및 장비 손실 - 제품 및 재료 손실 - 조업 중단 및 지연
비보험 기타 비용	- 시간 조사 - 교육 - 임대 등 기타 항목

6. 콘페스(Conpes) 이론

1) 개념
   - 콘페스 이론은 재해 사고의 크기와 빈도에 관한 이론임.
   - 콘페스 이론에서는 상해 사고의 비율이 하인리히 이론과 같으나 물적사고에 대해서는 다른점이 있다.
     즉, 1명의 상해 사고가 없는데도 수십억원의 경제적 손실이 발생할 수 있다는 이론이다.

2) 콘페스 이론의 재해 손실 비용
   총 재해 손실 비용 = 개별비용 + 공동비용

구 분	세부 항목 변수
공동비용 (불변)	– 보험료 – 안전 보건팀의 유지 경비 – 기타 추산적 사항(기업 명예, 위험 도피)
개별비용 (가변)	– 작업 중단과 그로 인한 손실 – 치료에 소요되는 경비 – 사고조사에 따른 경비 – 수리 대책에 필요한 경비

2.7 재해조사

1. 재해조사의 목적

1) 내부재해조사의 목적
   ① 재해의 원인과 결함을 규명하여 동종, 유사재해의 발생을 막기 위해 예방대책을 강구
   ② 재해상황(사실)을 명확히 함으로써 향후 재해를 둘러싼 재해자, 관계기관 등과의 불필요한 분쟁과 불이익을 최소화함.

2) 외부재해조사의 목적
   ① 경찰, 노동부 : 형법과 안전관계법의 위반여부의 조사
      ㉠ 경찰 : 기업의 고의, 과실에 의한 형사 처벌 여부
      ㉡ 노동부 : 안전시설이나 안전조치가 안전관계법에 따라 준수됐는지?
              (산업안전공단은 기술적인 사항에 대해 노동부 조언)
   ② 근로복지공단 : 업무상 재해여부, 근로관계, 지급액 등 주로 산재보험금 지급의 조사에 초점이 맞추어져 있음.

2. 재해조사 방법

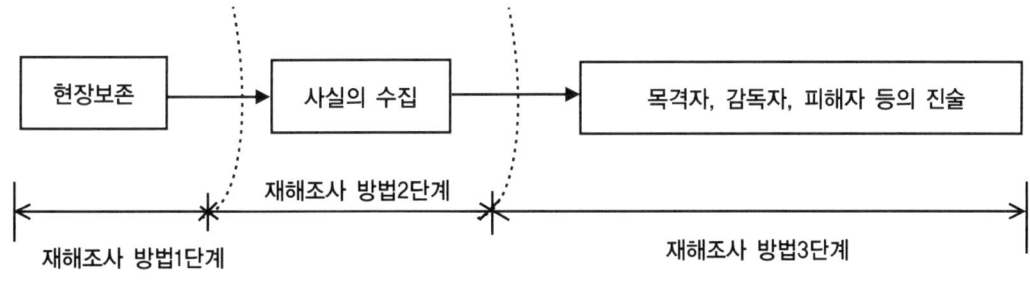

그림1. 재해조사 3단계 과정

1) 재해발생 현장의 원래 상태 보존
   ① 조사시기 : 재해조사는 재해발생 직후에 행할 것.
   ② 재해 발생이 발견되어 재해자나 재해발생 기기에 대한 현장을 보존한 상태에서 즉시 실시하야 됨
   ③ 재해 후 현장 변경 및 은폐가능성 배제

2) 재해현장에서 물적 증거의 수집 : 목격자 없더라도 과학적 전문적인 지식을 활용하여 물적 증거의 적극적 수집
3) 현장기록 및 보존 : 사진촬영, 스케치 등으로 현장기록을 남길 것
4) 재해발생 시점의 현장 목격자 확보 : 가능한 많은 사람으로부터 재해 전의 작업내용, 준비과정, 작업방식 등에 대한 사건의 진행경위를 들어 자료를 수집 함.
5) 피해자 증언 청취, 기록 : 피해자 본인으로부터의 재해발생 전후, 특히 그 작업방법 또는 어떤 생각으로 그와 같은 행동을 하였는지, 어떤 조건으로 어떻게 착오를 일으켰는지에 대한 것
6) 전문가 자문 : 재해에 의한 물적인 증거의 전문적인 분석과 과학적인 해명을 전문가에 의뢰하여 과학적 해명을 받아둘 필요가 있다.

3. 재해발생시 처리 순서 : 아래 순서에 의해 통상적으로 처리함

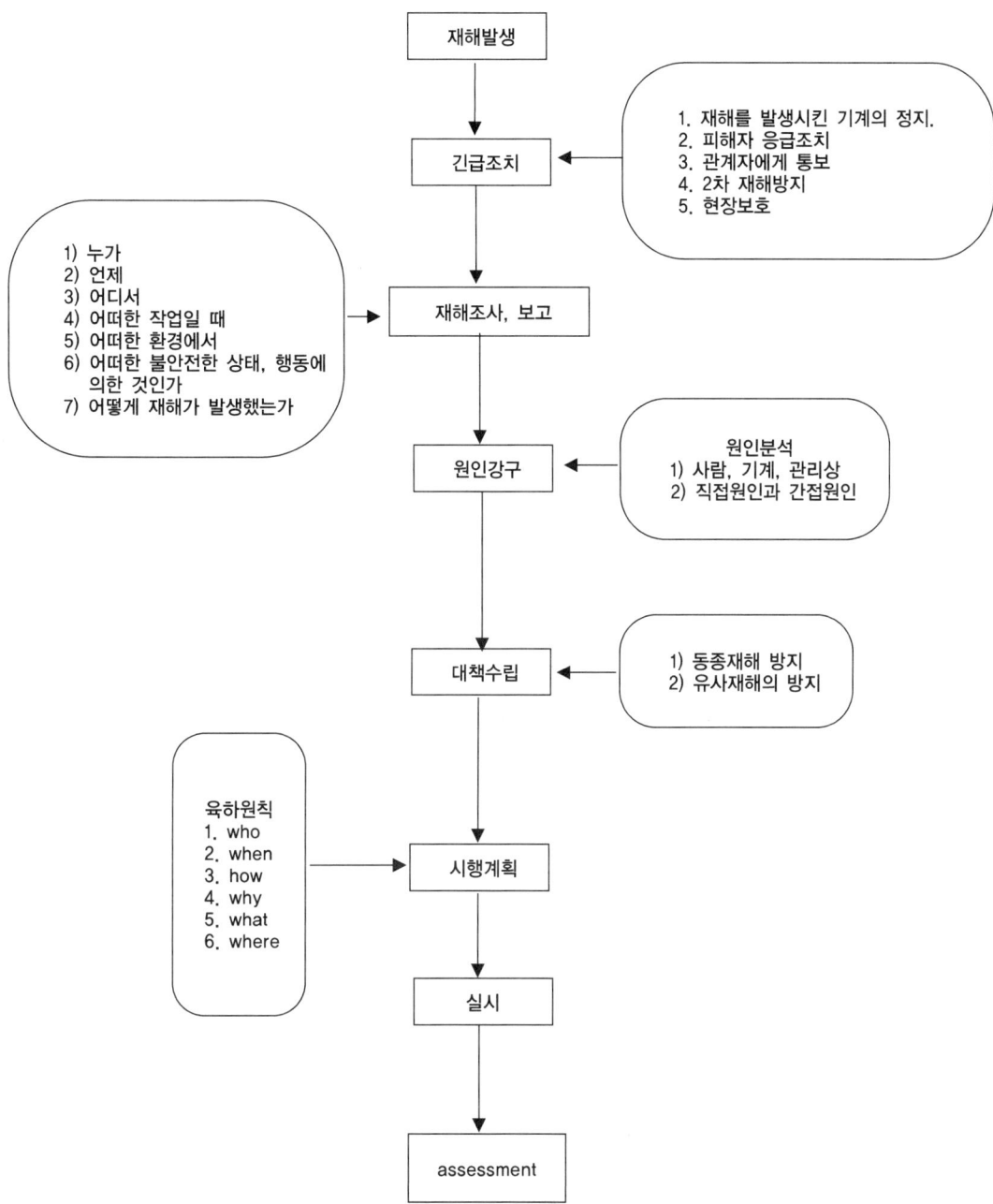

4. 재해조사 순서

[전제 조건] : 재해 상황의 파악 (상해부위, 상해 정도, 상해의 성질)

1) 제 1 단계(사실의 확인) : 작업의 개시부터 재해가 발생할 때까지의 경과 가운데 재해와 관계가 있었던 사실을 사람, 설비, 작업, 작업준비 관리에 관한 사항으로 분류하여 조사하고, 사실에 대하여 5W1H 의 원칙에 의거 정리한다.

2) 제 2 단계(직접원인과 문제점의 확인) : 파악된 사실로부터 기준에서 벗어난 사실을 문제점으로 적출하여 재해의 직접원인을 밝히게 되며, 문제점이 된 사실은 인적, 물적, 관리적인 면까지 분석, 검토한다.

3) 제 3 단계(기본원인과 근본적 문제점의 결정) : 재해의 직접원인이 된 불안전 상태 및 불안전 행동의 기초가 되는 기본원인을 4M에 의거 분석하여 밝혀내고, 기본원인을 해결하기 위해서 문제점을 분명하게 한다.

4) 제 4 단계 (대책의 수립) : ① 제3단계까지에서 분명해진 재해원인 및 근본 문제점을 중심으로 최선의 효과를 얻을 수 있도록 구체적이며 실시 가능한 동종 및 유사재해 예방대책을 수립하고 실시 계획을 수립해야 한다.

② 대책으로는 Harry의 3E 라고 하는

㉠ 시정방향인 기술적 원인을 제거하는 기술적(Engineering)대책,

㉡ 교육적 원인을 제거하는 교육적(Education) 대책,

㉢ 관리적 원인을 제거하는 관리적(Enforcement) 대책을 설정할 수 있다.

2.8 직무분석(Job Analysis)

1. 직무분석의 의의
1) 조직 활동의 기초가 되는 직무관리는 직무분석, 직무평가 및 직무설계로 구성.
2) 직무수행자가 성공적으로 직무를 수행하기 위해서는 해당 직무에 대하여 정확한 정보를 가져야 하는데, 이를 위해서 직무분석이 실시된다.
3) 직무분석이란 특정직무의 내용을 분석해서 그 직무가 요구하고 있는 종업원의 지식, 능력, 숙련, 책임 등의 제 요건을 명확히 하는 과정, 즉 직무와 관련된 모든 정보를 체계적으로 수집, 분석, 정리하는 것을 말함.

2. 직무분석의 중요성 및 목적
1) 중요성
 (1) 직무분석은 직무기술서와 직무명세서를 작성해서 직무평가를 하고자 하는 것이지만, 직무분석을 통해서 얻어진 정보는 조직구성원의 목표달성을 위한 행동을 평가하는 데 상당한 중요한 역할을 하며
 (2) 인사관리 전반을 과학적으로 관리하는데 기초를 제공한다.
2) 목적
 직무분석을 과학적·합리적인 인사관리의 기초로서 요청되며 구체적 목적은 다음과 같다.
 (1) 인력확보 측면
  ① 해당 기업에 필요한 직무의 종류와 양을 파악하여 인력확보를 가능케 함.
  ② 필요인력과 인건비를 비교해 충원해야 할 직무의 우선순위를 판단 시 유용한 정보를 제공한다.
  ③ 또한 선발과 배치도 직무가 요구하는 자격요건을 기준으로 보다 과학적이고 적합하게 수행할 수 있다.
 (2) 인력평가 및 개발 측면
  ① 인사고과에 있어서 직무가 요구하는 작업수행자의 능력에 관한 정보는 작업수행자 능력평가의 명확한 기준이 되며,
  ② 교육·훈련에 대한 명확한 정보를 제공한다.
  ③ 직무순환에 대한 필요한 정보를 제공하여 직무순환을 통한 경력개발의 효율성을 제고시킨다.

(3) 인력보상 측면

각 직무의 수행과정에 각 직무의 상대적 가치를 결정하고(직무평가), 인사고과에 의해 특정 종업원을 판단하며, 이 양자의 종합으로 임금의 결정을 가능하게 한다.

(4) 인력유지 측면

직무수행방법 및 사용 장비에 대한 정보는 작업장에서의 안전사고예방 대책 수립을 용이하게 한다.

(5) 인력방출 측면

① 인력감축시 직무의 가치와 다른 작업자에 의한 대체가능성 등에 대한 정보를 통해 합리적으로 결정할 수 있으며,

② 직무정보를 활용한 직무구조개선을 통해 직무불만족에 의한 이직을 줄일 수 있다.

3. 직무분석의 방법

1) 실제 수행법 (job performance method)

① 직무분석 담당자가 분석 대상 직무를 직접 수행해 봄으로써 직무의 내용과 직무가 요구하는 특성 등을 자신의 경험을 통하여 분석하는 방법.

② 실제 수행법을 특정한 직무에 관련된 과업을 직접 경험해 봄으로써 직무의 육체적, 환경적, 사회적 요건 등을 정확히 파악할 수 있다.

2) 관찰법(observation method)

① 특정한 작업자 또는 작업자 집단이 실제로 직무를 수행하는 것을 관찰하며 특정한 과업을 수행하는 목적과 방법 등을 기록하는 방법을 말한다.

② 관찰법은 작업 활동의 범위가 한정되어 있고 작업방법이 정형화되어 있으며 작업하는 광경이 쉽게 관찰될 수 있는 직무의 분석에 적합하다.

3) 면접법(interview method) : 직무분석 담당자가 특정한 직무를 직접 수행해 보는 것이 불가능하거나 다른 사람이 직무를 수행하는 것을 직접 관찰하기가 어려울 경우, 각 직무에 종사 하고 있는 사람들을 면담하여 어떠한 직무의 목적, 내용, 수행방법 등과 더불어 직무를 수행하는 데 필요한 요건 등에 관련된 정보를 수집하는 방법.

4) 설문지법(questionnaire method) 설문지법을 사용할 경우, 특정 직무를 직접 수행하는 사람이나 상사 또는 그 직무의 전문가 등에게 직무의 내용, 목적, 작업조건, 사용장비, 직무요건인 지식, 기능, 경험, 학력 등에 대해 자유롭게 기술하게 하는 개방형 설문지가 활용될 수 있다.

5) 중요 사건법(critical incidents method) 직무수행 과정에서 직무수행자가 모였던 특별히 효과적이었던 행동 또는 특별히 비효과적이었던 행동을 기록해두었다가 이를

취합하여 분석하는 방법.

6) 작업일지법(job diary method) 특정한 직무를 수행하는 사람에게 자신이 수행하는 작업에 대하여 작업내용, 빈도, 시기 등을 중심으로 일지를 작성하도록 한 다음 직무사이클(job cycle)에 따른 작업일지의 내용을 전문가들이 분석하는 방법을 말한다.

4. 직무분석의 절차

1) 예비조사 : 직무분석에 필요한 지식을 얻는 단계로서 이에는 분석목적의 결정, 분석범위 결정, 분석자 선정 등을 확립하는 단계이다.
2) 직무분석의 실시 : 예비조사단계를 거쳐 직무분석의 기본사항을 정립한 때에는 직무정보를 획득하고, 획득된 직무정보를 분석하는 단계를 거친다.
3) 정리단계 : 정리단계에서는 조사결과를 정리하여 직무기술서와 직무명세서를 작성한다.

2.9 안전점검을 위한 점검표(check list)

1. 개요
1) 사업장 내에서 안전관계자들이 매일 보는 생산라인을 매번 같은 방법에 의해 점검을 하다 보면 일상적인 습관화되어 점검개소를 잊고 지나치거나, 안전점검 본래의 뜻을 잊고 형식적인 것이 되기 쉽다
2) 또 경험이 부족한 사람에게는 어떤 사항을 어떤 방법으로 점검해야 하는지도 판단하기 곤란할 수 있다. 이런 경우 안전점검의 방법과 점검개소 등을 표준화하여 점검의 효과를 높일 목적으로 이용되는 것이 점검표이다.

2. 점검표(check list) 작성 시 점검항목
1) 점검개소
2) 점검항목(내용) 및 점검방법
3) 판정기준
4) 점검시기
5) 조치사항 등

3. 점검표 작성상의 유의점
1) 사업장에 적합한 독자적인 내용을 가지고 작성할 것
2) 설비나 작업방법이 실질적이고 타당성 있게 개조된 내용일 것
3) 위험성이 높은 순으로, 긴급을 요하는 문제 순으로 작성할 것
4) 일정양식을 정하여 점검대상을 정할 것
5) 점검항목은 이해하기 쉽도록 표현하고 구체적일 것
6) 기기설비 측면만이 아니라 작업방법이나 인간과오 유발요인 등을 포함하는 불안전 행동에 관한 점검항목의 구성에도 소홀함이 없어야 함

4. 점검결과의 판정기준
- 판정기준은 안전관계법령, 기술지침, 기업의 자체검사 기준, 재해사례 등에 적합한 기준이 되도록 하고, 판정결과가 흡족하지 못할 경우 대책이 효율적으로 실시되도록 한다. 이때는 다음과 같은 요령으로 판정기준을 선정한다.

1) 판정기준의 종류가 2종류인 경우 적합여부를 판정한다.
2) 한 개의 절대척도나 상대척도에 의할 때는 수치로서 나타낸다.
3) 미경험 문제나 복잡하게 예측되는 문제 등은 관계자와 협의하여 종합 판정 한다.

2.10 본질 안전기법

1. 개요
1) 본질적으로 재해를 예방하기 위해서는 제어시스템, 인터록, 이중 안전장치 및 특별 운전절차에 의존하기보다는 화학 및 물리학에 의한 플랜트를 구성하는 것이 인간의 오류를 적게 하고 비용효과가 가장 높다.
2) 복잡한 안전 인터록과 정교한 절차가 요구되지 않는 공정은 단순화하여야 운전이 편리해지고 신뢰성이 더욱 높아지며 낮은 온도와 압력에서 운전되는 소형설비는 설치비와 운전비가 낮아진다.

2. 본질적 안전 플랜트의 설계 시 고려사항.
1) 최소화한다. -효율화(Intensification)
2) 대체한다. -대체(Substitution)
3) 경감한다. -완화(Attenuation) 및 영향경감(Limitation of Effects)
4) 단순화한다. -단순화/오류의 허용(Simplification/Error Tolerance)

3. 본질 안전기법
1) 최소화한다.
   ① 공정 정지를 축소
   ② 원재료의 저장량을 축소
   ③ 대형 회분식 반응기를 소형 연속식 반응기로 변경
   ④ 유해한 중간 생성 화학물질량 감소를 위한 제어 개선
2) 대체한다.
   ① 독성이 적은 용제를 사용
   ② 프랜지 대신 용접된 파이프를 사용
   ③ 충전물 대신 기계적인 펌프의 봉합 사용
   ④ 수은 온도계 대신 기계적인 게이지를 사용
   ⑤ 열전달 유체로 고온의 기름 대신 물을 사용
   ⑥ 높은 인화점, 비등점 및 기타 유해성이 낮은 특성을 갖는 물질을 사용
3) 경감한다.
   ① 저장용기를 냉각.

② 공정온도 및 압력을 경감
③ 배관 및 설비의 소음을 차단.
④ 운전현장과 제어실을 격리
⑤ 비등점을 낮추기 위해 진공 사용.
⑥ 안전한 용제에 유해한 물질을 용해
⑦ 반응폭주가 불가능한 조건에서의 운전
⑧ 제어실 및 탱크에 대한 바리케이트를 설치

4) 단순화한다.
① 고장률이 낮은 설비를 선정
② 유지보수가 적은 설비를 선정
③ 제어반은 이해하기 쉽도록 설계
④ 화재 및 폭발에 견디는 바리케이트를 추가
⑤ 쉽고 안전한 유지보수를 위한 플랜트로 설계
⑥ 시스템 격리 및 이해하기 쉬운 블록으로 제어
⑦ 육안으로 식별이 가능하도록 배관설비를 깨끗이 유지
⑧ 배관의 표지 (Label Pipes for Easy "Walking the Line")
⑨ 용기의 표지 (Label Vessels and Controls to Enhance Understanding)

제3장
인간공학

3.1 인간공학 개념

1. 인간공학의 정의와 목표
1) 인간공학의 정의 : 인간공학은 기계와 그 조작 및 환경조건을 인간의 특성, 능력과 한계에 잘 조화하도록 설계하기 위한 수단을 연구하는 학문이다.
2) 인간공학의 목표
   ① 안전성향상과 사고의 방지
   ② 기계조작의 능률성과 생산성의 향상
   ③ 환경의 쾌적성

2. 인간과 기계의 최적통합 시스템의 필요성
1) 최근에 생산시스템이 날로 대규모화되고 복잡해짐에 따라서 인간의 사소한 실수로 인한 피해 규모가 엄청나게 커지고 있다.
2) 따라서 사고의 방지를 위해서는 종래의 기계적인 성능향상 위주에서 벗어나 인간과 기계의 결함이라는 통합시스템의 관점에서 고찰이 필요하게 되었다.
3) 인간의 능력한계에 적합하도록 적절하게 통합시킨 최적통합 시스템의 등장이 필요하게 되었다.

3. 인간공학적 관리
1) 산업현장에서 작업공정에 인간공학적 관리를 도입의 의미에서 관리
   ① 인간의 신체적 조건(근력, 지구력), 행동양식, 작업환경, 의식 등의 문제에 대해서 인간이 안전하고 쾌적하게, 능률적으로 작업할 수 있도록 설비·기계, 도구 등을 개선하고,
   ② 설계·작업방법 및 작업환경에 대해 인간의 특성을 반영하여 관리해 나가는 것을 말한다.
2) 인간의 능력을 중심으로 인간의 생리학적, 심리학적 특성을 작업공정과 기계설계에 반영하는 것을 말한다.
3) 인간공학적 관리의 목적은 안전성의 향상과 사고방지, 기계조작의 능률성과 생산성의 향상, 쾌적성 등을 목적으로 한다.

4. 작업공정에 있어 인간공학적 관리구축에 따른 효과

1) 생산성의 향상
   ① 인간-기계체계의 효율성이 향상되어 작업생산성이 향상된다.
   ② 불필요한 동작이 제거되어 인력의 효율적인 활용이 가능하다.
   ③ 기계의 조작성이 향상되어 설비 이용률을 최대화할 수 있다
2) 안전사고의 예방 : 인간의 특성을 충분히 반영한 시스템을 구축함으로써 인간의 사소한 실수나 착각에 의한 설비의 오조작 등을 방지할 수 있어서 사고나 재해로 인한 각종 손실을 감소시킬 수 있다.
3) 비용절감
   ① 설비의 조작에 대해서 고도의 훈련이나 교육이 없어도 기계 기구를 의도대로 조작할 수 있어서 훈련비용을 절감할 수 있다.
   ② 생산과 보전활동이 효과적으로 수행되어 생산성, 경제성이 향상된다.
4) 고객만족도 향상 : 구매자, 사용자로 하여금 제품의 품질, 납기 등의 면에서 만족도를 높여서 고객의 신뢰도 향상, 경쟁력 제고 등의 효과가 얻어진다.
5) 작업설계(Jab design)에 있어서의 인생의 가치기준 설정에 효과적임.
   ① 작업설계 시 철학적으로 고려할 점인, 작업확대 및 작업 윤택화는 일반적으로 더 높은 수준이 작업만족도(Jab satisfaction)을 가져옴.
   ② 작업자 자신의 작업물에 대한 검사 책임을 준다.
   ③ 수행되어야 할 활동의 수를 증가시킨다.
   ④ (어떤 특정한 부품보다는)완전한 단위에 대한 책임을 부여한다.
   ⑤ 작업자 자신이 사용할 작업방법을 선택할 수 있는 기회를 준다.
   ⑥ 작업순환(Jab rotation, 몇 종류의 다른 작업에 순환배치) 또는 생산공정의 작업조들에게 더 큰 책임을 지운다.
   ⑦ 인간 요소적 접근방법상 주로 능률이나, 생산성을 강조하고 있어, 확대된 작업보다는 좀 더 분화되고 숙련을 덜 요하는 작업을 지향한다.
   ⑧ 작업설계시의 딜레마 발생효과가 있음. : 작업능률과 동시에 작업자에게 작업만족의 기회를 제공한다는 이중 목표에 맞는 작업설계의 명확한 지침은 아직 없다는 점을 유의해야 된다는 딜레마 발생효과가 있음.
6) 직무분석(task analysis)上 신뢰도가 높은 분석에 이용가능 함.
7) 체계분석 및 설계과정에서의 인간공학의 효과로는 다음과 같다.
   ① 성능(performance)향상

② 사용자의 수용도(acceptance)향상
③ 인력 이용율(utilization)의 향상
④ 사고 및 오용으로부터 손실감소
⑤ 생산 및 정비유지의 경제성 증대
⑥ 훈련비용의 절감 등

3.2 인간과 기계의 체계(Man Machine System)

1. 개요
1) 인간측정에 의해서 표준화한 것을 기초로 하여 인간의 기능을 최대로 활용 할 수 있는 기계를 만들어야 기계의 안전성과 성능이 최대로 발휘된다.
2) 인간과 기계가 조화를 이루는 것을 인간-기계체계라고 한다.
3) 시스템이 그 목적을 달성하기 위해서는 특정한 임무들이 수행되어져야 하며, 이때 각각의 임무는 사람 또는 기계에 적절히 할당되어 수행되며, 각 임무를 수행함으로써 이들이 통합된 인간-기계 시스템으로서의 새롭고 큰 힘을 나타내는 것이다.

2. 인간과 기계의 기능체계
- 인간과 기계의 기능체계는 인간의 기능과 기계의 기능을 상호 연관시키는 것이며
- 입력과 출력, 감지, 정보저장, 정보처리 및 결심, 행동기능의 5가지로 분류함

1) 입력과 출력
   ① 입력 : 체계와 관계있는 사건이 외부에서 체계 내로 들어오는 것이다.
   ② 출력 : 입력을 체계 내에서 판단 처리하여 체계 밖으로 내보내는 결과.
   ③ 입력과 출력은 모두가 체계 밖으로 내보내는 결과를 말한다.

2) 감지
   ① 체계 내로 들어온 입력이 무엇인지를 구분하는 기능이다.
   ② 인간의 감각기관 : 시각, 청각, 후각, 미각 등이다.
   ③ 기계 : 스위치, 카메라, 센서, 자동제어장치 등이 있다.

3) 정보저장
   ① 감지부에서 들어온 정보를 저장한다.
   ② 인간 : 정보저장 속도가 매우 빠르다.
   ③ 기계 : 정보저장 속도가 느리나 오랫동안 기억할 수 있다.

4) 정보처리 및 결심
   ① 옛 정보와 새 정보를 비교하여 처리한다.
   ② 정보의 비교가 곤란한 경우 인간은 당황하여 의외의 행동을 하고 기계는 에러를 발생시킨다.

5) 행동기능 : 정보처리 결과를 신호, 문자, 소리, 행위 등의 형태로 나타내는 것이다.

3. 인간과 기계의 기능 비교

1) 인간과 기계의 기능 비교

구분	인간이 기계보다 우수한 기능	기계가 인간보다 우수한 기능
감지기능	• 제 에너지의 자극을 감지한다. • 복잡 다양한 자극형태를 식별한다. • 예기치 못한 사건을 감지한다.	• 인간의 정상적 감지범위 밖의 자극을 감지한다. • 인간 및 기계에 대한 모니터링이 가능
정보처리 및 결정	• 많은 양의 정보를 장시간 보관한다. • 관찰을 통해 일반적인 결정을 한다. • 귀납적 추리를 한다. • 원칙을 적용한다. • 다양한 문제를 해결한다.(정서적)	• 암호화된 정보를 신속하게 대량으로 보관한다. • 연역적 추리를 한다. • 정량적 정보처리를 한다.
행동기능	• 과부하 상태에서는 중요한 일에만 전념한다.	• 과부하 상태에서도 효율적 작동 • 장시간 중량작업이 가능하다. • 반복 작업 및 동시작업이 가능함.

2) 인간-기계 특징

구분	장점	단점
인간	• 시각, 청각, 촉각, 후각, 미각 등의 작은 자극도 감지한다. • 각각으로 변화하는 자극패턴을 인지한다. • 예기치 못한 자극을 탐지한다. • 기억에서 적절한 정보를 꺼낸다. • 결정 시에 여러 가지 경험을 꺼내 맞춤. • 귀납적으로 추리한다. • 원리를 여러 문제 해결에 응용한다. • 주관적인 평가를 한다. • 아주 새로운 해결책을 생각한다. • 조작이 다른 방식에도 몸으로 순응한다. • 귀납적으로 추리가 가능하다.	• 어떤 한정된 범위 내에서만 자극을 감지 할 수 있다. • 드물게 일어나는 현상을 감지 할 수 없다. • 수계산의 한계가 있다. • 신속 고도의 신뢰도로서 대량정보를 꺼낼 수 없다. • 운전작업을 정확히 일정한 힘으로 할 수 없다. • 반복작업을 확실하게 할 수 없다. • 자극에 신속 일관된 반응을 할 수 없다. • 장시간 연속해서 작업을 수행할 수 없다.

구분	장점	단점
기계	• 초음파 등과 같이 인간이 감지하지 못하는 것에도 반응한다. • 드물게 일어나는 형상을 감지할 수 있다. • 신속하면서도 대량의 정보를 기억가능. • 신속 정확하게 정보를 꺼낸다. • 특정 프로그램에 대해서 수량적 정보처리 • 입력신호에 신속하고 일관된 반응을 함. • 연역적인 추리를 한다. • 반복동작을 확실히 한다. • 명령대로 작동한다. • 동시에 여러 가지 활동을 한다. • 물리량을 셈하거나 측정한다.	• 미리 정해 놓은 활동만을 할 수 있다. • 학습을 한다든가 행동을 바꿀 수 없다. • 추리를 하거나 주관적인 평가를 할 수 없다. • 즉석에서 적응할 수 없다. • 기계에 적합한 부호화된 정보만을 처리한다.

4. 인간과 기계 체계의 설계

- 기계를 인간과 조화되도록 설계하는 방법이다
- 고려할 요소는 목표설정, 기능분류, 기능할당, 인간요원개발, 인간-기계체계, 기계장비의 설계 및 체계의 구축 등이다.

1) 목표설정 : 제품 생산을 위한 작업체계를 구축한다.
2) 기능분류 : 인간이 담당할 기능과 기계가 담당할 기능을 분류한다.
3) 기능할당 : 인간과 기계의 기능, 특성을 고려하여 기능을 할당한다.
4) 인간요원의 개발 : 할당된 기능에 적합한 인간의 선발, 훈련 등의 수급계획 수립 및 시행
5) 인간 기계설계
 ① 인간공학을 이용하여 기계를 설계한다.
 ② 성능향상
 ③ 훈련비용 감소
 ④ 인력 이용률 향상
 ⑤ 사고 및 손실의 감소
 ⑥ 생산성 및 경제적 향상

⑦ 수용자의 수용성 향상

6) 기계설계 : 외관상, 기능상, 구조상, 안전화를 검토 설계한다.

7) 인간-기계의 통합체계

① 수동화 체계 : 기구를 만들 때 인간의 힘을 이용하여 사용하게 한 것으로 동력원이 인력인 기계이다.(힘의 적응력이 다양하다.)

② 기계화 체계
  ㉠ 기계 자체에 동력이 있으며 인간은 기계를 조정하거나 통제한다.
  ㉡ 작업의 종류가 적고 작업량이 많을 때 기계를 사용한다.

③ 자동화 체계
  ㉠ 인간의 도움을 받지 않고 정보 및 정보처리를 기계 자체에서 모두 수행하는 것을 말한다.
  ㉡ 제품의 종류가 극히 제한된 품목에 대해서 다량으로 생산할 수 있다.

5. 인간과 기계 체계의 안전

1) 기계보다 인간 측면에서의 안정성을 중요시한다.
2) Fail Safe를 실시한다.
3) Lock System을 활용한다.

3.3 록 시스템(Lock System)

1. 개요
1) 안전사고가 일어나지 않도록 인간과 기계를 통제하는 것이다.
2) 구분
   ① 인트라록(Intra Lock) : 사람을 중심으로 통제한다.
   ② 인터록(Inter Lock) : 기계를 중심으로 통제한다.
   ③ 트랜스록(Trans Lock) : 인간과 기계 사이를 통제한다.

2. 인트라록 시스템
1) 인간을 중심으로 안전사고가 일어나지 않도록 통제하는 것, 즉, 인간의 불안전한 행동을 통제하는 것이다.
2) 불안전한 행동은 안전교육을 통해서 교정하며 안전교육에는 지식교육, 기술교육, 태도교육 등이 있다.

3. 인터록 시스템
1) 기계를 중심으로 안전사고가 일어나지 않도록 통제하는 것이며
2) 인간의 잘못이 있더라도 기계자신이 안전사고를 통제하는 것.
3) 인터록장치는 인간의 불안전한 행동 즉, 위험부에 작업자의 신체 일부분이 있으면 기계가 작동을 멈추는 장치이다.

4. 트랜스록 시스템
1) 인간과 기계의 잘못이 있어도 안전사고가 일어나지 않도록 한 장치.
2) 인터록 시스템에서는 기계의 작동이 정지되나 트랜스록 시스템에서는 인간의 잘못에 대해서 경고만 하고, 기계는 계속 동작을 하며 인간이 경고를 무시하면 사고가 발생한다.

3.4 에너지 대사율(RMR : Relative Metabolic Rate)

1. 개요
1) 에너지 대사율은 특정한 작업을 수행하는 데 있어서 작업자의 생리적 부하를 계측하기 위한 지표로서
2) 주로 동적근력작업이나 정적근력작업의 강도를 측정하여 적정한 연속작업 가능시간을 예측하기 위한 것이다.

2. 에너지대사율의 정의 및 측정방법
1) 에너지대사율이란 인간이 생명을 유지하는 데 기본적으로 필요한 기초 대사량 즉, 가장 기본적인 에너지 소비량과 특정 작업 시 소비된 에너지의 비율.
2) 에너지대사율은 작업 시 소비된 에너지와 안정시의 에너지(기초에너지) 와의 비이다.

$$에너지대사율(RMR) = \frac{작업대사량}{기초대사량} = \frac{작업시소비에너지 - 안정시소비에너지}{기초대사량}$$

3) 에너지 소비량은 주로 산소소비량을 기준으로 예측하게 되며, 이것은 특정작업의 경우와 의자에 앉아 있는 경우의 호흡량을 측정하여 산출함
4) 기초대사량은 인간의 단위체표면적당 1시간 동안의 대사량을 기준표에 의하여 적용함

3. 작업의 강도에 의한 RMR 5단계
RMR에 의한 작업강도는 다음과 같이 5단계로 구분하여 설명할 수 있다.
1) 최경작업(0~1) : 주로 손가락을 사용하는 작업(타자수 0.7, 바느질 0.7)
2) 경작업(1~2) : 주로 앉아서 손가락이나 팔을 사용하는 작업
   (기기운전 1.7, 선반작업 1.6)
3) 경중작업(2~4) : 손이나 상체작업, 힘, 동작속도가 적은 작업.
   (모심기 3.6, 못박기 3.6)
4) 重작업(4~7) : 일반적으로 힘, 동작속도가 큰 작업, 강작업이라고 한다.
   (논농사, 벼베기 5, 중량물 작업 5.5)
5) 최고 중작업(7 이상) : 중량물을 과격하게 다루는 작업.

4. RMR의 특성

1) 작업강도가 커짐에 따라 작업지속시간이 짧아진다.
2) 예로, RMR 3의 작업은 3시간 정도 가능하나 RMR 7인 경우에는 10분 이상 지속하기 곤란하다.

3.5 고령자 안전관리방법

1. 개요
1) 최근 근로자의 연령대가 고령화에 따른 재해비중이 증가되고 있음
2) 고령자의 재해 형태를 보면 다리와 허리의 쇠약이 원인인 전도 및 요통 재해가 증가되고 있다.
3) 따라서 노화로 인한 재해발생의 원인과, 이에 따른 안전관리방법을 아래와 같이 수립 수행하여 재해예방에 적정 대처해야 할 것임

2. 고령자에 대한 안전관리 방법
1) 노화로 인한 재해발생 원인의 면밀한 분석의 우선시행
   ① 최근 심혈관 질환에 의한 업무재해가 많음.
   ② 고령의 특성인 지각능력 및 순발력의 저하로 사고 가능성 상존하며
   ③ 노화는 다리쇠약 및 팔목, 손 등의 기능 둔화에서 비롯되며 개인의 차가 심하다.
   ④ 근력, 순발력 등의 저하로, 쉽게 넘어지거나 요통재해의 발생률이 높다.
   ⑤ 정신기능의 약화로 기억력, 학습능력 및 계산능력 저하
   ⑥ 주의력이 산만해져, 작업시 다른 행동으로 인한 추락재해의 발생요인이 있다.
2) 작업장에 대한 환경개선과 환경상태에 대한 측정의 실시
3) 노령자의 건강관리 및 교육시행
   ① 특수 건강진단 시행 : 45세 이상 대상 근로자
   ② 개인의 과거병력에 대한 관리 철저 : 산업보건의와의 정기적 상담이나, 병력에 대한 관리
   ③ 심혈관 질환이 많아 이에 대한 교육과 사전대책
   ④ 사무자동화기기 사용의 장시간에 따른 VDT 증후해소를 위한 업무 중 스트레칭 시행
4) 근로시간의 제한
   ① RMR이 낮은 작업(輕작업)을 배려
      ㉠ RMR(Relative Metabolic Rate) : 에너지 대사율

$$\frac{\text{작업에만 필요로하는 에너지량}}{\text{기초대사량}} \quad \frac{(\text{작업시 소비칼로리}) - (\text{안정시 소비칼로리})}{\text{기초대사량}}$$

ⓛ RMR의 특성 : 개인차를 제외한, 특유한 값으로, 작업의 강도를 나타낼 수 있음

　　　예 → 경작업의 RMR은 0~2 중경도 작업의 RMR은 2~4 중작업의 RMR은 4이상

　② 특별한 경우 외에 야간작업을 배제

　③ 충분한 휴식 보장 : 장기근속 휴가제도와 작업장의 휴식 공간 제공 등

5) 작업환경의 개선

　① 조명은 밝게하고, 통로의 경사를 완만하게 한다.

　② 표지나 글씨는 크게 제시한다.

6) 작업배치 방법의 개선

　① 고소작업등 위험작업 배치를 배제한다.

　② 심야작업이나, 중량물 운반 작업을 배제함.

7) 기계설비의 안전관리 방법 개선

　① 설비의 비상정지 장치는 눈에 잘 띄게 설치

　② 접촉방지 센서의 부착

8) 작업방법의 개선

　① 가급적 중량물 취급을 피한다. 부득이한 경우는 취급중량을 낮춘다.

　② 능력에 맞게 작업속도를 조절한다.

3. 결론

1) 미래에는 노동력의 고령화에도 불구하고 활동적인 고령노동자가 전체적인 경제와 개별기업의 경쟁력을 보유하게 될 것이다.

2) 고령사회를 맞아 앞으로의 과제는 고령 노동자의 노동능력 유지 및 향상과 고령 노동자를 관리 감독하는데 필요한 리더쉽 기법의 개발과 훈련(연령관리)

3) 고령 노동자들에게 적합한 작업조건을 만들기 위한 인간공학 기법을 개발하여 적용하는 것이 필요하다.

3.6 인간에러가 산업안전에 미치는 영향

1. 인간에러의 개요
1) 하인리히의 도미노이론을 이용한 재해의 발생 원리상
 (1) 산업재해가 발생하기 위해서는
  ① 사회적 환경과 유전적 요소
  ② 개인적 결함
  ③ 불안전한 행동과 불안전한 상태
  ④ 사고
  ⑤ 재해 등의 다섯 요인이 단계적, 연쇄적 발생에 기인한다고 주장함
 (2) ③의 요인이 재해발생의 중추적인 요소로 가장 중요 요인이 됨.
2) Frank Bird는 신도미노이론을 이용한 재해의 발생 원리상
 (1) 산업재해가 발생하려면
  ① 제어의 부족이 있을 때 기본적 원인 발생하고,
  ② 이것은 직접원인을 낳게 하고,
  ③ 직접원인은 또 물체등과 접촉에 의하는 사고발생이 사고로
  ⑤ 상해나 사망 또는 질병과 같은 재해가 발생한다고 주장함.
 (2) 여기서 직접원인 불안전상태(물적인 원인)와 불안전행동(인적인 원인)에 기인한 것임.

2. 재해 예방 방법
1) 불안전상 상태의 제거
 ① 물적, 설비적인 면에서 사람이, 실수나 잘못을 저질러도, 기계가 보호하여 주는 안전성이 확보된 Fool Proof 방식을 채용하여 설계 시부터 안전성을 고려한 설계
 ② Fool Proof 시스템에 의한 제작 및 설비의 성능유지로 적정수준의 신뢰성 확보
2) 불안전한 행동의 제거
 ① 불안전한 행동요인 파악
 ② 인간특성연구
 ③ 인간공학적이며, 심리적 방법을 동원
3) 불안전한 행동의 유형파악(불안전한 행동의 분류기준)
 ① 작업상 위험에 대한 지식부족

② 안전작업을 수행하는 기능미숙
③ 안전태도 불량 또는 안전의식 부족
④ 인간의 특성으로서의 error로 분류되며, 이중 인간에러는 다음과 같다.
 4) 인적 error 제거
  (1) 인적 error의 종류
   ① 인간공학적인 설계상의 error
   ② 제작error
   ③ 검사error
   ④ 설계 및 보수의error
   ⑤ 조작error
   ⑥ 취급상의error
  (2) 인간error의 특성
   ① 인간이 알고 있으며, 할 수 있고, 하려고 하였는데 잘못한 경우를 error라고 함.
   ② 인간은 error를 범하는 동물로서, 상황과 조건에 따라error가 발생될 경우도 있고, 그렇지 않을 경우도 있음.
   ③ error를 범하지 않으려고 해도 error가 나는 경우도 있음.

3. 인간error가 산업 안전에 미치는 영향
 1) 기업경영에 미치는 영향
  (1) 안전하지 못하면 손해가 발생한다. 역으로 안전은 수지가 맞는다는 결론임
  (2) 인간error로 바람직한 노사관계 형성에 역행될 수 있다.
  (3) 재해로 인한 손실은 매우 크며, 직접손실과 간접손실비용이 막대하여, 최근에는 민사상의 손해배상처리 비용 등이 발생함.
 2) 기업에 미치는 손해
  생산과 관리의 全영역에 걸친 산업재해로 능력의 감소, 비용증가
   ① 능력의 감소
    ㉠ 능력 또는 이익의 감소 및
    ㉡ 정량, 정상적 능력저하로 인한 인적능력저하와 사업장 능력저하, 재료의 품질 저하 발생
   ② 비용의 증가
    ㉠ cost 낭비의 증가

ⓒ 사고의 비용과 낭비 발생으로 인한 사고의 전체비용과 사고의 전체 간접비 증가

③ 위의 결과로 능력저하로 인한 지장회복에 요하는 비용의 증가

④ 위의 결과 단독 혹은 쌍방의 복합요인으로 손실의 증가가 발생됨.

4. 인간에 대한 모니터링 방법

1) 자기감시(Self monitering) : 인간의 자극, 고통, 피로, 권태, 이상감각 등의 지각에 의거 자신의 상태를 알고 행동하는 감시

2) 생리학적 감시(Physiological monitering) : 맥박, 호흡, 체온, 뇌파 등으로 상태를 감시

3) 시각적 감시(Visual monitering)

　① 감독자가 근로자의 태도, 상태 등을 보고 근로자의 상태가 정상인지 비정상인지를 파악하는 것으로 감독자의 경험에 의해 쉽게 파악 가능

　② 인간의 태도를 보고 상태를 파악감시(태도교육 적합)

4) 반응에 대한 감시(Reactional monitering) : 청각 또는 시각적 자극을 가하여 정상, 비정상을 감시

5) 환경적 감시(Environmental monitering) : 자극 없는 모니터링

　① 최근에 적용 중임. 무작극으로 근로자의 운동 자체로 판단하는 방법

　② 환경을 개선하여 인체를 안락하게 하고 기분 좋게 하여 정상작업을 할 수 있도록 하는 주관적으로 감시하는 방법임

3.7 휴먼에러의 기본 유형과 종류

1. 개요
안전사고는 대부분 인간의 잘못으로 발생하므로 인간의 잘못을 분석하여야 하며 인간에러에는 심적(정신적) 에러, 행동적 에러, 물리적 에러 등이 있다.

2. 휴먼에러의 정의
1) 휴먼에러란, 부적절하거나 바람직하지 못한 인간의 결정 또는 행동으로 어떤 허용범위를 벗어난 바람직하지 못한 인간의 동작이며,
2) 부적절하거나 바람직하지 못한 인간의 결정 또는 행동은, 시스템의 성능, 안전 또는 효율을 저하시키거나 감소시킬 잠재력을 갖고 있다.

3. 에러의 기본 유형
1) 경실수(Slips)
   ① 정의 : 계획된 과업수행 도중에 오류가 발생한 것으로 부주의라고도 함.
   ② 특징 : 익숙한 환경에서 잘 훈련된 근무자에게 나타남
   ③ 예 : 비슷한 여러 개의 스위치 중 잘못 선택하여 조작하는 경우 등
2) 실패(Mistakes)
   ① 정의 : 계획된 과업수행 도중에 부적절한 계획 때문에 원래의 목적 수행을 실패하는 경우.
   ② 예 : 운전원의 작업진단 실패 및 잘못된 절차를 선택하여 운행 중 고장이 발생한 경우 등

4. 에러의 종류
1) 심적 에러(정신상태가 잘못되어 일어나는 에러)
   〈해일이 무서워 선주 많매〉
   ① 해당 일에 대한 지식이 부족
   ② 일을 할 의욕이나 의식 결여
   ③ 무엇인가의 체험으로 습관적이 되어 있을 때

④ 서두르거나 절박한 상황에 놓여 있을 때
⑤ 선입관으로 괜찮다고 느끼고 있을 때
⑥ 주의를 끄는 것이 있어 그것에 치우쳐 주의를 빼앗기고 있을 때
⑦ 많은 자극이 있어 어떤 것에 반응해야 좋을지 알 수 없을 때
⑧ 매우 피로해 있을 때

2) 물리적 요인에 의한 에러(작업환경이 잘못되어 일어나는 에러)

〈자재공을 일단 쓰시오〉

① 자극이 너무 많을 때
② 재촉을 느끼게 하는 조직이 있을 때
③ 공간적 배치에 맞지 않는 기기
④ 일의 생산성이 너무 강조될 때
⑤ 일이 단조롭거나 복잡할 때
⑥ 스테레오 타입에 맞지 않는 기기

3) 행동적 에러(기계 자체에 정보를 잘못 입력하여 나타나는 에러)

(1) 입력 에러
(2) 정보처리과정 에러
  ① 감지, 인지, 확인에러.
  ② 판단, 연산, 기억에러.
  ③ 반응, 동작, 조작에러
(3) 출력에러
(4) 자동제어 에러

3.8 인간과 기계의 신뢰도

1. 개요
- 신뢰도는 안전사고를 일으키지 않는 믿음을 말한다.
- 인간은 주의력, 집중도 등(피로, 건강상태)에 의해서 다르나 50(%)정도이고, 기계는 90(%) 정도이다.

2. 인간의 신뢰도
1) 주의력 : 긴장 수준(정신력을 집중시키는 것), 의식수준(사물을 분별하는 것)에 따라서 다르다
2) 판단력 : 경험, 기술, 지식수준에 따라서 다르다.

3. 기계의 신뢰도
1) 기계가 고장을 일으키지 않는 정도를 나타낸다.
2) 초기고장, 마모고장, 우발적 고장 등이 있으며
   ① 초기고장은 기계의 시운전에 의해서 찾아내고,
   ② 우발고장은 기계사용 시 점검이나 계측을 사용하여 찾아낸다.
   ③ 마모 고장은 예방이 곤란하다.

4. 인간과 기계체제의 신뢰도
- 인간이 기계를 운영할 때 나오는 신뢰도를 인간과 기계체제의 신뢰도라고 하며
- 인간과 기계의 연결방법(직렬, 병렬, 직병렬)에 따라서 신뢰도가 다르다.
  1) 직렬연결
     ① 인간이 직접 기계를 조작하는 것으로서
     ② 인간의 신뢰도와 기계의 신뢰도가 합해져서 인간-기계체계의 신뢰도는 낮아진다.
     ③ 신뢰도 : $R = r_1 \times r_2$. 단, r_1 : 인간의 신뢰도, r_2 : 기계의 신뢰도
  2) 병렬연결
     ① 인간이 기계를 직접 움직이지 않고 기계의 상태를 감시하는 것을 말하며
     ② 인간-기계 체계의 신뢰도는 향상된다.

③ 신뢰도 $R = r_1 + r_2(1-r_1)$

3) 직·병렬연결

① 먼저 병렬연결의 신뢰도를 구하고 그 결과를 직렬연결과 계산한다.

② 병렬 $R_4 = R_2 + R_3(1-R_2)$

③ 직렬 $R = R_1 \times R_4 = R_1 \times [R_2 + R_3(1-R_2)]$

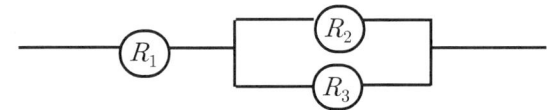

3.9 재해방지 및 안전관리 대책

1. 개 요
재해발생은 재해빈발설로 설명되며, 재해빈발설에는 기회설과 암시설, 재해빈발경향자설이 있다.

2. 재해누발자의 정의
사고의 대부분이 소수의 근로자에 의해서 반복적으로 사고를 일으키는 특성을 재해빈발성향이라 하고, 이 사람들을 재해 빈발자 또는 사고빈발자라 한다.

3. 재해누발설의 종류
1) 기회설 : 개인의 영향이 아니라 그 사람이 종사하는 작업에 위험성이 많기 때문 이라는 설
2) 암시설 : 한번 재해를 일으킨 사람이 재해를 빈발하게 된다는 설
3) 재해빈발경험자설 : 근로자 가운데 재해를 빈발하는 소질의 결함이 있다는 설이다.

4. 재해누발자의 유형
1) 상황성 유발자 : 작업이 어렵거나 기계설비에 결함이 있고 환경상 주의력의 집중이 분산되는 경우에 심신에 이상이 있기 때문에 일어나는 재해 누발자
2) 소질성 유발자 : 지능, 성격, 감각, 운동 등의 결함으로 일어나는 재해 누발자
3) 미숙성 유발자 : 작업의 미숙에 의해 재해를 발생시키는 재해 누발자
4) 습관성 유발자 : 재해의 경험에 의해 소심해 하거나 신경과민 또는 일종의 슬럼프 현상에 의해 나타나는 습관성재해 누발자

5. 재해방지 및 안전관리 대책
1) 사고회피 능력의 육성
   ① 작업환경을 개선시킨다.
   ② 교육 훈련이나 작업관리에 의한 작업방법이나 위험 대처 방법을 숙지시켜, 이상 발생에 대한 심리적 압박감에 대한 내성을 기른다.
2) 습관성 재해 누발자에 대한 재해빈발 5가지 요소 통제

① 습관은 동기, 정신상태, 감정 및 개성의 차이에 크게 영향을 주고 있음
② 따라서 5가지 요소인 허영성, 쾌락성, 무도덕성, 무모성, 도전적 성격을 잘 통제하는 것이 안전관리의 요체가 된다.
③ 즉, 인간은 자신이 갖고 있는 성격, 정신, 실제적 조건인 지능, 감각 등 소질적인 원인에 의해 사고를 유발시키므로 지능에 따라 개인에게 적합한 직무 부여를 해야 하며, 성격적 요소는 사고를 일으킬 수 있는 충분한 요인이 된다.

3) 근로자를 적성배치

안전에는 반사운동신경이 중요시되므로 속도, 정확도를 확실히 할 수 있도록 지능, 성격, 감각운동 등 소질적으로 근로자를 적성배치시킴으로써 생산능률과 안전에 기여할 수 있다.

4) 재해예방 대책의 선정

① 눈에 보이는 직접적인 원인의 제거만으로는 충분하지 않아, 배후에 있는 보다 근본적인 요인들을 제거해야만 실질적인 재해예방 조치를 취했다고 볼 수 있다.

② 안전의 3요소(3E)와 안전관리대상 4요소(4M)

㉠ 안전의 3요소(3E)적 대책

ⓐ Education적 대책 : 안전교육 및 훈련을 실시함
ⓑ Engineering적 대책 : 안전기준의 설정, 환경설비의 개선, 점검보존의 확립 등
ⓒ Enforcement적 대책 : 엄격한 규칙에 의해 제도적으로 시행
  · 적합한 기준 설정 : 안전보건관리규정, 안전작업수칙에 의거할 것
  · 규정 및 수칙의 준수·종업원의 기준 이해·경영자 및 관리자의 솔선수범

㉡ 안전관리 대상의 4요소(4M)

ⓐ Man(인위적 요소)
  · 상호인간관계와 지시·명령 및 연락체계에 영향을 미치는 인간 행동의 신뢰성 등
ⓑ Machine(기계 설비적 요소)
  · 기계설비, 방호장치, 통로, 수공구, 운반기기 등 인간공학적 요소
ⓒ Media(작업 방법적 요소) : 인간과 기계 설비간의 상호 매체 역할을 하는 것으로 작업정보, 작업방법, 작업환경 등
ⓓ Management(관리적 요소) : 안전 법규, 기준작성 및 정비, 안전관리 조치, 교육훈련, 지휘·감독 등의 관리체제

5) 재해예방대책 실시

　① 대책이 선정되면 그 대책을 신속히 실행에 옮김

　② 대책들의 실행조치는 관리감독자 및 작업자가 중심

　③ 재해사고는 빈발하는 것이 아니므로, 평소 반복적인 훈련에 의해 신속한 대처능력 육성이 필요하다.

3.10 불안전한 행동의 요인 및 대책

1. 개요
1) 산업재해는 대부분 물적요인과 인적요인이 겹쳤을 때 발생되며,
2) 불안전한 행동을 유발하는 1차적 원인으로는
   ① 지식부족
   ② 기능부족
   ③ 태도불량
   ④ 인간의 error 등이 있으며
3) 1차적 원인에 대한 그 배후요인으로
   ① 완전히 개인적인 요인과
   ② 외적인 요인이 있으므로
4) 안전관리는 배후요인을 이해하고, 통제, 억제, 조절하도록 하는 것이, 근로자의 불안전한 행동을 방지하는 불가결한 대책이다.
5) 下記에서는 上記개념에 의해
   ① 불안전한 행동의 종류
   ② 불안전한 행동의 직접원인(1차원인)
   ③ 불안전한 배후요인(인적요인 : 심리적 및 생리적요인, 외적요인)을 내용을 아래와 기술한다.

2. 불안전한 행동의 종류 〈위.안.복.기/불.운.위/불.감.자〉
1) 위험장소의 접근,
2) 안전장치 기능 제거.
3) 복장보호구의 잘못 착용.
4) 기계, 기구의 잘못 사용.
5) 불안전한 속도조작
6) 운전 중인 기계장치 손질.
7) 위험물 취급부주의
8) 불안전한 상태
9) 감독 불충분한 불안전한 행동유발.
10) 불안전한 자세동작 등

3. 불안전한 행동의 직접원인(1차적 원인) 〈지.기/태.인〉

1) 지식부족 : 작업상에 유해, 위험에 대한 지식부족에 의한 불안전한 행위
2) 기능미숙 : 안전작업 수행을 가능케 하는 기능의 미숙에 따른 불안전한 행위
3) 태도불량 : 작업상에서 필요한 안전작업절차의 무시하는 것과 같은 태도불량에 따른 불완전 행위
4) 인간의 error 등

4. 불안전행동의 배후요인

인적요인 ⇒	심리적요인. 생리적 요인
외부환경적요인 ⇒	인간관계요인. 설비적요인 작업적요인. 관리적요인

1) 인적요인
  (1) 심리적 요인 [망소주의는 고무줄 위에서 생쥐라고 착오 억측하는 성격의 인간]
    ① 망각 : 작업 중에 절차의 망각은 사고로 연결되므로, 중요내용은 문서 연락실을 경유토록 함.
    ② 소질적 결함이 있을 때 : 위험 작업에 종사자들은 개인적 특성을 고려한 작업배치가 요구됨.
    ③ 주변적 동작 : 주위의 상황을 보지 않고 행동함으로서, 위험을 인식 못하는 경우
    ④ 의식의 우회 : 일상생활에서의 걱정, 불안, 불만 등 심리적 불안이 작업 중에 나타날 수 있고 이것 때문에 의식을 빼앗기는 경우가 있다.
    ⑤ 고민거리 : 고민거리는 작업의 주의력 작용을 자주 중단시킨다.
    ⑥ 무의식 행동 : 습관적
    ⑦ 위험감각 : 자만심
    ⑧ 생략 행위 : 정해진 순서생략, 소정의 공구사용 않고, 주변공구 사용
    ⑨ 지름길 반응 : 서두르는 행동
    ⑩ 착오(착각) : 사람에게는 착오가 발생하기 마련이다.
    ⑪ 억측판단
    ⑫ 성격 및 인간의 오감 중 안전과 관계가 큰 것은 시각, 청각, 촉각이라 할 수 있다.

(2) 생리적 요인 〈피로는 영양과 적성을 무디게 한다.〉
① 피로 : 작업 능률 저하로써, 피로의 내용보다는 피로의 결과로서 나타나는 현상에 의한 안전문제임
② 영양과 에너지 대사(RMR)
  ㉠ 작업의 강도를 에너지 대사율로 표시하며
  ㉡ 인간의 에너지 대사율에 적합한 에너지를 보급하지 않으면, 작업으로 인한 심신의 부조화가 발생됨.
③ 적성과 작업의 종류 : 근로자의 적성에 알맞은 작업배치는, 노동생산성을 향상시키며, 불안전행동의 제거에 도움을 줌.

2) 외적요인

(인간관계 + 설비적 + 작업적 + 관리적요인)

(1) 인간관계 요인
① 인간관계가 나쁜 직장은 작업의욕의 침체, 작업능률의 저하, 작업순서의 질서문란, 안전의식 저하 등과 같이 사고나, 재해의 발생위험이 커진다.

(2) 설비적(물적)요인
① 인간공학적 배려에 의한 설계로, 근로자가 실수하더라도 재해로 까지 연결되지 않도록 한 안전장치를 고려할 것

(3) 작업적 요인
① 작업 자세, 작업속도, 작업강도, 휴식, 근로시간 등의 작업적 요인.
② 작업 공간, 조명, 색체, 소음, 진동, 분진 등의 작업 환경적 요인이 근로자 행동을 지배

(4) 관리적 요인
① 교육훈련의 부족 : 안전교육 훈련이 충분치 못하면, 지식부족, 기능부족에 의한 불안전한 행동이 다발한다.
② 지도, 감독 불충분 : 교육훈련의 성과를 작업에 활용토록 하는 지도, 감독이 근로자의 행동을 좌우한다.
③ 적정배치 불충분 : 특히 위험한 작업에 근로자를 배치할 때 더욱 주의할 것

5. 불안전행동의 대책

1) 교육적 대책

안전은 안전에 대한 의식에 상당히 많은 영향을 받는다. 이러한 의미에서 안전에 관한

교육훈련은 다른 어떠한 대책보다 중요한 의미가 있음.
(1) 작업에 관한 교육훈련과 작업 전 회의
   ① 작업내용을 충분하게 숙지시켜 안전작업의 기본이 습관화 되어야 하고 시스템 내부에 대해서도 충분한 지식을 가지고 있어야 한다.
   ② 작업직전에는 작업순서, 예상되는 위험요인 등에 대해 소집단 회의 등을 통하여 정확하고 안전한 작업이 수행될 수 있도록 안전의식을 고양한다.
(2) 모의훈련
   ① 사고에 가까운 체험을 하면서 안전지식이 습관화 되도록 하는 방법으로 모의훈련이 있다.
   ② 실제로, 사고를 체험하는 대신에 컴퓨터 등으로 모의적 상황을 프로그램하여 조치훈련을 실시하는 방법이다.
(3) 소집단 활동
   소단위 작업 집단을 기준으로 현장에서 함께 대화를 하면서 작업순서나 안전point의 의식을 향상시키는 활동이다. 예로서 위험예지활동이 있다.

2) 관리적 대책
   인간은 심리적으로나 육체적으로 여러 가지 한계를 가지고 있다. 따라서 제도적으로 정기휴식, 정기검사 등의 지속적인 관리가 필요하다.
(1) 작업자의 심리적, 생리적 상태 관찰
   ① 작업 책임자는 작업 전 작업자에게 작업내용에 관한 주지도 중요하지만 작업자의 신체적 정신적 이상 유무를 충분하게 관찰하여야 한다.
   ② 또한 작업자의 사회생활, 동료 작업원과의 인간관계까지도 고려하여 작업에 투입할 수 있어야 한다.
(2) 분위기 조성
   ① 조직적으로 안전의 중요성에 대하여 엄격한 분위기를 조성할 필요가 있다.
   ② 또한 조직원의 사기를 함양하여 인간관계를 좋게 하며 의사소통이나 상사와의 연결을 원활히 하여야 한다.
(3) 설비·환경의 안전개선 : 인간의 특성으로부터 설비, 작업환경, 시스템의 결합등 문제점을 조직적으로 분석하고 나아가 개선노력이 있어야 한다.
(4) 정기 건강진단 : 작업자의 신체적, 정신적인 건강 상태를 정기적으로 검진하여 특정작업에 부적격자를 사전에 예방조치 하거나 부적합 작업에서 배제한다.

3.11 주의와 부주의

1. 주의
1) 정의 : 주의란 행동의 목적에 의식수준이 집중하는 심리상태를 말함.
2) 주의의 특성
   ① 주의의 선택성: 주의에는 동시에 두개 방향에 집중하지 못하는 특성이 있음.
                   즉, 이를 선택적 주의라 함
   ② 주의의 단속성 : 고도의 주의는 장시간 지속할 수 없는 특성으로서, 의식의 우회라고도 함.
   ③ 주의의 방향성 : 한 대상에 주의를 집중 시 다른 대상에 대한 주의는 약해지는 특성
   ④ 주의의 변동성 : 주의의 단속성과 주의의 범위로 인하여, 어떤 대상물에 대하여 동일한 강도의 주의를 계속할 수 없어 그 집중도는 변화하는 특성

2. 부주의
1) 정의
   (1) 목적수행을 위한 행동전개과정에서 목적에서 벗어나는 심리적, 신체적 변화와 현상.
   (2) 즉, 어떤 목적으로 향해 있는 시신경이 집중되지 않는 것.
2) 부주의의 현상(5가지)
   (1) 의식의 단절 : 지속적인 것은 의식의 흐름에 단절이 생기고, 공백상태가 나타나는 경우 의식이 중단된다.
   (2) 의식의 우회 : 의식의 흐름이 우회될 경우 작업도중 걱정, 고뇌, 욕구불만 등에 의해서 발생함
   (3) 의식수준의 저하 : 희미한 의식 상태로 심신이 피로하거나 단조로움 등으로 발생됨
   (4) 의식의 혼란 : 외부자극이 애매모호하거나 자극이 강할 때 및 약할 때 등과 같이 외적조건에 의해 의식이 혼란하거나 분산되어 위험요인에 대응할 수 없을 때 발생함.
   (5) 의식의 과잉 : 돌발, 긴급사태의 이상을 직면 시, 순간적으로 의식이 긴장되고 한 방향으로만 집중하는 판단력 정지, 긴급 방위반응 등 주위의 일점 집중현상이 발생한다.

3. 부주의의 원인과 대책

원 인	대 책
1) 외적원인	① 작업환경 조건 불량 : 환경정비 ② 작업순서의 부적당 : 작업순서 정비 ③ 의식수준의 저하 : 소음, 조명 등 물리적 환경조건을 적합한 범위로 유지, 작업의 지속시간이나 휴식제도를 작업에 적합하도록 재설계하여 작업의 피로가 축적되지 않게 할 것
2) 내적 원인	① 소질적 문제 : 적성배치 ② 의식의 우회 : 작업자의 생리적 변화를 예의 주시하고, 안전 카운슬링을 계속한다. ③ 의식의 과잉 : 주어진 자극에 대한 반응하기 전에 한 박자 숨을 돌린 후, 기계의 지시나 주변정보에 근거한 객관적 판단을 하는 습관을 갖게 함. ③ 경험, 미경험자 : 안전교육 훈련
3) 정신적 측면	① 주의력 집중훈련　　② 스트레스의 해소 ③ 안전의식 고취　　　④ 작업의욕 고취
4) 기능 및 작업적 측면	① 적성배치　　　　　② 안전작업 방법 습득 ③ 표준작업 동작의 습관화 ④ 의식의 중단 간질자, 심장질환자 등 작업자의 질환이나 정신적 질환을 파악하고, 그 특성에 적합한 직무에 배치하는 직무분석과 정석배치의 노력 경주.
5) 설비 및 환경적 측면	① 설비 및 작업환경의 안전화 ② 표준작업제도 도입 ③ 긴급시의 안전대책

4. 착오

1) 정의 : 어떤 목적을 행동하고자 했으나 그 행동과 일치하지 않는 것
2) 착오(실수)의 종류
   ① 위치착오　　② 순서착오　　③ 모형착오　　④ 잘못기억
   ⑤ 착오의 원인으로 인지과정의 착오, 판단과정의 착오, 인간의 착각현상 등

5. 착오와 부주의 재해 다발자의 성격

1) 주의력 산만 및 부족한 자
2) 경솔성과 쾌락주의 자
3) 소심한 성격과 편형한 자.
4) 흥분성과 허영심이 있는 자
5) 도덕성의 결여된 자

3.12 인간의 안전욕구

1. 개요

1) ERG이론은 알더퍼(C.P.Alderfer)에 의해 주장된 인간의 욕구단계이론으로서, 매슬로우의 욕구단계설이 직면했던 문제점들을 극복하고자 제시된 것이다.

2) 알더퍼는 기존의 매슬로우 5단계 욕구범주를
   ① 생존(existence),
   ② 관계(relatedness)
   ③ 성장(growth) 등 세가지 핵심적인 범주로 간략화하여 ERG이론을 개발하였다.

매슬로우 이론	알더퍼 이론
생리적 욕구	생존 욕구
안전 욕구	관계 욕구
소속감, 애정 욕구	
존경 욕구	성장 욕구
자아 실현 욕구	

2. 매슬로우 이론

1) 개요
   (1) 매슬로우의 욕구단계설은 인간행동을 변화시키기 위한 동기부여 이론의 하나.
   (2) 즉, 인간의 생리적 내지 내재적 욕구를 충족시켜 동기부여를 하는 경우 집단적 대중교육, 제도적 강제성 보다 기대효과와 확산도 측면에서 더욱 합리적이라는 이론임.

2) 인간욕구의 5가지 단계
   ① 생리적 욕구   ② 안전에 대한 욕구
   ③ 소속감과 애정 욕구   ④ 긍지와 존경에 대한 욕구.
   ⑤ 자아실현의 욕구 다섯 가지 단계로 다음과 같이 나타낼 수 있다.

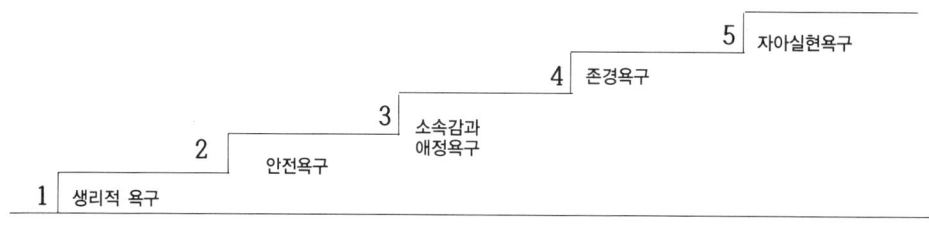

그림 1. 매슬로우의 5단계 욕구 이론

3) 욕구의 상호단계
 (1) 인간의 욕구는 다섯 단계로 구분이 가능하고
 (2) 인간의 욕구발로는 하급욕구의 충족에서 점차로 상위욕구의 발로를 가져온다는 것
 (3) 욕구의 충족은 대개 상대적이며 욕구의 완전한 충족은 있을 수 없기 때문에 인간은 항상 원하는 동물이라는 것
 (4) 제 욕구는 서로 연관되어 있으며, 일반적으로 인간행동에는 몇 가지 욕구가 복합적으로 작용한다는 것
 (5) 충족된 욕구는 약해지며 동기유발 요인으로서의 의미를 상실하게 된다.

4) 욕구의 충족도

매슬로우는 인간욕구의 단계구분 이론에서 일반적인 사람의 경우 다음같이 구분함

충족도 구 분	충족도[%]	비 고
생리적 욕구	85	
안전 희구욕구	75	① 옆의 수치는 욕구를 만족하는 상태이며
소속과 애정욕구	50	② 낮은 차원의 욕구가 충족되어 높은 차원에 이르게 되면 다시 피드백 되는 자연적 현상이 나타남.
존경 욕구	40	
자아실현 욕구	10	

[표-1] 일반적인 사람의 경우에 있어 Maslow 이론 상 인간욕구 단계구분

3. 알더퍼 이론

1) 생존(실존) 욕구(Existence needs)
 (1) 배고픔, 목마름, 안식처 등과 같은 모든 형태의 생리적·물리적 욕망들이다.
 (2) 조직에서는 편안한 근무환경이나 쾌적한 물리적 작업조건에 대한 욕구가 이 범주에 속하는데, 매슬로우의 5단계 욕구범주 중 생리적 욕구나 물질적 측면의 안전욕구 등과 비교될 수 있다.

2) 관계욕구(Relatedness needs)
 (1) 작업장에서 타인과의 대인관계와 관련된 모든 것을 포괄한다.
 (2) 상사와 동료, 남성과 여성 근무자, 고객 및 거래처 등의 모든 개별적, 집단적 주체와의 활동관계가 포함된다.
 (3) 이 욕구범주는 매슬로우의 5단계 욕구범주 중 안전욕구, 조직 내 소속감 및 애정욕구와 유사함.

3) 성장욕구(Growth needs)
 (1) 창조적 성장이나 사회적, 인적 성장과 관련된 모든 욕구를 포괄하고 있다.
 (2) 이러한 성장욕구는 인간이 사회적 조직체를 구성하는 인간으로서 충분한 유용성과 능력을 갖고 있거나 아니면 새롭게 개발할 수 있는 잠재역량이 있다고 인정될 경우에는 욕구충족이 가능한 것이다.
 (3) 매슬로우의 5단계 욕구범주 중 자아실현욕구나 존경욕구 단계와 비교될 수 있다.

3.13 무의식적 재해 요인

1. 개요
1) 인간error : 시스템으로부터 요구되는 작업결과로부터 허용되는 한계를 벗어난 인간행동
2) 전기재해 중 작업자의 무의식중 절차, 순서누락에 따른 발생의 원인은 인간error에 기인하며
   ① 인간error의 형태는 아래와 같으며
   ② 무의식적으로 재해를 발생케 하는 심리적 요인에 대하여 기술한다.

2. 인간error의 유형(형태)
1) 학술적인 분류
   (1) LW Rook의 분류 : 제품의 설계에서 사용까지 여러 과정에서의 error를 열거
      ① 설계error   ② 제작error
      ③ 검사error   ④ 시간의error
      ⑤ 조작error   ⑥ 취급error
   (2) 심리학자 차피니스의 분류 : 심리학의 입장에 error의 분류
      ① 신호의 error   ② 작업공간의error
      ③ 지시의error   ④ 시간의error
      ⑤ 예측의error   ⑥ 연속응답의error
2) 인간의 특성과 관련된 인간error의 유형
   (1) 판단error : 오판단, 선입관적 판단, 자만적 판단
   (2) 시각error : 착각, 착시, 환각 환상
   (3) 청각error : 청각장해로 인한, 미스, 잘못 들음. 거부 듣지 못함.
   (4) 접촉error : 오조작. 취급미스(심리적, 신체적, 사회적)
   (5) 무의식error : 부주의 반사적 미스, 망각 피로에 의한 미스

3. 무의식적으로 재해를 발생케 하는 요인
1) 장면행동(Situation behavior)
   ① 돌발적인 위기상황이 발생하면 그 곳에 의식이 집중하여 그 외의 상황에는 마음을 쓰지 않고 전후 생각 없이 행동하는 것

② 이때 근로자는 장면행동을 하게 되어 큰 사고를 일으키기 쉽다.

2) 망각

① 근로자가 작업 중 작업에 필요한 절차를 잊어서 일어나는 사고가 적지 않다.

② 시간 경과에 따른 기억률 급감함(20분 후 인간의 기억률은 58%, 1시간 후의 기억률은 44%, 25시간 후는 34%, 31일 후에는 21%로 급감)

3) 주변동작

① 사람은 의식의 중점에서 무엇에 골똘히 생각을 집중시키면서, 몸으로는 다른 어떤 동작을 할 때, 동작은 의식의 한끝(또는)주변에서 행한다는 주변동작을 말함.

② 예로써, 철탑작업의 위험 작업시 처음에는 위험을 느끼나, 작업시 고소작업임을 망각함으로써, 중대재해 발생 우려가 높음.

③ 따라서 위험을 제거할 수 있도록, 방호장치, 접근 금지판, 방책, 보호구 등이 필요함.

4) 의식의 우회

① 작업자가 작업 중 작업외의 인간관계, 고민 등에 의한 의식의 우회로 인한 무의식 작업으로 재해발생

5) 무의식 행동 : 무의식 행동으로 인한 사고발생

6) 위험감각의 부재 : 위험 작업을 오랫동안 수행시 감각의 부재 또는 감소로 인한 재해

7) 지름길반응(생략행위)

① 지름길반응 : 正 통로가 있음에도 불구하고 무리를 하여 가까운 길을 택하는 행동

② 이때 심리구조는 대외의 구피질에 의한 반응, 즉 대충적인 생각이 작용하는 현상으로 중대재해를 일으키는 수도 있음.

③ 지름길 반응 대책 : 위험 예지훈련을 통한 자기반성과 옳은 가치관 정립토록 훈련

8) 억측판단

① 자기 멋대로 주관적인 판단 또는 희망적 관찰에 따라서, 객관적으로 확인하지 않고 대개 이런 것이라고 판단하는 것

② 대 책

㉠ 작업정보의 정확한 전달, 입수

㉡ 정확히 작업토록 노력함

㉢ 자신의 형편에 유리하도록 주관적인 관찰을 하지 않음

㉣ 과거의 경험에 구애됨이 없이, 또 선입견 없이 판단

9) 습관적 동작

① 불안전한 행동은 작업자에 의한 지식과 기능이 충분한 유경력자 에게도 나타남.

② 즉, 숙련자에게도 error는 존재함.
10) 성격의 결함요인에 의한 불안전한 행동으로, 이는 중요한 배후요인이 되어 무의식 중 심리적 의식에 의한 산업재해 발생의 요인이 되고 있음.

3.14 바이오리듬을 이용한 안전관리

1. 바이오리듬의 정의
1) Biological Rhythm의 준말로써 생체리듬을 말함.
2) 생명을 뜻하는 Bio와 규칙적인 율동을 의미하는 Rhythm이 합쳐진 말로서 자연계 구성원으로 생존하는 인간에 있어 태어나서, 죽을 때까지 신체, 감성, 지성 리듬이 일정한 주기를 가지고, 컨디션이 좋고, 나쁜 날이 반복적으로 일어나는 것을 말함
3) 즉, 생체리듬은 생물체의 일부 또는 전부에 나타나는 체내변화 외부환경의 주기적인 변화에 따른 유기체內의 주기적 변화를 말함.
4) 인간의 바이오리듬은 23일, 28일, 33일의 생체주기가 있어, 이를 여러 분야 의 안전관리에 적정 이용하고 있는 추세 임.
5) 생체리듬 측면에서 본 적정한 노동시간의 한계는 6~8시간으로서, 주간작업에 적합하며 주당 근로시간은 40시간 정도가 적당하다.

2. 바이오리듬
1) 육체적 리듬(P : physical)
   ① 11.5일 활동에, 11.5일은 휴식기로 23일 주기로 반복
   ② 청색, 실선으로 표시함
   ③ 활동력, 지구력, 스태미너, 식욕 등에 밀접한 관련이 있음.
2) 감성적 리듬(Sensitivity)
   ① 14일은 둔한기간, 14일은 예민한 기간으로, 28일 주기로 반복
   ② 적색, 점선으로 표시
   ③ 감정, 정서적 희노애락, 주의심, 예감 및 통찰력 등을 좌우
3) 지성적 리듬(I : intellectual)
   ① 16.5일은 지성적 사고능력의 활동기, 16.5일은 지성적 사고능력의 저하기로 33일 주기로 반복
   ② 녹색, 일점쇄선으로 표시함
   ③ 상상력, 사고력, 기억력, 판단, 비판력과 관련성이 있음.

3. 사고발생률

1) 24시간 중 사고발생률이 가장 심한 시간대 : 03~05시 사이
2) 주간 일과 중 : 오전10시~11시, 오후 15시~16시 사이
3) 혈액의 수분, 염분량 : 주간에 감소, 야간에 상승
4) 체온, 혈압, 맥박 : 주간에 상승, 야간에 감소
5) 야간에 체중감소, 소화분비액 불량
6) 야간에 말초운동 기능저하, 피로의 자각증상 증대

4. 긴장 레벨(tension level)

1) 긴장 수준 저하시 인간의 기능 저하 및 주관화가 되어, 여러 불쾌증상과 동시에 사고의 경향이 커진다.
2) 긴장수준 저하 시 인간에러가 발생되기 쉬워 인간의 안전성에 관련된 특성임

5. 바이오 리듬을 이용한 안전관리 방법

1) 바이오리듬의 종류 및 특징을 작업 대상자들에게 이해시킨다.
2) 위험일(Critical Day)이 있음을 작업자들에게 인식시킴.
  ① 안전기(+)와 불안전기(-)를 교대로 싸인 곡선을 그려나가는 바이오리듬 에서 (+)에서 (-)로, 또는(-)에서 (+)로 변화하는 점을 위험일이라 하며, 위험일은 1달에 6일 정도임.
  ② Critical Day에는 사망, 사고, 확률이 다소 많음
  ③ 바이오리듬 곡선의 이해

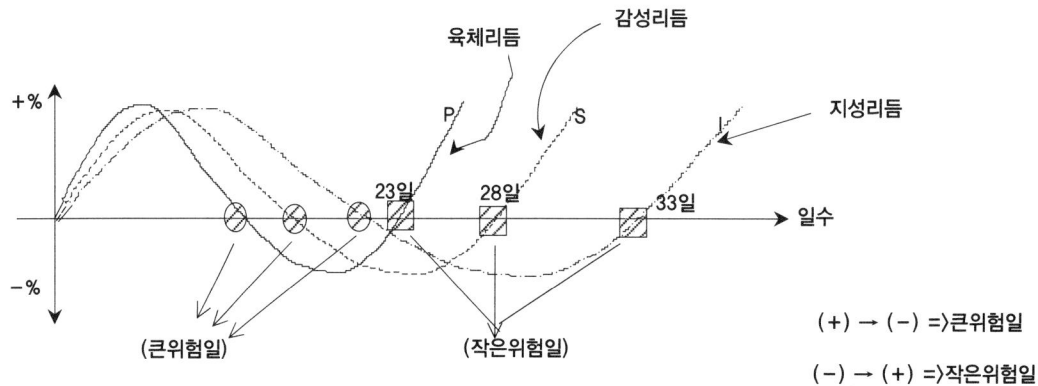

3) 리듬의 적용
 ① 작업자들의 Bio리듬에 따라 위험 예정일의 작업을 조정함.
 ② 휴가, 월차 등에 위험일 적용
4) 바이오리듬의 안전관리에 미치는 효과를 충분히 작업자들에 인지토록 교육시행
 ① 사고발생과 어느 정도 밀접한 관련성
 ② Top 경영자의 바이오리듬에 대한 관심표시가 근로자의 안전의식 고양에 동기부여가 됨을 교육함.
 ③ 全근로자와 관리자의 협동심에 의한 안전문화정착에 기여

3.15 피로의 종류와 원인

1. 정의
피로란, 어느 정도의 일정한 작업 활동에 의해 객관적으로 작업능률의 감퇴 및 저하, 착오의 증가, 주의력 감소, 흥미의 상실, 권태 등으로 일종의 복잡한 심리적 불쾌감을 말함.

2. 피로의 종류

종류	특성
1) 주관적 피로	① 피곤하다는 자각의 징후가 제일 크게 느껴진다. ② 피로감은 권태감이나 단조로움 또는 포화감이 따르며, ③ 의지적 노력이 없어지고, 주의가 산만하게 되고, 불안감과 초조감이 쌓여 극단적인 경우에는 직무나 직장을 포기하기도 한다.
2) 객관적 피로	① 객관적 피로는 생산량과 질의 저하를 지표로 한다. ② 피로에 의해서 작업리듬이 깨어지며, 주의가 산만해지고 작업수행의 의욕과 힘이 떨어져 생산성이 떨어지게 된다.
3) 기능적 피로 (생리적 피로)	① 피로는 생체의 여러 기능 또는 물질변화의 검사결과를 통해서 추정한다. ② 현재 고안된 여러 가지 검사법은 대부분 생리적, 기능적 피로를 취급하고 있다.
4) 근육 피로	① 해당근육의 자각적 피로 ② 수행도의 양적 저하 ③ 휴식의 욕구 ④ 생리적 기능의 변화
5) 신경 피로	① 사용된 신경계통의 통증 ② 정신피로 증상 중 일부 ③ 근육피로 중 일부

3. 피로의 원인(조기감기를 잘 이해하려면 생정신으로 작업시작 환다.)

기계적요인	인간적요인
① 조작부분의 배치	① 생체적 리듬
② 기계의 종류	② 정신적 상태
③ 조작부분의 감촉	③ 신체적 상태
④ 기계의 색체	④ 작업시간
⑤ 기계 이해의 난이	⑤ 작업내용
	⑥ 작업환경
	⑦ 사회적 환경

4. 피로 현상의 3단계

1) 1단계 : 중추신경 피로.
2) 2단계 : 반사운동 신경피로.
3) 3단계 : 근육피로

5. 피로의 증상

1) 신체적 증상 (생리적 현상)
   ① 작업에 대한 몸자세가 흐트러지고 지치게 된다.
   ② 작업에 대한 무감각, 무표정, 경련 등이 일어난다.
   ③ 작업효과나 작업량이 감퇴 및 저하된다.
2) 정신적 증상(심리적 현상)
   ① 주의력이 감소 또는 경감된다.
   ② 불쾌감이 증가한다.
   ③ 긴장감이 해지 또는 해소된다.
   ④ 권태, 태만해지고, 관심 및 흥미감이 상실됨.
   ⑤ 졸음, 두통, 싫증, 짜증이 일어난다.

6. 피로의 회복대책

1) 휴식과 수면을 취한다 (가장 우수한 방법)
2) 충분한 영양을 섭취한다.
3) 음악감상 및 오락 등으로 기분 전환을 한다.
4) 산책 및 가벼운 체조를 한다.
5) 물리적 요법(목욕, 마사지 등)을 행한다.

7. 피로 측정방법

생리학적 측정방법	심리학적 측정방법	생화학적 측정방법
① 근전도(EMG) : 근육활동의 전위차를 기록 ② 심전도(ECG) : 심장 근육활동의 전위차를 기록 ③ 뇌전도(ENG) : 신경활동의 전위차를 기록 ④ 안전도(EOG) : 안구운동의 전위차를 기록 ⑤ 산소소비량　⑥ 에너지소비량(RMR) ⑦ 피부전기반사　⑧ 융합점멸주파수(플리커법)	① 주의력 ② 집중력	① 혈액·요 중의 스테로이드 양. ② 아드레날린 배설량

3.16 인간의 과오방지 대책

1. 개요
1) 불안전행위의 예방을 위한 설비 및 작업 환경적 측면의 대책을 수립할 때, 관련설비 또는 시스템 설계자는 반드시 인간이 사용하는 것을 전제로 인간적 요인을 고려하여 설계하여야 한다.
2) 또한 작업자를 관리하는 관리자 및 감독자는 작업자가 인간이라는 것을 항상 고려하고, 그들의 인적요인이 나쁜 쪽으로 작용되지 않도록 설비개선, 작업환경 개선, 작업순서를 재고하여야 한다.

2. 근로자의 과오방지대책
1) 설비 작업 환경적 요인 및 대책
 (1) 설비 위험요인의 제거
  ① 인간은 생각지도 않는 곳에서 예상치 않은 행동을 하는 경우가 있으므로 철저하게 위험요인을 찾아내어 사전에 제거하는 대책이 가장 기본임.
  ② 예 : 회전하고 있는 기기나 절삭에 사용하는 기기 등에는 작업자가 부주의하게 손을 뻗어서 상처를 입을 수 있는 경우라면, 손이 닿지 않도록 방호장치를 하거나 자동화하여 위험을 제거하는 것이다.
 (2) 안전시스템 적용
  ① 인간은 실수를 범하는 것이 필연적이라는 가정下에 사람이 작업 중에 잘못을 하더라도 사고가 발생하지 않도록 과학적 대책이 필요하다.
  ② 즉, Fool Proof와 Fail Safe 등 과학적 시스템 안전장치를 도입한다.
 (3) 정보의 피드백
  ① 모든 설비의 시스템은 시스템 상황이 근로자의 손에 잡힐 수 있는 것과 같이 명확하게 알 수 있도록 정보의 피드백이 필요하다.
  ② 특히, 대형 시스템에서는 시정수가 커지기 쉬우므로 조작자의 무엇이 어떻게 되어 있는지를 알 수 있도록 하는 것이 바람직하다.
  ③ 지금으로부터 경향에 관한 예지정보라 할 수 있는 가공정보의 제공이나, 시스템 내부를 이해하기 쉬운 정보의 제공 등이 바람직하며, 그런 의미에서 조속히 엑스퍼트 시스템이나 인공지능의 활용을 고려한다.

(4) 시인성
① 사람은 8개 정도(3bit)를 한 번에 판단할 수 있어, 위치나 크기를 변경시키거나, 색깔을 입히는 등의 조치로 시인성을 향상시킨다.
② 왜냐하면 설계자가 각종 계기나 컨트롤러를 예쁘게만 배치하려는 경향이 있을 수도 있어 실 작업자는 특정한 것을 찾아내기 어렵기 때문임.

(5) 인체 측정치의 적합화
① 근로자의 시선각도, 힘 등을 고려한 계기의 위치나 설비의 위치나 제어장치의 크기, 높이 등을 정한다.
② 작업자가 직접접촉하거나 운전하는 것은 인체의 기능, 구조에 적합할 것.

(6) 경보시스템의 정비
① 작업자에게 필요한 행동에 대한 예고경보나 에러에 대한 조치의 경보를 제공한다.
② 단, 과다경보는 오히려 혼란 초래를 할 수 있음

(7) 대중의 선호도 활용
① 설계시는 일반적인 관습이나 다수인이 공통적으로 좋아하는 것에 적합화 시킬 필요가 있음
② 예로서, 다이얼은 시계 방향으로, 스위치 점등은 위로 소등은 아래로 하는 것 등.

2) 인적 요인 및 대책
  (1) 적성 배치
  (2) 교육, 훈련
  (3) 작업전 협의
  (4) 위험 예지 능력 배양
  (5) 작업 모의 실험 등

3) 관리 감독적 요인 및 대책
  (1) 안전 분위기 조성
  (2) 설비 환경 개선
  (3) 소집단 활동 활용
  (4) 지적 확인제도 등의 관리기법 활용

3.17 근 골격계 질환

1. 근골격계 질환이란?
1) 근골격계 질환이란 보통 흔히 접하는 요통, 디스크, 염좌, 목과 어깨의 통증, 손과 손목 통증 등의 질병을 말한다.
2) 직장에서의 안 좋은 작업 자세, 높은 작업 강도, 무거운 물건을 다루는 작업으로 인해 발생된 경우를 근골격계 질환이라 한다.

2. 근골격계 질환 형태 3단계
1) 1단계
   ① 작업시간 중 통증 및 피로감
   ② 휴식 후에는 호전됨
2) 2단계
   ① 작업시작 초기부터 발생
   ② 휴식 후에도 통증 지속
3) 3단계
   ① 휴식 시에도 통증
   ② 반복적인 움직임이 없어도 발생
   ③ 자다가 통증으로 깬다.
   ④ 작업 뿐 아니라 일상생활의 장애 동반

3. 근골격계 질환이 나타나는 직업
1) 1라인 작업자
2) 반복 조립작업자
3) 검사 업무 종사자(시야 검사 및 불량품 검사자)
4) 컴퓨터 작업자(캐드, 그래픽, 전산업무, 설계업무, 전화교환원 등)
5) 직업적 운전기사(버스, 트럭, 택시 등)
5) 물건 운반 작업자(인부, 건설업 종사자, 하역 등)
6) 진동 공구 사용자(전기 드릴, 임팩트, 착암기 등)
7) 그 외 모든 반복 작업에서 발생 가능함.

4. 질환 발생원인(잘못된 자세 및 동작)

1) 장시간 불편하게 지속되는 고정된 자세
2) 손목을 과도하게 굽히는 자세, 동작
3) 손으로 잡기에 너무 크거나, 작은 물건을 장시간 잡는 자세, 동작
4) 팔 또는 팔꿈치를 과도하게 옆으로 벌리는 자세, 동작
5) 머리와 목을 과도하게 앞으로 굽히는 자세, 동작 즉. 이를 요약하여 보면

① 단순 반복 작업
② 무리한 힘   ⇒ 작업 수행 ⇒ 근골격계 질환 발생
③ 불안전한 자세

5. 근골격계 질환의 위험요인 관리 및 예방대책 시행

1) 반복의 정도가 심한 경우에는 공정을 자동화하거나 다수의 근로자들이 반복작업을 교대하도록 하여 한 근로자의 단순 반복작업 시간을 가능한 줄이도록 한다.
2) 반복적인 동작이 잦을수록 회복에 더 긴 시간이 요구되므로 빈번하고 충분한 휴식시간을 갖도록 한다.
3) 무리한 힘을 요구하는 작업공구는 개선하거나 동력을 사용하는 공구로 교체하도록 한다.
4) 손으로 사용하는 공구 또는 물체는 손에 맞도록 하고 미끄럽지 않게 하여 사용하도록 한다.
5) 날카롭고 단단한 면 또는 차가운 면을 가진 물체와 직접 접촉하지 않도록 하고, 부득이 신체와 접촉하는 경우 장갑 또는 손목 지지대를 사용하여 직접적인 접촉을 피하도록 하여야 한다.
6) 진동작업에 대한 대책
   ① 진동공구는 가능한 가벼운 것으로 사용하도록 한다.
   ② 진동의 크기가 작은 공구를 사용하도록 한다.
   ③ 진동의 인체전달이 최소화되도록 한다.
   ④ 진동공구의 연속적인 사용시간을 제한하도록 한다.
7) 컴퓨터 작업(워드, 설계 캐드 작업)을 지속적으로 하는 사무근로자에 대한 인체안전 지침 준수 철저토록 교육 및 관리 철저시행
8) 단순반복 작업장의 온·습도를 적절한 수준으로 조절하여야 하며, 특히 작업실內가 한냉한 경우에는 적절한 보온조치를 취하여야 한다.

9) 예방 대책 수립 및 시행

 (1) 장애요인의 제거

   ① 설비 측 대책 : 작업대, 기계·기구 등 배치 등 높낮이 조정

   ② 작업적 대책 : 올바른 작업 방법 강구(자세 or 동작)

 (2) 적정한 휴식

   ① 작업 중 일정한 휴식 시간 제공

   ② 휴식 시간 시 간단한 예방 운동

 (3) 올바른 작업장 디자인

   ① 인체 공학적인 lay out

   ② 인력 이용 지양 - 적정 공구, 장비 사용

   ③ 작업자의 신체 조건을 고려 작업대, 의자 등 배치

 (4) 중량물 취급 시 요통 예상

   ① 물체를 들어 올릴 때는 다리 힘 이용

   ② 무리하게 혼자 힘쓰지 말고 동료 작업자와 함께 작업

   ③ 적정한 장비 또는 기구 사용(인양, 운반, 이동시)

   ④ 작업 전 요통 예방 체조 실시

 (5) 질환 예방 운동 실시

   ① 단순 반복 작업에 의한 질환예방 운동, 손목 운동, 손목 회전운동, 어깨운동 등

   ② 요통 예방 체크 : 옆구리 운동, 허리 돌리기, 무릎 굽혀 펴기 등

6. 결론

1) 근골격계 질환은 단순 반복 작업, 무리한 힘, 불안정한 자세, 불충분한 휴식, 심리적 불안 요인으로 인하여 발생하는데

2) 작업 전 예방 체조나 작업시 불안전한 자세를 유발 할 수 있는 요인을 제거하고 적정한 휴식을 취하고 쾌적하고 안전한 작업환경으로 근 골격계 질환을 예방 할 수 있다.

3.18 Fail Safe와 Fool Proof System

1. 개요
1) 불안전 행동의 대책 中 인간공학적 요인의 대책 内 인간 Error를 고려한 안전대책으로, 본질적인 안전 대책인 Fool-Proof와 Fail-Safe의 두 개념에 대하여
   ① 불안전한 행동의 원인과 대책,
   ② Fail - Safe와 Fool - Safe의 비교 순으로 아래와 같이 기술하고자 한다.

2. 불안전한 행동의 원인과 대책
1) 불안전 행동이란 안전상태를 불안전한 상태로 바꾸어 놓은 행동 및 재해발생조건을 충족시킬 우려가 있는 행동
2) 불안전한 행동의 원인
   (1) 지식의 부족
   (2) 기능의 미숙
   (3) 태도의 불량
   (4) 인간의 error
3) 불안전 행동에 대한 대책
   (1) 심리적 요인의 대책
      ① 적성배치
      ② 동기유발
      ③ 주의집중 훈련
      ④ 카운슬링
      ⑤ 배경음악
      ⑥ 색채조절
   (2) 생리적 요인의 대책
      ① 작업시간의 적정배치
      ② 적정휴식의 제공
   (3) 관리적 요인의 대책
      ① 교육 및 훈련.
      ② 안전분위기 조성.

③ 소집단 활동의 활용
④ 효과적 관리기법의 적용
(4) 인간공학적 요인의 대책
① 인간공학적 설계 : 실수를 해도 안전한(Fail Safe. Fool-safe)체계의 설계, 양립성이나 시인성, 궤환정보의 활용 등 인간공학적 설계원칙이 해당 설비나 작업환경을 설계할 때부터 준수 되어야 한다.
② 궤환 정보의 활용

3. Fail - Safe와 Fool - Proof의 비교
○ 본질적인 안전대책으로 Fail-Safe와 Fool-Proof의 개념이 있음.
1) Fail - Safe
 (1) 정의
    시스템의 일부에 고장이 발생해도 시스템 전체에 미치는 영향이 적고, 어느 기간 동안 시스템의 기능을 계속하는 것이 가능한 상태로서 고장을 재해까지 발전시키지 않는 기구.
 (2) Fail - Safe의 원리 : 下記의 4가지 모델로 설명됨.
  ① 다경로 하중구조
    중복구조 또는 병렬(redundant)구조로 여러 개의 Unit로 병렬구조와 M out of N 구조를 만들어, 첫 번째가 파손 되더라도 두 번째가 안전하다면 파괴되는 일이 없도록 된 것.(그림 1 참조)
  ② 분할 구조
    조합구조로, 1개의 T자 부재를 下記 그림처럼 2개 이상 분할하여 두고, 그들 분할부재가 결합하여 T자 부재의 역할을 하도록 함으로써 파괴가 발생해도 그것은 분할부재 한쪽만으로 그치고, 전체의 파괴가 없도록 한 구조를 의미함.(그림 2 참조)
  ③ 교대구조
    대기병렬구조 또는 지원구조로, 최초는 왼쪽 부재가 하중에 견디고 있으나, 이것이 절단되면 그때까지 하중에 없던 오른쪽 부재가 당겨져서 하중을 담당하게 되는 구조.(그림 3 참조)
  ④ 하중 경감 구조
    좌측을 우측에 비교해서 고의로 강도를 약하게 하여 두고, 좌측이 파손하여도 하중이 우측으로 옮겨져서 치명적인 파괴로 되지 않도록 하는 구조

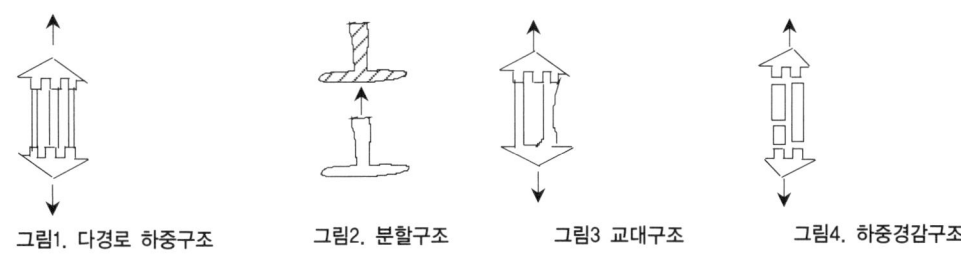

그림1. 다경로 하중구조　　그림2. 분할구조　　그림3 교대구조　　그림4. 하중경감구조

그림) Fail-safe 설계의 사고

　(3) 실적용 예 : 원자로의 다중방호, 보호계전기 Back-up 시스템 등
2) Fool-Proof
　(1) 정의
　　　인간의 실수를 범하지 못하도록 하는 설계
　(2) 적용분야
　　　화학plant, 건설현장, 기계공학등 모든 분야에서 foolproof의 개념이 채택되고 있음.
　(3) Fool-Proof의 실 적용방법
　　① 위험기계나 환경의 완전격리(방호cover) : 회전기계의 회전부에 방호덮개를 씌워, 인간의 손이 닿지 못하게 한 것은 격리의 한 예임.
　　② 기계화
　　③ 극성이 정해져 있는 전원 컨넥터(플러그)의 모양을 비대칭적으로 설계
　　④ 오각볼트-너트의 특수모양
　　⑤ lock : 배전반실에서 입구의 자물쇠를 열면 전기회로가 자동적으로 차단되고, 자물쇠를 채우면 활선회로로 되는 것은 그 예임
　　⑥ Inter lock system : 프로그램 된 절차에 따라 조작되어야만 기능이 되는 구조.
　　　㉠ 차단기 개방된 후에만 차단기 양단의 단로기가 개방되게 조작회로를 인터록 함.
　　　㉡ 비상발전기가 동작하여 투입되는 경우, 주전원의 차단기가 차단되어야만 발전기의 전원차단기가 투입된다.

4. Fail- Safe와 Fool - Proof의 차이점
　1) Fail Safe System
　　① 시스템에서 고장이 발생하여도 시스템 전체에 미치는 영향이 적고,

② 어느 기간 시스템의 기능을 계속하는 것이 가능한 상태로서 재해로까지 진행되지 않도록 하는 시스템이다.

2) Fool Proof System

어떠한 운전미숙이나 잘못으로도 고장이 아예 발생되지 않도록 하는 시스템으로 인간의 과오를 예방하기 위한 시스템.

3) 두 시스템의 차이점
   ① 실제로 현장에 사용하기 위해서는 복합적으로 적용하는 것이 대부분 임
   ② 두 시스템의 차이점은 동작 실패가 발생하여도 하인리히의 도미노이론 중 사고발생의 5단계에서 각각의 적용하는 단계가 다르다는 것이다.
   ③ 즉, 재해의 연쇄과정 중 3단계와 4단계를 각각 보중하는 시스템으로 차이를 나타낼 수 있다.

4) 사고 발생의 5단계 중 적용 차이
   ① 제1단계 사회적 환경과 유전적 요소(선천적 결함)
   ② 제2단계 개인적인 결함
   ③ 제3단계 불안전한 행동과 불안전한 상태 ← Fool Proof System 적용
   ④ 제4단계 사고발생 ← Fail Safe System 적용
   ⑤ 제5단계 재해

- 제4장 -
감전 방지 대책 및 ELB

4.1 감전의 안전한계(IEC의 4개 Zone)

1. 교류의 감전 통전 전류와 통전 시간 관계

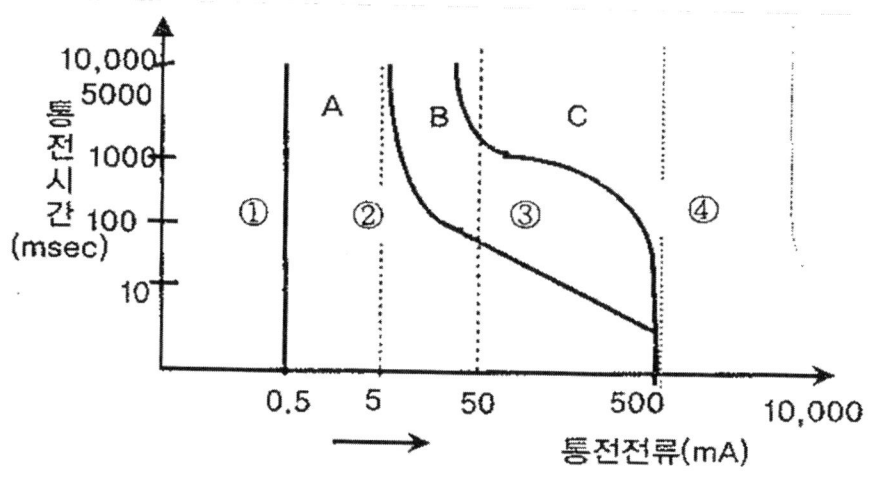

교류 (15~100[Hz]감전통전 전류와 시간관계

A : 감지전류(0.5~1mA) B : 가수전류(5~10mA)
C : 심실세동전류(50~100mA)

- Zone ① : 안전 영역 (별 반응이 없는 영역)
- Zone ② : 감지 영역 (일반적으로 위험한 반응이 있는 영역)
- Zone ③ : 경련 영역 (근육수축, 호흡장애등 발생 영역)
- Zone ④ : 심실 세동 영역
  (심장에 장애가 오고 심한 경우 심장이 멎는 영역)

2. 직류의 감전 통전 전류와 통전 시간 관계

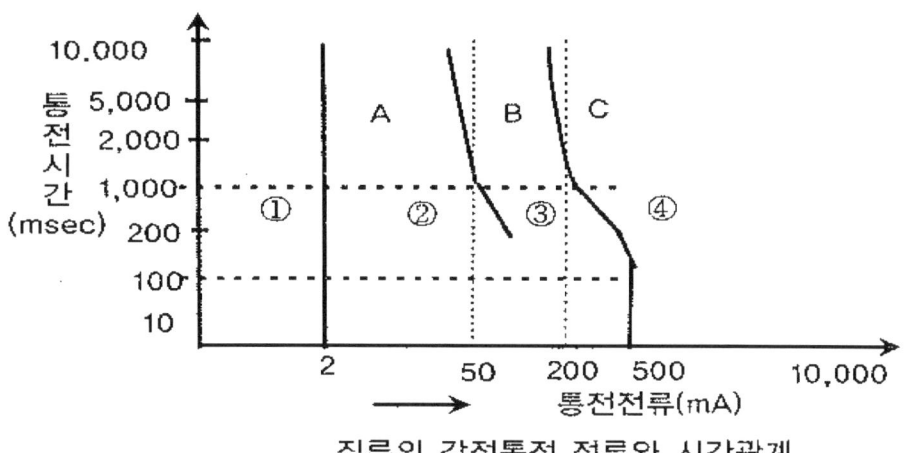

직류의 감전통전 전류와 시간관계

DC는 AC에 비해 4~5배의 통전 전류가 흐를 때 위험도가 비슷함.

3. 인체의 최소 감지전류

직류 (mA)		교류 (mA)			
		60Hz		1000Hz	
남	여	남	여	남	여
5.2	3.5	1.1	0.7	12	8

1) 직류보다 교류가 더 위험함
2) 남자보다 여자가 더 위험함
3) 고주파보다 상용주파수에서 더 위험함
   (일반적으로 고주파는 약전류에 많이 사용하므로)

4. 민감한 인체 부위(60Hz 정현파시)

1) 안구 : $20\mu A$에서 반응
2) 혀끝 : $45\mu A$에서 반응
3) 기타 : 1mA에서 반응

5. 감전 재해를 결정하는 요인(감전에 영향을 주는 요인)

1) 통전 전류의 크기
2) 통전 시간
3) 통전 경로 : 심장부 일수록 크다.
4) 전원의 종류 : DC보다 AC가 더 위험
5) 주파수 : 고주파보다 상용주파수가 더 위험
6) 전류 상승률 등

4.2 감전 전류별 생리적 현상

1. 인체의 생리적 현상

구 분	인 체 영 향	전류치(mA) AC	전류치(mA) DC
1. 최소감지전류 Zone ① 영역	- 인체가 전류를 느끼는 최소 전류 - 남녀, 건강, 연령, 직교류에 따라 달라짐	여 : 0.7 남 : 1.1	여 : 3.5 남 : 5.2
2. 가수전류 Zone ② 영역	- 인체가 고통을 느끼기 시작하는 전류 - 고통은 있으나 생명의 지장은 없음 - 스스로 이탈할 수 있는 전류	여 : 6 남 : 9	여 : 41 남 : 62
3. 불수전류 Zone ③ 영역	- 근육이 경련을 일으키고 신경마비 - 자력으로 위험지역을 벗어날 수 없음	여 : 10.5 남 : 16 50mA까지	여 : 51 남 : 76 90mA까지
4. 심실세동전류 Zone ④ 영역	- 심장이 정상적인 맥동을 하지 못하고 불규칙한 세동을 함. - 혈액순환 장해->사망에 이르게 하는 전류 - Dalziel의 식 $$I = \frac{165}{\sqrt{T}} \, (mA) \quad T : 통전시간(Sec)$$ - 심실세동을 일으킬 수 있는 전기 에너지 (인체저항 = 500Ω 간주) $$W = I^2 R T = (\frac{0.165}{\sqrt{T}})^2 \times 500 \times 1$$ $$= 13.6 (W \cdot s)$$ $$= 13.6 \times 0.24 = 3.3 \, (cal)$$ $$(1J = 0.24 cal 이므로)$$ 즉, 13.6(W)이 인체에 1초 이상 가해지면 생명의 위험이 있음.	일반적으로 50mA 초과인 경우	일반적으로 90mA 초과인 경우

2. 인체에 대한 전격의 영향
   1) 근육의 수축
   2) 심실 세동
   3) 생체 조직의 파괴
   4) 생체 조직의 소손
   5) 반 전격

3. 반전격
   1) 정의
   - 심실세동전류를 초과한 통전전류는 어느 정도 증가하다가 그 이상이 되면 극대점에 도달 후
   - 통전전류가 더 이상 증가하여도 심실세동을 일으킬 확률이 감소하는 현상.
   2) 이유
   - 심장이 대전류의 전격을 받으면 심실세동을 일으키지 않고 심장 근육이 일시적으로 수축하여 맥동이 멈추지만
   - 이 현상이 짧은 시간동안이면 바로 정상 맥동으로 돌아오기 때문임.
   - 따라서 저압에서는 저 전류가 대전류 보다 심실세동에 의해 사망할 위험이 더 크다.
   3) 의료적 이용
   - 세동 제거 장치
      큰 전류를 단시간 흘려 심장의 맥동을 정상으로 돌리는 장치
   - 예, 대인용 : AC 480(V), 소인용 : AC 120(V) -> 5(A), 0.25(Sec).

4. 인체의 등가적 회로

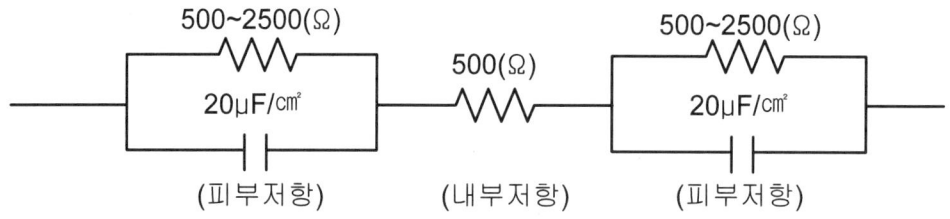

   1) 피부 저항 : 500 ~ 2500 (Ω)
   2) 내부 저항 : 300 ~ 500 (Ω)
   3) 발 ~ 신발사이 : 1500 (Ω)
   4) 신발 ~ 대지사이 : 700 (Ω)

5. 인체 전기저항의 변화

1) 땀에 젖은 경우 : 1/12 ~ 1/20 (건조시에 비해)
2) 물에 젖은 경우 : 1/25 (")
3) 따라서 인체저항 최악의 경우 : 500(Ω) 정도로 계산
   　　　　　　　　미국에서는 1000(Ω)으로 계산

6. 피부 전기저항 저항(Ω)

DC, AC 모두 1000(V) 정도에서 피부가 절연 파괴 됨.
(내부 조직만 저항으로 남는다.)

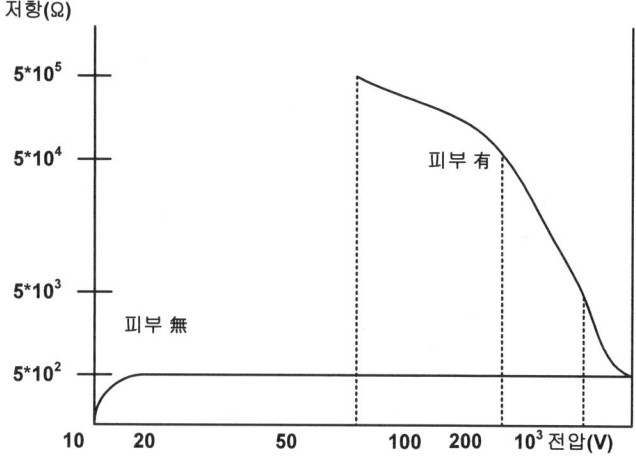

7. 심실 세동 위상(심장의 맥동 주기를 심전도 측면에서 관찰시 파형)

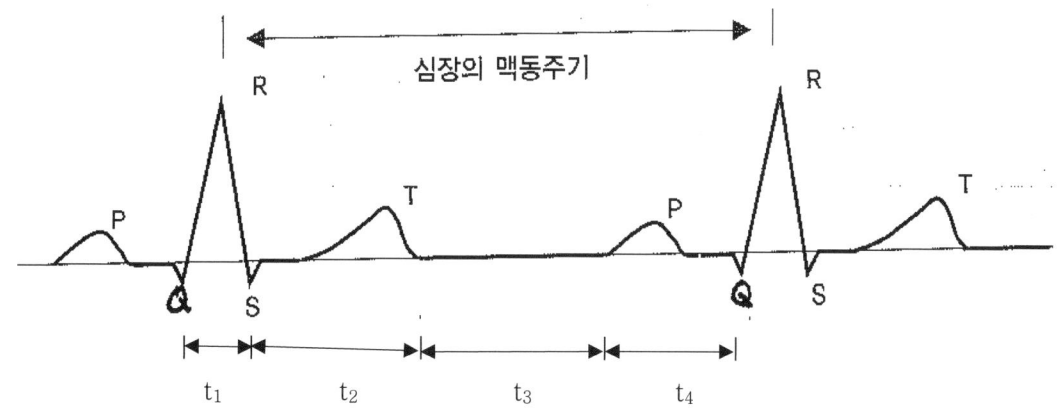

1) P파 : 심장의 수축에 따른 파형
2) Q-R-S파 : 심실 세동 수축(심장 박동), 피를 내 보냄
3) T파 : 심실 세동 종료시 파형(전격 가해지면 제일 위험)
4) R-R간 : 심장의 맥동 주기

8. 통전 경로별 심장 전류 계수

통 전 경 로	왼손->가슴	오른손->가슴	양손->양발	왼손->등	오른손->등
심장전류계수(K)	1.5	1.3	1.0	0.7	0.3

즉, 전류가 심장을 통과하면 위험도가 크다.

9. Dalziel 식에 의한 심실 세동 전류

1) 체중이 70(kg) 이상인 경우

$$I = \frac{0.165}{\sqrt{T}} (A) \quad T : 통전시간(Sec)$$

2) 체중이 57.4(kg) 이상인 경우

$$I = \frac{0.116}{\sqrt{T}} (A) \quad T : 통전시간(Sec)$$

3) 심실세동전류 : 일반적으로 50~100(mA) 임.

4.3 전기설비의 재해 원인 및 대책

1. 개요

전기 재해는 전기로 인하여 발생하는 사회적 경제적 피해를 말하며, 화재 사고, 감전사고, 전기설비 사고가 있다. 전기 재해 중에서 주된 것은 전기 화재 사고와 감전 사고이다. 그러나 고도 정보화 사회에서 전기 에너지에 의존하는 일이 더욱 많아지고 있으며, 단순한 정전 사고도 큰 재해로 이어지는 경우가 있으므로 이에 대한 예방 대책이 매우 중요하다.

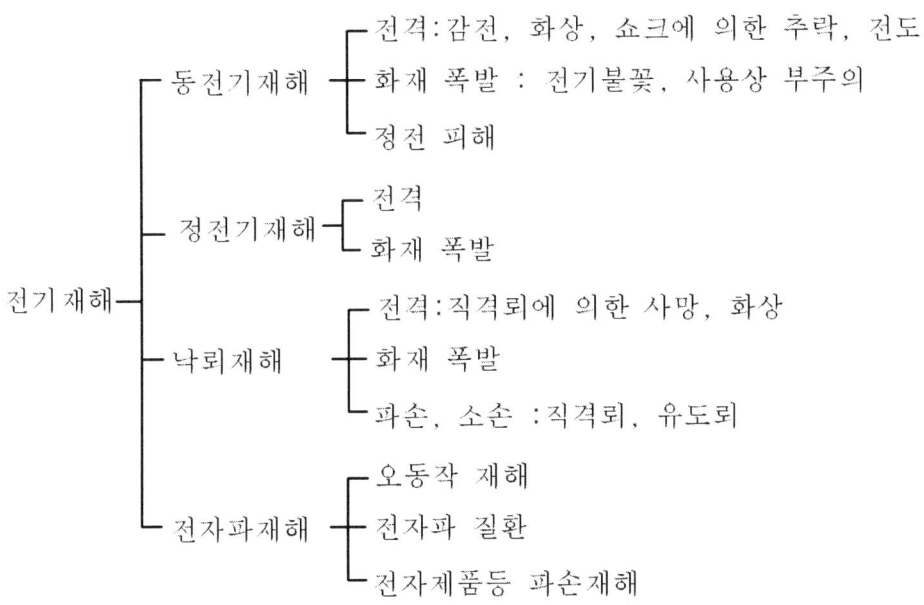

2. 전기 화재 원인 및 대책

전기 화재의 발화 요인은 통계적으로 볼 때 누전에 의한 화재가 가장 많고, 그 다음이 과부하, 스파크, 절연불량, 배선불량, 정전기, 낙뢰 등이 있으며 이에 대한 대책은 다음과 같다.

원인		대책
1. 단락전류	- 계통 단락 사고	- 전선 절연 보강 - 기기 절연 보강 - 단락 보호기 부착
2. 과전류	- 정격 초과 사용에 따른 주울열 발생	- 규격 전선 및 전기 기구 사용 - 과전류 차단장치 설치 - 동일 전선관에 많은 전선 사용 금지 - 문어발식 배선 사용 금지 - 스위치 등의 접촉 부분 수시점검
3. 누전 또는 지락	- 전선 피복 열화 - 전기 기기의 절연물 열화 - 기계적인 손상 등으로 주위의 인화성 물질이 발화	- 전선의 규격품 사용 - 누전 차단기 설치 - 적정한 방법에 의한 시공 - 주기적인 누전 확인 등
4. 절연 불량 및 절연물 탄화	- 기간 경과에 따른 절연체의 절연저항 저하 - 절연체의 탄화	- 누전 차단기 설치 - 전선 등의 주기적인 점검 - 절연저항이 낮은 회로 교체
5. 배선 불량	- 전선 접속부 불량 - 전선과 단자의 접속불량 - 접촉부의 접촉 불량 등	- 전기 공사 시공 철저 - 접속부 수시 점검
6. 전기 스파크	- 전기 회로를 개폐 - Fuse 절단될 때 - 주위에 가연성 물질 또는 인화성 가스가 있으면 더욱 더 주의	- 주위의 가연성 물질을 안전거리 이상으로 격리 - 방폭 전기설비 구비 - 전기공사시 전원 스위치 차단
7. 정전기	- 물질의 마찰 등에 의해 정전기 발생 - 스파크가 가연성 가스에 인화	- 정전화 착용 - 제전복 및 제전용 팔찌 착용 - 가습에 의한 정전기 발생 저하 - 금속 부분의 접지 및 정전 차폐 - 도전성 매트, 도전성 타일 시공
8. 낙뢰	- 구름과 대지간의 방전 현상으로 - 낙뢰가 발생하면, 전기 회로에 이상 전압이 유기되어 - 절연이 파괴되고 대전류가 흘러 화재의 원인이 된다.	- 피뢰 설비의 적정 설치 - 저압 설비에 SPD 설치 - 피뢰 접지의 강화

4.4 감전 재해 유형 및 예방 대책

1. 감전사고의 발생 유형 (원인)

1) 전로 상호간에 직접접촉

   인체가 전로 상호간 충전부에 직접접촉 되면 전격을 받게 된다.

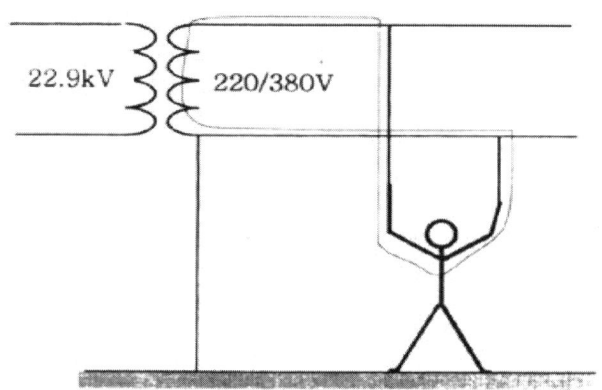

그림 2.1 전로 상호간에 인체가 접촉되어 감전사고 발생

2) 대지에서 충전부에 직접접촉

   인체가 대지에 서있는 상태에서 인체의 어느 한부분이 충전부에 직접 접촉 되면 전격을 받게 된다.

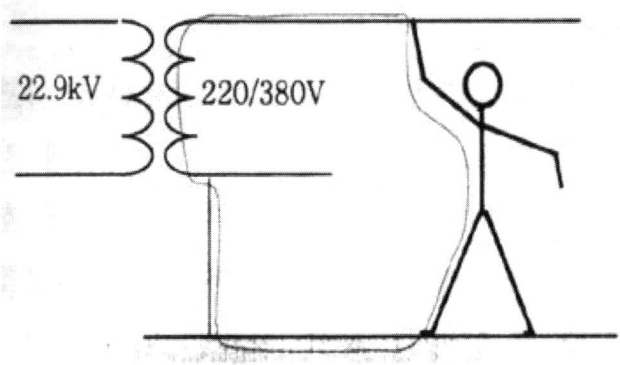

그림 2.2 제2종접지 상태의 전로와 대지간의 접촉

- 그림 2.2와는 달리 제2종접지가 되어 있는 측의 전로에 인체가 접촉되면 감전 사고를 일으키는 전류는 적게 흘러 안전한 편이다.

3) 누전상태의 기기 외함에 접촉(간접접촉)

전기기기를 장기간 사용하여 절연재가 열화 되거나 물기에 의하여 흡습상태가 심하면 전류가 외함으로 새어 나오게 되며 이를 누전(漏電)이라고 한다.

누전이 발생하면 외함이 철재로 되어 있기 때문에 기기 내부의 전선에서 외함으로 전류가 흐르게 된다.

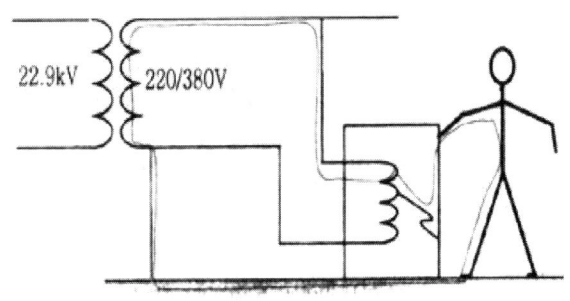

그림 2.4 누전상태의 기기외함에 접촉

4) 공기의 절연파괴(섬락)

인체가 고전압 전로에 너무 가깝게 접근하게 되면 공기의 절연파괴 현상이 발생하여 감전 사고를 당하게 된다.

공기의 절연파괴는 30kV/cm 정도이므로 전압이 높을수록 공기의 절연 파괴에 의한 감전사고의 발생 위험이 커진다.

5) 정전유도

정전유도는 인체가 절연이 어느 정도 유지되는 신발을 신은 상태에서 초고압 선로에 근접하면 인체에 전하가 서서히 충전된다. 이러한 상태에서 접지도체 등에 인체가 접촉하게 되면 인체에 유도되어 남아있는 전하가 접지된 물체를 통하여 일시에 방전되므로 충격을 받게 되어 전도, 추락 등의 사고를 당하게 될 수 있다.

6) 잔류전하

선로가 긴 전선로나 콘덴서의 전원을 개방하고 나서 바로 충전부에 접촉하면 전선로에 남아있는 잔류전하에 의한 전격을 받아 전도, 추락 등의 사고를 당할 수 있다.

7) 낙뢰

낙뢰의 주 방전 경로에 인체가 노출되어 있으면 화상 또는 사망사고를 당할 수 있다.

8) 보폭 전압

　　다리 사이의 전위 경도차에 의해

9) 역송전 : 정전 작업시 오 조작

2. 직접접촉 보호

전기 설비 충전부에 직접 접촉해서 발생하는 위험에 대하여 사람 또는 가축의 보호를 말한다.

1) 충전부 절연에 의한 보호
   - 충전부를 제거할 수 없는 절연물로 완전히 피복
   - 기타 절연은 사용기간 중에 가해질 전기적, 열적, 화학적, 기계적 응력에 충분히 견딜 수 있는 것이어야 하며,
     단순한 도료, 바니스, 락카 등은 절연 보호용으로 사용할 수 없다.

2) 격벽 또는 외함에 의한 보호
   (1) 사람이나 동물이 쉽게 접촉할 수 없도록 시설하여야 한다.
   (2) 다만, 램프홀더, 콘센트 등 부품의 교환 중에 개구부가 발생하는 경우 또는 기능상 개구부가 필요한 경우는 다음 조건을 만족시켜야 한다.
       - 사람이나 동물이 무의식중에 충전부에 접촉할 수 없도록 조치를 하여야 한다.
       - 사람이 개구부를 통해 충전부에 고의로 접촉하지 않을 정도로 조치를 하여야 한다.
   (3) 격벽 또는 외함은 다음의 모든 조건을 갖추어야 한다.
       - 보호 등급 IP 2X 이상(직경 12.5 mm 침입 방지)
       - 쉽게 접근할 가능성이 있는 부분 : IP4X(직경 1mm 침입 방지)
   (4) 격벽의 제거 또는 외함의 개방은 다음의 경우는 가능하다.
       - 열쇄 또는 공구 사용
       - 충전부의 전원을 차단한 후
       - IP2X 이상의 중간격벽이 있는 경우

3) 장애물에 의한 보호

   장애물이 무의식적으로 제거될 수 없도록 견고히 고정되어야 한다.

4) 손의 접근한계(암즈리치) 밖 시설에 의한 보호

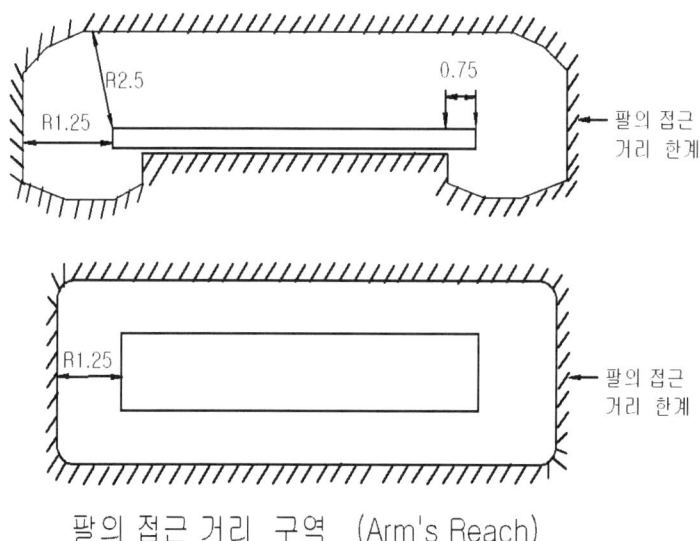

팔의 접근 거리 구역 (Arm's Reach)

  (1) 전기기기의 충전부는 보통상태에 사람이 점유하는 부분으로부터 소정의 거리 밖에 시설하여야 한다.
  (2) 접근 가능한 다른 전압의 충전부 사이는 2.5m 이하로 해서는 안된다.
 5) 누전 차단기에 의한 추가 보호
  - 누전 차단기에 의한 추가 보호는 상기 1) ~ 4)항의 어느 하나와 겸용 하여야 하며 누전 차단기 단독으로는 직접 접촉 보호 수단으로 사용 할 수 없다.
  - 누전 차단기 정격 감도 전류는 30mA 이하로 한다.

3. 간접 접촉 보호

고장시 노출 도전성 부분에 접촉해 생길지도 모르는 위험에 대한 사람 또는 가축의 보호를 말한다.
1) 전원의 자동 차단에 의한 보호
  (1) 전원차단
    - 충전부와 노출도전성 부분 또는 보호도체 사이에 교류 50V를 초과하는 접촉전압이 발생할 경우는 그 전원을 자동 차단해야 한다.
    - 보호기의 종류 : 과전류 차단기, 누전 차단기 등
  (2) 보호 접지와 등전위 본딩
    전원의 자동 차단에 의한 보호를 한 경우 보호 접지와 등전위 본딩 은 다음에 의한다.

- 보호 접지

    노출 도전성 부분은 보호 도체에 접속하여야 한다.
- 등전위 본딩

    사람이 접촉할 경우 위험한 접촉전압이 발생할 우려가 있는 도전성 부분과 계통외 도전성 부분(철골, 수도관, 가스관, 금속배관 등)은 전기적으로 상호 접속하는 등전위 본딩을 해야 한다.

2) 2종 기기사용에 의한 보호
   - 이중 절연 또는 강화 절연 전기기기 사용

3) 비 도전성 장소에 의한 보호
   - 노출 도전성 부분과 계통 외 도전성 부분은 사람이 동시에 접촉하지 않도록 배치해야 한다.
   - 보호 도체를 시설하지 않아야 한다.
   - 전기 설비는 고정되어야 한다.
   - 해당 장소에 외부의 전위가 인입되지 않도록 해야 한다.

4) 비 접지용 등전위 본딩에 의한 보호

    비 접지용 등전위 본딩은 등전위 본딩용 도체에 의해 모두 접촉 가능한 노출 도전성 부분 및 계통외 도전성 부분을 상호 접속하여야 한다.

5) 전기적 분리에 의한 보호

    절연 변압기 또는 그와 동등 이상의 안전 등급의 전원으로하고 전기를 공급하는 전로는 다음 조건을 만족해야 한다.
    - 회로의 전압 : 500V 이하

4. 특별 저압에 의한 보호

특별 저압에 의한 보호는 교류 50V 이하, 직류 120V 이하의 보호이며 직접 접촉보호나 간접 접촉 보호 양쪽에 시행한다.
   - SELV : Separated or Safety Extra Low Voltage (비접지 회로 보호)
   - PELV : Protected Extra Low Voltage (접지 회로 보호)
   - FELV : Functional Extra Low Voltage (비접지+접지 조합)

5. 기타 감전 보호 대책

1) 배선 등에 의한 감전방지

(1) 배선 등의 절연피복 및 접속

절연전선은 규격에 적합한 전선을 사용하게 되어 있다.

전선을 서로 접속하는 경우에는 당해 전선의 절연 성능 이상으로 절연될 수 있도록 충분히 피복 하거나 적합한 접속 기구를 사용하여야 한다.

(2) 습기가 많은 장소의 배선

습기가 많은 장소의 배선은 가능한 피하되 부득이한 경우에는 다음 사항에 유의하여 시설한다.
- 전선의 접속개소는 가능한 적게
- 접속부분의 테이프 처리 등 절연처리에 특히 유의하여 시설한다.
- 점멸기, 콘센트, 개폐기 또는 차단기 등을 가능한 시설하지 않되 부득이한 경우에는 방수구조의 것이나 습기나 물기가 내부에 들어갈 우려가 없는 장치의 것을 사용한다.

2) 아크 용접기 감전사고 방지대책
 (1) 자동전격방지장치를 사용한다.
 (2) 절연 용접봉 홀더를 사용한다.
 (3) 적정한 케이블의 사용한다.
   (클로르프렌 캡타이어 케이블, 용접용 케이블 등)
 (4) 2차 측 공통선의 연결은 용접용 케이블 등으로 연결하여야 하며 철 구조물이나 기타 금속체로 연결하면 화재, 폭발 또는 감전사고의 우려가 있다.
 (5) 절연장갑 및 절연화를 착용한다.
 (6) 용접기 외함 및 피 용접재에 제3종 접지공사를 실시한다.

3) 설치상 안전대책
 - 전기기기의 구조는 그 사용 장소의 환경에 적합한 형식을 사용
   (방수. 옥내. 옥외. 방폭형 등)
 - 운전, 보수 등을 위한 충분한 작업공간을 확보할 것
 - 리드선의 접속은 기계적 진동등에 의한 스트레스를 받지 않도록 할 것
 - 원격제어, 자동제어에 의한 운전의 자동화 · 무인화 도입

4) GFCI, AFCI 사용
 (1) GFCI (Ground Fault Circuit Interrupter)

- 누전이 발생하면 전원을 자동 차단하는 콘센트
- 미국에서는 수영장 등 바닥이 젖은 장소에 6mA의 GFCI 설치가 의무화 됨.

(2) AFCI(Arc Fault Circuit Interrupter)
- 아크가 발생하면 전원을 차단하여 화재를 방지하는 콘센트로서
- 미국에서는 침실의 콘센트에 설치하도록 규정하고 있음.

(3) GFCI, AFCI 사용 이유
- 미국에서는 TN-C방식을 적용하므로 누전차단기를 사용하지 못하여 GFCI이나 AFCI를 사용하고 있음.

4.5 KSCIEC 60364의 감전 보호(안전보호)

1. KSC IEC 60364의 감전 보호(안전보호) 체계

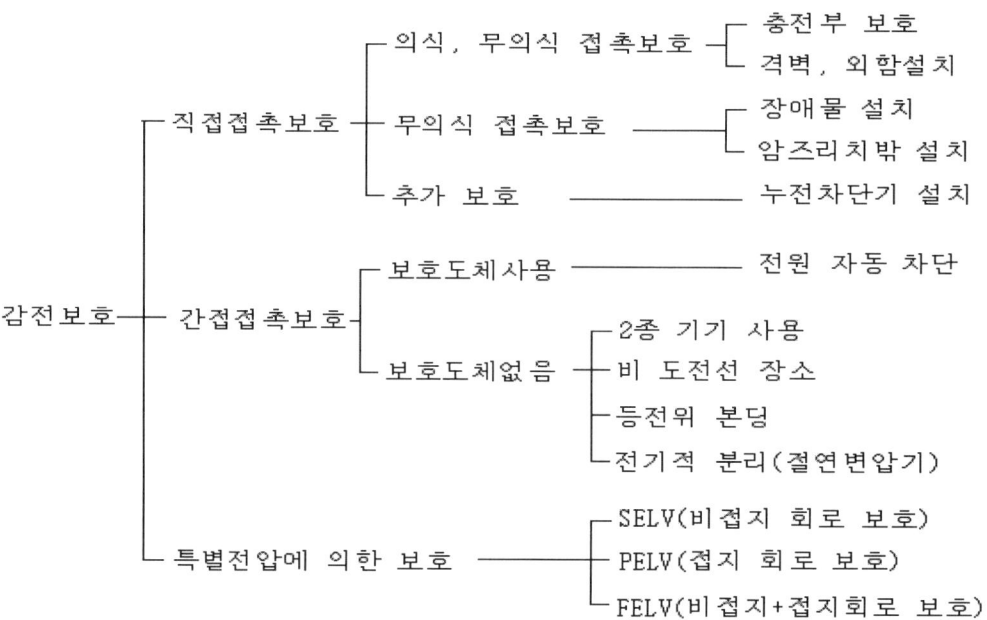

2. 직접 접촉보호

전기 설비 충전부에 직접 접촉해서 발생하는 위험에 대하여 사람 또는 가축의 보호를 말한다.

1) 충전부 절연에 의한 보호
 - 충전부를 제거할 수 없는 절연물로 완전히 피복
 - 기타 절연은 사용 기간 중에 가해질 전기적, 열적, 화학적, 기계적 응력에 충분히 견딜 수 있는 것이어야 하며, 단순한 도료, 바니스, 락카 등은 절연 보호용으로 사용할 수 없다.

2) 격벽 또는 외함에 의한 보호
 (1) 사람이나 동물이 쉽게 접촉할 수 없도록 시설하여야 한다.
 (2) 다만, 램프 홀더, 콘센트 등 부품의 교환 중에 개구부가 발생하는 경우 또는 기능상

개구부가 필요한 경우는 다음 조건을 만족시켜야 한다.
- 사람이나 동물이 무의식중에 충전부에 접촉할 수 없도록 조치를 하여야 한다.
- 사람이 개구부를 통해 충전부에 고의로 접촉하지 않을 정도로 조치를 하여야 한다.
(3) 격벽 또는 외함은 다음의 모든 조건을 갖추어야 한다.
- 보호 등급 IP 2X 이상(직경 12.5 mm 침입 방지)
- 쉽게 접근할 가능성이 있는 부분 : IP4X(직경 1mm 침입 방지)
(4) 격벽의 제거 또는 외함의 개방은 다음의 경우는 가능하다.
- 열쇠 또는 공구 사용
- 충전부의 전원을 차단한 후
- IP2X 이상의 중간격벽이 있는 경우

3) 장애물에 의한 보호
장애물이 무의식적으로 제거될 수 없도록 견고히 조정되어야 한다.

4) 손의 접근한계(암즈리치) 밖 시설에 의한 보호
(1) 전기기기의 충전부는 보통상태에 사람이 점유하는 부분으로부터 소정의 거리 밖에 시설하여야 한다.
(2) 접근 가능한 다른 전압의 충전부 사이는 2.5m 이하로 해서는 안 된다.

5) 누전 차단기에 의한 추가 보호
- 누전 차단기에 의한 추가 보호는 상기 1) ~ 4)항의 어느 하나와 겸용하여야 하며 누전 차단기 단독으로는 직접 접촉 보호 수단으로 사용 할 수 없다.
- 누전 차단기 정격 감도 전류는 30mA 이하로 한다.

3. 간접 접촉 보호

고장시 노출 도전성 부분에 접촉해 생길지도 모르는 위험에 대한 사람 또는 가축의 보호를 말한다.
1) 전원의 자동 차단에 의한 보호
(1) 전원차단
- 충전부와 노출도전성 부분 또는 보호도체 사이에 교류 50V를 초과하는 접촉전압이 발생할 경우는 그 전원을 자동 차단해야 한다.

- 보호기의 종류 : 과전류 차단기, 누전 차단기 등

(2) 보호 접지와 등전위 본딩

전원의 자동 차단에 의한 보호를 한 경우 보호 접지와 등전위 본딩은 다음에 의한다.
- 보호 접지
  노출 도전성 부분은 보호 도체에 접속하여야 한다.
- 등전위 본딩
  사람이 접촉할 경우 위험한 접촉전압이 발생할 우려가 있는 도전성 부분과 계통외 도전성 부분(철골, 수도관, 가스관, 금속배관등)은 전기적으로 상호 접속하는 등전위 본딩을 해야 한다.

2) 2종 기기사용에 의한 보호
 - 이중 절연 또는 강화 절연 전기기기 사용

3) 비 도전성 장소에 의한 보호
 - 노출 도전성 부분과 계통 도전성 부분은 사람이 동시에 접촉하지 않도록 배치해야 한다.
 - 보호 도체를 시설하지 않아야 한다.
 - 전기 설비는 고정되어야 한다.
 - 해당 장소에 외부의 전위가 인입되지 않도록 해야 한다.

4) 비 접지용 등전위 본딩에 의한 보호
   비 접지용 등전위 본딩은 등전위 본딩용 도체에 의해 모두 접촉 가능한 노출 도전성 부분 및 계통외 도전성 부분을 상호 접속하여야 한다.

5) 전기적 분리에 의한 보호
   절연 변압기 또는 그와 동등 이상의 안전 등급의 전원으로 하고 전기를 공급하는 전로는 다음 조건을 만족해야 한다.
 - 회로의 전압 : 500V 이하

4. 특별 저압에 의한 보호

특별 저압에 의한 보호는 교류 50V 이하, 직류 120V 이하의 보호이며 직접 접촉보호나 간접 접촉 보호 양쪽에 시행한다.

- SELV : Separated or Safety Extra Low Voltage (비접지 회로 보호)
- PELV : Protected Extra Low Voltage (접지 회로 보호)
- FELV : Functional Extra Low Voltage (비접지+접지 조합)

4.6 400[V] 이상 저압회로 또는 저압측 Main 회로

1) 법적기준 : 특별고압 또는 고압전로에 변압기에 의해서 결합되는 사용전압 400V 이상의 저압전로에 지락이 발생시 자동적으로 전로를 차단하는 장치를 갖추어야함 (전기설비기 기준상), 이 방법으로는 다음과 같다.
2) 2차측을 Y결선하여 중성점을 접지하고 ELCB를 설치하는 방법

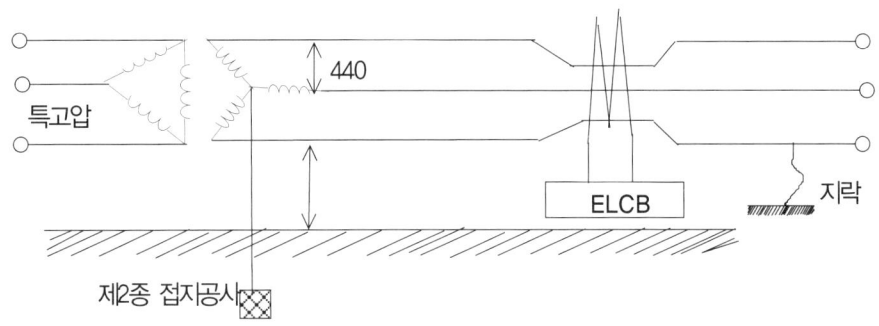

3) 2차측을 Δ결선하여 GPT와 OVGR을 설치하는 방법(영상전압 검출방식)
4) 2차측을 Δ결선하여 접지형콘덴서와 ELCB를 설치하는 방법(영상전류 검출방식)
5) 영상전압 검출방식 ③ + 영상전류검출방식 ④을 결합하여 GPT와 ZCT를 이용한 OVGR 과 SGR를 직렬 연결하여 방향성을 갖게 하는 방법 (그림4)

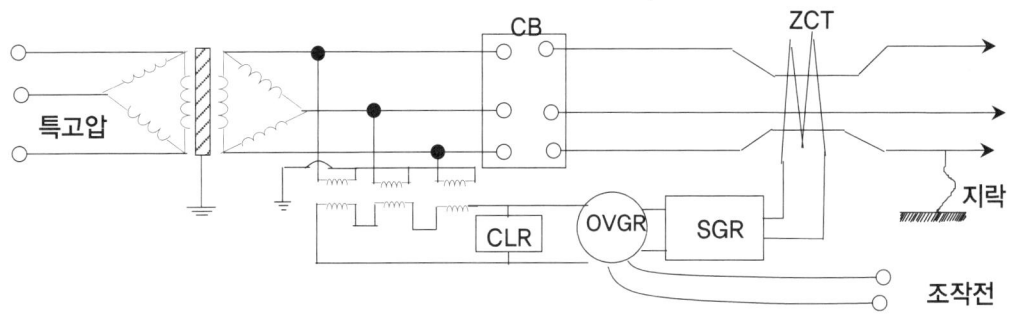

4.7 감전사. 감전지연사

1. 감전사 Mechanism(감전사 요인)

1) 심실 세동(심장부 통전)

   심실세동전류 $(I = \frac{0.165}{\sqrt{T}}(A))$ 가 심장에 흘러 심장박동과 호흡이 정지하는 현상.

2) 호흡 정지
   - 뇌와 호흡 중추 신경 통전에 따른 호흡 정지
   - 흉부 통전에 의한 흉부 수축 및 질식

3) 전기 화상

   감전으로 인하여 신체 내부에 Joule열에 의한 조직 파괴

2. 감전 지연사

1) 감전 화상
   - Arc열에 의한 외부 화상
   - 피부 손상 : 50℃ 이상 – 단백질 변질
     80℃ 이상 – 피부 세포 파괴
2) 유독 가스에 의한 질식사
3) 기도 화상 : 위험도가 큼
4) 급성 심부전증 : 신장 혈관 파손, 방뇨 장해
5) 폐혈증

   신체 내부 조직에 병원균이 퍼져 폐에 피가 고임
6) 2차 출혈

   감전 사고 후 1~4주후 상처 부위에서 과다 출혈
7) 암 발생
8) 소화기 합병증

   급성 위궤양, 급성 십이지장 궤양

3. 감전 후유증

1) 심근 경색

2) 운동 장해

3) 언어 장해

4) 시력 장해

4. 감전에 의한 국소 증상

1) 피부의 광성 변화

    단락, Arc열 등으로 금속분자가 가열, 용융 -> 피부에 침투

2) 전문

    피부에 상처, 흉터가 남는 현상

3) 전류 반점

    화상 부위가 검게 반점을 이루고 움푹 들어간 모양

4) 감전성 궤양

    신체 내부 조직의 급성 십이지장 궤양, 위궤양

5) 표피 박탈 등.

4.8 습기장소 및 저압 전로 감전방지 대책

1. 습기가 많은 장소 감전 방지 대책

1) 누전 차단기 시설
   - 전류 동작형
   - 정격 감도 전류 : 30mA, 동작시간 : 0.03초 이하
   - 옥외 콘센트, 목욕탕, 수영장, 습기 많은 장소 등 : 선로측 분전반에 ELB설치
2) 방수형 기기 사용
3) 전로 중간에 접속점을 만들지 말 것
4) 절연 변압기 사용 : 절연저항 5MΩ 이상일 것
5) 건조 장소와 회로 분리
6) 절연저항 : 규정치 이상일 것
   - 대지전압 150V 이하 : 0.1 MΩ 이상
   - 대지전압 300V 이하 : 0.2 MΩ 이상
7) 콘센트 : GFCI(Ground Fault Circuit Interrupter)
            누전 차단기 부착 콘센트 사용
8) 배관, 배선공사
   - 금속관, 합성수지관, 케이블 공사에 의할 것
   - 배관공사시 습기, 물기가 침투하지 않도록 처리
   - 절연전선, Cable, Captirecable 사용
   - 접속을 적게 하고 Tapping 주의
   - 전구선, 이동전선 : 단면적 $0.75mm^2$ 이상 일 것
   - 콘센트, 개폐기, 차단기 : 가능한 시설하지 말 것
     사용시 : 방수형 사용
     콘센트 : 접지극 갖출 것

2. 저압 전류 안전도 증대 방법

1) 대지 전압을 낮춤
   변압기 2차를 Y결선하고 중성점 접지
2) 소 전압법 : 안전 전압 이하 회로 사용

- 산업 안전 보건법 : AC 30V 이하
- IEC 60364 : 특별저압 AC 50V, DC 120V 이하

3) 리모컨 방식
   - 주 회로를 간접적으로 제어
   - 주 전원이 인체에 직접 접촉되지 않아 안전함.

4) 비접지 방식
   - 절연 변압기 사용
   - 2차측을 비접지로 함.

5) 변압기 1,2차를 1,2차 사이 혼촉 방지판 설치

6) 이중 절연

   기능 절연 + 보호 절연

7) 누전 차단기 설치

8) 기기 접지

   (1) 보호 접지 : 기기 외함 접지(E3)

   (2) 기기 외함을 중선점에 접속 (TN-C 방식)

   (3) 접지 전용선 방식 (TN-S 방식)

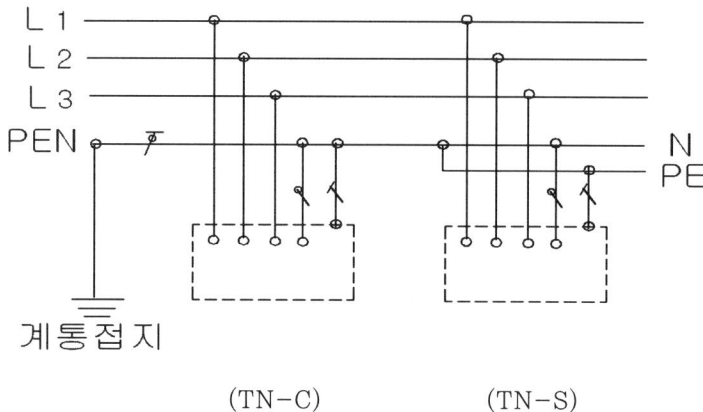

4.9 접촉전압 계산문제

문1. 그림과 같은 3상 380V의 전동기 부하가 있다. 외함에 1상 지락이 발생한 경우, 이탈 가능전류의 최대치를 15mA이하가 되도록 하자면, 외함의 접지저항 최대치와 이때의 접촉전압을 구하시오.
단, 지락점의 접지저항 100Ω, 외함과 손의 접촉저항 1500Ω, 인체의 전기저항은 500Ω이고 기타는 회로도와 같다.

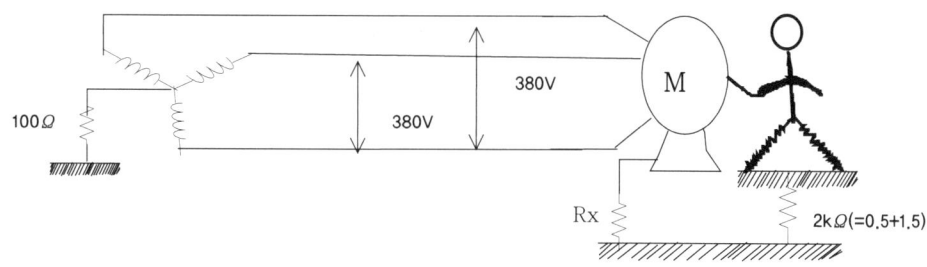

답.
1. 등가 회로도

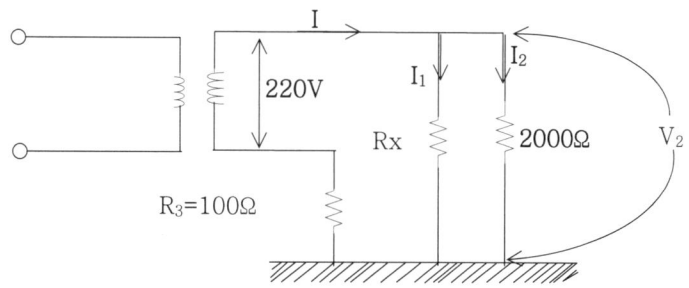

2. 계산

1) $I_2 = \dfrac{Rx}{Rx + 2000} \times I$

$= \dfrac{Rx}{Rx + 2000} \times \dfrac{220}{100 + \dfrac{Rx \cdot 2000}{Rx + 2000}} = 15 \times 10^{-3}(A)$

따라서 $Rx = 15.9\ (\Omega)$

2) 접촉전압 $V_2 = I_2 \times 2000$

$$= 15 \times 10^{-3} \times 2000 = 30(V)$$

문2. ELB 30mA 가 감전보호가 가능한 이유

1) 전압 220V 인체가 완전히 젖은 상태 500Ω 가정 시 인체를 통과하는

전류 $I = \dfrac{220}{500} = 440\,mA$ 가 됨.

2) 누전차단기의 동작시간이 0.03초라면

인체에 통과하는 전류 $I = 0.44 \times 0.03 = 13.2\,mA.초$ 가 됨.

3) 따라서 이 값은 인체의 안전 한계값 30mA.초 이내이므로 안전함.

4) 만약 외함을 접지한 경우

접지저항이 100Ω이라 가정하고 안전 한계값 30mA가 흐른다면

인체 통과 전류 $I = 30 \times \dfrac{100}{500+100} = 5\,mA$ 가 되어 안전하다.

즉, 이 값은 가수전류 정도로서 안전함.

4.10 응급조치 요령

1. 감전 사고의 조치 순서
 1) 전원의 차단
  - 감전 사고시 피해자가 접속된 회로의 차단
  - 감전자를 직접 떼려고 만지면 본인도 감전 우려 있으므로 주의
 2) 구출
    감전자를 회로로부터 분리 후 구출
 3) 감전자 상태 확인
  - 의식 상태
    (몸을 흔들어, 귀에 소리 질러, 양볼을 손으로 두드려, 심장 박동)
  - 호흡 상태
  - 맥박 상태
 4) 응급 조치 요령
  (1) 기도 확보
   - 아래턱을 들어 올리고 머리를 뒤로 젖힘.
   - 혀가 기도를 막았을 때는 혀를 당겨 기도 확보
  (2) 인공 호흡

인공호흡시간	소생율 (%)
1분 이내	95
3분 이내	75
4분 이내	50
5분 이내	25

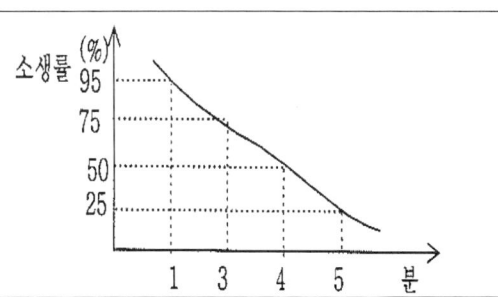

  (3) 심장 마사지 (심폐 소생법 : 심장 마사지 + 인공 호흡)
   - 한사람인 경우 (인공호흡 2회, 심장마사지 15회, 반복)
   - 두사람인 경우 (인공호흡 1회, 심장마사지 5회, 반복)
 5) 병원으로 후송
 6) 원인 분석 및 대책 강구

2. 화상의 응급 조치

1) 진화
   - 옷에 불이 붙었을 때
     바닥에 구르거나 담요로 감싸 산소차단, 소화
2) 화상 부위에 물을 끼얹어 화상 부위를 식힌다.
3) 옷을 억지로 벗기지 말고 병원으로 후송
   옷을 벗기면 피부 손상 우려가 있음
4) 물집을 터트리지 말 것.

4.11 누전차단기

1. 누전차단기의 설치목적

1) 인체에 대한 감전 보호
2) 누전에 의한 화재 보호
3) 전기 기계 기구의 손상을 방지
4) 다른 계통으로의 사고 파급 방지

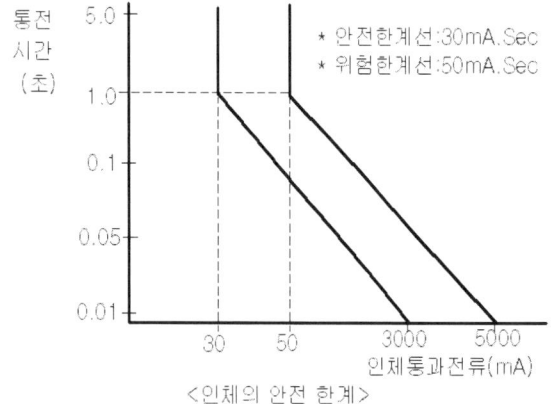

〈인체의 안전 한계〉

2. 누전차단기 구성도 및 동작원리

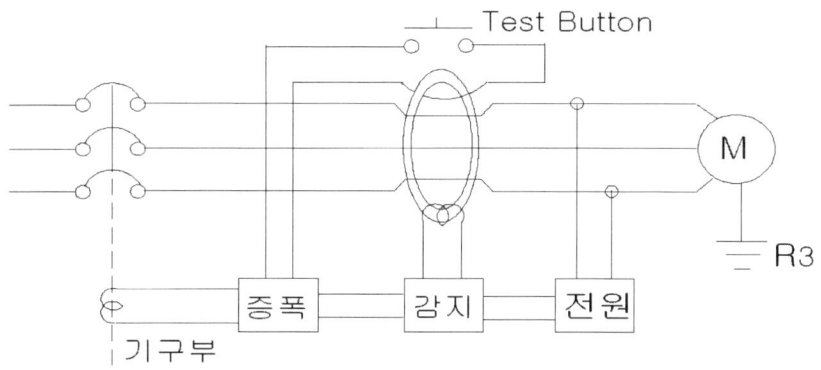

장 치	내 용
소호장치	전류차단시 발생되는 아크를 소호하는 장치
과전류 트립 장치	과전류발생시 이를 검출 차단하는 장치
개폐기구	투입과 차단을 행하는 장치
테스트버튼	누전차단기의 차단특성을 확인 점검하는 장치
누전 트립 장치	ZCT로 누전을 검출 차단하는 장치

동작의 종류	동작원리
지 락 시	지락 →ZCT검출→ 증폭 →구동 →트립(전자식)
과부하시	내장된 Mechanism을 이용하여 검출.
테스트 버튼	지락회로를 구성하여 고의로 영상전류 발생
Surge 시	서지흡수회로가 내장되어 서지전압이 인가되지 않는다.

3. 누전차단기의 종류

1) 동작별 분류

전로에 지락이 생겼을 때 발생하는 영상 전압 또는 영상 전류를 검출하여 차단하는 방식으로 전류 동작형과 전압 동작형이 있다.

전 류 동 작 형	전 압 동 작 형
차단부분, ZCT, RELAY부 등으로 구성되고 누전 발생시 ZCT로 지락전류 검출하여 차단부분을 동작시킴 (국내)	차단부분, TRIP COIL, 검출용 접지선으로 구성하여 누전 발생시 기기 FRAME에 발생하는 대지전압을 TRIP COIL이 검출하여 차단부분을 동작시킴

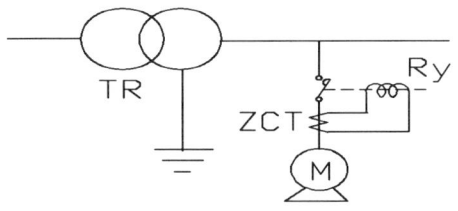 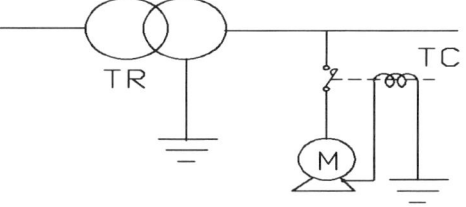

2) 보호 목적에 따라
   - 지락 보호 전용
   - 지락 및 과부하 겸용
   - 지락, 과부하, 단락 겸용

3) 동작 시간에 따라
   ○ 고속형 - 감전방지가 주목적이다.
   ○ 시연형 - 동작시한을 임의 가능. 보안상 즉시 차단하여서는 안되는 시설물, 계통의 모선 등에 적용
   ○ 반한시형 - 지락전류에 비례하여 동작 접촉전압의 상승을 억제하는 것이 주목적

4) 감도에 따라
- 고감도형 (30mA이하): 인체의 감전 보호 목적
- 중감도형 (50~1000mA) : 누전 화재 목적
- 저감도형 (3000mA 이상) : 사용 거의 안함

구 분		정격감도 전류(mA)	동 작 시 간
고 감도형	고속형	5 10 15 30	정격감도전류에서 0.1초 이내, 인체감전보호형은 0.03초 이내
	시연형		정격감도전류에서 0.1초를 초과하고 2초 이내
	반한시형		정격감도전류에서 0.2초를 초과하고 1초 이내 정격감도전류 1.4배 전류에서 0.1초를 초과하고 0.5초 이내 정격감도전류 4.4배의 전류에서 0.05초 이내
중 감도형	고속형	50,100, 200	정격감도전류에서 0.1초 이내
	시연형	500,1000	정격감도전류에서 0.1초를 초과하고 2초 이내
저 감도형	고속형	3000, 5000 10,000 20,000	정격감도전류에서 0.1초 이내
	시연형		정격감도전류에서 0.1초를 초과하고 2초 이내

4. 누전차단기 설치 장소 (기술기준)

가. 필히 설치해야 하는 장소

1) 풀용, 수중조명등 : 절연변압기 2차측 사용전압이 30V를 초과하는 것
2) 사람이 쉽게 접촉할 우려가 있는 사용전압 60V를 초과하는 금속제 외함
3) 주택의 옥내에 시설하는 대지전압이 150V를 넘고 300V 이하인 저압전로 인입구
4) 대지전압 150V를 넘는 이동형 전동기기를 물 등 도전성 액체로 인하여 습기가 많은 장소에 시설하는 경우 : 고감도형 누전차단기 설치
5) 특고압, 고압 전로의 변압기에 결합되는 대지전압 300V를 초과하는 저압 전로
6) 화약고 내의 전기공작물에 전기를 공급하는 전로 : 화약고 이외의 장소에 설치
7) Floor Heating 및 Load Heating 등으로 난방 또는 결빙방지를 위한 발열선 인입구
8) 전기온상 등에 전기를 공급하는 경우.

나. 권장되는 장소
- ○ 습기가 많은 장소에 시설하는 전로
- ○ 옥외시설 전선로로 사람이 닿기 쉬운 장소에 시설하는 전로
- ○ 건축공사 등으로 가설한 전로
- ○ 아케이드 조명설비
- ○ 가공전식에 전기를 공급하는 전로

다. 누전차단기를 생략할 수 있는 장소
- ○ 발,변전소나 이에 준하는 장소(항상 누설전류)
- ○ 계통이 매우 긴 저압전로
- ○ 저압,고압전로에서 이들의 정지가 공공안전확보에 지장을 초래하는 경우
  (비상용 조명장치, 유도등, 비상용승강기, 철도용 신호장치 등)
- ○ 회로 차단이 심각한 위험 상태가 되는 전로
- ○ 접지저항 3Ω 이하.
- ○ 건조한 장소
- ○ 2중 절연구조의 전기기구.
- ○ 기술상 절연이 불가능 한 경우(전기욕기, 전기로, 전해조 등)

라. 설치하면 안 되는 장소
- - 온도가 높은 장소
- - 습기가 많거나 물기가 많은 장소
- - 진동이 많은 장소
- - 점검이 쉽지 않은 장소

5. 누전 차단기 설치시 고려사항
- - 원칙적으로 해당기기에 내장 또는 배, 분전반 내에 설치할 것.
- - 정격 전류 용량은 당해 전로 부하 전류 이상일 것
- - 감도 전류가 너무 예민하여 정상상태에서 불필요하게 동작하지 않을 것
- - 영상 변류기를 옥외에 설치 할 경우 방수형이나 방수함을 사용할 것
- - ZCT를 케이블의 부하측에 시설할 경우 접지선은 관통시키지 말고, 전원측에 설치시에는 반드시 접지선을 ZCT에 관통 시킬 것.(ZCT 참고)

- 누전차단기를 병렬로 사용하면 내부저항 차이로 불평형이 생겨 오동작 발생함
- 누전 차단기를 사용한 전동기와 사용하지 않은 전동기의 접지선은 공용하지 말 것.
- 누전 차단기에 거리가 긴 케이블을 사용시 대지정전용량에 의한 충전전류로 오동작 발생

6. 트립시 조사방법

1) 누전 차단기 이상 동작시 조사방법

이상 상태	원 인	조치 사항
투입과 동시에 누전 표시버튼이 돌출 (누전기구 동작)	* 배선이 길어 대지 정전 용량이 커짐에 따라 누설전류 발생	* 누전차단기를 부하가까이 설치 * 정격 감도 조절
	* 누전차단기 병렬접속 * 중성선 오결선	* 결선 상태 확인
사용 중에 동작	* 과대한 서지 유입	* S.A를 전로에 설치
	* 유도 노이즈 침입	* 노이즈 발생원 제거

2) 사전 점검 사항

점검 사항	점검 요령	조치 사항
단자의 나사 풀림	* 단자의 나사, 전선 조임 나사 등이 풀리지 않았는지 확인 * 표준 공구 사용	* 나사의 재질 및 크기에 대한 규정 토오크로 조일 것
먼지	* 배선용 차단기의 표면, 특히 전원측 표면에 먼지, 기름 등이 쌓여 있는지 확인	* 클리너로 먼지를 제거하거나 헝겊으로 닦아낸다. * 중성세제를 사용 (부식성세제 사용금지)
개폐	* 상시 폐로된 차단기는 수회 개폐하여 그리스의 경화 등에 따른 마찰증가를 방지 * 접점의 약동작용에 따른 접촉 저항을 안정시킨다.	* 개폐가 유연하지 않은 것은 교체 또는 보수
절연	* 절연 저항계로 상간 및 대지간의 절연저항을 측정	* 5MΩ 이하의 것은 원칙적으로 신품으로 교환하고 저항이 저하된 원인을 조사한다.

7. 누전차단기 선정시 주의사항

1) 전로의 전기방식에 따른 극수를 맞출 것
2) 해당전로의 전압, 전류 및 주파수에 적합할 것
3) 정격 감도 전류 선정에 주의
   - 일반 회로 : 30mA
   - 습기가 있는 장소 : 15mA
4) 정격 동작시간을 회로의 특성에 맞게 선정할 것
5) 설치 환경에 맞는 것일 것

8. ELB 설치시 환경 조건

1) 주위온도 : -10 ~ +40℃
   - 옥외 : 직사광선 주의
   - 저온 습도 있을 경우 : 결빙 주의
2) 표고 1000m 이하
   표고가 높아지면 기압이 낮아지므로 차단 능력이 저하함.
3) 옥외 사용시 : 방수구조 외함에 넣을 것
4) 습도가 적은 장소일 것 : 지하실, 터널 등에서 주의
5) 먼지 많은 장소 : 방진 구조
6) 진동, 충격 주의
7) 전원 전압의 변동 : 85 ~ 110%에서 사용할 것
8) 배선 상태를 건조하게 할 것
9) 불꽃 및 폭발의 위험이 없는 곳 등

9. 누전차단기의 오동작 원인

1) 부적절한 감도전류
   - 너무 예민한 감도전류 선정시
   - 선로의 정전용량이 큰 경우
2) 배전선의 유도뢰에 의한 서지
3) 고조파전류
4) 분기회로 지락 사고시 건전회로의 오동작
5) 전자 유도에 의한 오동작

6) 오 접속
 - 전원측과 부하측의 오접속
 - 병렬회로에 누전차단기 적용시
 - 3상 4선 회로에 3극 ELB 사용하고 부하측에 단상부하 사용시
 - ELB 부하측에서 중성선을 공동 접지한 경우
 - ELB를 설치한 회로의 접지를 ELB를 설치하지 않은 회로와 접지를 공통으로 한 경우

4.12 ZCT 정격 및 설치방법

1. 개요

계전기에 필요한 영상전류를 얻는 방법으로 접지 계통에서는 Y접속의 잔류 회로 또는 3차 영상 분로접속으로 가능하지만, 비 접지 계통에서는 지락 전류가 작아 ZCT를 사용하고 있다.

2. 원리

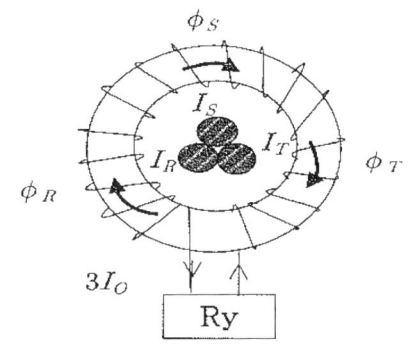

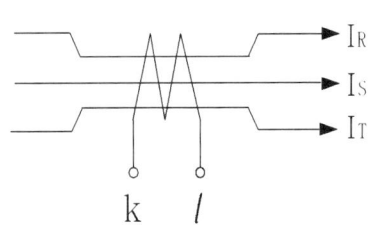

1) 영상 전류를 검출하기 위하여 1개의 철심을 사용함.
2) 비접지 선로의 지락 보호에 선택 지락 계전기와 함께 사용
3) 정상시
   - 1차 전류 : Ir + Is + It = 0
   - 철심 자속 : $\Phi r + \Phi s + \Phi t = 0$
   - 2차 전류 : ir + is + it = 0
4) 지락시에는 1차분에 영상 전류가 포함 되므로
   - 1차 전류 : Ir + Is + It = 3 Io
   - 철심 자속 : $\Phi r + \Phi s + \Phi t = 3 \Phi o$
   - 2차 전류 : ir + is + it = 3 io가 된다.

3. 정격

1) 정격 전류 표준
   - 정격 영상 1차 전류 : 200 mA
   - 정격 영상 2차 전류 : 1.5 mA
2) 영상 2차 전류의 허용 오차

계급	영상 2차 전류	적 용
H급	1.2 mA 이상 1.8mA 이하	정밀도가 큰 것을 요구 할 때 사용
L급	1.0 mA 이상 2.0mA 이하	과전류 배수가 큰 것을 요구 할 때 사용

3) 정격 과전류 배수

영상변류기가 포화하지 않는 영상 1차 전류의 범위를 나타내는 것이다.

- n_0 : 계전기가 정격 영상 전류 이하에서 동작하는 등 과전류 영역의 특성을 문제 삼지 않을 때

    $n_0 > 100$: 영상 1차 전류 20A 정도를 고려할 때

    $n_0 > 200$: 이상 지락시 과전류 보호를 할 때 채용.

4) 잔류 전류 한도
  - 정격부담(10Ω, 역율 0.5 지연전류)에서 2차측에 흐르는 전류의 최대치로서 아래표와 같다.

정격 1차 전류	영상 변류기의 잔류 전류 한도
400A 이상	영상 1차 전류 100 mA 에서의 영상 2차 전류값
400A 미만	영상 1차 전류 100 mA 에서의 영상 2차 전류값의 80%

5) 종류 : 관통형, 권선형

4. 영상 변류기 설치 시 주의 사항 (74.1.1)

관련 규정 ; 내선 규정 705-6

1) 영상 변류기 접지

(1) 영상 변류기를 케이블 부하 측에 설치 할 경우 : 차폐층의 접지선은 영상 변류기를 관통하지 않아야 함.

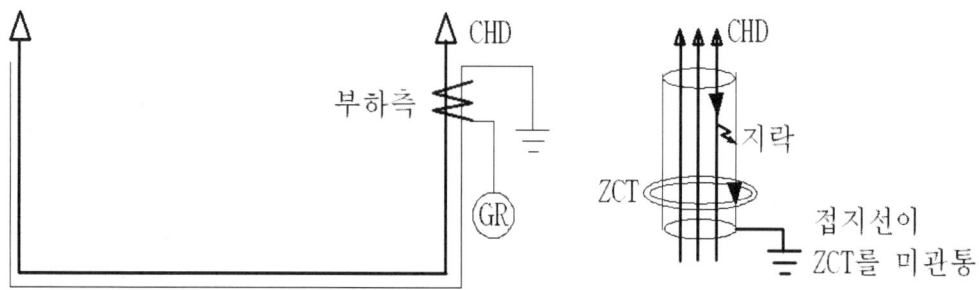

(2) 영상 변류기를 케이블 전원 측에 설치 할 경우 : 차폐층의 접지선은 영상 변류기를 관통한 후 접지해야 함.

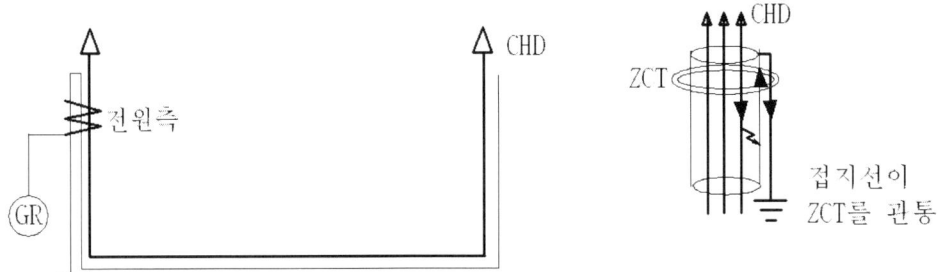

즉, 지락 전류가 접지선을 통하여 ZCT를 통과 할 수 있도록 접지선을 선택하면 됨.

2) 지락 계전기에 접속하지 않을 때 : 2차 측을 단락
3) 영상 변류기 접속

영상 변류기는 원칙적으로 1회로에 1대 사용하고 그 2차측은 서로 접속하지 않는다. 그러나 부하전류가 커서 1회로에 복수의 회선(병렬)이 사용될 때는 영상 변류기를 병렬로 접속할 수 있다.

(1) 동일 회선에 복수개 설치하면
 - 각 회선 전류가 불평형이 되어 영상 전류가 발생할 수 있어
 - 계전기 오동작, 부동작 원인이 된다.
 - 이때는 병렬 회로에 1개의 변류기를 사용하여 영상 순환전류를 방지
(2) 영상 변류기 2대를 병렬 접속하면
 - 순환 전류 발생
 - 동작 감도 저하 현상이 일어남.

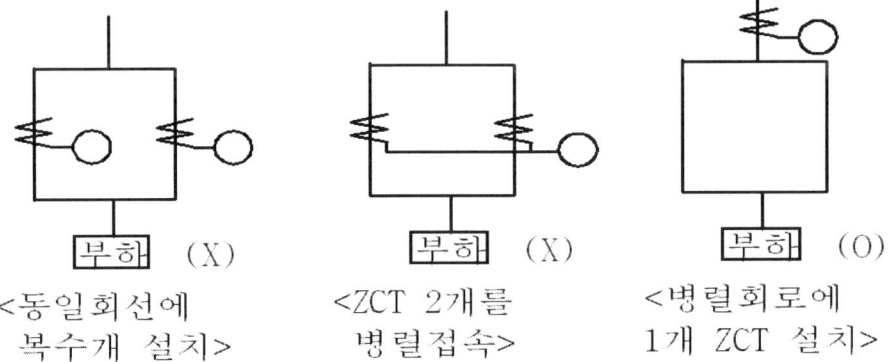

<동일회선에 복수개 설치> (X) <ZCT 2개를 병렬접속> (X) <병렬회로에 1개 ZCT 설치> (O)

4) 잔류 전류
   (1) 원인
       정상 상태에서 2차 회로에는 전류가 흐르지 않아야 하지만 실제로는 1차 도체, 2차 도체, 철심의 상호간 위치관계, 형상 등에 따라 불평형 분의 잔류전류가 흐를 수 있다.
   (2) 대책
       - 1차 도체, 철심, 2차 권선의 상호 관계를 기하학적으로 대칭이 되도록 배치
       - 정격 1차 전류가 큰 변류기 사용

4.13 꽂음 접속기

1. 산업안전 기준에 관한 규칙

제316조(꽂음 접속기의 설치·사용 시 준수사항) 사업주는 꽂음 접속기를 설치하거나 사용하는 경우에는 다음 각 호의 사항을 준수하여야 한다.

1. 서로 다른 전압의 꽂음 접속기는 서로 접속되지 아니한 구조의 것을 사용할 것
2. 습윤한 장소에 사용되는 꽂음 접속기는 방수형 등 그 장소에 적합한 것을 사용할 것
3. 근로자가 해당 꽂음 접속기를 접속시킬 경우에는 땀 등으로 젖은 손으로 취급하지 않도록 할 것
4. 해당 꽂음 접속기에 잠금장치가 있는 경우에는 접속 후 잠그고 사용할 것

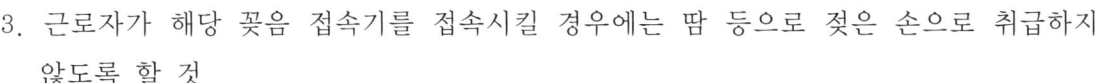

2. KS 규격에 따른 종류

1) 기능에 따라

규 격	제 목	비 고
KSC 8300	전기 기구용 꽂음 접속기	
KSC 8305	배선용 꽂음 접속기	
KSC 8329	의료용 꽂음 접속기	

2) 모양에 따라

걸림형, 방수형, 접지형

3) 극수에 따라

2극형, 3극형, 4극형

4) 정격전류에 따라

16A용, 20A용, 30A용

4.14 용접작업시 감전방지 대책

1. 개요
교류아크 용접작업시 감전 사고는 주로 2차측 회로에서 발생하며 특히 무부하시에 위험하다.

2. 교류아크 용접작업시 감전위험요인
1) 안전장치 미부착
   자동전격 방지장치의 미부착으로 감전위험
2) 보안구 미착용
   용접 작업시 용접용 장갑을 착용하지 않으면 감전위험이 있다.
3) 관리감독소홀
   용접기의 안전점검, 보호구의 착용여부 등 감독활동이 미비하여 근로자의 불안전 행동 유발
4) 안전교육 미실시
   용접기의 원리, 구조, 보호구의 착용법, 감전위험성에 대한 교육 미실시로 사고 야기
5) 조명설비미비

3. 감전사고 방지대책
1) 기술적 대책
   ① 교류아크 용접기에 안전장치 부착
      무부하시 용접기 2차측 전압을 안전전압(25V 이하)으로 저하 시키는 자동전격 방지장치를 부착
   ② 규격품 용접용 홀더의 사용
   ③ 아크전류에 적절한 굵기 케이블 사용
   ④ 용접기 외함 접지 실시
   ⑤ 용접기 단자와 케이블 접속단자 절연방호

2) 교육적 대책
   작업자에게 용접기의 구조, 자동전격방지장치의 원리, 보호구 착용법, 기타 용접기 작업안전 수칙에 관해 안전교육 및 용접기 기능을 습득시킨다.

3) 관리적대책
   ① 작업자에 대한 정기적인 교육대책 수립
   ② 안전장구, 접지, 배선, 전원개폐기 등에 대한 정기점검 및 보수실시
   ③ 감전의 위험성이 높은 장소에서 작업시에는 안전담당자를 지정
   ④ 야간작업시에는 사전준비 철저

4) 안전대책
   ① 용접작업 전·후 주위를 정리 정돈
   ② 절연장갑 등을 실리콘 처리된 장갑을 사용
   ③ 용접기를 사용하지 않을 때에는 전원을 차단하고 용접기 가까운 곳에 전용의 개폐기 설치

4.15 자동 전격 방지 장치

1. 개요
자동전격 방지장치란 Arc 발생을 중단시킬 때 단시간 내에 당해 교류 Arc 용접기의 2차 무부하 전압을 자동적으로 25V 이하로 바꾸어 주는 안전장치임.

2. 구조 및 원리

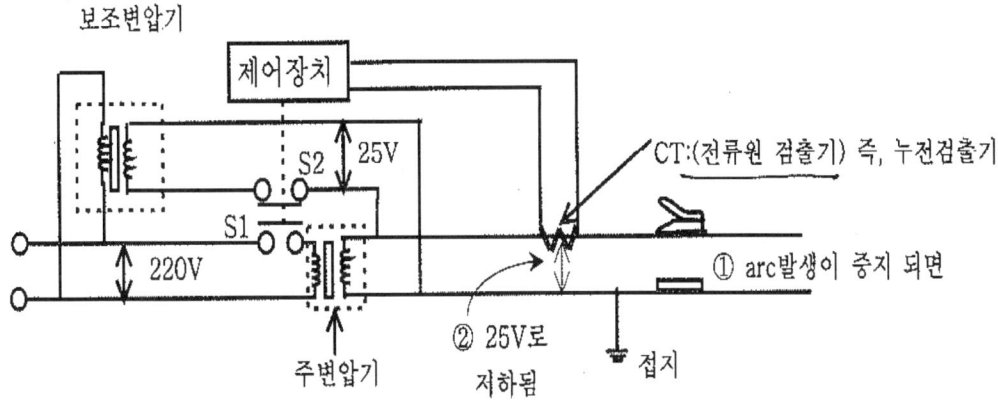

1) 교류 아크 용접기는 65~90(V)의 무부하 전압이 인가되어 감전의 위험성이 높아, 자동 전격 방지장치를 설치하여 아크 발생을 중단할 때
2) 용접기의 2차 무부하 전압을 25(V) 이하로 유지시켜 감전의 위험을 줄이도록 되어 있음.
3) 즉, 용접시에만 용접기의 주회로가 접속되고, 그 외는 보조 TR을 통하여 용접기 2차 전압을 안전 전압이하로 제한한다.
4) 용접 중지시 : S1 은 개로, S2는 폐로됨.

3. 동작 시간 특성
1) 시동 시간
   용접봉이 모재에 접촉한 후 용접이 시작되기까지의 시간 : 0.06초 정도 시동 감도에 따라 변화가 있음.

2) 지동 시간

모재에서 용접봉이 떨어진 후부터 전격방지 장치에 무부하 전압 (25V)으로 떨어질 때까지의 시간.

3) 종류
- Magnetic SW를 이용한 접점 방식
- 무접점 반도체 소자인 SCR 또는 TRIAC을 이용하는 방식으로 Magnetic SW에 비해 동작 시간이 빠름.

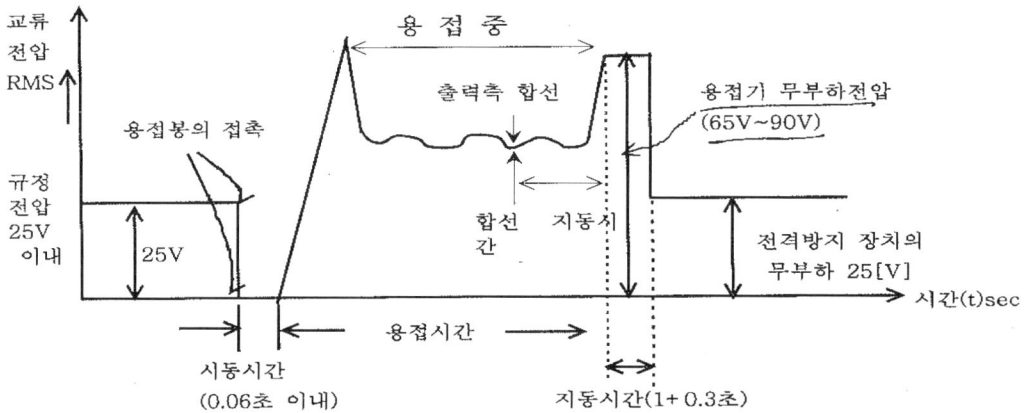

4. 적용시 주의사항

1) 오동작 방지
- 용접 이외에는 전격 방지장치의 주 접점이 닫히지 않을 것
- 누설 전류와 용접기 기동전류의 구분이 확실히 되어 오동작이 되지 말 것.

2) 정격 사용율을 고려할 것

$$정격사용율 = \frac{아크발생시간}{아크발생시간 + 무부하시간}$$ 으로 50~70% 정도일 것

3) 허용 사용율을 고려 할 것

예, 300(A)의 용접기를 200(A)로 사용시 허용 사용율

$$허용사용율 = (\frac{정격2차전류}{실제용접전류})^2 \times 정격사용율 = (\frac{300}{200})^2 \times 50 = 112(\%)$$

따라서 연속 사용이 가능함.

4.16 기기의 절연등급

1. 관련 규격
KSC IEC 60364 건축전기 설비(용어정의)
KSC IEC 60950 정보기술 기기의 안전성

2. 절연 종류(KSC IEC 60364 용어)
1) 기초 절연 (Basic Insulation)=기능절연
   - 감전에 대한 기본적 보호가 이루어진 위험 충전부 절연
2) 보조 절연 (Supplementary Insulation)
   - 기초 절연에 추가하여 적용하는 독립된 절연
3) 이중 절연 (Double Insulation)
   - 기초 절연과 보조 절연을 모두 포함하는 절연
4) 강화 절연 (Reinforced Insulation)
   - 감전에 대해 이중 절연과 동등의 보호를 하는 위험 충전부의 절연

3. 절연 등급에 따른 기기분류
1) 0종 기기 (Class 0 Equipment)
   - 기초 절연만 있는 기기
2) 01종 기기
   - 기초 절연 외에 접지설비를 갖추어 보호
3) 1 종 기기 (Class I Equipment)
   - 기초 절연과 고장 보호용 조치로 본딩을 갖춘 기기
4) 2 종 기기 (Class II Equipment)
   - 기초 절연 및 보조 절연으로 강화한 절연을 갖춘 기기
5) 3종 기기 (Class III Equipment)
   - 특별 저압 값으로 전압 제한하는 기기
   - 특별 저압

구 분		0종 기기	01종 기기	1종 기기	2종 기기	3종 기기
기본 보호조치	기초절연	○	○	○	○	특별저압으로 제한
	보조절연	-	-	-	○	
고장 보호조치		-	접지	본딩	-	-

IEC : 50(V), 산업안전보건법 : 30(V)

4. 개념도

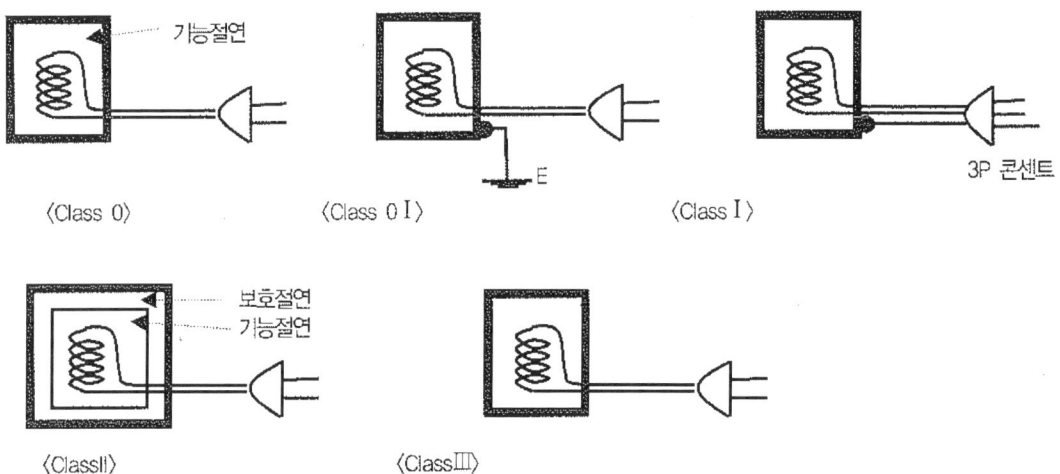

⟨Class 0⟩ ⟨Class 0Ⅰ⟩ ⟨Class Ⅰ⟩

⟨ClassⅡ⟩ ⟨ClassⅢ⟩

- 제5장 -
정전기

5.1 정전기의 정의, 발생 Mechanism, 완화시간, 일함수

1. 정전기의 정의
1) 전하의 이동이 없는 전기. 즉 주파수 f=0 인 전기
2) 전하의 이동이 적고 이것에 의한 자계 효과는 전계에 비해 무시할 수 있는 만큼의 적은 주파수의 전기임.

2. 정전기 발생 Mechanism(일함수 관점에서 정전기 설명)
1) 방출 : 안정된 물체 내 자유전자가 외부자극(마찰, 박리, 충돌, 분출, 유동, 파괴 등)에 의해 구속에서 풀려질 때 외부로 방출.
2) 이때 방출된 자유전자는 최소에너지인 일함수(Work Function)에 의해 크기가 결정 됨.
3) 물체 접촉시 일함수의 차 만큼 접촉 전위 발생
   즉, 접촉전위 $V = \Phi B - \Phi A$ (ΦA, ΦB : A, B 물체의 일함수)
4) 이때 표면에서 전자가 A물체는 (+)로, B물체는 (-)로 전기적 이중층이 형성됨.
5) 분리 : 전기적 이중층 뒤에 분리가 진행되면
   - 접촉전위 $V = \dfrac{Q}{C}$ 가 되고 이때
   - 정전용량 $C = \dfrac{\varepsilon S}{d} (F)$ 가 된다.
   - 여기서 ε : 유전율
     S : 면적(m^2)
     d : 전극간 거리(m)
6) 이후 분리된 전하는 누설 → 재결합 과정으로 소멸한다.

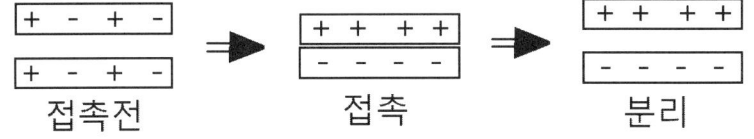

접촉전 접촉 분리

3. 정전기의 완화시간 및 0 전위 시간
1) 완화 시간 (Relaxation Time)
   정전기가 일정장소에 축적되었다가 처음 값의 36.8% 값으로 소멸되는 시간으로 시정수라고도 함.

2) 0 전위 시간

(1) 전하가 완전히 소멸되는데 필요한 시간 (Sec)

$$0 전위시간\ T = \frac{18}{전도도}\ (Sec)$$

(2) 전도도(=전기 도전율) : Picosimens / Meter

3) 정전기 완화시간 결정요소

(1) 대전체의 저항, 고유저항, 정전용량, 유전율에 의함.

즉, R C = ρ ε

여기서 R : 대전체의 저항 (Ω)

C : 〃   정전용량 (F)

ρ : 〃   고유저항 (Ω.m)

ε : 〃   유전율 (F/m)

(2) 고유저항 또는 유전율이 큰 물질일수록 대전 상태가 오래 지속됨.

(3) 일반적으로 완화시간은 0 전위 시간의 1/4~1/5 정도임.

4. 정전기 발생에 영향을 주는 요인 〈서. 이/ 접. 속. 표〉

1) 대전 서열

대전 서열의 차이가 클수록 정전기 발생량이 큼.

(+)   (−)

양모 → 나이론 → 견 → 유리섬유 → 면 → PET → 유리 → 폴리에틸렌

2) 대전 이력

정전기의 발생량은 처음이 크고 발생횟수가 반복될수록 발생량이 감소함.

3) 접촉 면적 및 압력

접촉 면적 및 압력이 클수록 커진다.

4) 분리속도

분리속도가 빠를수록 정전기 발생량이 커진다.

5) 표면상태

 - 거칠수록

 - 기름, 수분, 불순물 등 오염이 심할수록

 - 산화 부식이 심할수록 커짐.

5.2 정전기 발생원인 및 방지 대책

1. 정전기 발생원인 〈마.박.충/분.유.파/진.비.적.유〉

1) 물체의 마찰

   필름, 종이 등과 같이 고체 물질끼리의 마찰 또는 액체를 파이프 등에 흘렸을 때의 마찰에 의해 정전기 발생

2) 박리

   서로 밀착 되어 있던 물체가 분리 되었을 때 전하 분리에 의해 발생하며 접촉 압력이나 박리 속도에 의해 발생량이 변화 한다.

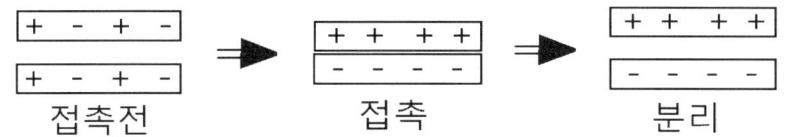

3) 충돌

   분체 도장과 같이 입자 상호간이나 입자와 고체가 충돌할 때 정전기 발생

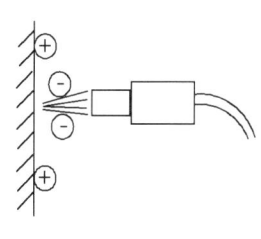

4) 분출

   작은 분출구를 통해 분체 액체 기체 등이 공기 중으로 분출할 때 분출 물질의 상호간 또는 분출 물질과 분출구와의 마찰에 의해 정전기 발생

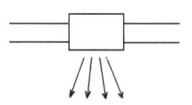

5) 유동

   액체 등이 파이프 등을 유동할 때 발생하는 정전기로 유동 속도에 의해 정전기 발생량이 달라진다.

   고체와 액체의 경계면에서 전기 이중층

   → 전하 일부 유동 → 정전기

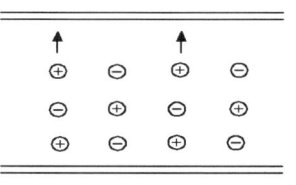

6) 파괴

   물체가 파괴될 때 전하가 분리 되면서 +, -의 전하가 균형을 잃으면서 정전기 발생

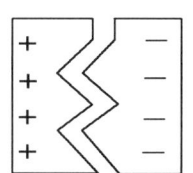

7) 기타 대전
- 진동(교반) : 탱크로리 등에서 액체가 진동할 때
- 비말 대전 : 액체류가 비산할 때
- 적하 대전 : 고체 표면 액체가 → 물방울 → 낙하할 때
- 유도 대전 : 대전체 근처에서 정전유도에 의해

2. 정전기 영향(재해 종류)

1) 인체에의 전격
   - 충전된 인체로부터 대지로의 방전
   - 대전된 물체로부터 인체로의 방전시 전격 발생
2) 화재 폭발 점화원으로 동작
   충전 되어 있던 정전 에너지가 어떤 물질의 최소 착화 에너지보다 크게 되면 화재 폭발이 일어난다.
3) 설비의 오동작, 파괴
   - 방전 전류에 의해 OA 기기, 전자 장비 오동작
   - 소자 파괴, 절연 파괴, 데이터 손실, 프로그램 손실 등
4) ESD(정전기 방전)에 의한 반도체 파괴
   ① 열파괴 (Thermal Breakdown)
      정전기 발생시 열의 집중에 의해 Short 발생
   ② 절연 파괴 (Dielectric Breakdown)
      유전체의 절연내력 이상의 전압이 걸릴 때
   ③ 금속층 용융
      Metal이 녹거나 Bond Wire가 이완될 때

3. 정전기 방지 대책

1) 발생 억제
   접촉 압력 경감, 접촉 면적 경감, 박리 속도 경감, 표면 청결 유지 등

2) 설비 기기
   (1) 접 지 : 발생 정전기를 대지로 방류
   (2) 본 딩 : 물체간을 도체로 연결, 전위차를 제거하여 등전위화

(3) 차폐
 - 정전 유도 방지
 - 실드 케이블 사용

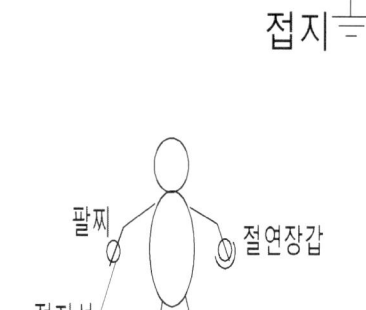

3) 작업자 대전 방지
 (1) 정전화 착용
 (2) 정전 작업복(제전복) 착용
 (3) 손목 띠 착용(Wrist Strap)
 (4) 도전성 매트
 (5) 바닥에 도전성 타일 시공

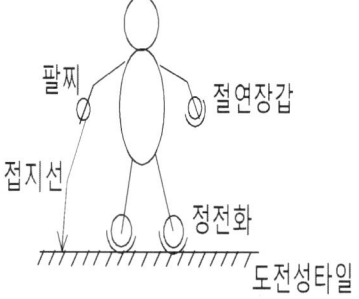

4) 습도 조절
 - 물분무, 습기분무, 증발법등
 - 습도를 50% 이상 유지

5) 대전 방지제(정전기 방지제) 사용
   성형품(成形品) 표면의 전기 저항을 작게 하여 정전기(靜軍氣)의 발생을 방지함으로써 먼지의 흡착을 막기 위해 성형 재료에 첨가하거나 성형품 표면에 칠하는 약제를 말함.

6) 전자 장비 : 정전기 내성이 강한 제품 개발

7) 제전기 사용
 (1) 전압인가식 제전기
   금속제 침 또는 세선 등을 전극으로 하는 제전 전극에 고전압을 인가하여 전극의 선단에 코로나 방전을 일으켜 제전에 필요한 이온을 발생시키는 것

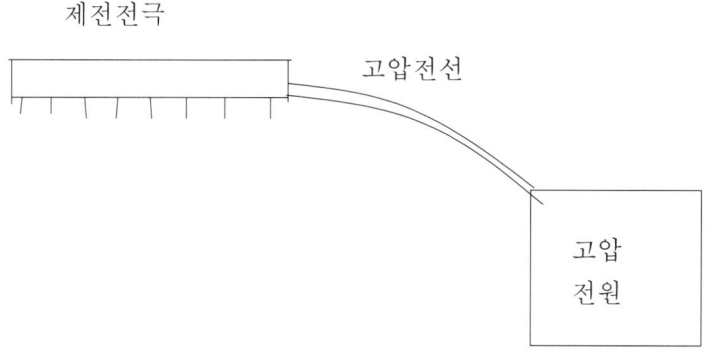

(2) 자기방전식 제전기
 - 접지된 도전성의 침상(針狀) 또는 세선상(細線狀)의 전극에 제전하려고 하는 대전물체가 발산하는 정전계(靜電界)에 의해서 제전에 필요한 이온을 만드는 제전기이며
 - 전원을 사용하지 않고 간단한 구조의 제전 전극만으로 구성되어 있다.

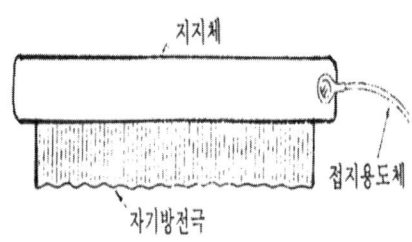

(3) 방사선식 제전기
 방사성 동위원소의 전리작용에 의해서 제전에 필요한 이온을 만드는 제전기이며, 방사선 동위원소를 사용하기 때문에 사용상의 많은 주의가 필요

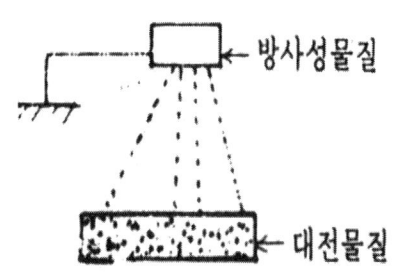

8) 대전 방지제 사용

구 분	내부 첨가법	표면 도포법
작 업	가공시 동시 작업	별도의 공정 필요
효과 발현	일정 시간 후 효과 발휘	곧바로 효과 발휘
플라스틱 종류	플라스틱의 종류에 따라 효과 좌우됨	플라스틱의 종류와 무관
효과 지속성	비교적 오래감	비교적 짧음

5.3 정전기의 축적과 소멸(액체, 도체, 절연물질에서)

1. 정전기의 축적
1) 정전기는 지면이나 기타 다른 물체로부터 절연되어 있을 때 축적됨.
2) 실험에 의하면 절연저항이 1 (MΩ)일 때 축적.
   석유류 제품은 전기 전도도(도전율)가 10,000 Picosimens / Meter 이하시 축적.
3) 0 전위시간 $T = \dfrac{18}{전도도}$ 에서 전도도가 10,000 이상이면
   정전기가 생성되자마자 소멸하는 것으로 해석 (즉, 1.8ms 이하)

2. 전하축적(Charge Accumulation)
플랜트에는 위험한 정전기 방출과 관련하여 전하축적 공정이 있다.
1) 접촉 및 마찰전하
   (1) 절연체인 물체가 서로 접촉할 때 그 경계면에서 전하의 분리가 발생한다.
   (2) 두 물체가 분리할 때, 같은 전하로 두 물체가 마주보고 분리하면 전하의 일부도 분리된다.
2) 이중층 전하
   (1) 전하 분리는 경계 면에서 액체 내의 미세 크기에서 발생한다.
   (2) 유체가 흐를 때 파이프 내에서 전하를 동반하고 다른 면에서 반대 기호의 전하값이 발생한다.
3) 유도 전하
   전기 전도성을 갖는 물질에서만 적용된다.
4) 운송 전하
   대전된 액체 물방울 또는 고체입자가 절연물질에 담겨지면 그 물질은 대전된다.

3. 정전기 소멸
1) 주위에 반대 극성의 전하가 있을 경우 상쇄 작용에 의해 소멸되며, 다음과 같이 완화 시간, 0 전위 시간 등으로 해석함.
   (1) 완화 시간 (Relaxation Time)
       정전기가 일정장소에 축적되었다가 처음 값의 36.8% 값으로 소멸되는 시간으로 시정수라고도 함.

(2) 0 전위 시간
- 전하가 완전히 소멸되는데 필요한 시간 (Sec)

$$0 \text{ 전위시간 } T = \frac{18}{\text{전도도(도전율)}} (Sec)$$

(3) 완화시간 결정요소
- 대전체의 저항, 고유저항, 정전용량, 유전율에 의하며
- R C = ρ ε 에서 ρ (고유저항), ε (유전율)이 클수록 대전 상태가 오래 지속 된다.

4. 액체, 도체, 절연물질에서 정전기 축적과 소멸

1) 액체
  (1) 축적 : 유동, 분출, 충돌시 정전기 발생
  (2) 소멸 : 반대 극성의 전하에 의해 소멸

2) 도체
  (1) 축적 : 저항값이 $10^6 \sim 10^8$ (Ω) 이상이면 축적되기 쉽다.
  (2) 소멸 : 접지, Bonding에 의해 소멸

3) 절연물질
  (1) 축적
    ① 대지와의 저항값이 $10^6 \sim 10^8$ (Ω) 이상이거나 고저항 물질이 축적되기 쉽다.
    ② 폴리에틸렌, 나이론 등이 쉽게 축적되며 나무, 종이 등 천연섬유는 절연체가 아니므로 축적이 잘 안 된다.(단, 건조시는 축적 가능)

4) 가스
  (1) 축적
    ① 탱크로리 등 운반시 부유 입자에 의해 축적되고 운반시 충격이 많을수록 축적량이 커진다.
    ② 배, 탱크 : 코로나 방전에 의해 전하가 소멸되므로 축적이 잘 않된다.

5.4 고전압을 이용한 응용장치

1. 전기 집진기

1) 개요
   (1) 미분탄 발전소 : 석탄의 비산회(Fly Ash)가 문제됨.
   (2) 집진기. 전기식 : 95~98%
              기계식 : 85~95%

2) 집진장치 구비조건
   (1) 입자의 크기에 영향이 적고 성능이 우수할 것
   (2) 부하 변동에 관계없이 효율이 좋을 것
   (3) 구조 및 조작이 간단하고 고장이 적을 것
   (4) 가격이 싸고 보수가 쉬울 것

3) 원리
   (−)극에 모인 Fly Ash가 코로나 방전에 의해
   (−)로 대전되어 집진극 (+) 쪽으로 끌려감.

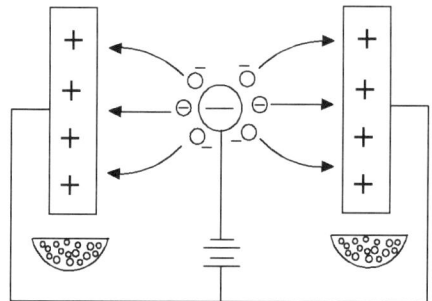

4) 종류
   (1) 기계식 : 수세식, 원심력식
   (2) 전기식
   ① 원리 : 코로나 방전 이용, 연도 속에 (+)(−)
            전극을 두고 이것에 직류 고전압을 인가, 회진에 대전 −> 집진극에 흡입
   ② 구성
      − (+)극 : 코로나 방전 발생
      − (−)극 : 집진극
      − 직류 고압 인가 장치
      − 추타설비 : 분진을 털어주는 장치
      − 재처리 설비
   ③ 특징
      (장점)
      − 효율이 높다
      − 미세한 입자도 흡착가능(즉, 집진 성능이 우수. 0.01µ m까지)

- 유지 보수가 쉽다.

  (단점)
  - 추타시 재 비산 현상 발생
  - 분진의 크기, 농도에 따라 집진 성능이 달라짐.

5) 하전방식(직류 만드는 방식)

 (1) DC하전방식
   - 단상 교류 전원으로 고압 Diode 이용
   - 35~45kV 정도 DC전압이 일정

 (2) Semi-Pulse방식
   - 고전압 Pulse 이용(어떤 기간을 주기로 함)

 (3) Micro Pulse 방식
   - SCR을 사용한 무접점 방식으로 효율이 높다.
   - 균일한 코로나 방전
   - Energy Saving 효과 크다.

2. 정전 도장

1) 원리
   - 스프레이 건으로 미립화된 도장 입자에 (-) 이온으로 대전.
   - 피 도장물 (+극)에 흡입, 흡착

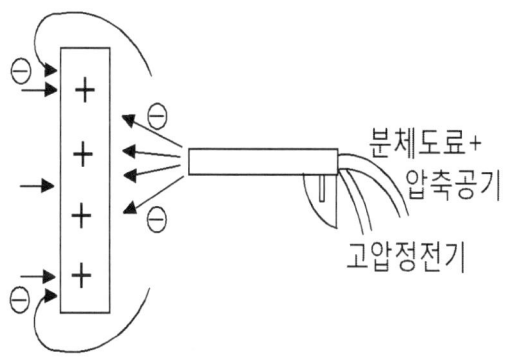

2) 특징

  (장점)
  - 효율이 높다.
  - 자동화가 용이하여 대량 생산에 적합
  - 도장 품질을 균일화 할 수 있다.
  - 공해 방지 효과가 있다.
  - 인력을 줄일 수 있다.

  (단점)
  - 주머니 모양이나 각의 내면에 도장이 안 될 수 있다.
  - 스파크의 위험성이 있다.
  - 설비비가 비싸다.

3. 기타

1) 오존 발생기
2) 플라즈마 응용기기 등

5.5 표면전위 측정(Faraday Gauge의 측정원리)

1. 전위의 측정 원리 및 방식

표면 전위의 측정은 대전 물체의 전면에 Probe(탐침)를 설치하여 Probe에 달린 검출 전극에 유기된 전위를 파악하여 측정함.

1) 용량 분할 방식

(1) 개념도 및 등가 회로도

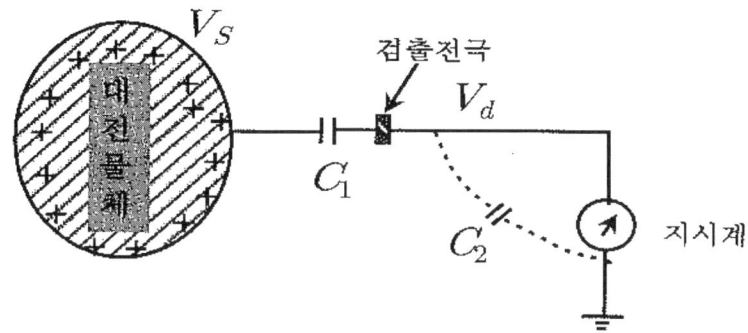

(2) 대전 물체의 전위 Vs 산출

$$Vd = \left(\frac{\frac{1}{j\omega C_2}}{\frac{1}{j\omega C_1} + \frac{1}{j\omega C_2}}\right) \times Vs = \left(\frac{C_1}{C_1 + C_2}\right) Vs$$

$$\therefore Vs = \left(\frac{C_1 + C_2}{C_1}\right) Vd$$

여기서 Vs : 대전물체의 표면전위　　　Vd : 검출 전극의 전위
　　　　C_1 : 대전물체와 검출 전극간의 정전용량
　　　　C_2 : 검출 전극과 대지간의 정전용량

2) 저항 분할 방식

(1) 개념도 및 등가회로도
(2) 대전 물체의 전위 Vs 산출

$$Vd = \left(\frac{R_2}{R_1 + R_2}\right) Vs \Rightarrow Vs = \left(\frac{R_1 + R_2}{R_2}\right) Vd$$

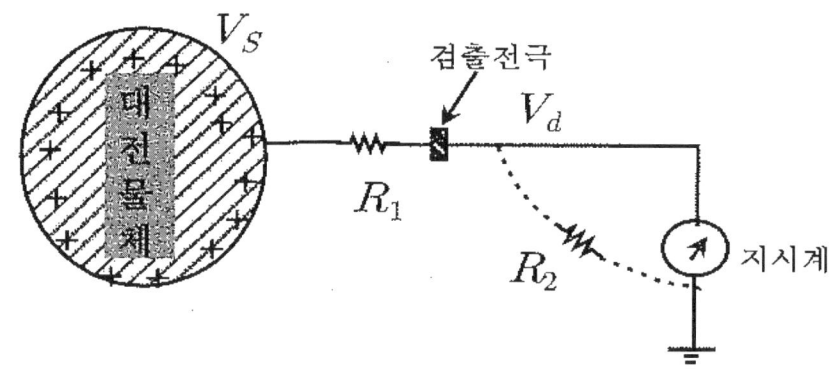

2. Faraday Gauge를 활용한 전전하 측정 원리

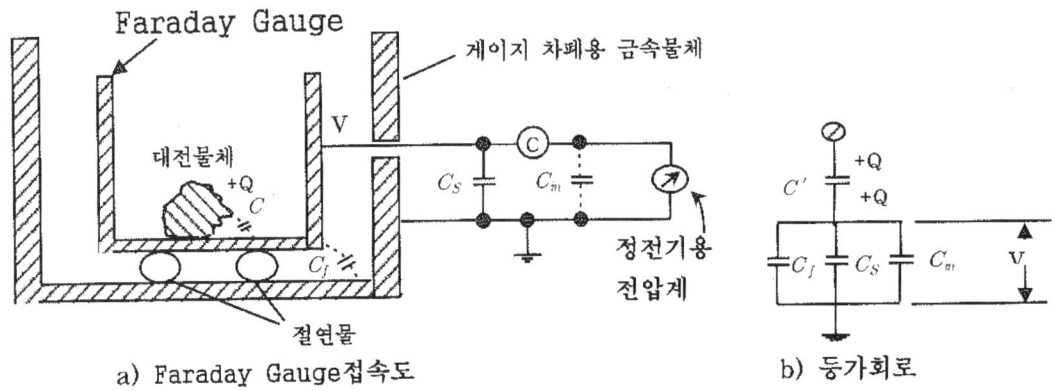

1) 그림에서 Gauge는 절연된 금속용기이며, 측정용 Capacitor는 Faraday Gauge의 전위를 낮추는 목적임.
2) 이때의 전하는 아래와 같다.

   Q = (Cf + Cs + Cin) × V

   여기서 Cf : Faraday Gauge의 정전 용량
   　　　 Cs : 측정용 Capacitor
   　　　 Cin : 전위 측정기의 Capacitor

3. Faraday Gauge의 측정 조건

1) Faraday Gauge는 접지 금속 용기, 금속판 또는 금속망에 의하여 정전 차폐 시킬 것.
2) Faraday Gauge의 크기와 형상은 절연체를 충분히 넣을 수 있는 구조 이며

3) 차폐용기의 높이는 Faraday Gauge 보다 약 10% 정도 높게 할 것.
4) Faraday Gauge의 절연에는 절연 성능이 우수한 테프론, 아크릴, 폴리카보네이트, 파라핀 등이 있다.

4. 기타 정전기 측정법

1) 체적저항(Volume Resistance, $\Omega \cdot cm$)
   - 체적저항은 주어진 순수한 물질의 고유저항으로, 측정 표면의 저항과 면적 그리고 물체의 두께를 고려한 값이다.
2) 표면저항(Surface Resitance, Ω/sq)
   얇은 전도성이나, 표면 처리된 물질의 저항을 측정한 값으로 실제 접촉 한 두 점 사이의 저항이다.
3) 대전압 측정법(Volt)
   시료에 인위적으로 전압을 걸어주었을 때 표면에 걸리는 전압 측정
4) 반감기 측정법(second)
   대전압이 반으로 줄어드는 시간 측정
5) 간접적인 방법
   - 담뱃재 부착 거리
   - 먼지 부착 정도 관찰

5.6 전하분할법, 전하완화법

1. 개요

전하 측정방법은 교류법과 직류법이 있고 정전기는 직류적 특성이 있어 직류측정법이 바람직하다.

직류법에는 정전용량의 전하분할법과 RC병렬회로의 전하완화법이 있다.

2. 전하 분할법

1) 측정 회로

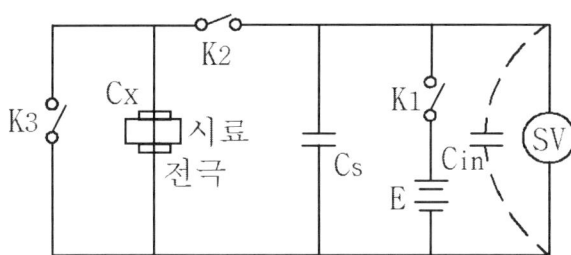

E : 직류전원
SV : 정전기용 전위계
K1, K2, K3 : 스위치
Cs : 측정용 Capacitor
Cin : 정전기 전위계 입력용량

2) 측정 방법

No.	스위치 조작	측정 회로	회 로 도
1	K_2 : 개방 K_1 : 투입	측정용 캐패시터 충전 초기충전전압(V_0)측정	
2	K_1, K_2 : 개방 K_3 : 투입(시료방전) 후 개방	시료 단락 방전	
3	K_1 : 개방(전원차단) K_2 : 순간 투입 후 개방 (분할)	시료 충전 분할 Cs의 단자전압 V_1을 읽음	

유출전하량 $Q_1 = (V_o - V_1)(C_s + C_{in})$

시료정전용량 $C_x = \dfrac{Q_1}{V_1} = \dfrac{(V_o - V_1)(C_s + C_{in})}{V_1}$

3. 전하 완화법

1) 측정 회로

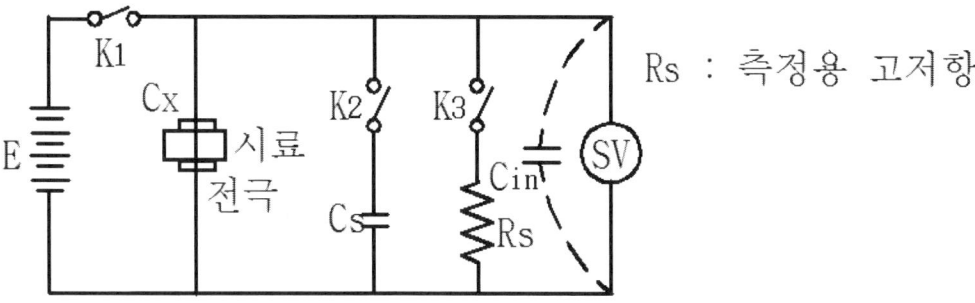

Rs : 측정용 고저항

2) 측정 방법

No.	스위치 조작	측정 회로	회로도
1	K_2 : 개방 K_1 : 투입	시료 충전 시료 직류 인가	
2	K_1 : 개방 K_3 : 투입(저항용)	저항 Rs를 통하여 완화, 감쇄시간(t_1) 측정 ($V_0 \rightarrow V_1$)	
3	K_1, K_2 : 투입 K_3 : 개방	시료(Cx), 측정용(Cs) 충전 저항은 개방	
4	K_1 : 개방 K_2, K_3 : 투입	저항 삽입하여 감쇄시간 (t_2)측정 ($V_0 \rightarrow V_1$)	
피측정 시료 정전용량 $Cx = \left(\dfrac{t_1 \, C_s}{t_2 - t_1} \right) - C_{in}$			

5.7. 제전기에 의한 대전방지

1. 제전기 원리

제전은 물체에 대전된 정전기를 이온(ion)을 이용하여 중화(中和)시키는 것으로서, 대전체 가까이 설치된 제전기에서 발생되는 이온 중에서 대전 물체의 전화와 반대극성의 이온이 대전물체로 이동하여 대전전하와 결합하여 중화시키는 것이다.

2. 제전기의 종류

제전기는 제전에 필요한 이온의 생성방법에 따라, 전압인가식 제전기, 자기방전식 제전기, 방사선식 제전기 등 3종류로 구분할 수 있다.

종 류		특 징	주 된 용 도
전압 인가식 제전기	표준형 송풍형 방폭형 직류형	기종이 풍부 노즐형, 건형, 플랜지형이 있다. 점화원으로 되지 않는다. 제전능력은 크지만 역대전의 우려가 있다.	필름, 종이, 직포의 제전 배관 내 분체의 제전, 국소적인 제전 용제 도공시의 제전 단일 극성인 필름, 종이, 직물의 제전
자기 방전식 제전기	도전성 섬유 혼익 직포 도전성 필름	취급이 간단하고 점화원으로 잘되지 않지만 3kV 이하로는 제전이 되지 않는다.	필름, 종이, 플라스틱, 고무, 분체 등 모든 제전물체의 제전
방사선식 제전기	α선원 β선원	점화원으로는 되지 않지만 취급, 제전능력에 어려움이 있다.	밀폐공간에서의 제전

〈표〉 각종 제전기의 종류와 특성비교

1) 전압인가식 제전기(電壓印加式 繼電器)

전압인가식 제전기는 고전압의 전기에너지로 제전에 필요한 이온을 발생 시키는 것으로, 이 제전기에 사용하는 고압전원은 교류방식과 직류방식이 있는데, 주로 교류 방식이 많이 사용되고 있다.

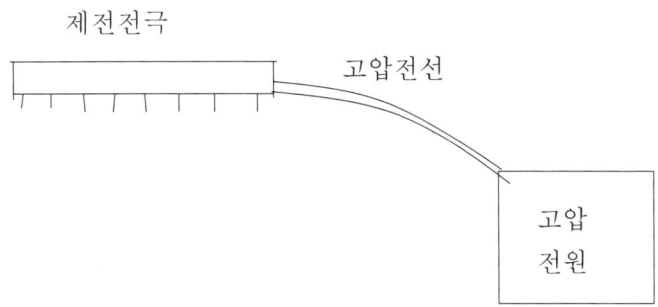

2) 자기방전식 제전기(自己放電式 除電器)

자기방전식 제전기는 제전대상 물체의 정전에너지를 이용하여 제전에 필요한 이온을 발생시키는 장치로, 이는 대전 물체의 전기적 작용에 의해 생기는 전계를 접지한 침상(針狀)도체에 집중시켜 그 전계에 의해 기체를 전리시켜서 제전에 필요한 이온을 얻는 것이다.

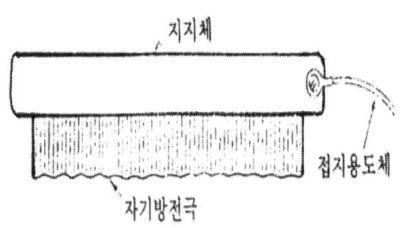

따라서, 전원이 필요하지 않고 간단한 구조의 제전전극만으로 구성되어 있어 설치와 사용이 아주 편리하고, 점화원이 될 염려도 없어 안전성이 높은 이점이 있다.

3) 방사선식 제전기(防射線式 際電器)

이 제전기는 방사선 동위원소 등으로부터 나오는 방사선의 전리작용(電離作俑)을 이용하여 제전에 필요한 이온을 만들어 내는 것으로, 점화원이 될 위험은 없으나 위험한 방사선 동위원소를 사용하기 때문에 사용상의 많은 주의가 필요하다. 또한, 피 대전물체가 방사선에 영향을 받을 우려가 있

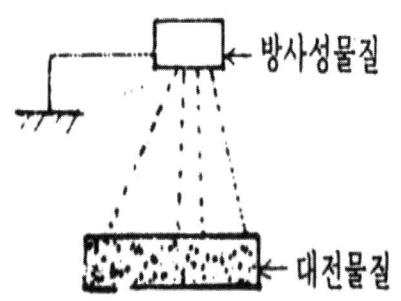

고, 제전능력이 작아서 제전에 많은 시간이 걸리는 단점이 있어 움직이는 대전물체에는 적합하지 않다.

3. 제전기의 선정

- 제전기는 전술한 바와 같이 그 종류에 따라 이온 생성 방법이 다르고, 기종도 제전대상에 따라 다양하기 때문에 제전대상에 따라 적당한 것을 선택 사용해야 한다.
- 전압인가식 제전기는 제전능력이 좋기 때문에 많이 사용되고 있으나, 방폭지역에서는

방폭형을 사용하고, 상대습도가 80%이상인 곳에는 적합하지 않으므로 자기방전식 또는 방사선식 제전기를 사용하는 것이 바람직하다.
- 대전물체의 극성이 일정하고, 대전량이 크거나 빠른 속도로 움직이고 있는 대전물체의 제전에는 직류형 전압인가식 제전기가 보다 효과적이다.
- 이동하지 않고 있는 가연성 물질의 제전에는 방사선식 제전기를 사용하는 것이 좋으나, 방사선 장해에 대한 차폐와 방사선에 의한 물성 변화에 유의해야한다.

4. 제전기의 설치시 유의사항

제전기는 원칙적으로 대전물체 이면의 접지에 또는 타 제전기가 설치되어 있고, 정전기의 발생원, 오물이 많은 곳 등의 장소는 피함은 물론, 온도 50℃이상, 상대습도 80% 이상의 환경은 피하는 것이 좋다.

1) 일반적인 사항
   - 제전기 설치하기 전후의 대전전위를 측정하여 제전의 목표치를 만족하는 위치 또는 제전효율이 90% 이상이 되는 곳을 선정한다.
   - 정전기 발생원에서 최소한 설치거리 이상 떨어지고, 대전물체에서 가능한 가장 가까운 위치(롤러에서 약 10㎝, 대전체에서 0.7~2.5㎝ 간격)에 설치

2) 전압인가식 제전기

   제전전극의 설치 위치는 보통 발생원에서 2~10㎝ 떨어진 곳으로서 현장실정에 맞춰 설치하는 것이 좋으며, 너무 멀리 할 경우에는 제전효과가 감소되고, 너무 가깝게 하면 역 대전될 수 있으므로 주의해야 한다.

3) 자기방전식 제전기

   자기방전식 제전기의 설치거리는 1~5cm를 표준으로 하나 역 대전이 일어 날 경우에는 발생원에서 5cm 이상 이격시키는 것이 좋다.

   자기 방전식 제전기는 타 제전기에 비해 제전기의 설치, 교환 등의 빈도가 높기 때문에 유지관리하기 쉬운 장소에 설치하도록 한다.

〈그림 〉 제전기 설치의 예

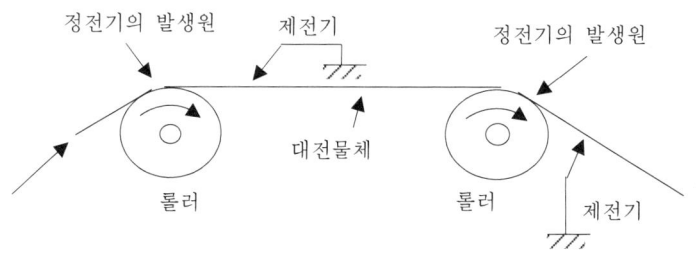

5. 전압 인가식 제전기 종류

1) 전원 종류에 따라
   - 교류형 - 직류형
2) 전극의 구조(결합방식)에 따라
   - 직접 결합방식
   - 용량 결합방식으로 나눈다.
   - 대부분 고압, 교류, 용량 결합형이 많이 쓰인다.

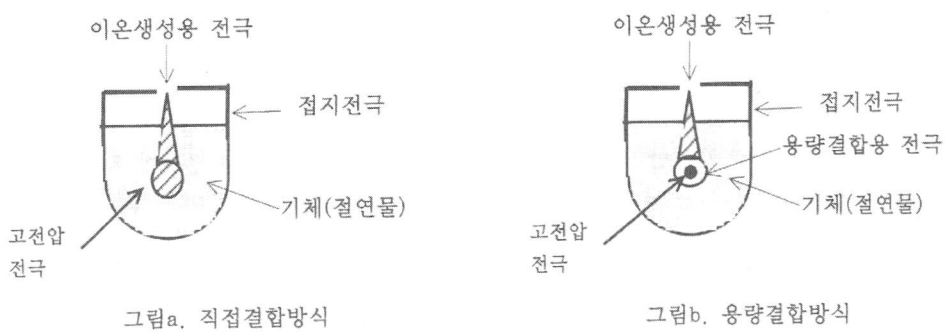

그림a. 직접결합방식   그림b. 용량결합방식

3) 방폭 유무에 따라
   (1) 방폭형 제전기
       가연성 물질이 있는 장소에 사용하며 비 방폭형에 비하여 제전 성능은 약간 떨어진다.
   (2) 비 방폭형 제전기
       대부분 교류 용량결합형이 사용되며 침상전극을 직선으로 배열한 것이 널리 쓰인다.
4) 분출 방식에 따라
   (1) 송풍형 제전기
     - 제전 전극에 송풍장치 설치
     - 이온을 바람에 의해 대전 물체에 강제적으로 보낸다.
     - 제전기를 대전물체에 가까이 설치할 수 없을 때 유효하며
     - 제전 전극의 형상을 제전 대상에 따라 변경한
       노즐형 제전기, 플랜지형 제전기, 권총형 제전기 등이 있다.
       ① 노즐형 제전기
         - 제전 전극에서 압축공기를 분출시켜 이온을 내보낸다.
       ② 플랜지형 제전기

- 배관내 유동하는 분체 등의 제전에 유효
        ③ 권총형 제전기
            - 대전물체에 붙어있는 먼지 등을 털어내면서 제전함.
    (2) 표준형 제전기
        제전 전극에 송풍장치나 압축공기의 분출장치가 없는 제전기

5.8 정전기 방전의 종류

1. 정전기 방전 현상
정전기 방전은 전기적 작용에 의해 일어나는 전리작용(양이온과 음이온으로 분리되는 현상)으로 대전물체의 정전기가 공기의 절연파괴강도(DC인 경우 30 kV/Cm)에 달한 경우에 일어나는 현상임.

2. 정전기 방전의 종류
정전기 방전은 주로 대기 중에 발생하는 기중방전과 물체 표면을 따라 발생하는 연면방전으로 대별되며, 기중방전에는 코로나 방전, 스트리머 방전, 불꽃방전등이 있음.

1) 코로나 방전 Corona Dischage
   - 대전체나 방전물체의 돌기부에서 발생하기 쉽다.
   - 발광현상 발생
   - 정(+) 코로나가 부(-) 코로나 보다 강하다.
   - 방전에너지가 작아 재해 원인이 될 확률은 적다.
   - 방전극이 뾰족하면 낮은 전압에서도 발생 가능.

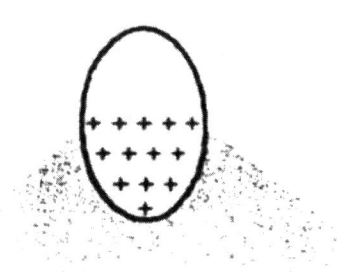

2) 스트리머 방전(=브러쉬 방전) Streamer Dischage=Brush Dischage.
   - 코로나 방전이 다소 강해져 강한 빛과 파괴음을 수 반하는 방전
   - 나뭇가지 형태로 진전
   - 가연성가스나 작은 분진에 화재 폭발을 일으킬 수가 있으며 전격 원인도 됨.

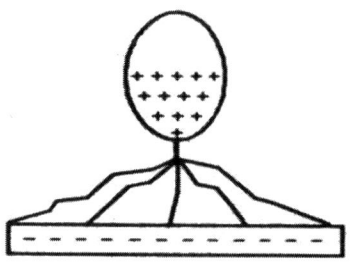

3) 불꽃 방전 Spark Dischage
   - 전극간 전압이 상승하면 방전에 의한 도전로를 통하여 강한 빛과 소리를 내며 공기 절연이 파괴되거나 단락 등이 된다.
   - 공기 절연 파괴 전압
     평판 전극 : 30 kV/Cm
     침대침 전극 : 5 kV/Cm

단, 대전체 표면, 극간 거리, 대기압, 온도, 습도에 따라 달라질 수 있음.

4) 연면방전
- 정전기가 대전되어 있는 부도체에 접지체가 접근한 경우 발생
- 별 모양의 나뭇가지 형태로 발광 수반함.
- 부도체 표면을 따라서 방전이 이루어짐.
- 방전 에너지가 커서 착화 혹은 전격의 확률이 대단히 크다.
- 연면방전의 발생이 쉬운 경우
  o 부도체의 대전량이 극히 큰 경우
  o 대전된 부도체 가까이에 접지체가 있는 경우

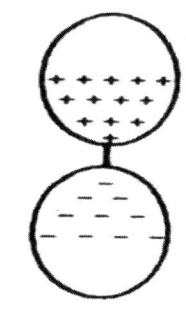

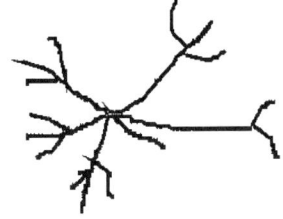

그림 . 연면방전

5) 뇌상 방전(=번개 방전)
- 공기 중에 뇌상으로 부유하는 대전입자의 규모가 커졌을 때 구름(대전 雲)에서 번개 형의 발광을 수반하는 방전임.

6) 전파 브러쉬 방전 (Propagating Brush Dischage)
- 대전 절연체에 접지 전도체가 접근시 발생
- 방전의 위력이 커서 연소성 가스나 입자를 점화 시킬 수 있음.
- 파괴전압이 4kV 이하에서는 방전 현상 없음.

7) 원뿔형 파일 방전 (Conical Pile Dischage)
- 분말더미의 원뿔형 표면에서 발생하는 방전현상
- 수백 (mmJ)의 큰 에너지로 방전함.

3. 결론

위와 같은 방전이 일어나면 대전체에 축적되어 있는 방전에너지는 공간에 방출되어 발광, 열, 전자파 등으로 변환, 소멸되는데 이 에너지가 커지면 화재, 폭발을 일으켜 장해나 재해의 원인이 되므로 이에 대한 철저한 대책이 필요함.

5.9 연무체의 발생 상황이나 성상에 따른 분류

1. 정의
연무체란 기체 중에 고체 또는 액체의 미세한 입자가 부유하여 현착되는 현상을 말함.

2. 연무체의 분류 〈분 . 흄 / 스. 미〉

1) 분진 (Dust)
   - 고형물의 화학적 조성은 변화가 없으나 모양, 크기가 변하여 입자상(粒子相)으로 공기 중에 분산된 것.
   - 주로 물리적 파쇄과정에서 발생 됨.
   - 예, 제철소의 코크스 퇴적장, 탄광내의 탄진, 미분탄, 제분공장에서 발생하는 석면, 목면, 글라스울, 생석회, 시멘트 입자 등

2) 흄 (Fume=가스, 연기, 증기, 연무)
   - 고체가 증발, 응축해서 입자로 된 것
   - 금속의 가열 용융, 용단 등의 경우에 발생함.
   - 예, 납 정련공장에서의 금속 산화물 미립자, 제철소 공정의 가열시 금속 산화물의 미립자, 금속 용융에 따르는 배가스, 각종 가열로의 배가스 등

3) 스모크 (Smoke)
   - 연소때의 연기와 같은 것
   - 일반적으로 유기물의 불완전 연소 회분, 수분 등을 함유한 유색성 입자임.
   - 예, 소각로에서 발생하는 배가스(연무입자) 담배 연기 등

4) 미스트(Mist=안개, 구름 등)
   - 액체가 증발 응축한 것
   - 일반적으로 미소한 액체 입자의 총칭
   - 예. 석탄을 고온, 건조하게 코크스로 제조할 때 발생하는 미스트, 황산 제조 공정에서 발생하는 배가스 중의 황산 미스트 등

5.10 정전기에 의한 재해

1. 정전기 장·재해의 종류
  1) 전격재해
   - 대전된 인체에서 접지체로 또는 대전된 물체에서 인체로 방전시 전격이 발생
   - 전격에 의한 인체의 직접적인 상해와 쇼크, 불쾌감, 공포감 등에 의한 추락, 전도, 화상 등 2차 재해를 일으킬 수 있다.
  2) 화재 및 폭발재해
   - 정전기 방전이 착화원이 되어 가연성 물질이 연소를 개시·화염이 전파함에 따라 일어나는 재해
   - 정전기 방전에 의한 화재·폭발이 일어나기 위해서는
     ① 가연성 물질이 폭발한계에 있을 것
     ② 정전기에너지($W = \frac{1}{2}QV = \frac{1}{2}CV^2 = \frac{1}{2}Q^2/C$ [J])가 가연성 물질의 최소 착화 에너지 이상 일 것
     ③ 방전하기에 충분한 전위차가 있을 것
  3) 생산 장애
   (1) 역학현상에 의한 장애
     - 정전기의 흡인력·반발력에 의해 발생되는 것
     - 분진의 막힘, 실의 엉킴, 인쇄의 얼룩, 제품의 오염 등
   (2) 방전 현상에 의한 장애
     - 정전기 방전시 발생하는 방전전류, 전자파, 발광에 의한 것
     - 방전전류 : 반도체 소자 등의 전자부품의 파괴
     - 전자파 : 전자기기, 장치의 오동작, 잡음발생
     - 발광 : 사진, 필름 등의 감광

2. 정전기 재해 방지 대책
  정전기로 인한 재해 방지 대책은 정전기 발생 방지 대책과 대전 방지 대책 및 방전 방지 대책으로 대별된다.
  1) 정전기 발생 방지 대책

가장 근본적인 대책이기는 하지만, 정전기는 주로 물체의 운동에 수반 되어 일어나므로 이것을 완전히 방지하는 일은 실제적으로 불가능 하므로, 정전기 발생을 작게 하기 위해서는 다음의 조건을 유념해서 관리하는 것이 바람직하다.
- 접촉 면적, 압력, 온도가 적은 것
- 접촉 횟수가 적을 것
- 분리 속도가 적을 것
- 접촉 상태가 서서히 변할 것 등이다.

2) 대전 방지 대책
 (1) 도체 대전 방지
  ① 접지
   접지는 물체에 발생한 정전기를 대지로 누설·완화시켜 물체에 정전기가 추적되거나 대전되는 것을 방지
  ② 본딩
   부도체도 격리되어 있는 도체 상화간을 확실하게 접속하기 위하여 설치
 (2) 부도체 대전 방지
   부도체는 근본적으로 정전기가 대전되기 쉽고, 대전방지 대책도 곤란한 경우가 많으므로 가능하면 부도체를 사용하지 말고 금속도전성 재료를 사용하는 것이 바람직하며, 부도체를 사용하더라도 정전기 발생방지에 노력하는 것이 우선이고 차선책으로 대전 방지 대책을 강구해야 한다.
  ① 도전성 재료의 사용
   금속재의 사용이 불가능한 경우는 도전성 재료로 대체하던지 대전 방지 처리된 것을 사용
  ② 부도체의 도전성 향상
   대전 방지제 사용 및 작업장의 습도를 70[%]정도 유지
  ③ 제전기에 의한 대전방지
   제전기를 대전물체 가까이에 설치하고, 제전기에서 생성된 이온군 (정·부이온)을 이용하여 대전물체의 전하와 재결합 중화하여 대전물체의 정전기가 제전되는 것이다.
   제전기의 종류는 이온생성 방법에 따라 전압인가식 제전기, 자기방전식 제전기, 방사선식 제전기로 나눌 수 있다.

3) 방전 방지 대책
   대전 물체의 표면을 금속 또는 도전성 물질로 덮는 차폐가 있다.

5.11 인체 정전용량 측정방법

1. 개요

인체는 도체이므로 인체와 대지간의 정전용량은 인체 및 대지를 전극으로 하여 교류측정법 또는 직류측정법(주로 사용)을 이용하여 측정한다.

2. 개요도

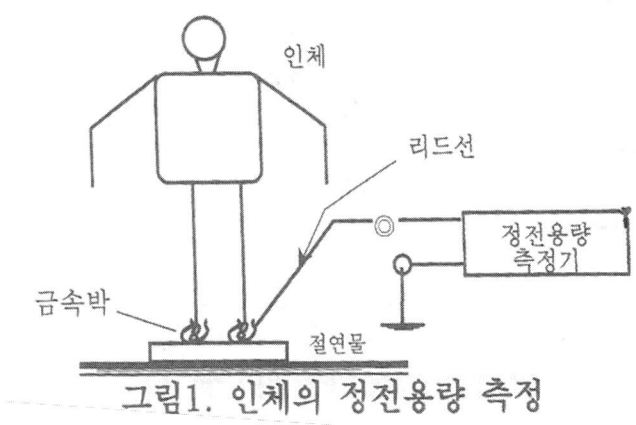

그림1. 인체의 정전용량 측정

3. 측정 방법

1) 맨발에 알루미늄 등의 금속체로 둘러싸서 리드선과의 접촉저항을 낮춘다.
2) 절연물 두께 : 신발과 비슷한 1 ~ 2cm
3) 절연판이 없는 경우 측정법
   - 맨발을 알루미늄으로 싸고
   - 맨발과 신발사이에 금속제 격판을 삽입 후
   - 금속판에 리드선을 접속하여 측정
4) 발로 선 자세를 여러 가지로 하여 측정

5.11.1 정전기 재해의 안전진단이 용이하지 않은 이유

1. 정전기 재해의 안전진단이 용이하지 않은 이유

1) 확률 현상
- 정전기로 인한 재해는 대전량이 항상 같지를 않게 발생한다.
- 따라서 측정 결과가 재해 발생시와 같은 조건이라고 단정하기는 어렵다.

2) 재현성이 낮음

3) 측정 결과가 많이 분산 됨.

4) 방전 시간이 수십 μs의 단시간이어서 측정하기가 어렵다.

5) 대전 물체와 그 주변 상황에서도 영향을 받는다.

2. 비접촉식 전위계로 측정시 유의사항

1) 측정결과는 오차가 발생하므로 측정의 정밀도보다는 최대 전위의 검출이 중요하다.
2) 한 변 또는 지름이 10㎝ 정도로 작거나 모양이 복잡한 대전물체의 전위는 측정하기가 어려울 수도 있으므로 이때는 측정값을 환산한다.
3) 1개소가 아닌 여러개 소의 전위를 측정 할 것
4) 피측정 물체 주변에 접지물 또는 금속물체가 없는 조건이거나 이것으로부터 멀리 위치한 상태에서 측정해야 한다.
5) 가연성 물질이 있는 곳의 측정은 화재 폭발의 위험이 있을 수도 있으므로 특별한 주의가 필요하다.
6) 가연성 물질이 있는 장소에서의 측정은 방폭형이 안전하고, 측정거리도 먼 것이 바람직하다.

3. 전기 저항율 측정시 유의사항

1) 표준 전극을 이용하는 것이 좋다.
2) 측정에 앞서 시료와 측정 환경의 온도, 습도를 조정한다.
3) 온도 : 실온
   상대습도 : 30% 이하가 바람직 함

4) 시료는 이 상태에서 일정 시간 둔 후에 측정을 해야 한다.
5) 측정시 전압 인가 후 10분 정도 후에 측정한다.
6) 측정하기 전 측정 전극을 몇 번 단락하여 방전을 시켜야 정확한 값이 나온다.
7) 측정 물체와 측정 전극과의 접촉저항이 크기 때문에 페이스트 등의 도전 물질을 사용하여 접촉 저항을 작게 해야 한다.
8) 저항율이 큰 물체의 측정시에는 노이즈의 영향을 받으므로 측정계를 전기적으로 차폐하고 측정한다.
9) 전압에 따라 저항율이 달라지므로 전압을 조정하면서 측정한다.
10) 분말, 필름과 같이 비표면적이 큰 물체의 저항율은 본래 재료의 저항율로 환산한다.
11) 분말의 저항율은 부피, 비중, 입자의 지름, 측정 조건 등에도 변화하므로 측정 조건과 분말의 겉보기 저항율을 고려하여 측정한다.

5.12 정전기 방전에 의한 피해 종류 및 해석 모델

1. 정전기 방전에 의한 피해 종류

 1) 잠정적 피해(soft failure)
  (1) 정전기 방전시 폭 넓은 범위의 전자기 펄스(EMI pulse)에 의한 피해
   - 컴퓨터의 오류
   - 프로그램의 파괴
   - 정보의 유실
  (2) hardware 적인 피해가 아니고 software 적인 손상
  (3) hardware 적인 피해가 아니므로 Reset이나 정전기 방전이 사라지면 정상으로 복귀
 2) 완전한 피해(hardware failure)
  시스템의 부품이 완전히 파괴되어 정상적인 동작이 불가능한 경우
  (1) Thermal Breakdown
   정전기 방전에 의한 열이 국부적으로 집중되어 나타나는 열적 파괴
  (2) Dielectric Breakdown
   정전기의 전위가 기기의 절연내력 이상이 되어 절연이 파괴 되는 것
  (3) Metalligation Melt
   정전기 방전에 의해서 소자의 온도가 높아져 금속이 녹거나 접속부가 떨어지는 현상

2. 정전기 방전(ESD) 해석 모델

 1) 인체모델(HBM : Human Body Model)
  (1) 인체에 대전되어 있는 정전기가 소자로 방전하여 피해를 입히는 경우를 해석하는 모델
  (2) 인체 모델의 대책으로는 작업자는 Wrist Strap, 발목도전성 밴드, 정전화, 제전복 등을 착용하고, 도전성 바닥재, 도전성 작업대를 사용
 2) 대전소자 모델(CDM : Charged Device Model)
  (1) 소자가 직·간접적으로 대전하여 단자로부터 주위의 금속제 또는 접지체로 방전하는 경우를 해석하는 모델
  (2) 대전소자 모델의 대책으로는 운반·선적시 정전기 발생을 억제할 수 있는 운반재, 포장재의 선택 등이 중요

3) 전계유도 모델(FIM : Field Induced Model)
  (1) 소자 주변의 전기장(전계) 변화에 따라 소자 내부에 발생하는 과도 전압, 과도전류에 의해 소자에 유도된 전하의 방전 현상을 해석하는 모델
  (2) 전계유도 모델의 대책으로는 보관, 운반, 설치시에 전자기파 차폐(shelding)가 중요

4) 머신모델(MM : Machine Model)
  (1) 기계 주위에 있는 대전금속 또는 도체가 소자단자(lead)에 정전기를 방전하는 것을 해석하는 모델
  (2) 머신모델의 대책으로는 각종기기의 외함 및 작업면 등 정전기가 축적될 수 있는 도전성 부위의 접지를 실시

5.13 정전기 방전에너지와 착화한계

1. 개요
정전기에 의한 화재·폭발이 일어나기 위해서는
① 가연성 물질이 폭발 한계 이내일 것
② 정전기 에너지가 가연성 물질의 최소 착화 에너지 이상일 것
② 방전하기에 충분한 전위차가 있을 것 이다.

2. 대전물체가 도체인 경우
대전물체가 도체인 경우에는 방전이 발생하면 거의 대부분의 전하가 방출한다.
따라서 정전기 에너지가 최소 착화에너지와 같은 경우에 화재·폭발이 발생한다고 보면 정전기에너지 W는

$$W = \frac{1}{2}CV^2 = \frac{1}{2}QV = \frac{Q^2}{2C} [J]$$

여기서 W:정전기에너지[J] C:도체의 정전용량[F]
        V:대지전위[V] Q:대전전하량[C]

3. 대전물체가 부도체인 경우
대전물체가 부도체인 경우에는 방전이 발생하더라도 축적된 에너지가 전부 방출되는 것은 아니다. 따라서 보유에너지 보다는 대전전하의 분포 및 대전전위의 분포와 관계가 있다.
(1) 착화 에너지가 수 10[uJ]인 가연성물질은 대전 전위가 약 1[kV] 이상 또는 대전 전하밀도가 약 $1 \times 10^{-7} [CM^2]$ 이상인 대전
(2) 착화에너지가 수 100[uJ]인 가연성물질은 대전 전위가 약 1[kV] 이상 또는 대전 전하밀도가 약 $1 \times 10^{-6} [CM^2]$ 이상인 대전
(3) 대전된 부도체에 인체가 접근하였을 때 인체가 전격을 느끼는 대전
(4) 대전된 부도체에 접지를 한 금속구를 접근 시킬때 부도체와 금속구 사이에서 파괴음·발광을 동반한 방전이 발생하는 대전
(5) 부도체의 표면 전하밀도가 약 $1 \times 10^{-4} [CM^2]$ 인 때에는 연면 방전이 발생

5.14 공정별 정전기 대전 방지 대책

1. 벨트공정
인화성 증기, 분진, 섬유 등이 취급되는 공정에서 고무나 가죽으로 된 롤러 벨트가 사용될 경우의 정전기 완화조치
1) 수평벨트
  (1) 도전성 물질 사용
    대전방지용 벨트를 사용하거나 도전성 물질이 부착된 벨트를 사용 할 것
  (2) 자기방전식 제전기 부착
    제전기는 벨트가 회전기를 벗어나는 지점으로부터 10~15cm거리에 설치하되, 벨트와 제전기의 접근거리는 6~25cm가 되도록 하거나, 실측에 의해 제전효과가 가장 좋은 지점을 선택, 설치하고 제전기 본체는 접지를 시키다.
2) 브이(V)벨트
    도전성 벨트의 사용(방폭지역에서는 기계제작시 직결 구동 방식)을 고려한다.

2. 드라이 크리닝 설비 등
인화성 유기용체를 사용하는 드라이크리닝 설비 또는 모피류 등을 세정하는 설비
1) 장비의 본딩 및 접지
    저장탱크, 처리탱크, 필터, 펌프, 파이프, 덕트, 드라이 크리닝 장비, 건조 캐비넷 등 건조실 내의 모든 장비는 상호 본딩하고 접지 하여야 한다.
2) 이송 기기 사이의 본딩
    서로 다른 기기 사이에 직물의 인입 또는 인출시 정전기의 발생 및 축적되지 않도록 두 기기 사이를 본딩 할 것

3. 인화성 물질 등의 분무 공정
유압, 압축 공기나 고전위 정전기 등을 이용하여 인화성 물질이나 가연성 분체를 분무 또는 이송하는 설비에서의 안전조치 사항으로서 접지 실시
1) 스프레이 부스, 배기덕트, 배관 등 인화성 물질이 이송되는 모든 금속체
2) 스프레이건과 도전성 대상물
3) 정전기식 스프레이 장치에 사용하는 페인트 용기 등의 모든 금속체
4) 콘베이어 또는 행거로 지지되는 도전성 스프레이 대상물은 접지 실시

4. 코팅·함침 공정

페인트, 락카 등 유기용제를 종이나 직물 등에 가공하는 경우나 인화성 물질을 함유하는 도료 및 접착제 등을 도포 또는 염색하기 위해 인화성 물질이 함유된 액체에 가공물을 담그거나 통과시키는 공정에 사용하는 설비에서의 안전 조치사항

1) 바닥 : 코팅기가 설치된 바닥은 도전처리하고 접지 할 것
2) 작업자 : 도전성 신발을 착용하고 바닥을 깨끗이 하여 작업자와 바닥 사이의 절연 상태 방지
3) 제전기의 설치 : 직물이 풀리는 장소, 롤러 위, 절개용 칼 아래 등에 제전기를 설치하고 모든 기기는 상호 본딩하고 접지 할 것
4) 환기 : 기기 주위의 충분한 환기로 폭발분위기가 조성되지 않도록 할 것
5) 가습 : 공정 또는 제품에 지장이 없는 경우 상대습도를 50% 이상 유지
6) 밀봉구조 : 솔벤트 용기 등은 밀봉구조로 하고 폐쇄배관을 통해 주입할 것
7) 접지실시 : 용제탱크, 배관 등 관련 설비는 상호 본딩하고 접지 할 것
8) 본딩 : 전기적으로 절연된 배관, 기기 등의 접속부는 모두 본딩 할 것
9) 본딩 및 접지도체 : 본딩 및 접지용 도체는 충분한 강도와 내식성이 있는 6.0mm^2 이상의 도체를 사용할 것
10) 도전성 재료 : 동력 전달용 고무 가죽제품의 벨트 및 롤러는 도전성 제품을 사용할 것
11) 배관 : 인화성 액체를 용기에 분사 또는 낙하시킬 때에는 가능한 용기 바닥까지 배관을 연장시킬 것

5. 인쇄공정

인화성 용제를 사용하는 인쇄공정에서의 정전기 완화 조치사항

1) 가습

 종이 취급공정에서 인쇄물의 손상 또는 건조속도 등에 지장이 없는 경우에 상대습도를 70% 이상 유지시킨다.

2) 접지 : 인쇄 프레스에 본체를 접지 시킨다.
3) 제전장치의 설치

 ① 자기방전식 제전기

 제전용 브러쉬와 인쇄물의 접근 간격은 6~25mm가 되도록 하거나, 실측에 의해 제전효과가 가장 좋은 위치 여러 곳에 설치한다.

② 전압인가식 제전기

  폭발의 위험이 있는 곳에서는 방폭형을 사용한다.

③ 불꽃 이용 제전기

  사용잉크의 연소성이 크지 않은 경우에 사용 가능하며, 종이가 최종단에 도달하기 전에 불꽃을 통과시키거나, 종이의 불꽃이 서로 닿지 않도록 하고, 기계정지시 불꽃도 자동 소염 될 수 있도록 인터록 장치를 부착한다.

④ 제전장치의 유지보수

  제전기의 침 등은 항상 청결하게 유지 관리해야한다.

4) 건조한 작업환경에서의 건조한 종이 사용 공정

  ① 고무롤러와 인쇄 동판 사이의 압력을 가능한 줄인다.
  ② 종이에 압력이 가능한 적게 걸리도록 투입각도를 조절한다.
  ③ 압력이 걸리는 롤러의 폭 전체에 걸쳐 제전기를 설치한다.

6. 혼합공정 등

1) 접지 및 도전성 재료의 사용

  인화성 액체를 혼합하는 혼합용기 가동부분 등의 금속체 부분은 접지시키고, 혼합물과 접촉되는 가동부는 도전성재료를 사용한다. (폭발성혼합물이 존재 할 우려가 있는 곳에는 질소 등 불활성가스를 주입한다.)

2) 청결유지

  가연성분진 등의 발생장소는 정리정돈 및 주기적인 청소실시

3) 도전성 재료 사용

  솔벤트 등 첨가제는 도전성의 것을 사용한다.

7. 박막 추출 및 압출 공정

얇은 박막의 추출 또는 압출하는 공정에서는 제전장치(전압인가식, 자기 방전식 등)를 설치하여 정전기를 중화시켜야 한다.

8. 수증기 분사작업

폭발성 혼합물이 존재하는 장소에서의 수증기 분사작업의 경우 정전기 완화사항

1) 증기배출

  탱크내의 인화성 액체를 배출시키고자 할 때에는 수증기 분사 방식은 위험하므로 직접 배출시키도록 할 것

2) 수증기분사 제척 작업시 분사파이프, 노출 등 모든 도체는 본딩·접지 할 것

5.15 정치시간

- 정치시간이란, 접지상태에서 정전기 발생이 종료된 후 다시 발생이 개시될 때까지의 시간
- 또는 정전기 발생이 종료된 후 접지에 의해 대전된 정전기가 빠져 나갈 때까지의 시간을 말하는 것으로서 대전방지 효과와 밀접한 관계가 있다.
- 정치시간은 물질에 대전되어 있는 정전기를 대지로 누설시켜 대전량을 적게 하기 위해 설정하나, 그 물질의 도전율이 10^{-12}[S/m]보다 작은 경우에는 정치시간을 설정했다 하더라도 대전량이 반드시 감소한다고 볼 수 없다.
- 그러므로 대전물체가 인화성 물질이고 폭발위험분위기를 조성 또는 조성가능성이 있는 경우에는 가능한 〈표〉에 명시된 정치시간을 두는 것이 바람직하다.

〈표〉 정치시간 일람표

대전물체의 도전율[S/m]	대전물체의 용적(㎥)			
	10미만	10이상~50미만	50이상~5000 미만	5000이상
10^{-5} 이상	1분	1분	1분	2분
10^{12}를 넘고 10^{-6} 이상	2분	3분	10분	30분
10^{-14} 이상 10^{-12} 이하	4분	5분	60분	120분
10^{-14}를 넘는 것	10분	15분	120분	240분

5.16 가연성, 인화성 액체의 정전기 재해

1. 개요
　가연성, 인화성 액체를 고정설비인 탱크에 주입하는 경우 유동 대전, 마찰, 교반·침강 대전 등에 의해 대전되기 쉽고 정전기로 인한 화재·폭발의 위험이 있으므로 정전기에 대한 안전대책을 세워야 한다.

2. 정전기 대책
  1) 정전기 발생 억제
   - 마찰을 줄인다.
   - 접촉하는 두개의 물질을 선택한다.
   - 도전성 재료를 사용
      (예 : 급유호스에 도선을 말아 넣은 고무호스, 카본블랙을 넣은 고무호스 등을 사용)
   - 유속의 제한
   - 도전성 도료를 바르거나 첨가제 사용
  2) 축적 방지
   - 해당설비의 접지 및 본딩
   - 공기 중의 상대 습도를 70% 이상
      이 방법은 물과의 반응성이 있는 위험물에 사용은 곤란
   - 완화시간을 두어 방출
   - 정전화, 제전복 등을 착용
   - 제전기 사용
  3) 액체 수송의 유속제한
   - 저항률이 $10^{10}[\Omega \cdot cm]$ 미만의 도전성 위험물 : 7[m/s] 이하
   - 에텔, 이황화탄소 등과 같이 유동대전이 심하고 폭발 위험성이 높은 것 : 1[m/s] 이하
   - 물이나 기체를 혼합한 비수용성 위험물 : 1[m/s] 이하
   - 저항률이 $10^{10}[\Omega \cdot cm]$ 이상의 위험물의 배관유속은 관경에 따라 1~5 [m/s] 이하로 한다.

4) 액체 탱크 주입구 등

(1) 주입구
- 위쪽에서 낙하시키는 구조로 하지 말 것
- 아래에서 수평방향으로 유입되어 교란이 적을 것
- 주입구 아래에 수분이 축적되지 않도록 할 것
- 위쪽에서 주입하는 경우 주입배관이 용기 바닥에 이르도록 시설
  (최소 6 inch 이하)

(2) 위험물 이송용 펌프는 탱크에서 먼 곳에 설치

(3) 배관은 난류가 생기지 않도록 굴곡이 적게 할 것

3. 배관내 액체의 유속제한

1) 베르누이의 원리

(1) 연속의 원리

수압관 또는 수로의 물의 흐름은 물의 양 Q(㎥/S), 단면적 A(㎡) 평균 유속 V(m/S) 일 때 Q = A V (㎥/S) 이다.

즉, 아래 그림의 A점과 B점의 유량은 동일하다는 뜻이다.

(A_1 V_1 = A_2 V_2)

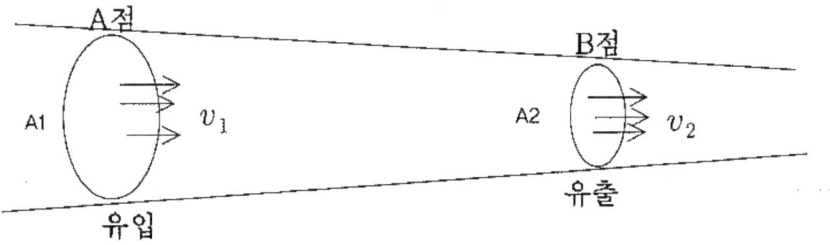

(2) 유속과 단면적의 관계

$A = \pi r^2 = \pi (\frac{D}{2})^2 = \frac{\pi D^2}{4}$ 에서 $D = \sqrt{\frac{4A}{\pi}}$ 임.

Q = A V에서 A = Q / V 이므로 $D = \sqrt{\frac{4Q}{\pi V}}$ 가 된다.

2) 관경과 유속제한 값

(1) 불활성화 할 수 없는 탱크, 탱커, 탱크로울리, 탱크차 드럼통 등에 위험물을 주입하는 배관은 다음의 관내 유속이 되도록 설비하고 그 유속의 값 이하이어야 한다.

- 저항률이 $10^{10}Ω·cm$ 미만의 도전성 위험물의 배관유속은 7m/s 이하로 할 것.
- 에텔, 이황화탄소 등과 같이 유동대전이 심하고 폭발 위험성이 높은 것은 배관 내 유속을 1m/s 이하로 할 것
- 물기가 기체를 혼합한 부수용성 위험물은 배관 내 유속을 1m/s 이하로 할 것.
- 저항률 $10Ω·cm$ 이상인 위험물의 배관 내 유속은 〈표〉값 이하로 할 것.
 단, 주입구가 액면 밑에 충분히 침하할 때까지의 배관 내 유속은 1m/s 이하로 할 것.

〈표〉 관경과 유속제한 값

관 내 경 D		유속V(m/초)	υ2	υ2 D
(inch)	(m)			
0.5	0.01	8	64	0.64
1	0.025	4.9	24	0.6
2	0.05	3.5	12.25	0.61
4	0.01	2.5	6.25	0.63
8	0.02	1.8	3.25	0.64
16	0.04	1.3	1.6	0.67
24	0.06	1.0	1.0	0.6

3) 주입구 설비
- 탱크에 대해서는 위쪽에서 위험물을 낙하시키는 구조로 하지 말 것이며 주입구는 밑쪽으로 하고 위험물이 수평방향으로 유입, 교반이 적도록 시설할 것이며
- 또한, 주입구 아래에 고이는 수분을 제거할 수 있도록 설계할 것.
- 탱커, 탱크, 탱크로울리, 탱크차, 드럼통 등에서 위쪽으로부터 주입재관을 넣어 주입하는 경우에는 주입구가 용기의 바닥 쪽에 이르도록 시설할 것
- 위험물의 펌프는 가능한 한 탱크로부터 먼 곳에 설치하고 배관은 난류가 일어나지 않도록 굴곡을 적게 할 것
- 스트레너의 위치는 가능한 한 탱크의 주입구로부터 떨어지게 하고 그 단면적이 큰 버킷 타입(bucket type)을 사용하도록 할 것.

5.17 정전기 방지제(대전 방지제)

1. 서론

일반적으로 이용되는 대전방지법은 대전방지제를 내부 첨가하든지, 표면에 도포하는 방법이다. 대전방지제에 의한 방법은 효과의 지속성이 부족하고, 물 세정 등에 의하여 효과가 감소되는 단점이 있다. 이 단점을 해결하기 위해 도전성 필러(전도성 카본, 금속 입자)를 첨가하는 방법이 있으나 코스트가 높고, 착색의 한계, 투명도 저하 등의 단점이 있다.

따라서 최근에는 고분자 형태의 영구대전방지제(고유저항:10^{12} Ω이하)가 사용되고 있으나 아직은 상용화된 제품이 다양하지 못하고 가격 또한 비싸다.

2. 대전 방지법

1) 기계적 방법

   접지, 이온 발생기 등

2) 환경 조절

   공기 중의 습도, 온도 조절

3) 표면개질 : 대전방지제, 도전성 물질 처리

   - 내부 첨가법
   - 표면 도포법

4) 억제 방식에 따른 분류

   ① 스프레이식
   ② 액체식
   ③ 티슈형

표 : 내부 첨가법과 표면 도포법 비교

구 분	내부 첨가법	표면 도포법
작업	가공 시 동시 작업	별도의 공정 필요
효과 발현	일정 시간 후 효과 발현	곧바로 효과 발현
플라스틱 종류	플라스틱의 종류에 따라 효과 좌우됨	플라스틱의 종류와 무관
효과 지속성	비교적 오래감	비교적 짧음

3. 대전방지제 특징

1) 이온성

음이온, 양이온 또는 양성 이온 등을 발생하여 정전기 발생

2) 흡습성

습기를 발생시켜 공간이나 표면 등의 건조한 부분을 제거하여 정전기 발생을 억제

3) 계면 배향성

플라스틱이나 섬유의 표면에 흡착하여 정전기 발생을 억제

4. 정전기 방지제 요구 사항

- 화학적으로 안정한 무기물을 사용하고 장시간 효과가 있을 것
- 외관 등에 변형 등의 피해를 주지 않을 것.
- 습도의 영향을 받지 않고 안정한 대전방지효과가 있을 것.
- 플라스틱, 금속, 유리, 세라믹 등 어떠한 재질에도 코팅이 가능할 것.
- 내열성이 우수하여, 범용의 플라스틱의 연화점 이상의 온도에서도 안전한 효과를 가질 것.

5. 스프레이식 주의사항

- 음식물이나 얼굴에 직접 닿지 않도록 분사하고 흡입하거나 먹지 말 것
- 어린이의 손이 닿지 않는 곳에 보관 할 것.
- 고압가스를 사용한 가연성 제품으로서 위험하므로 다음의 주의사항을 지킬 것.

1) 불꽃을 향하여 사용하지 말 것.
2) 난로 풍로 등 화기부근에서 사용하지 말 것.
3) 화기를 사용하고 있는 실내에서 사용하지 말 것.
4) 온도40℃ 이상의 장소에 보관하지 말 것.
5) 밀폐된 실내에서 사용한 후에는 반드시 환기를 실시 할 것.
6) 불속에 버리지 말 것.
7) 사용 후 잔가스가 없도록 하여 버릴 것.
8) 밀폐된 장소에 보관하지 말 것.

제6장
방폭설비

6.1 연소의 3요소와 소화방법

1. 연소의 3가지 요소
1) 가연물 : 가연물이란 산소와 반응시 발열에 의해 연소가 계속되는 물질
2) 산소공급원 : 공기 속에는 21%의 산소와 79%의 질소가 혼합 존재하며, 그중 산소는 다른 원소와 결합하기 쉬운 기체로 존재한다.
3) 점화원 : 점화원이란 물질이 연소하는데 필요한 에너지원을 말한다.

연소의 3요소

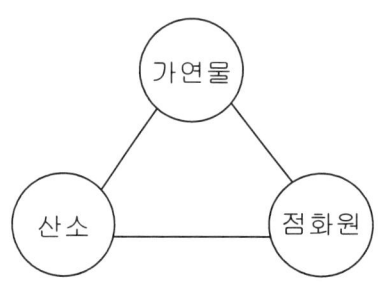

2. 소화방법(화재 및 폭발 방지 기본 대책)
가연물, 산소공급원, 점화원 중 한가지 요소만 없애면 소화 할 수 있다.
1) 가연물의 제거
   가연물을 완전히 제거하는 것이 제일 효율적인 방법이다.
2) 산소공급원의 차단
   산소 공급원을 차단하면 연소는 멈추고 산소가 적어지면 연소는 계속하기 어렵다.
3) 점화원의 제거
4) 냉각에 의한 온도 저하
   연소시 발생하는 열이 연소를 계속하는데 필요한 열원으로 활동하는 것을 막아준다.
5) 위험 분위기 생성방지
   - 폭발성 가스의 생성 방지
   - 폭발성 가스의 체류 방지
   - 가연성 가스의 밀폐
   - 산소의 제거 또는 희석 등.

3. 전기기기의 방폭 기본

1) 점화원의 실직적 격리
   - 내압 방폭 구조 사용 : 내부 폭발이 주위에 파급되지 않게 함.
   - 압력 방폭 구조 사용 : 점화원을 주위 폭발성 가스로부터 격리
   - 유입 방폭 구조 사용 : 점화원을 Oil 등에 넣어 격리

2) 안전도 증가
   - 안전증 방폭 구조 사용 : 정상상태에서 불꽃이나 고온부가 존재하는 전기기기의 안전도를 증대시킴.

3) 점화능력의 본질적 억제
   - 본질 안전 방폭 구조 사용 : 본질적으로 폭발성 물질이 점화되지 않는다는 것이 시험 등에 의해 확인된 구조 사용

6.2 방폭 이론

1. 용어의 정의

1) 방폭지역

인화성 또는 가연성물질이 화재, 폭발을 발생시킬 수 있는 농도로 대기 중에 존재하거나 존재할 우려가 있는 장소를 말한다.

2) 위험(폭발성)분위기

대기 중의 인화성 또는 가연성 물질이 화재, 폭발을 발생시킬 수 있는 농도로 공기와 혼합되어 있는 상태를 말한다.

3) 방폭전기 설비

방폭 전기기기와 관련 배선, 전선관, 금구류 등을 총칭한다.

2. 방폭지역의 구분절차

1) 제1단계 : 방폭지역 구분의 필요성(해당여부) 검토
   - 인화성 또는 가연성의 가스나 증기가 쉽게 존재할 가능성이 있는 지역
   - 인화점 40℃ 이하의 액체가 저장. 취급되고 있는 지역
   - 인화점 65℃ 이하의 액체가 인화점 이상으로 저장. 취급 될 수 있는 지역
   - 인화점 100℃ 이하인 액체의 경우 해당 액체의 인화점 이상으로 저장. 취급되고 있는 장소
2) 제2단계 : 방폭지역의 등급구분
3) 제3단계 : 방폭지역의 범위 결정

   방폭지역의 범위는 기기의 설치위치(옥내/옥외), 취급물질, 설비크기, 운전조건, 충분한 환기 여부 등에 따라 결정해야 한다.
4) 제4단계 : 방폭지역 구분도의 작성 및 유지

3. 방폭이론

전기설비로 인한 화재, 폭발 방지를 위해서는 위험분위기 생성확률과 전기설비가 점화원으로 되는 확률과의 곱이 0이 되도록 하여야 한다.

1) 위험분위기 생성방지
   - 가연성 물질 누설 및 방출 방지
   - 가연성물질의 체류방지

2) 전기설비의 점화원 억제
 (1) 현재적 점화원
    - 정상운전중 전기불꽃, 고온이 되는 점화원
    - 직류전동기의 정류자, 권선형 유도전동기의 슬립링 등
    - 고온부로서 전열기, 저항기, 전동기의 고온부 등
    - 개폐기 및 차단기류의 접점, 제어기기 및 보호계전기의 접점 등
 (2) 잠재적 점화원
    - 이상 상태에서 전기불꽃, 고온부분이 되는 점화원
    - 전동기의 권선, 변압기의 권선, 마크넷 코일, 전기적 광원, 케이블 기타 배선
3) 전기설비의 방폭화
    - 점화원의 방폭적 격리
      내압방폭구조, 압력방폭구조, 유입방폭구조 등
    - 전기설비의 안전도 증가 - 안전증방폭구조
    - 점화능력의 본질적 억제 - 본질안전 방폭구조

4. 화재·폭발의 위험성

1) 폭발성 가스
   모든 가연성 가스와 인화점이 40℃ 미만인 가연성 액체의 증기를 폭발성 가스라 하며 다음의 지역을 방폭지역으로 구분한다.
   - 인화성 또는 가연성 가스나 증기가 항상 존재할 가능성이 있는 지역
   - 인화점 40℃ 이하의 액체를 저장·취급되고 있는 지역
   - 인화점 65℃ 이하의 액체를 인화점 이상으로 저장·취급 될 수 있는 지역
   - 인화점 100℃ 이하의 액체의 경우 해당액체의 인화점 이상으로 저장 취급되고 있는 지역

   발화도의 등급은 G_1 ~ G_6까지 구분하며 발화점은 G_1이 450℃를 초과하는 경우이며 G_6는 85℃~100℃이다.

2) 가연성 분진
 (1) 폭연성 분진 (마그네슘, 알루미늄 등)
    공기 중에 산소가 적은 분위기 또는 이산화탄소 중에서도 착화하고 부유 상태에서도 심한 폭발을 발생하는 금속분진을 말한다.
 (2) 가연성 분진 (소맥, 전분, 합성수지, 카본 블랙 등)
    공기 중 산소와 발열반응을 일으키고 폭발하는 분진을 말한다.

6.3 위험장소 및 방폭지역 구분

1. 개요
인화성 또는 가연성 물질(가스, 증기, 분진)이 화재, 폭발을 일으킬 수 있는 농도로 대기 중에 존재하거나 존재할 수 있는 장소를 방폭 지역이라 하며, 이는 위험분위기가 존재하는 시간과 빈도에 따라 몇 가지로 구분 되며 방폭기기, 기구 및 배선 방법을 결정하는데 중요한 사항이 된다.

2. 방폭기기 선정시 고려사항
방폭 전기기기는 장소, 위치, 구조, 가스등급, 종류 등 위험분위기에 따라 다르고, 구조에 따른 장단점이 있는 만큼 선정시 고려사항은 다음과 같다.
1) 위험장소의 폭발성 가스의 폭발등급 및 발화도에 적합한 방폭 구조를 선정
2) 동일 장소에 2종 이상의 폭발성 가스가 존재하는 경우에는 가장 위험도가 높은 폭발등급 및 발화도에 맞는 방폭 구조를 선정
3) 대상 가스의 종류, 기기의 종류, 설치장소의 위험도 등에 적합한 방폭 구조의 전기기기를 선정해야 한다.

3. 방폭지역의 종류 및 특징 (IEC, JIS)
인화성 또는 가연성의 가스나 증기에 의한 방폭 지역은 위험분위기의 발생 가능성에 따라 다음 각 호의 장소로 구분한다.

시험장소	위험 분위기 정도	구체적인 장소	적용 방폭 구조
0종 장소 ZONE0	정상상태에서 지속적인 위험 분위기 존재 장소 (연간 1000 시간 이상)	- 탱크내의 상부 공간 층 - 인화성 용기 및 가연성 가스 용기	본질 안전 방폭 구조
1종 장소 ZONE1	정상상태에서 간헐적 위험 분위기 우려장소 (연간 10~1000 시간)	- 용기의 개구부 부근 - Relief Valve부근 - Pit 처럼 가스가 축적하는 장소	상기 외 내압, 압력, 유입 방폭 구조
2종 장소	이상상태에서의 위험	- 가연성 가스의 용기류가	상기 외

ZONE2	분위기 우려 장소 (연간 10 시간 이하)	부식, 노화 등으로 누출할 경우 - 운전원의 오 조작 - 강제환기장치의 고장 - 고온, 고압에 의해 기기의 파손	안전증 방폭 구조

1) 0종 장소

　위험분위기가 지속적으로 발생하거나 또는 장기간 존재하는 장소

　(본질안전)

　- 설비의 내부(용기 내부, 장치 및 배관의 내부)

　- 인화성 또는 가연성 액체가 존재하는 피트의 내부

　- 인화성 또는 가연성 가스나 증기가 지속적, 장기간 존재하는 곳

　- 인화성 액체 탱크내의 액면 상부의 공간부

2) 1종 장소

　상용의 상태에서 위험분위기가 존재하기 쉬운 장소

　(본질안전, 내압, 압력, 유입)

　- 통상의 상태에서 위험분위기가 쉽게 생성되는 곳

　- 운전, 유지보수 또는 누설에 의하여 위험분위기가 자주 생성되는 곳

　- 주변지역보다 낮아 가스나 증기가 체류할 수 있는 곳

　- 환기가 충분한 장소에 설치된 배관계통으로 부터 쉽게 누설되는 곳

　- 탱크류 가스밴트의 개구부 부근

3) 2종 장소

　이상상태(고장, 기능상실, 오동작)하에서 위험분위기가 단시간동안 존재 할 수 있는 장소(본질안전, 내압, 압력, 유입, 안전 증)

　- 환기가 불충분한 장소에 설치된 배관계통으로 쉽게 누설되지 않는 구조의 곳

　- 가스켓, 패킹 등의 고장으로 이상상태에서만 누출 될 수 있는 공정설비

　- 강제 환기 방식이 채용되는 곳으로 환기설비의 고장이나 이상시에 위험분위기가 생성될 수 있는 곳

　- 1종장소와 근접하여 개방되어 있는 곳

4) 비방폭 지역

앞에서 설명한 방폭 지역으로 구분되지 않는 장소를 말한다.
- 환기가 충분한 장소에 설치되고 개구부가 없는 상태에서 인화성, 가연성 액체가 간헐적으로 사용되며 적절한 유지 관리가 될 경우의 배관 주위
- 환기가 불충분한 장소에 설치된 배관으로 누설되고 있는 곳이 전혀 없는 배관 주위
- 가연성물질이 완전 밀봉된 수납용기 속에 저장되고 있을 경우의 수납용기 주위

4. 방폭 지역의 규격별 비교

각 규격별 \ 위험분위기 장소	지속적인 위험 분위기	상용의 상태에서 간헐적인 위험분위기	이상상태에서 단시간의 위험분위기
IEC / EUROPE	Zone 0	Zone 1	Zone 2
BRITISH	Division 0	Division 1	Division 2
KOREA / JAPAN	0종 장소	1종 장소	2종 장소
NORTH AMERICA		Division 1	Division 2

5. 위험물의 분류

연소물질의 종류에 따라 다음과 같이 분류한다.

1) CLASS-I

   인화성 또는 가연성 GAS나 증기를 말한다.

2) CLASS-II

   가연성 분진을 말한다.
   - METAL DUSTS, CARBON BLACKS, COAL DUSTS, GRAIN DUSTS

3) CLASS-III

   쉽게 연소 가능한 FIBERS, COTTON and FLYINGS 등의 섬유물질을 말하며 이들 물질이 공기 중에 충분히 존재하지 않으나 천정이나 기계 등의 표면에 가라 앉아있어 화재 및 폭발의 위험이 있는 지역이 해당된다.

6.4 방폭 구조의 분류

1. 전기설비의 방폭 구조란
1) 주위 폭발 위험 분위기에서 점화가 되지 않도록 전기기기에 특수한 조치를 한 것
2) 폭발 사고는 가연성 가스와 점화원이 동시 존재할 때 발생
3) 화재, 폭발 사고를 방지하려면(=위험 분위기 생성 방지 방법)
   - 폭발성 가스 누설 및 방출 방지
   - 폭발성 가스의 밀폐 및 체류 방지
   - 점화원을 가연성 분위기로부터 격리
   - 방폭 구조 채택 등 기기의 안전도 증가

2. (폭발성) 가스 또는 증기에 대한 방폭 구조의 종류
1) 내압방폭구조(Flame proof type, "d")
   (1) 구조

   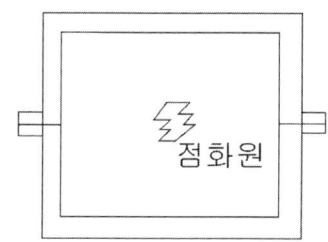

   일반적으로 가장 많이 사용되고 있는 방폭구조로써 전기기계기구에서 점화원이 될 우려가 있는 부분, 즉 불꽃, 아크 또는 과열이 생길 우려가 있는 부분을 전폐구조인 기구에 넣어 만일 외부의 폭발성 가스가 내부로 침입해서 폭발을 하였다 하더라도 용기가 그 압력에 견디고 파손되지 않으며 폭발한 고열 가스나 화염이 용기의 접합부 틈을 통하여 새어나가는 동안에 냉각되어 외부의 폭발성 가스에 화염이 파급될 우려가 없도록 한 방폭 구조를 말함.

   (2) 대상기기
   - Arc가 생길 수 있는 모든 기기
      접점, 개폐기류, 스위치류, 변압기류, MCB, 모터류, 계측기
   - 표면온도가 높이 올라 갈수 있는 모든 전기기구
      전동기 조명기구, 전열기

   (3) 특기사항
   가. 필요충분조건
      - 내부에서 폭발할 경우 그 압력에 견딜 것
      - 폭발화염이 외부로 유출되지 않을 것

- 외함 표면온도가 주위의 가연성 가스에 점화하지 않을 것

2) 압력방폭구조(Pressurized type, "p")

 (1) 구조

   압력방폭구조는 점화원이 될 우려가 있는 부분을 용기내에 넣고 신선한 공기 또는 불연성가스등의 보호기체를 용기의 내부에 압입함으로써 내부의 압력을 유지하여 폭발성 가스가 침입하지 않도록 한 구조이다.
   이 구조는 운전 중에 보호기체의 압력이 저하하는 경우에는 자동경보를 하거나, 운전을 정지하는 보호 장치를 설치하도록 하고 있다.

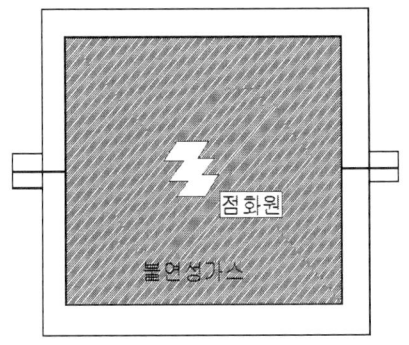

 (2) 대상기기

   Arc가 생길 수 있는 모든 전기기기 접점, 개폐기류, 스위치류, 전동기류, MCB, 가스검지기

 (3) 특기사항

   기기 자체보다는 불활성 가스등을 공급할 수 있는 부속시설에 경비가 많이 소요되므로 매우 고가이나, 내압 방폭 형식으로는 도저히 불가능한 경우에 간혹 사용된다.

3) 유입방폭구조(Oil immersed type, "o")

 (1) 구조

   전기기기의 불꽃 또는 아크등을 발생하여 폭발성가스에 점화할 우려가 있는 부분을 유중에 넣고, 유면상의 폭발성가스에 인화될 우려가 없도록 한 구조이다.
   사용 중에 항상 필요한 유량을 유지해야 하고, 유면상에는 외부의 폭발성가스가 침입하고 있다고 생각해야 하므로 유면의 온도상승한도에 대해 규정한다.

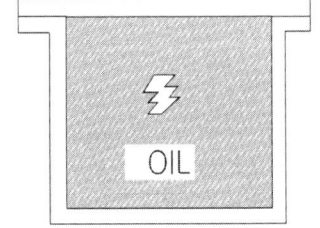

 (2) 대상기기

   Arc가 생길 수 있는 모든 전기기기 접점, 개폐기류, 스위치류, 변압기류, MCB, 저항기류

 (3) 특기사항

   유입 저항기 등이 간혹 사용되나 운반, 유지 등의 문제로 그다지 많이 채용되지 않는다. IEC TC31에서는 앞으로 삭제할 예정

4) 안전증 방폭구조(Increased safety type, "e")
 (1) 구조

   안전증 방폭구조는 전기기구의 권선, Air gap, 접점부, 단자부 등과 같은 부분이 정상적인 운전 중에는 불꽃, 아크 또는 과열이 생겨서는 안될 부분에 대하여, 이를 방지하기 위한 구조와 온도상승에 대해서 특히 안전도를 증가시킨 구조이다.

   이 구조는 단지 아크, 불꽃 또는 과열 등의 점화원이 가능한 발생하지 않도록 고려한 것 뿐이고 전기기기의 고장이나 파손이 생겨 점화원이 생긴 경우에는 폭발의 원인이 될 수 있다. 따라서 이 구조에서는 사용상 무리나 과실이 없도록 주의할 필요가 있다.

 (2) 대상기기
   가. 안전증 변압기 전체
   나. 안전증 접속단자 장치, 안전증 측정 계기

 (3) 특성
   탄광 내에서의 사용은 바람직하지 못하나 갱외 또는 특례지역 등에서 사용은 고려될 수 있다.

5) 본질안전 방폭구조(Intrinsic safety type, "i")
 (1) 구조

   폭발성 가스 또는 증기 등의 혼합물이 점화되어 폭발을 일으키려면 어느 최소한도의 에너지가 주어져야 한다는 개념을 기초로 한 것 이다.

   단선이나 단락 등에 의해 전기회로 중에서 전기 불꽃이 생겨도 폭발성 혼합기를 점화시키지 않는다면 본질적으로 안전하다고 할 수 있다.

   그러나 실제로 어떤 전기회로에서 발생하는 개폐불꽃이 대상가스에 점화 할 것인가, 아닌가의 판단에 대해서는 아직 이론적인 해석법이 확립되어있지 않고, 또 전기회로도 종류가 수없이 많아서 최종적인 판단은 불꽃 점화 시험의 경과에 따르는 것이 일반적이며 국내규격 KS 및 외국규격 IEC, UL, EN, JIS등에서도 불꽃 점화 시험에 의해 판단하도록 되어있다.

   그러므로 본질 안전 방폭구조는 불꽃 점화시험에 확인된 구조를 선택해야 한다. 이 구조는 반도체 산업의 발달에 따라 저가격, 높은 신뢰성, 광범위한 적용성 등의 장점을 지니고 있어 많은 연구가 진행되고 있으며 많은 내압 방폭구조 전기기기가 본질안전 방폭구조로 바뀌어 가고 있다.

 (2) 대상기기
   신호기, 전화기, 계측기

(3) 특성

이론적으로는 모든 전기기기를 본질안전 방폭화 할 수 있으나 동력을 직접 사용하는 기기는 실제적으로 불가능하다.

6) 특수방폭구조(Special type, "s")

(1) 구조

상기이외의 구조로써, 폭발성가스의 인화를 방지할 수 있는 것이 시험, 기타에 의하여 확인된 구조를 말하며 용기 내부에 모래 등을 채우는 사입 방폭(Sand-Filled)구조와 협극 방폭 구조가 있다.

(2) 대상기기

주로 폭발성 가스에 점화하지 않는 기기의 회로, 계측제어, 통신 관계 등 비전력 회로를 가진 기기.

3. 분진방폭구조의 종류

〈인용 : KOSHA GUIDE E – 117 – 2011. 한국산업안전보건공단
　　　　분진폭발 위험장소에서의 전기설비 선정에 관한 기술지침〉

폭발위험장소에서 사용되는 전기설비는 다음 방폭 구조의 하나 또는 두 개 이상의 조합에 의하여 보호되어야 한다.

1) 분진 내압 방폭구조(tD)

주변의 분진입자가 침입할 수 없도록 된 특수방진밀폐함 또는 전기설비의 안전운전에 방해될 정도의 분진이 침두할 수 없도록 한 보통 방진 밀폐함을 갖는 방폭구조를 말한다.

2) 분진 압력 방폭구조(pD)

밀폐함 내부에 폭발성 분진 분위기의 형성을 막기 위하여 주위환경보다 높은 압력을 가하여 밀폐함에 보호가스를 적용하는 방폭구조를 말한다.

3) 분진 본질안전 방폭구조(iD)

폭발성 분진분위기에 노출되어 있는 기계·기구 내의 전기에너지, 권선 상호간의 전기불꽃 또는 열의 영향을 점화 에너지 이하의 수준까지 제한하는 것을 기반으로 하는 방폭구조를 말한다.

4) 분진 몰드 방폭구조(mD)

분진층 또는 분진운의 점화를 방지하기 위하여, 전기불꽃 또는 열에 의한 점화가 될 수 있는 부분을 콤파운드로 덮은 방폭구조를 말한다.

4. 폭발위험장소의 등급

1) 20종 장소

   공기 중에 가연성 분진운의 형태가 연속적으로 장기간 존재하거나, 단기간 내에 폭발성 분진분위기가 자주 존재하는 장소를 말한다.

2) 21종 장소

   공기 중에 가연성 분진운의 형태가 정상 작동 중 빈번하게 폭발성 분진분위기를 형성할 수 있는 장소를 말한다.

3) 22종 장소

   공기 중에 가연성 분진운의 형태가 정상작동 중 폭발성 분진분위기를 거의 형성하지 않고, 발생한다 하더라도 단기간만 지속되는 장소를 말한다.

5. 방폭구조 기호 표시

방폭구조 국명	내압 방폭구조	압력 방폭구조	유입 방폭구조	안전증 방폭구조	본질안전 방폭구조	특수 방폭구조
IEC	Exd	Exp	Exo	Exe	Exia, ib	Exs
KOREA	d	p	o	e	i (ia , ib)	s

5. 방폭전기기의 발화도 및 온도등급 분류

가연성가스의 발화도 등급	가연성가스의 발화온도	방폭 전기기기의 온도등급	전기기기의 표면 최고온도
G1	450℃ 초과	T1	450℃ 이하
G2	300℃ 초과	T2	300℃ 이하
G3	200℃ 초과	T3	200℃ 이하
G4	135℃ 초과	T4	135℃ 이하
G5	100℃ 초과	T5	100℃ 이하
G6	85℃ 초과	T6	85℃ 이하

6.5 방폭전기 배선의 시설

1. 방폭 전기 배선 기준

구 분	방폭지역 종별		
	0종 장소	1종 장소	2종 장소
본질안전 방폭 배선	O	O	O
내압방폭 금속관 배선	X	O	O
케이블 배선	X	O	O
안전증 방폭금속관 배선	X	X	O

1) 0종 장소에는 본질안전회로의 배선에 적합한 배선방식을 선정하여야 한다.
2) 1종 장소에는 내압방폭 금속관배선, 케이블배선(저압 및 고압) 또는 본질안전회로의 배선 중에서 적합한 배선방식을 선정하여야 한다.
3) 2종장소에는 내압방폭 금속관배선, 안전증방폭 금속관배선, 케이블배선 본질안전회로의 배선 중에서 적합한 배선방식을 선정하여야 한다.

2. 저압 방폭전기 배선

1) 본질 안전 방폭 회로의 배선
   - 정상 상태에서 뿐만 아니라 이상 상태에 있어서도 전기 불꽃이나 고온부가 폭발 분위기에 대해 점화원이 되지 않도록 전기 회로의 소비 에너지를 억제한 것.
   - 본질 안전 방폭 회로의 배선은 다른 회로(비본질회로)와 혼촉 방지 및 정전유도, 전자유도를 받지 않도록 금속관 내에 넣고 차폐 및 접지 실시.
2) 내압 방폭 금속관 배선
   - 잠재적 점화원을 가진 절연전선과 그 접속부를 넣은 전선관로에 대해 특별한 성능을 부여함으로서, 관로 내부에서 발생하는 폭발을 주위의 폭발성 분위기에 전파시키지 않도록 하는 것.
   - 금속관에 Sealing을 설치하는 것도 하나의 방법임.
3) 케이블 배선
   절연체의 손상이나 열화, 단선, 접속부의 이완등과 같은 점화원이 발생할 수 있는 고장이 일어나지 않도록 케이블의 선정, 외상 보호, 접속부의 강화등 기계적, 전기적으로 안전도를 증가시키는 것.

4) 안전증 방폭 금속관 배선

잠재적 점화원을 가진 절연전선과 그 접속부를 넣은 전선관로에 대해 절연체의 소손이나 열화, 단선, 접속부의 이완등과 같은 점화원이 발생할 수 있는 고장이 일어나지 않도록 절연전선의 선정, 접속부의 강화 등 기계적, 전기적으로 안전도를 증가시키는 것.

3. 고압방폭 전기배선

케이블은 고압 케이블을 사용하고 보호관이나 덕트 트레이에 설치

4. 분진방폭 배선

분진 침투 방지를 위한 도포 또는 자기융착성 테이프 사용

6.6 본질안전 방폭 기기의 특징(장·단점)

1. 개요
폭발성 가스 등에 의한 폭발위험이 있는 장소, 즉 방폭지역에서는 화재, 폭발방지를 위하여 점화원 관리를 철저히 하여야 하며, 특히 전기설비는 방폭설비로 설치하여 한다.
전기방폭설비의 기본개념은 전기설비 점화원을
① 방폭적으로 격리
② 안전도 증감
③ 본질적으로 안전하게 하는 것 등 3가지가 있으나 이중 가장 경제적이며, 안전한 것이 본질적으로 안전하게 하는 본질안전 방폭구조이다.
본질안전 방폭구조의 장·단점은 다음과 같다.

2. 본질안전 방폭구조의 장·단점
본질안전구조의 특징은 전기기기의 에너지가 아주 적기 때문에 어떠한 이상시에도 절대로 점화원으로 작용하지 않도록 본질적으로 안전하게 된 것으로, 본질안전기기의 장단점을 방폭구조 중 내압 방폭구조와 비교하면 다음과 같다.
1) 장 점
   - 좁은 장소에 설치 가능
   - 0종 장소(Zone 0)에 유일하게 설치 가능
   - 제품의 외관, 원가, 신뢰성 등이 우수
   - 유지 보수시 정전을 시키지 않아도 되므로 시간과 경비 절감 가능
2) 단 점
   - 본질안전 장비로 활용할 수 있는 설비가 온도계, 유량계, 압력계 등으로 제한적
   - 배리어(barrier)의 추가설치 등으로 설비 복잡
   - 케이블의 허용길이 제한
   - 고가

3. 결 론
위에서 설명한 본질안전 기기의 일부 단점에도 불구하고 본질안전기기의 사용추세가 증가되고 있는 이유는 본질 안전기기 자체의 전기기기를 전자화하여 최소한의 전기에너지

만을 방폭 지역 내에 흐르도록 하여 필요로 하는 신호를 얻고 제품의 외관, 원가, 신뢰성 등이 많이 향상되었기 때문이다.

또한 대부분의 방폭설비가 유지점검시 전원을 "OFF"해야 하지만 본질 안전기기는 전원을 "ON" 상태에서 작업을 할 수 있으므로 시간과 경비의 절감이 가능하다.

우리나라에 본질안전기기가 공급 된지 몇 년 되지 않아 기술개발이나 유지관리 측면에서 일부 미흡한 면이 있지만. 이 분야의 조속한 기술 자립을 할 수 있도록 노력하여 폭발위험지역에서 본질안전설비의 공급 확대로 화재폭발예방에 기여해야 할 것이다.

6.7 방폭 전기기기의 선정 원칙

1. 인용근거
사업장 방폭구조전기기계기구 배선 등의 선정, 설치 및 보수 등에 관한 기준 제10조
(고시번호 : 고시 제1993-19호(1))

2. 전기기기 선정시 고려사항
1) 방폭전기기기가 설치될 지역의 방폭지역 등급 구분
2) 가스등의 발화온도
3) 내압방폭구조의 경우 최대 안전틈새
4) 본질 안전방폭 구조의 경우 최소점화 전류
5) 압력방폭구조, 유입방폭구조, 안전 중 방폭구조의 경우 최고 표면온도
6) 방폭전기기기가 설치될 장소의 주변온도, 표고 또는 상대습도, 먼지, 부식성 가스 또는 습기 등의 환경조건
7) 방폭전기기기의 선정은 위 이외에도 공통적으로 다음 각 호의 규정을 만족하여야 한다.
   - 모든 방폭전기기기는 가스 등의 발화온도의 분류와 적절히 대응하는 온도등급의 것을 선정하여야 한다.
   - 사용 장소에 가스 등의 2종류이상 존재할 수 있는 경우에는 가장 위험도가 높은 물질의 위험특성과 적절히 대응하는 방폭전기기기를 선정하여야 한다.
     단, 가스 등의 2종 이상의 혼합물인 경우에는 혼합물의 위험특성에 적절히 대응하는 방폭전기기기를 선정하여야 한다.
   - 사용 중에 전기적 이상상태에 의하여 방폭성능에 영향을 줄 우려가 있는 전기기기는 사전에 적절한 전기적 보호장치를 설치하여야 한다.

3. 방폭전기기기의 선정원칙
가스나 증기로 인한 방폭지역의 종별에 따른 전기기기의 선정은 다음 각호와 같다.
1) 0종 장소
   가. 본질안전방폭구조
   나. 0종 장소에서 사용토록 특별히 고안된 방폭전기기기
2) 1종 장소

가. 제1호에서 규정한 방폭전기기기
나. 압력방폭구조
다. 유입방폭구조
라. 1종 장소에서 사용토록 특별히 고안된 방폭구조

3) 2종 장소

가. 제1호 또는 제2호에서 규정한 방폭구조
나. 정상상태에서 아아크나 스파크 또는 점화를 발생시키는 부분이 없는 전기기기의 경우 안전증 방폭구조
다. 슬립링, 정류자 등이 없는 회전기로써 정상운전시의 최고표면 온도가 당해 물질의 발화온도의 80%를 초과하지 않는 것은 비방폭형 기기
라. 스타터 등 스윗치류가 없는 고정 설치된 조명기구로써 정상 사용시 최고 표면온도가 해당 물질 발화온도의 80%를 초과하지 않고 고온부분의 낙하방지를 위한 가드가 있을 경우 비방폭구조. 단, 조명기구에 스윗치류가 있으면 그 부분은 제1호 또는 제2호에 준하는 방폭구조이어야 한다.
마. 2종 장소에서 사용토록 특별히 고안된 방폭구조

4. 분진으로 인한 방폭지역

1) 산소가 적은 분위기중 또는 이산화탄소 중에서도 착화하고 부유 상태 에서는 격심한 폭발을 발생시키는 알미늄, 마그네슘, 알미늄 브론즈 등이나 이와 유사한 위험성질을 가진 폭연성 분진이 위험농도로 존재할 수 있는 장소에서는 다음에 의하여 선정하여야 한다.
단, 변압기 및 컨덴사는 설치를 금지한다.
가. 특수방진 방폭구조 또는 본질안전 방폭구조
나. 슬립링, 정류자 등이 없는 회전기로써 정상운전시의 최고 표면온도가 당해 분진 발화온도의 80%를 초과하지 않는 전폐형 구조
다. 당해 장소에서 사용토록 특별히 고안된 방폭구조

2) 가연성 분진으로써 전기저항률이 $10^5 \Omega-cm$ 미만인 도전성 분진이 위험농도로 존재할 수 있는 장소에서는 다음 각목의 1에 의하여 선정 하여야 한다.
가. 제1호에서 규정한 전기기기
나. 보통방진 방폭구조
다. 이 장소에 사용토록 특별히 고안된 방폭구조

3) 가연성 분진으로써 전기저항률이 $10^5 \Omega-cm$ 이상인 비도전성 분진이 정상상태에서 위험농도로 존재할 수 있는 지역이거나 또는 분진 취급. 발생설비의 고장으로 분진의 농도가 위험수준에 이르고 동시에 전기기기에 고장이 유발됨으로 인하여 화재, 폭발의 위험이 있는 장소에서는 위 2)에 준하여 선정하여야 한다.

4) 가연성 분진으로써 전기저항률이 $10^5 \Omega-cm$ 이상인 비도전성 분진이 이상 상태에서만 존재하고 전기기기의 내부 또는 표면에 축적되어 전기기계, 기구의 고장을 유발시켜 화재, 폭발의 위험이 있는 장소에서는 다음에 의하여 선정하여야 한다.

 가. 위 1) 또는 2)에서 규정한 전기기기

 나. 퓨즈, 차단기 등 스위치류는 비방폭형 중 방진구조 이상인 것

 다. 청소 등의 작업을 쉽게 할 수 있는 위치에 설치된 슬립링, 정류자 등이 없는 회전기는 비방폭형기기 (단, 슬립링, 정류자 등이 있는 회전기는 해당부분이 비방폭형 중 방진구조 이상의 것)

 라. 스타터 등 스위치류가 없는 고정 설치된 조명기구는 정상 운전시 최고 표면온도가 당해 분진 발화온도의 80%를 초과하지 않을 경우 비방폭형구조 (단, 스위치류가 있는 경우 그 부분은 방진구조 이상의 것이어야 한다.)

 마. 광유 절연변압기 및 콘덴서는 비방폭형기기

 바. 당해 장소에서 사용토록 특별히 고안된 방폭구조

6.8 분진 위험 장소(75.4.5)

1. 관련 규격

1) 전기설비 판단기준 199조
2) 내선규정 4215-1
3) 분진 위험 장소란

   폭발성 분진, 도전성 분진, 가연성 분진, 또는 타기 쉬운 분진 등을 분쇄하는 장소, 분리하는 장소, 옮기는 장소 및 저장하는 장소를 말함.

2. 배선

가. 폭발성 분진이 있는 위험장소

   배선은 금속관 배선 또는 케이블 배선에 의할 것

1) 금속관 배선
   - 후강 전선관 또는 이와 동등이상의 강도가 있는 것을 사용할 것.
   - 박스 기타 부속품은 패킹을 사용하여 분진이 내부로 침입하지 않도록
   - 관과 박스 등의 접속은 5턱 이상의 나사 조임으로 견고히 하고 내부에 먼지가 침입하지 않도록 접속할 것
   - 전동기 등 짧은 부분의 접속시 가요성 부분은 분진 방폭형 플렉시블을 사용

2) 케이블 배선
   - 케이블은 고무나 플라스틱 외장 또는 금속제 외장을 한 것으로 사용 장소에 적합한 것을 사용할 것.
   - 케이블은 강대 외장 케이블을 제외하고는 강제 전선관 등의 보호관에 넣고, 접속부에 분진이 침입하지 않도록 할 것
   - 전기기기 등에 인입하는 경우 패킹 등을 이용하여 분진이 침입하지 않도록 하고 인입부분의 손상이 없도록 할 것
   - 케이블의 접속은 원칙적으로 하지 않는 것으로 한다.
     접속시에는 접속함을 이용하고 분진 방폭 특수 구조를 갖출 것

나. 폭발성 분진 이외의 분진이 있는 위험장소

   배선은 금속관 배선, 합성 수지관 배선, 케이블 배선 또는 캡타이어 케이블 배선에 의할 것

1) 금속관 배선
   - 위와 동일
2) 합성 수지관 배선
   - 합성 수지관 기타 부속품은 손상되지 않도록 할 것
   - 기타는 금속관 배선과 동일
3) 케이블 배선 및 캡타이어 케이블 배선
   - 위 가의 케이블 배선과 동일
4) 이동전선
   폭발성 분진이 있는 위험장소에서 이동 전선은 손상될 우려가 없도록 시설하고 가능한 사용하지 않는 것이 좋다.

3. 개폐기, 과전류 차단기, 콘센트 등

구 분	폭발성 위험이 있는 장소	폭발성 위험이외의 분진이 있는 장소
개폐기, 과전류 차단기 제어기, 계전기, 배전반 분전반	분진방폭 특수 방진구조	분진방폭 보통 방진구조
전등		
전동기 및 기타 전력장치		
콘센트 및 플러그	시설하지 말 것	분진방폭 보통 방진구조

4. 접지

기계기구의 철대, 금속제 외함 등은 다음과 같이 접지를 해야 한다.
- 400V 미만 저압용 : 제3종 접지
- 400V 이상 저압용 : 특별 제3종 접지
- 고압 및 특별고압용 : 제1종 접지

6.9 가연성가스(gas)가 있는 곳의 저압시설

1. 적용기준
가연성 가스 등이 있는 곳의 저압의 시설 : 판단기준 제200조(내선규정 4210)

2. 적용범위
1) 가연성가스, 인화성증기(이하폭발성가스)의 위험성, 확산상태(기상, 환기 조건)등을 고려하여 그 적용을 정해야 한다.
2) 위험장소에 해당할 가능성이 있는 장소
   - 프로판가스 등 가연성 액화가스를 옮기거나, 채우는 작업을 하는 장소 주변
   - 압력용기의 잔류 가스 방출 시험장소
   - 에탄올, 메탄올 등의 배기구, 개구부
   - 신나, 락카, 와니스의 조합 장소
   - 위험물 저장고 - 유조차 탱크 등

3. 배선
1) 금속관 배선
   - 후강 전선관 또는 이와 동등이상
   - 관과 박스 등의 접속 5턱 이상 나사조임
   - 전동기 등 짧은 부분의 접속시 가요성부분 : 내압, 안전증 방폭구조 플렉시블
   - 전선관 접속함 : 내압방폭구조
2) 케이블 배선
   - 케이블은 고무나 플라스틱 외장 또는 금속제 외장을 한 것
   - 케이블은 강대 외장 케이블을 제외하고는 강제 전선관 등의 보호관에 넣어 시설
   - 케이블을 전기기기에 넣을 경우 : 패킹식, 손상될 우려가 없도록 할 것
3) 작업등 기타 이동기기의 전선 : 접속점이 없는 고무절연 캡타이어케이블

4. 전기 기계 기구

1) 방폭구조 : 내압, 압력, 유입, 안전증, 본질안전, 특수방폭구조
2) 위험장소에 존재할 우려가 있는 폭발성 가스에 대하여 방폭 성능을 가질 것
3) 조명기구
   - 정격 와트 수 초과 전구 사용하지 말 것
   - 직부, 펜단트, 브라켓등 사용
4) 전동기 : 과전류시 폭발성가스에 착화되지 않는 구조
5) 전선, 기구류 : 진동에 이완되지 말 것, 전기적으로 완전하게 접속
6) 위험도가 높은 장소
   - 격벽 관통시 : 이음매 부분이 없을 것
   - 안전증 방폭구조로 사용하지 말 것

5. 접지

1) 특별 3종 접지공사 : 접지저항값 10Ω 이하
2) 지락시 : 경보 또는 자동차단

6.10 화염일주한계 및 최소점화전류

1. 화염일주한계

1) 정의

   화염일주한계는 폭발성분위기 내에서 방치된 표준용기의 접합면 틈새를 통하여 폭발화염이 내부에서 외부로 전파되는 것을 저지 할 수 있는 틈새의 최대 간격을 말한다. 즉, 화염일주한계는 IEC 규격에서 말하는 최대안전틈새(MESG : Maximum Experimental Safe Gap)를 말한다.

2) 폭발등급에 사용되는 표준용기

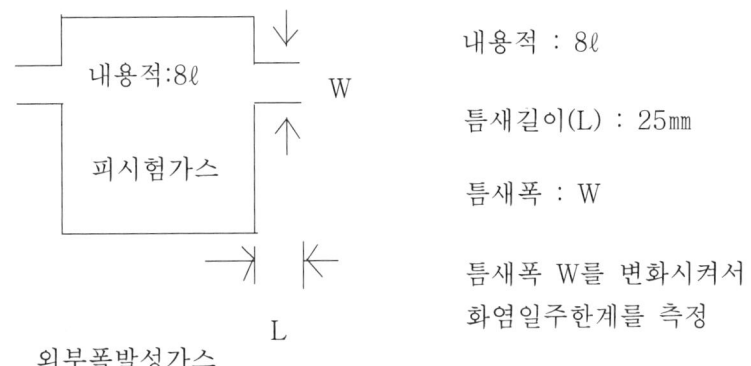

   내용적 : 8ℓ

   틈새길이(L) : 25㎜

   틈새폭 : W

   틈새폭 W를 변화시켜서
   화염일주한계를 측정

3) 가스의 폭발등급

   화염일주한계는 폭발성가스의 종류에 따라 다르며, 폭발성가스의 분류 및 내압방폭구조의 분류와 관련이 있다.

   가스의 폭발등급은 화염일주를 일으키는 틈새의 최소치에 따라 다음과 같이 3등급으로 나누고 있다.

폭발성가스의 분류	A	B	C
최대 안전틈새	0.9㎜ 이상	0.5㎜ 초과 0.9㎜ 미만	0.5㎜ 이하
내압방폭구조	ⅡA	ⅡB	ⅡC
물 질	일산화탄소, 아세톤, 에탄, 프로판, 벤젠, 에탄올, 부탄, 가솔린	석탄가스, 에틸렌	수소, 아세틸렌, 이황화탄소

2. 최소점화전류(MIC : Minimum Ignition Current)

1) 최소점화전류는 폭발성분위기에서 폭발을 일으킬 수 있는 최소의 회로전류를 말한다.
2) 최소점화전류는 폭발성 가스의 분류에 필요하고 본질안전 방폭구조의 분류와 관련이 있다.

폭발성가스의 분류	A	B	C
최소점화전류비 (메탄 : 1 대비)	0.8 초과	0.45 이상 0.8 이하	0.45 미만
본질안전방폭구조	ⅡA	ⅡB	ⅡC

3) 최소점화 전류비

$$\text{최소점화전류비} = \frac{\text{대상으로하는 폭발성가스의 최소점화전류}}{\text{메탄}(CH_4)\text{에 대한 최소점화전류}}$$

4) 화약류단속법

누설전류(미주전류)가 있을 때에는 전기발파를 해서는 안된다고 화약류단속법에 규정되어 있다.

누설전류치의 상한에 관해서는 특별히 규정되어 있지 않으나, 전기 뇌관이 발화하는 최소점화전류는 약 0.3~0.4A(암페아)이므로 안전율을 감안하여 0.1A(암페아) 이상의 전류가 발견되는 경우 위험하다고 판정한다.

6.11 인화점, 발화점, 최소발화에너지

1. 인화점

1) 인화점 정의

   물질이 가연성(可燃性) 증기를 발생하여 인화할 수 있는 최저온도.

   즉, 기체 또는 휘발성 액체에서 발생하는 증기가 공기와 섞여서 가연성 또는 폭발성 혼합기체를 형성하고, 여기에 불꽃을 가까이 댔을 때 순간적으로 섬광을 내면서 연소하는 최저의 온도를 말한다.

2) 인화점 특성

   인화점은 물질에 따라 특유한 값을 보이며, 주로 액체의 인화성을 판단하는 수치로서 중요하다.

   또, 시료(試料)의 종류를 조사하기 위해서, 특히 일정한 끓는점이나 녹는점을 보이지 않는 것에 많이 이용된다.

   한편, 석유제품은 대부분 한국산업규격(KS)에 의해서 최저 인화점이 규정되어 있다.

3) 연소점

   인화점을 넘어서 가열을 더 계속하면 불꽃을 가까이 댔을 때 계속해서 연소하는 온도에 이른다. 이 온도를 연소점이라고 하여 인화점과 구별한다.

4) 인화점 시험기

   인화점을 측정하는 장치로서는 밀폐식과 개방식의 2종이 있는데, 같은 시료에 대해서 측정한 결과는 개방식이 밀폐식보다 인화점이 약간 높다.

   (1) 밀폐식

   인화점이 비교적 낮은 시료에 사용된다.
   - 아벨-펜스키 밀폐식 시험기 : 인화점이 20~50℃인 가솔린·등유(燈油) 등의 석유제품에 적합
   - 펜스키-마르텐스 밀폐식 시험기 : 인화점이 50℃ 이상인 등유·경유·중유·윤활유 등에 적합하다.

   (2) 개방식

   인화점이 높은 시료에 많이 쓰인다.

   클리블랜드 개방식 시험기가 사용되며, 인화점 80℃ 이상인 윤활유·아스팔트 등의 인화점·연소점을 측정하는데 사용된다.

2. 발화점

1) 정의

   물질을 공기 또는 산소 속에서 가열할 때 발화하거나 폭발을 일으키는 최저온도. 착화점(着火點)이라고도 한다.

2) 특성

   발화점은 고체인 경우 시료의 모양이나 크기에 따라 다르고, 또 기체인 경우에는 공기(산소)와의 혼합비 또는 측정방법 등에 따라 다르기 때문에, 절대적인 값을 얻을 수는 없다.

3) 측정방법
   - 가열 도가니법 : 도가니 속에서 시료를 발화
   - 봄브법 : 밀폐된 용기 속에서 가열하여 압력을 측정
   - 단열 압축법이 있으며 가열 도가니법이 가장 많이 이용된다.

3. 폭발한계

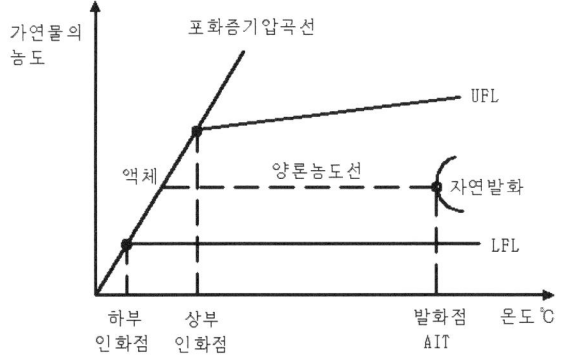 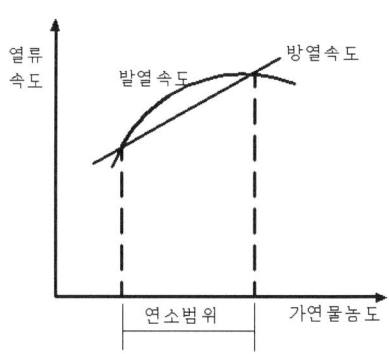

1) 가연성가스 또는 증기는 공기 또는 산소 중에서 어떤 한정된 범위의 농도가 되었을 때에만 연소가 일어난다. 이것은 화염이 자유로이 전파 되어가기 위해서는 점화(點火)에 의해서 화염이 발생해도 그 연소에서 발생한 열량(熱量)이 다음 부분의 혼합기체를 발화온도에까지 가열되지 않으면 연소가 계속되지 않기 때문이다.

2) 따라서, 이 농도범위를 벗어난 혼합기체는 연소가 전파되지 않는다.

   이 농도범위를 폭발범위(또는 연소범위)라 하며 그 한계를 폭발한계(또는 연소한계)라 한다.

3) 가연성가스 또는 증기에서는 저농도와 고농도의 2개 한계가 있으며 전자를 폭발하한계, 후자를 폭발상한계라 한다.
   즉, 폭발하는데 최저의 혼합 비율을 폭발 하한계, 최고의 혼합비율을 폭발 상한계라 한다.
4) 폭발한계는 점화원에 의해서 폭발을 일으킬 수 있는 폭발성 가스와 공기와의 혼합가스 농도범위의 한계치를 말한다.
5) 하한계가 작을수록, 폭발범위가 클수록 위험하다.

4. 최소 발화 에너지

1) 정의
   최소발화에너지란 가연성 혼합기체와 같은 가연성물질을 발화시키기 위하여 공급해야 하는 에너지의 한계값

2) 특성
   - 발화원의 에너지 값이 이 값(최소발화에너지) 이하일 때에는 일반적으로 발화가 일어나지 않는다. 따라서 가연성의 기체, 증기, 분체 등의 폭발 위험성을 나타내는 특성 값의 하나로 중요한 수치이다.
   - 가연성 혼합기체가 발화할 때 혼합기체의 상당 부분이 전체적으로 가열되어 발화하는 경우와 전기불꽃 등에 의하여 일부분이 가열되어서 발화하는 경우가 있는데
   - 전자를 통상 발화온도라 하고, 후자를 발화에너지라고 한다.
   - 발화에너지는 통상 전기불꽃에 의한 발화로부터 쉽게 구할 수 있으며, 신뢰할 수도 있기 때문에 주로 전기에너지의 형태로 나타난다.
   - 발화에 필요한 에너지는 가연성물질의 종류만이 아니고 반응속도에 영향을 미치는 조성, 환경조건, 방열과 관련된 전극의 형상, 전극사이의 거리 등에 의해 달라진다.
   - 최소 발화에너지는 연소속도가 클수록, 열전도도 및 화염온도가 낮을수록 작다.
     1기압, 상온에서 탄화수소의 최소발화에너지는 개략 0.2에서 0.3mj 정도이고 이 수치는 가솔린 엔진 등의 점화플러그 에너지와 비교하면 약 1/1000 정도의 크기에 해당된다.

3) 최소발화에너지의 측정에 미치는 인자
   - 조성 온도
   - 압력
   - 분위기중의 첨가물과 산소 농도 등

6.12 방폭전기 설비 설치

1. 인용근거
사업장 방폭구조전기기계기구 배선 등의 선정, 설치 및 보수 등에 관한 기준 제11, 12, 13조 (고시번호 : 고시 제1993-19호(1))

2. 설치 전 사양의 확인
방폭전기기기를 설치하고자 할 때에는 사전에 다음 각호의 사양을 계획서와 비교하여 일치하는지 여부를 확인하여야 한다.
 1) 사양 확인의 일반사항
  가. 정격전압, 정격주파수, 상수
  나. 정격전류, 정격출력
  다. 용기의 보호등급
  라. 부착방식 및 부착형태
  마. 주위환경
 2) 방폭구조
  가. 방폭구조의 종류
  나. 폭발등급
  다. 온도등급
 3) 금속관 배선인입부의 사양 확인
  가. 인입부의 위치
  나. 관용평행나사의 치수
 4) 저압 케이블 배선 및 고압케이블 배선의 확인
  가. 인입부의 위치
  나. 인입방식
  다. 케이블 관통부에 있는 패킹 콤파운드
  라. 충진부 및 클램프부의 케이블과의 적합성
  마. 보호관 부착부 및 외장 고정부의 구조 및 치수
 5) 이동전기기기의 배선의 확인
  가. 인입부의 위치

나. 인입방식

다. 케이블 관통부에 설치된 패킹 및 클램프부의 캡타이어 케이블과의 적합성

6) 냉각과 관련된 사양

가. 사용할 냉각매체(공기, 불활성가스, 물, 기름 등)의 온도조건, 압력, 유량 등

나. 주위의 공기를 냉각매체로서 사용하는 경우에 습기, 부식성가스, 먼지 등에 대한 조치

7) 내습성, 내식성, 내진성 등

3. 설치위치 선정시 고려사항

1) 운전, 조작, 조정 등이 편리한 위치에 설치하여야 한다.
2) 보수가 용이한 위치에 설치하고 점검 또는 정비에 필요한 공간을 확보하여야 한다.
3) 가능하면 수분이나 습기에 노출되지 않는 위치를 선정하고, 상시 습기가 많은 장소에 설치하는 것을 피하여야 한다.
4) 부식성가스 발산구의 주변 및 부식성 액체가 비산하는 위치에 설치하는 것을 피하여야 한다.
5) 열유관, 증기관 등의 고온 발열체에 근접한 위치에는 가능하면 설치를 피하여야 한다.
6) 기계장치 등으로부터 현저한 진동의 영향을 받을 수 있는 위치에 설치하는 것을 피하여야 한다.

4. 설치 공사시 고려사항

방폭지역에 전기기기를 설치할 때에는 다음 각 호의 사항을 고려하여야 한다.

1) 설치방식

바닥설치, 벽부형 설치, 천정매달기식 설치 등 및 허용기울기 등 설치형태가 방폭 전기기기의 사용조건에 부합하여야 한다.

2) 설치시 사용되는 볼트, 너트, 금구류 등은 충분한 기계적 강도가 있어야 하며, 설치 장소의 특성에 따른 재질 및 표면처리가 확실한 것을 사용하여야 한다.
3) 노출 충전부분이 발생하지 않도록 하여야 한다.
4) 펜던트형 조명기구를 설치할 때에는 다음 각목의 사항을 고려하여야 한다.
  - 조명기구는 그 부착부에 적합한 후강전선관이나 또는 이와 동등 이상의 강도가 있는 금속관을 사용하여 매달아야 하며, 매단 관과 조명기구 및 부착박스는 누름나사 등으로 풀림방지 조치를 하거나 또는 이와 동등이상의 신뢰성이 있는 방법으로 고정하여야 한다.

- 매단 관의 길이는 그 종류 및 사용 장소에 따라서 규정값 이하가 되도록 하여야 한다. 단, 금속관을 사용하는 때에는 하단으로부터, 30cm이내, 가요전선관을 사용하는 때에는 상부 고정박스 부착지점으로부터 30cm이내에 진동이나 비틀림을 방지하기 위하여 버팀쇄(Brace)를 설치하는 경우에는 그러하지 아니하다.

6.13 내압방폭 금속관 배선

1. 관련 규격
한국가스안전공사의 가연성가스시설의 위험 장소의 분류 및 방폭전기 설비의 설정, 설치방법 제3조

2. 금속관 배선
내압방폭 금속관배선은 전선관로가 내압 방폭성을 가진 용기를 구성하는 금속관배선으로 다음의 조건에 의해 시공한다.

1) 배선재료
   (1) 절연전선
   절연전선은 그 절연체로 고무, 비닐, 폴리에틸렌 등을 사용한 것중, 그 사용장소에 따라서 부식성물질의 유무, 습기의 유무, 주위온도 등의 조건을 고려하여 가장 적절한 것을 사용한다.
   (2) 전선관
   전선관은 KSC 8401(강제전선관)에 규정한 후강전선관을 사용한다.
   (3) 전선관용 부속품
   전선관용 부속품은 내압방폭구조의 것을 사용한다. 단, 록크너트는 후강전선관용의 것을 사용한다.

2) 배관방법
   (1) 나사결합
   전선관과 전선관용 부속품 또는 전기기기와의 접속, 전선관용 부속품 상호간의 접속, 또는 전선관용 부속품과 전기기기와의 접속은 나사에 의해, 완전나사부로 5산 이상 결합시키고 그 외에 전선관과 전선관용 부속품 또는 전기기기와의 나사결합부에 대해서는 록크너트를 사용하여 나사를 축선 방향으로 강하게 조여야 한다.
   또한, 전선관상호의 접속에는 유니온 커플링을 사용할 것.
   (2) 가요성접속
   가요성을 필요로 하는 접속부분에는 내압방폭구조의 플렉시블핏팅을 사용하고 이것을 구부릴 경우의 내측반경은 플렉시블핏팅 관의 외경의 5배 이상으로 한다. 또한 플렉시블핏팅을 비틀어서 사용해서는 안된다. 가요성을 필요로 하는 접속부분이

란 전동기의 단자함과 전선관과의 접속부분 등과 같이 후강전선 관으로 접속하는 경우에는 과도항응력을 받을 우려가 있는 부분을 말한다.

(3) 씰링

전선관로에는 씰링핏팅을 설치하고 그 내부에 씰링콤파운드를 충전하여 폭발성가스의 유동 및 폭발화염의 전파를 방지하여야 하며 씰링핏팅 내에서는 전선의 접속이나 분기를 하지 말 것.

(4) 전선관로의 지지

전선관로는 기계적으로 튼튼하고 내식성이 좋은 재료를 사용하여 견고하게 지지해야 한다.

3) 씰링의 시공방법

내압방폭 금속관배선에 있어서의 씰링의 시공방법은 다음과 같다.

(1) 씰링핏팅의 설치부분
- 서로 다른 위험장소 상호, 위험장소와 비위험 장소 사이의 경계의 어느 한쪽지점. 단, 씰링핏팅과 위험장소의 경계사이의 전선관로에는 도중에 매듭을 만들지 말 것.
- 전기기기 및 접속함에 접속되는 전선관로에 있어서는 이것에서 45cm 이내로 가능한 한 근접한 지점.
- 54mm 이상의 전선관로에 대해서는 박스류로 부터 원칙적으로 45cm 이내로 가능한 그것에 근접한 지점에 설치하고, 또한 54mm 이상의 전선관로의 길이가 15m를 초과하는 경우에는 15m 이하마다 1개의 비율로 적당한 부분에 설치할 것.

  단, 54mm 미만의 전선관로에 접속되는 박스류(정크션박스, 풀박스)에 대하여는 씰링을 생략할 수 있다.

(2) 실링 콤파운드의 충전

씰링 콤파운드는 다음에 의거 될 수 있는 한 기밀을 유지하도록 충전 할 것.
- 씰링 콤파운드가 유출되는 것을 막기 위하여 씰링파이버로 충전층의 구획을 완전히 만들 것.
- 각 전선의 피복과 씰링 핏팅의 내벽과의 사이에 씰링 콤파운드가 충분히 밀착하도록 전선을 배치하고 충전할 것.
- 유효충전층의 길이는 어떠한 경우에도 전선관의 내경이상

  (최소 20mm)으로 할 것.

  특히, 횡형 씰링핏팅에 있어서는 씰링콤파운드 충전후의 화염일주 경로를 검토하고, 씰링콤파운드가 내벽에 밀착한 부분만에 의하여 충분한 유효충전층을 확보 할

수 있게 할 것.
- 씰링콤파운드를 충전 후 이것이 충분히 경화하여 내벽 및 전선피복에 밀착한 것을 확인한 후 충전구에 플러그를 충분히 비틀어 막을 것.
- 드레인 피팅(Drain Fitting)의 설치
　　전선관로, 박스류, 씰링 핏팅의 내부 등에 수분이 응축하여 집접할 우려가 있는 경우에는 수분의 응축을 방지하는 방법이나 직접한 물을 배제할 방법을 강구하여야 한다.

제7장
전기안전작업

7.1 하도급 시공의 문제점과 대책

1. 개요
1) 대형 전기공사의 하도급은 공식적, 비공식적으로 많이 이루어져 왔으며,
2) 이에 따라, 공사관리상 및 안전관리상의 제반 문제점으로 인한 원도급자 및 하도급자간의 피해가 막대한 경우도 생길 수 있으며,
3) 인간존중의 안전관리 개념과는 위배한 수익위주의 무리한 작업으로 안전사고 우려가 높음.
4) 따라서, 하도급업체의 안전관리도, 도급업체의 안전관리와 마찬가지로 안전관리 총괄담당자에 의해 안전관리업무와 보건관리업무를 관장토록 하여 문제점이 발생 되지 않도록, 안전조직, 교육, 감시감독을 해야 된다.

2. 하도급 시공에 따른 안전관리상의 문제점
1) 안전관리자의 안전관리활동에 있어서, 하도급자의 안전에 관한 수칙의 미준수 및 지시사항 미준수
2) 명령, 감독체계의 이원화 및 작업지시의 이중화
3) 안전관리 책임자의 총괄 지휘에 하도급자의 미준수

3. 안전관리 대책
1) 안전관리 총괄 담당자에 의한 통제 일원화
   (1) 중대재해, 비상상황 발생시 작업의 중지 또는 재개지시
   (2) 수급업체의 안전관리비 집행의 감독 및 수급업체간의 분쟁의 조정
   (3) 근로자의 안전에 관한 교육 및 점검
   (4) 방호장비의 착용 및 보호구 착용에 관한 점검 및 장비의 시험에 있어서 합격품을 사용하는지의 여부
   (5) 도급자의 안전보건에 관한 관리 및 점검
2) 안전에 관한 사업주의 활동 강화
   (1) 안전보건에 관한 사업주간 협의체 구성 및 운용
   (2) 사업장의 순회 및 점검활동
   (3) 근로자의 안전보건에 관한 점검

3) 전기감리를 통한 안전관리강화
  (1) 발주자는 일정규모 이상의 전기설비공사에 있어 전기감리를 의무적으로 외부에 의뢰하여 감리용역을 받게 되어 있음.
  (2) 이때 발주자는 감리를 통한 시공감리 및 안전관리, 교육 등에 철저를 기하도록 지속적인 관리감독을 필수적으로 실시해야 됨.

4. 안전보건 11대 기본수칙
  1) 작업전 안전점검, 작업중 정리정돈
  2) 작업장 안전통로 확보
  3) 개인보호구 지급 착용
  4) 전기활선 작업 중 절연용 방호기구 사용
  5) 기계설비 정비시 잠금장치 및 표지판 부착
  6) 유해, 위험 화학물질에 대한 경고표지 부착
  7) 프레스, 절단기, 압력용기, 둥근톱에 방호장치 설치
  8) 고소 작업시 안전난간, 개구부 덮개설치
  9) 추락방지용 안전망 설치
  10) 용접시 인화성, 폭발성 물질 격리
  11) 밀폐공간 작업전 산소농도 측정

7.2 작업표준

1. 작업표준(Operation standard)의 정의
작업표준이란 작업조건·방법·관리방식·사용재료·설비 등에 관한 취급상의 표준작업
기준 및 작업의 표준화를 말한다.

2. 목적
1) 작업의 효율화(작업의 비효율성 제거) 즉, 생산의 표준화 또는 표준화 생산을 말한 것으로서, 생산에 필요한 사람, 물질, 방법, 관리의 기준을 규정한 것.
2) 위험요인을 제거하여 안전하게 장치를 운용.
3) 손실요인의 제거
   재해의 원인 중 불안전한 행동은 작업행동에서 일어난 잘못된 형태로서, 이것은 작업표준을 철저하게 주지시킴으로서 최소화 할 수 있으며, 작업표준은 불안전 행동을 절제하기 위한 기준이다.
4) 작업자가 안전하게 작업을 수행
5) 회사의 기술 확보
6) 작업장에서 실시되는 작업의 내용을 확실하게 전달
7) 제조부분의 각 계층사람들의 생산 활동에 대한 책임과 권한을 명확히 함
8) 제조 담당자가 작업을 원활하게 추진하기 위하여 적절한 명령·지시·지도·감독 등을 달성하는 목적

3. 작업표준의 필요성
1) 재래형·반복형 재해의 예방
2) 작업 능률과 품질향상
3) 합리적인 작업 계획의 실시

4. 작업 표준의 종류(범위)
1) 기술표준

2) 작업지도서
3) 작업순서
4) 동작표준
5) 작업지시서
6) 작업요령 등이 모두 포함된다.

5. 작업 표준의 전제조건

1) 경영자의 이해
   경영 수뇌부가 작업표준을 중요한 정책으로 책정
2) 안전 규정의 시행
   안전에 대한 최소한의 준수 사항으로 작업 표준화를 권장하기 위한 기초 조성
3) 설비의 적정화 및 정리 정돈
   작업 표준화에 앞서 설비의 안전화 및 환경 개선
4) 작업 방식의 검토
   표준화하기 쉬운 작업 방식 선택

6. 작업표준 작성순서(5단계)

1) 제1단계 : 작업의 분류 및 정리
2) 제2단계 : 작업분석(작업분해)
3) 제3단계 : 토의에 의한 동작순서 및 급소결정(명시)
4) 제4단계 : 작업표준안 작성
5) 제5단계 : 작업표준의 제정 및 교육실시

7. 작업표준이 구비해야 할 요건

1) 작업의 실정에 적합할 것
2) 좋은 작업의 표준일 것
   무리 없이 실행될 수 있는 내용일 것
   책임과 권한을 분명하게 할 것
3) 표현은 구체적으로 할 것
   작업의 방법 요인에 대하여 작성할 것
   요인을 중점적으로 파악할 것

4) 생산성과 품질의 특성에 적합할 것
5) 이상시의 조치기준에 대해 정해둘 것
   수정을 생각하여 둘 것
6) 다른 규정 등에 위배되지 않을 것
   실정에 적합한 것이며, 관련사항에 모순이 없을 것

8. 작업표준의 운용

1) 작업표준은 도시화하여 관계 작업자에게 배부
2) 작업표준의 중요 항목은 발췌 후 현장에 게시
3) 작업표준을 기초로 훈련 실시(훈련은 직반장, 현장기술자가 실시)
4) 작업 중 지속적으로 지도감독 실시
5) 작업방법 변경시 기존 작업표준을 실정에 맞게 조정
6) 작업표준 변경시 유의사항
   ① 현재의 작업방법 검토 후 위험 및 유해요인 파악
   ② 작업방법 개선시 작업자의 의견 및 협조 하에 진행
   ③ 작업방법의 개선기법 이해 및 숙련
   ④ 개선된 작업방법의 지속적인 지도(작업 기준에 대한 교육훈련 실행)

7.3 지적(指摘) 확인의 필요성

1. 지적확인
1) 지적확인이란 작업을 오 조작 없이 안전하게 하기 위하여 작업공정의 요소요소에서 '…좋아!'라고 대상을 가리키면서 큰소리로 확인하는 것. 즉, 사람의 눈이나 귀 등 오관의 감각기관을 총동원해서 작업의 정확성과 안전을 확인하는 것을 말한다.

2. 지적확인 방법
1) 대상물을 똑바로 쳐다보면서 왼발을 반보쯤 벌리고 왼손을 허리에 댄 후 오른쪽 손가락으로 대상물을 가리킨다.
2) 지적확인 구호를 큰 목소리로 외친 다음 오른손을 귀까지 당겼다가 "좋아!"하는 소리와 함께 오른팔을 쭉 뻗는다.

3. 지적확인의 필요성
1) 인간의 특성상 자신도 모르는 부주의, 착각, 무의식, 태만, 소홀, 생략행위 등을 자신도 모르는 사이에 저지르고 있어, 지적확인을 함으로써 인간의 의식수준을 뚜렷한 상태로 전환시키면서 집중력을 높일 수 있음.
2) 따라서 지적확인은 인간실수에 따르는 사고방지에 매우 유용한 기법이 된다.
3) 지적확인을 하게 되면 아무 것도 하지 않을 때에 비하여 인간실수의 발생율이 1/3로 감소함.
4) 작업공정에 있어 인간공학적 관리구축에 따른 효과가 발생함
   (1) 생산성의 향상
   (2) 안전사고의 예방
   (3) 비용절감
   (4) 고객만족도 향상
   (5) 작업설계(Jab design)
   (6) 직무분석(task analysis)
   (7) 체계분석 및 설계과정
   - 성능(performance)향상
   - 사고 및 오용으로부터 손실감소
   - 생산 및 정비유지의 경제성 증대
   - 훈련비용의 절감 등

7.4 안전 보건 표지

1. 개요
안전 보건 표지란 근로자의 판단이나 행동의 착오로 산업재해를 일으킬 우려가 있는 작업장의 특정장소, 시설, 물체에 부착하는 표지임.

2. 안전 보건 표지의 목적
- 근로자의 안전 및 보건 확보
- 근로자의 안전 보건 의식 고취

3. 안전 보건 표지 구분 (산업안전보건법 시행규칙 제6조 1항)
1) 금지표지 : 특정 행동을 금지
2) 경고표지 : 유해 위험물질에 대한 주의 환기
3) 지시표지 : 보호구 착용을 지시하는 등의 지시
4) 안내표지 : 안전의식 고취, 비상구등을 알리는 표지

분류	색채	형태	종류	사용 장소
금지표지	빨강	⊘	① 출입금지 ② 보행금지 ③ 탑승금지	① 조립·해체작업장 입구 ② 중장비 운전작업장 ③ 고장난 엘리베이터
경고표지	노랑	△	① 인화성물질 경고 ② 폭발물 경고 ③ 고압전기 경고	① 휘발유 저장탱크 ② 폭발물 저장실 ③ 감전우려지역 입구
지시표지	파랑	○	① 안전모 착용 ② 방독마스크 착용 ③ 방진마스크착용	① 공사장 입구 ② 유해물질작업장 입구 ③ 분진이 많은 곳
안내표지	녹색	▭	① 녹십자 표지 ② 비상구 ③ 응급구호 표지	① 공사장 및 사람들이 많이 볼 수 있는 장소 ② 비상출입구 ③ 위생구호실 앞

4. 안전 보건 표지의 설치 (산업안전 보건법 시행규칙 제7조)

1) 사업주는 안전·보건표지를 설치하거나 부착할 때에는 근로자가 쉽게 알아볼 수 있는 장소, 시설, 물체에 설치하거나 부착하여야 한다.
2) 안전·보건표지를 설치하거나 부착할 때에는 흔들리거나 쉽게 파손되지 아니하도록 견고하게 설치하거나 부착하여야 한다.
3) 설치하거나 부착하는 것이 곤란한 경우에는 해당 물체에 직접 도장(塗裝)할 수 있다.

5. S 마크

1) 산업안전 보건법 제34조 2에 의거 해당보호구가 노동부장관(대행 : 한국 산업안전공단)이 안전, 보건기준에 적합하다고 판단될 때 교부하는 안전인증서로서 보호구의 검정차원을 넘어서 안전기준을 자율적으로 준수하는 업체에 수여됨
2) S마크 안전인증은 산업현장에서 사용되는 각종 기계, 기구의 안전성을 향상시켜 산업재해를 예방하자는 취지의 제도다.
3) 산업현장에서 생산에 쓰이는 각종 기계의 안전성과 기계를 만드는 제조자의 품질관리 능력을 종합적으로 심사해 기준에 적합한 경우 안전성을 상징하는 'S마크'를 제품에 표시토록 하고 있다.
4) 97년 7월부터 시행됐다.
5) 도면심사, 현장심사, 제품심사 등 3단계를 거쳐 인증서를 발급한다.

7.5 건설현장의 안전대책

1. 건설현장 감전사고의 원인별 형태

1) 가공전선로에 의한 감전사고
   (1) 도전체인 철근, 파이프 등의 공사용 자재 및 철사다리 등의 공사용 기구의 운반 또는 취급시 전선로 및 충전부에 접촉하는 경우
   (2) 항타기, 이동식 크레인 등 건설 장비를 사용 중 전선로에 접촉한 경우
   (3) 전기시설 및 가공전선로에 대한 교체, 점검, 보수시 보호구 미착용 또는 안전작업 수칙 미준수로 인한 감전

2) 임시배선에 의한 감전사고
   (1) 물 또는 습기가 있는 장소에 설치된 전선의 절연불량으로 인한 감전
   (2) 불량한 배전선이나 전선의 도체부분에 인체가 접촉된 경우
   (3) 임시전선 위로 중량물이 통과하면서 피복손상으로 인한 감전

3) 이동식 전기설비에 의한 감전
   (1) 양수기, 전기드릴 등의 사용시 절연불량으로 인한 금속제 외함에 누전발생시 감전
   (2) 교류아크용접기에 의한 감전
   (3) 임시조명기구에 의한 감전
   (4) 절연불량인 꽂음접속기 사용시의 감전

2. 가공 전선로의 감전사고 방지대책

1) 충전부의 방호조치
   (1) 사람이 접근할 우려가 있는 전기시설의 충전부는 담, 울타리 등으로 격리
   (2) 사람이 쉽게 접근되는 전기기의 외함은 충분한 강도를 보유하여 충격에 견디고, 반드시 접지할 것.
   (3) 전기시설이 노출된 충전부가 있는 장소에는 시건 장치 및 주의표지를 하고, 유자격자에 대하여만 출입을 허용할 것
   (4) 유자격자가 충전부에 접근 할 때는 반드시 절연용 보호구나 방호구를 사용할 것

2) 작업자 등의 무의식적 접근에 대한 대책
 (1) 가능하다면 가공전선로를 이설 할 것
 (2) 감전위험 방지용 울타리 설치
 (3) 가공전선로에 임시로 절연용 보호구 설치
 (4) 감시감독의 확실
 (5) 작업원에 대한 감전 사고의 심각성 및 방지교육, 지도를 철저히 할 것

3) 가공전선로 부근에서의 안전작업
 (1) 공사 전 감전사고 방지를 위한 기본계획 수립
 (2) 작업 착수 전 사고방지를 위한 감시자의 배치
 (3) 감전방지를 위한 작업방법 및 작업순서 숙지
 (4) 정전작업작업시 작업자와 작업책임자 간의 연락체계 확실성 확보
 (5) 활선작업시는 반드시 절연용 보호구와 방호구의 사용의무화
 (6) 절연용 방호구는 유경험자가 부착기구를 사용하여 정확히 설치할 것
 (7) 전선로의 부근에 위험 또는 주의표지를 설치할 것

4) 크레인 등 건설장비 사용시의 안전성 확보
 (1) 가공전선로에 대한 안전성 확보토록 방호장치 설치
 (2) 가공전선로에 대한 접근 방지용 장치나 인터록 시행
 (3) 감시자 배치로 가공전선로에 접근하는 것을 감시
 (4) 작업계획의 사전 협의, 장비의 통행로를 명확히 설정할 것
    (공사비용 감시 및 하도급자 간의 도급비 분쟁 방지차원)
 (5) 관계작업원에 작업표준을 주지시키고, 전격의 위험성에 대한 교육 시행
 (6) 장비의 유도에는 유도원을 배치하여 운전자와의 신호관계를 명확히 하고 통행구간의 지반의 강약에 주의할 것(크레인의 전도방지 목적)

3. 임시배선의 안전대책
1) 모든 배선은 반드시 배전반 또는 분전반에서 인출할 것
2) 분전반 또는 배전반에 설치된 차단기나 퓨즈의 정격용량을 초과하지 않도록 부하를 안배시킬 것
3) 임시배선용 전선은 다심케이블로 할 것

4) 케이블은 외부가 손상되지 않는 장소에 포설, 3m 이내의 간격으로 구조물 또는 애자에 고정시킬 것
5) 중량물의 압력 또는 현저한 기계적 충격을 받을 우려가 있는 장소에는 적절한 방호조치를 할 것
6) 지상 등에서 금속관으로 방호할 경우는 그 금속관을 접지할 것
7) 케이블 접속은 접속함을 사용할 것
8) 케이블 접속시는 적정 공구로 접속시키며, 연결 후에는 절연테이프로 원래 절연두께의 1.5배 이상의 두께로 감는다.
9) 전기기기에 연결되는 배선은 항상 접지가능토록 접지선이 있어야 하며, 모든 전기기의 외함은 접지할 것.

4. 이동식 전기설비의 안전대책

1) 이동식 전기기계의 안전대책
   ① 전원코드에 손상된 부분은 즉시 교체 또는 원래 보다 우수한 절연성능 보강
   ② 전원플러그가 노출된 경우 즉시 교체
   ③ 금속제 외함은 반드시 접지 처리
   ④ 습기 또는 철구조물 근처에서 사용시는 회로에 누전차단기를 설치
   ⑤ 작업 종료시는 플러그를 반드시 뽑아서 전원을 차단할 것

2) 교류 아크용접 작업의 안전대책
  (1) 자동전격방지장치 사용
   ① 전기용접 작업시 작업자가 전격을 받게 되는 경우를 방지하기 위하여 자동전격방지장치를 필수적으로 부착해야 한다.
   ② 또한 용접기 외함은 접지를 실시하여야 한다.
  (2) 용접기용 개폐기의 설치
   ① 용접기 1차 전원 측에는 누전차단기를 부착하고 용접기 가까운 곳에 전용 개폐기 또는 안전스위치를 설치한다.
  (3) 용접기를 연결한 배선의 연결점은 충전부가 노출되지 않도록 테이핑 또는 절연커버를 설치하여 완전히 절연한다.

3) 임시조명기구에 대한 대책
   ① 모든 조명기구는 보호망 설치
   ② 이동식 기구의 배선은 유연성이 좋은 코드선을 사용할 것
   ③ 이동식 조명기구의 손잡이는 절연체로 할 것
   ④ 일정 장소에 고정시는 견고한 받침대를 사용할 것

4) 콘센트에 대한 대책
   ① 접지형 콘센트 사용할 것
   ② 콘센트의 접지극은 접지선으로 연결할 것
   ③ 임시조명회로에서 콘센트를 인출해서는 안됨
   ④ 누전 우려개소에는 누전차단형 콘센트를 설치할 것

7.6 특고압 전선로의 안전대책

1. 특별고압 송전선 부근에서의 작업시의 안전대책

1) 전선과의 이격거리 유지

① 특별고압 송전선 부근에서 대형기계를 사용하는 공사를 시행할 경우 다음 표에 의한 이격거리를 유지하여야 한다.

표. 전로전압별 이격거리

전로의 전압(V)		이격거리 (m)
저압	교류 600 이하 직류 750 이하	1
고압	7,000 이하	1.2
특별고압	7,000 초과	2.0(60kV 이상에서는 10kV 단수마다 0.2 증가)

② 전기설비 부근에서 작업하는 경우

작업자나 기계가 전선에 직접 접촉하여 섬락에 의한 전격을 받을 수가 있기 때문에 표1에 의한 송전선로의 전압별 접근한계거리 내에 접근되지 않도록 해야 한다.

㉠ 전력선 주위에 시설한 예로써, 위험표지를 부착하여 이격거리를 지킬 것
㉡ 전력선 아래에서 작업하는 경우에 기계와 전력선과의 이격거리를 지키기 위하여 크레인 본체와 붐대를 와이어 로프로 묶어 붐대가 일정한도 이상 올라가지 못하도록 할 것.
㉢ 송전선로의 위험구역을 표시할 것 등.

2) 정전유도에 의한 전격방지를 위하여 중기의 접지

① 특별고압 송전선 부근에서 공사용 기계를 사용하는 경우에 정전유도에 의해 기계의 전위가 상승되어, 지상작업자가 기계에 접촉될 경우 전격을 받게 된다.

② 기계에 대전되는 정전유도전압은 전기설비의 전압, 전선과의 거리 등에 따라 다르지만 수천 볼트까지 대전되는 경우가 있으며, 전류가 적어 직접 사망에 이르지는 않지만, <u>고소작업에서는 전격에 의한 추락사가 우려</u>되므로, 이와 같은 장소에서 공사를 할 경우에는 <u>기계를 접지</u>시켜야 한다.

3) 특별고압 송전선 부근에서 작업할 경우

① 접근방지시설을 설치한다.
② 감시인을 배치해서 작업을 감시한다.

2. 절연용 보호구 및 방호구 설치

1) 전기취급 작업을 하는 경우에는 충전부의 접촉으로 인한 감전을 방지하기 위하여 절연용 보호구를 착용한다.
2) 작업현장에서는 물체의 비래, 낙하로 인한 머리의 위험을 보호하기 위해 안전모를 착용해야 하며 전기취급자는 전기안전모를 착용해야 한다.
3) 활선 또는 활선근접 작업시 고압 및 특별고압회로의 검전, 절연용 방호구의 부착·탈착, 활선 주수세정 작업을 하는 경우에는 전기용 고무장갑을 착용하고 기계적 손상을 방지하기 위해 보호용가죽장갑을 고무장갑위에 착용한다.
4) 작업자가 작업 중에 접촉할 우려가 있는 충전부분이 있을 경우 충전부분에 절연용 방호구를 장착한다.
5) 충전전로 근방에서 크레인 등의 중기를 사용하는 건설작업을 할 경우에는 작업자가 감전되지 않도록 충전전로에 절연용 방호구를 장착해야 한다.
6) 고소작업을 하는 경우에는 안전대책용으로 추락에 의한 사고를 방지해야 한다.

3. 주위 충전선로의 정전

1) 개폐기 등의 시건 조치
   개방된 개폐기에는 시건장치를 하고 통전금지 표시를 하여 작업 중 오인에 의해 개폐기가 투입되지 않도록 한다.
2) 잔류전하의 방전
   개로 된 전력케이블이나 전력용 콘덴서인 경우에는 전류전하로 인한 위험을 방지하기 위하여 확실하게 방전시킨다.
3) 단락접지의 실시
   검전기로 정전을 확인한 후에 정전회로를 단락접지 시킨다.
4) 주위 충전부의 방호
   주위의 충전전로에는 절연용 방호구를 장착해야 하며, 방호구를 취부 또는 취부 하지 않을 경우에는 작업자는 절연용 보호구를 착용하고 활선 작업용 기구를 사용해야 한다.
5) 정전전로의 통전 주의
   정전작업 중 또는 작업완료 후에 정전전로가 통전될 우려가 있으므로, 작업자는 자기 위치를 지키는 것이 중요하며, 전로가 오접속 될 수도 있으므로 확인할 필요가 있다.

4. 크레인 등의 중기의 사고방지

1) 크레인 등의 조작시의 주의사항
   ① 크레인 등의 조작은 유자격자가 해야 하며, 필요할 경우에는 감시인을 배치하여 작업을 감시하게 한다.
   ② 중기의 성능을 초과한 사용이나 용도 외 사용을 금한다.
2) 이동식 크레인의 사용시 주의사항
   ① 후크, 링크, 와이어 로프 등은 기준에 적합한 것을 사용한다.
   ② 과부하 방지장치 등의 안전장치를 부착한다.
   ③ 운전 중에는 관계자 외의 자가 작업반경 내에 진입하지 못하도록 조치를 한다.
   ④ 크레인 본체 및 부속기기는 작업개시 전에 점검하고 정기적인 점검 및 정비를 필요로 한다.
   ⑤ 가공전선로의 주변상황을 확인하여, 전로의 이설. 방호구의 설치. 감시인의 배치 등의 작업을 시행한다.

5. 지하 매설물의 확인 및 안전조치

1) 조사 및 방호계획

   공사 착수 전에 발주자, 매설물관리자와 협의하여 공사현장 주변지역에 매설되어 있는 지하 매설물 즉, 상하수도, 고압케이블, 전화케이블 등의 위치. 구조 등과 지질상태를 조사하여 그 결과를 토대로 각 시공단계별로 안전상 필요한 방호계획 을 수립한다.

2) 매설물 주의

   공사 중에 매설물이 있거나 굴착부 주변에 중요한 매설물이 있을 경우에는 매설물이 손상되지 않도록 그 위치를 명확히 표시하고, 방호책을 설치하거나 감시인 배치한다.

3) 중기에 의한 손상방지

   중기류에 의해 매설물이 손상되는 예가 많으므로, 매설물 주변의 굴착시에는 인력으로 하는 것이 필요하다.

7.7 작업장 감전사고 대책

1. 고압측에서의 감전사고 방지대책

1) 수전설비의 대책
   ① 임시 수전설비는 구획된 장소에 설치한다.
   ② 관계자 外 근로자가 출입할 수 없도록 위험표지를 부착하고 시건장치 시행
   ③ 울타리는 충분한 높이로 설치
   ④ 문, 철제 울타리 등 금속부분에 반드시 접지 함 (접지저항은 가능한 10Ω 이하 : 제1종 접지공사 시행)
   ⑤ 변대의 변압기 받침대 주위에는 난간대를 설치해 추락을 방지함.
   ⑥ OS조작용 로프는 바람에 흔들리지 않도록 견고하게 묶는다.
   ⑦ 가공선로용 전주의 밑에서 위로 2m까지의 지지선은 보호커버를 씌우고 야광페인트(노란색과 검정색)을 칠한다.

2) 배선에서의 대책
   ① 임시배선은 지중 또는 가공으로 포설해야 되며, 도로나 통로에 노출설치 하지 않을 것
   ② 지중포설시는 파형관 또는 직관(PVC 관)內에 XLPE-W(수밀형)을 포설하거나, 부득이하게 토피가 나오지 않을 경우는 금속관(강관)內에 케이블 포설
   ③ 케이블은 가능한 직매식을 피하고, 접속을 금할 것
   ④ 부득이 케이블을 접속할 경우는 "케이블접속방법"에 따른다.
   ⑤ 직매나, 관로內 케이블 포설이 곤란한 경우 下記 그림과 같이 목재보호대를 이용함.

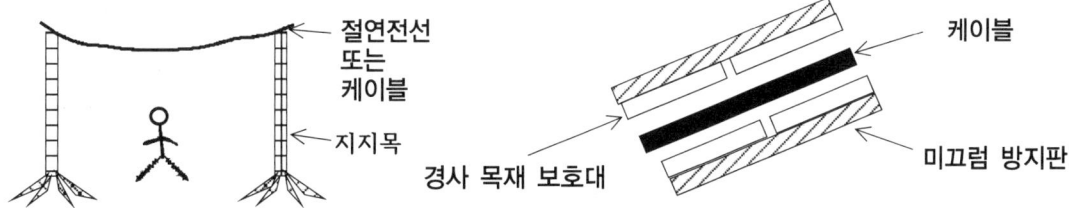

   ⑥ 가공으로 포설시는 절연전선 또는 XLPE Cable을 사용하되, 지지는 절연애자 등으로 견고히 하고, "가공선로 주의" 및 높이를 표시한다.
   ⑦ 전선의 접속은 규정의 슬리브로 하되, 반드시 절연슬리브 덮개로 마감처리 및 자기융착 테이핑으로 단말처리 할 것

⑧ 가능한 Cubicle을 사용하여 배선용차단기, 개폐기를 집합시켜, 본질적인 안전을 도모하게 할 것

3) 전기기계, 기구의 조작부분의 적정조도 유지(KSA 3011 적용)
① 초정밀 작업시 조도범위 : 600~1500lx
② 정밀 작업시 조도범위 : 300~600lx
③ 보통 작업시 조도범위 : 150~300lx
④ 기타 작업시 조도범위 : 60~150lx

2. 저압측에서의 감전사고 방지대책(배선 및 이동전선으로 인한 감전방지대책)

1) 배선에서의 대책
  (1) 나전선 사용은 금함을 원칙으로 함
  (2) 전로의 저항
   ① 전로가 대지로부터 절연되어 있지 않으면 누전에 의해 감전이나 화재의 위험이 있어, 사용전압에 따라 전선상호간 및 전로와 대지간의 절연저항은 다음 값 이상으로 한다.
   ② 〈표〉 저압전로의 절연저항 값 (전기설비 기술기준 제52조)

구분	전기기기(선로)의 사용전압 구분	절연저항값
400V미만	대지전압 150V이하	0.1MΩ이상
	대지전압 150V초과 300V이하	0.2MΩ이상
	사용전압 300V초과 400V미만	0.3MΩ이상
400V이상	사용전압 400V 이상	0.4MΩ이상

   ③ 저압전로中 절연부분의 전선과 대지간의 절연저항은 사용전압에 대한 누설전류가 최대공급전류의 1/2000이상 안되도록 유지할 것(전기설비 기술기준 제27조)
   ④ 사용전압이 저압인 전로에서 정전이 어려운 경우 등 절연저항 측정이 곤란한 경우에는 누설전류를 1mA 이하로 유지하여야 한다.(전기설비 판단기준 제13조)
   ⑤ 가능한 절연케이블을 사용하되, 충분한 굵기로, 고압의 경우와 같이 관로內로 포설하여, 본질적인 안전구조의 적용요함.

2) 누전차단기 적정적용
   ① 누전차단기 2차부하 특성에 따른 적정한 정격선정 요함. (동력용과 조명용의 ELB 규격 및 동작시간은 상이할 수 있음)
   ② ELB는 가능한 과부하, 단락, 지락, 겸용인 제품으로 사용.
   ③ ELB용 접지선 관리 철저
   ④ 감전보호용은 정격이 0.03초의 동작시간, 30(mA)이하인 정격감도 전류일 것

3) 배선 등의 절연피복 및 접속철저
   ① 절연전선에는 전기용품 안전관리법의 적용을 받는 것을 제외하고는 규격에 적합한 고압절연전선, 600V 비닐절연전선, 600V CV Cable, 600V 불소수지 절연전선, 600V 고무절연전선 또는 옥외용비닐절연전선을 사용한다.
   ② 전선 접속시는 당해 전선의 절연성능 이상으로 절연되도록 충분히 피복하거나, 적합한 접속기구를 사용. 이때, 접속저항의 증가가 없도록, 전선 상호간은 슬리브 접속을 코드 및 케이블 상호간은 Connector, 접속함 등의 기구를 이용하여 접속함.

4) 습윤한 장소의 이동전선 사용에는 안전기준에 의해 다음과 같이 적용함.
   ① 단면적 0.75(㎟)이상의 코드 또는 캡타이어 케이블 사용
   ② 거칠게 사용하거나, 대지전압이 150(V) 초과시는 캡타이어케이블 사용
   ③ 기기외함 등을 접지시는 이동전선의 1심을 접지선으로 사용함. (단상은 3심, 삼상은 4심케이블을 사용하여, 녹색의 심선을 접지선으로 사용)
   ④ 배선과 이동전선 접속시는 접지극을 갖춘 꽂음 접속기를 사용함.
   ⑤ 꽂음 접속기의 설치 및 사용시 준수사항을 실천한다.
      ㉠ 서로 다른 전압의 접속기는 상호접속 되지 않도록 한다.
      ㉡ 습윤한 장소에서 사용시는 방수형 등의 적합한 제품을 사용
      ㉢ 꽂음 접속기 잠금장치가 있을 때는 접속 후 잠그고 사용할 것
      ㉣ 꽂음 접속기 접속시 젖은 손으로 만지지 않도록 할 것.

5) 절연대 위에서 전동기를 사용
6) 비접지식 전로채용(3kW이하, 절연변압기), 2차측 전압이 300(V)이하
7) 전기기계, 기구의 충전부외 외함에는 철저한 접지 및 규정접지저항 이하로 산출되도록 접지시공 처리

7.8 전력구, 맨홀 작업시 안전대책

1. 준비사항 준수
1) 소요공구
① 보호구 : 안전모, 방진안경, 방연·방독 및 산소마스크
② 방호구 : 격리판, 방화막 비닐시트, 절연고무판
③ 표지용구 : 작업구획망 또는 로프, 출입 및 접근금지 표시찰, 황색주의등, 전광표시판, 유도등
④ 검출용구 : 검전기, 가스검지기, 매설물 탐지기

2. 작업전 조치
맨홀 및 통로내에 작업시에는 미리 내부의 배수 및 이물질을 완전히 제거 후 작업하여야 한다.

3. 맨홀 뚜껑 열기와 표지
1) 작업원이 맨홀이나 지하실 또는 유사한 구조물에 들어 갈 때는 입구의 보호조치 유무에 관계없이 반드시 감시원을 배치하여 연락을 취할 수 있도록 할 것.
2) 맨홀 및 핸드홀의 뚜껑은 잠금장치를 하고 도구 없이 쉽게 열수 없도록 충분한 하중의 덮개로 덮어야 한다.(송전용 맨홀 뚜껑은 4인 성인이 겨우 들 수 있음)

4. 맨홀 내 환기
1) 맨홀 내 작업은 맨홀에 들어가기 진에 반드시 환기시켜야 하며,
2) 원칙적으로 맨홀뚜껑을 2개소 이상 개방하고 강제 환풍을 해야 하며, 작업 중에도 계속하는 것이 좋다.

5. 가스 검출
- 맨홀 뚜껑 개방 직후와 환기 후에는 반드시 가스를 검출(산소농도 포함)하여 유해여부를 확인하여야 한다.
1) 가스검지기센서의 유효기간 경과여부를 사용 전에 반드시 확인하여야 한다.

2) 산소결핍의 우려가 있는 장소(터널, 맨홀, 탱크 등)에서 작업을 할 때에는 작업 전에 산소 농도가 충분한 지를 측정하여야 하며, 공기 중의 산소농도가 약 21% 이상인 경우에 작업을 할 수 있다.
3) 작업 중에 산소농도가 부족할 경우에는 최소한 18% 이상이 되도록 송풍 또는 환기를 시켜야 하며, 산소부족이 인체에 미치는 영향은 다음과 같다.

① 유해가스별 허용농도

유해가스	허용농도
CO	0.005% 이하 (50 ppm)
H_2S	10 ppm
가연성가스	20% 이하 (폭발 하한치)
탄산가스	0.5% 이하 (5,000 ppm)

② 산소부족이 인체에 미치는 영향

산소농도(%)	증상
18% 이상	정상
16 ~ 12	맥박 및 호흡증가, 두통, 정신집중 불가
12 ~ 10	현기증, 실신, 구토
10 ~ 8	의식불명, 중추신경장해
8 ~ 6	혼수 및 이상호흡
6 이하	호흡정지 및 6~8분 후 심장정지

6. 케이블의 취급

- 케이블을 취급하는 경우에는 작업자가 다음 사항을 지키도록 하여, 케이블의 손상방지와 작업자의 재해예방을 해야 한다.

1) 관로내에 케이블을 인입할 경우에는 관로내에 청소를 하고 돌기물 등의 지장부의 유무를 확인한다.
2) 케이블의 인입속도는 매분 5m 정도로 하고 주의해서 인입시킨다.
3) 케이블의 도체에 장력이 가해지는 경우에서의 도체 단위면적당 허용장력은 구리의 경우 $7kg/mm^2$, 알루미늄의 경우 $4kg/mm^2$이다.

7. 주의 활선부위의 방호

- 충전부 근접된 곳에서 케이블작업을 하는 경우에는 다음의 조치를 한다.

1) 옥외말단 접속작업을 하는 경우에는 고저압 배전선의 방호와 가공배전선 설비작업에 준하는 조치를 한다.

2) 고압 공급용 배전함 등 지중선용 기기류는 적절한 방법으로 방호조치한다.

7.9 수전설비 정전작업시 안전대책

1. 작업전 조치사항.
1) 작업책임자 임명하고 지휘·명령 계통 확립 및 확인
2) 안전회의 개최
3) 개로 개폐기 작동으로 정전
4) 개로 개폐기의 시건 또는 표지판 설치
5) 잔류전하의 방전
6) 검전기로 개로의 충전여부 확인
7) 단락접지기구로 단락접지

2. 작업 중 조치사항
1) 작업 지휘자에 의한 지휘
2) 개폐기의 관리
3) 근접활선의 방호상태 관리
4) 단락접지 상태관리

3. 작업후의 조치사항
1) 작업완료 여부를 작업책임자에게 통보
2) 표지의 철거
3) 단락접지 기구 철거
4) 작업자에 대한 위험 없음을 확인
5) 개폐기를 투입하여 송전재개
6) 송전 후 변압기 및 부하설비의 각종 정격값을 유지하는가에 대한 재확인.
7) 변압기 상회전 방향 측정 등 상기 방법은 정전작업시의 표준적인 절차인바 문제 내용에서 **실무적인 것을** 조금 **추가로 넣어서 2페이지 정도로 작성**하면 될 것임.

〈사다리 작업시 주의사항〉

① 결함 있는 사다리의 사용을 금하며 수선하기 전에는 사용금지 표찰을 부착하여 별도로 보관하여야 한다.
② 사다리는 안전검사에 합격된 제품을 사용하고, 미끄러짐을 방지하는 장치가 되어 있어야 하며, 적재하중 이상의 사람이나 물건을 올리지 않도록 한다.
③ 사다리는 상부와 하부가 움직이지 않도록 고정하고, 사다리 밑을 부서지기 쉬운 물건으로 고여서는 안된다.
④ 다음 경우에는 다른 사람으로 하여금 사다리를 붙들어 주게 하여야 한다.
　㉠ 작업원이 2m 이상의 고소에서 작업할 때
　㉡ 사다리 밑 끝이 평면 아닌 불완전한 곳에 지지되어 있을 때(특히, 금속면 또는 콘크리트면에서 사용할 때)
⑤ 사다리를 올라가고 내려올 때는 두 손을 사용하여 사다리를 잡고 사다리를 마주보면서 한 단씩 밟아야 하며, 지나치게 부피가 크거나 무거운 짐은 운반하지 말고, 미끄러지지 않도록 하며 뛰어내리거나 뛰어올라가지 말아야 한다.
⑥ 임시 유통으로 상자, 의자, 책상 등을 사용할 때는 사용 전에 결함 유무를 확인하여야 하며 가능한 한 작업목적으로는 사용하지 말아야 한다.
⑦ 목재 사다리는 규정된 셀락, 와니스 또는 이와 비슷한 투명한 도료를 칠할 것이며 페인트는 목재 사다리의 손상을 분간하기 어려우므로 사용하여서는 안된다.
⑧ 금속성 사다리는 전기회로 근처에서 사용하여서는 안되며 발판이 떨어졌거나 손잡이가 파손되었거나 또는 노화된 사다리는 사용하지 말아야 한다.
⑨ 사다리를 설치할 때에는 밑바닥이 사다리의 1/4 이상 벽에서 떨어지게 하는 것을 원칙으로 하고 문 앞에 설치할 때는 문을 열어 놓거나 잠궈 놓고, 출입자가 많은 곳은 감시인을 배치한다.
⑩ 콘크리트주에 사다리를 설치하고 작업을 할 때는 사다리를 콘크리트주에 완전히 밀착시킨 다음 상부에서부터 마닐라 로프로 전주와 함께 잘 감아내려 사다리가 흔들리지 않게 고정시킨 다음 작업에 임한다.

7.10 아크현상의 발생원인과 대책

1. 아크 사고 원인

전기스토브의 스위치를 끌 때 스위치 부분에서 불꽃이 발생한다. 이 불꽃은 스파크(Spark)라고 하며, 순간적인 아크(Arc)라고 생각해도 된다. 아크는 공기가 이온화하여 전기가 흐르는 상태인데 그 온도는 3,000℃ 정도이다.

1) 교류 아크 용접기의 아크

   전기용접시에 발생하는 아크의 온도는 3,300℃ 정도이다. 탄소전극인 경우의 온도는 3,500℃ 내지 3,800℃라고 한다.

2) 단락에 의한 아크
   ① 전선간의 절연이 파괴되어 벗겨진 전선과 전선이 직접 접촉하는 경우 폭발적으로 불꽃이 발생하는데 이것을 단락이라고 한다.
   ② 단락이란 전선간의 임피던스(저항)가 극히 적은상태에서 절연불량 또는 취급자의 과실에 의해 큰 전류가 흐르게 되며, 이에 의해 스파크 또는 아크가 발생함.
   ③ 저압의 아크는 공기의 절연에 의해 소실되지만 고압 이상이 되면 공기가 이온화하여 도체로 되기 때문에 아크가 잘 꺼지지 않는다.
   ④ 따라서 차단기로 신속히 끊어주지 않으면 큰 사고로 발전하게 된다.

3) 지락(고장접지)에 의한 아크
   ① 전주의 애자가 파괴되거나 전선 중 1선의 절연이 파괴되면 대지에 전압이 직접 걸려 전류가 흐른다.
   ② 이에 지락이라고 하는데 단락으로 발전한 경우에는 폭발적으로 큰 아크가 발생함.
   ③ 단, 저압의 비접지계인 경우는 전류가 에너지도 작기 때문에 아크로 발전 하지 않는 경우가 많다.

4) 섬락(플래시오버)의 아크

   전압이 높은 송전선에 접지물체가 근접하였을 경우 공기의 절연이 파괴되어 불꽃 방전이 일어나는 일이 있다. 이것을 섬락이라고 한다.

5) 전선절단에 의한 아크
   ① 전류가 흐르는 상태에서 단로기를 끊었을 때, 전선이 절단될 때, 또는 접속 부분이 접촉불량이 됐을 때 폭발적으로 불꽃이 발생하며, 고압 이상의 경우는 아크가 되어 여러가지 파괴작용을 파급한다.

② 고압 전로에는 이중 안전을 위해 반드시 단로기를 설치하고 있다.

③ 모터 운영에서의 아크 현상

　㉠ 운전할 때에는 먼저 DS를 넣고 다음에 CB를 넣는다.

　㉡ 모터를 정지할 때에는 먼저 CB를 끊고 다음에 DS를 끊는다.

　㉢ 이 순서를 반대로 하면 DS에서 큰 아크가 발생, 설비가 망가지고 사람이 열상을 입음.

　㉣ 최근의 설비는 차단기가 끊겨져 있지 않으면 단로기가 끊어지지 않게 인터록(연동) 되어 있는 경우가 많다.

④ 단로기의 개폐는 무부하, 즉 전류가 흐르고 있지 않을 때가 아니면 안 되도록 규정되어 있음.

6) 차단기(CB)에 있어서의 아크

① 고압 전기기구의 아크는 공기의 절연만으로는 끊기지 않으므로 아크발생이 계속되면 결국은 스위치가 파괴된다.

② 이 때문에 유입으로 하거나 전자력으로 압축 공기로 불어 끄거나 가스 봉입 또는 진공으로 하여서 아크를 끄는 대책을 강구하고 있는데 이것이 차단기이며,

③ 차단기는 아크를 자동적으로 차단하는 기구로 되어 있다.

④ 차단 시 발생하는 아크는 전압, 전류의 크기에 따라 그 파괴력이 다르며 단락했을 때나 변압기 혹은 발전기처럼 전원용량이 커지면 파괴력도 커진다.

⑤ 따라서 차단기는 그 아크에 의한 파괴력을 처리하는 능력이 필요하다. 이를 「차단용량」이라고 한다.

2. 아크사고 대책

1) 교류 아크 용접기의 아크 전격방지기 적용
2) 단락에 의한 아크

　차단기의 고속도 차단
3) 지락(고정접지)에 의한 아크

　지락차단장치 적용

① 고압의 경우에는 접지계전기(OCGR)를 적용시켜 1선 지락시 신속히 차단기를 트립시킴

② 저압의 경우에는 누전차단기의 적절한 적용

4) 섬락(플래시오버)의 아크

   애자 등의 역섬락 방지용 아킹혼 등 설치

5) 단로기 절단에 의한 아크

   개방시 : 차단기로 선로를 개방 후 단로기 개방

   투입시 : 단로기부터 투입한 후 차단기 투입

6) 차단기(CB)에 있어서의 아크대책

   ① 고압 전기기구의 아크는 공기의 절연만으로는 끊기지 않으므로 아크발생이 계속되면 결국은 스위치가 파괴된다.

   ② 이 때문에 유입으로 하거나 전자력으로 압축 공기로 불어 끄거나 가스 봉입 또는 진공으로 하여서 아크를 끄는 대책을 강구하고 있는데 이것이 차단기이다

   ③ 차단기는 그 아크에 의한 파괴력을 처리하는 능력이 필요하므로 차단용량을 상향시킴.

   ④ 차단기에 저항소자 설치

7.11 인간과 작업환경

1. 개요
1) 작업환경은 근로자에게 커다란 영향을 미치며 작업환경이 잘못된 것을 불안전한 상태라 함.
2) 작업환경은 온도와 습도, 조명, 소음, 분진, 유해물 및 작업장 내의 색채 등이다.

2. 온도와 습도
1) 온도와 습도는 사람의 건강에 직접적인 영향을 미치며 특히 육체적인 노동의 경우에는 근로의욕, 생산성, 안전 등에 커다란 영향을 미친다.
2) 온도와 습도에 의해서 쾌감대와 불감대가 있으며 불쾌지수에 의해서 표현된다. 감각온도, 불쾌지수, 열압박 등이 있다.
   (1) 감각온도 : 사람이 느낄 수 있는 온도이다.
   (2) 불쾌지수 : 온도와 습도가 인간에게 주는 불쾌감을 수치적으로 나타낸 것이다.
   (3) 열압박
      ① 온도 때문에 인간이 느끼는 생리학적 현상을 말한다.
      ② 대기온도가 41(℃)인 것을 한계온도라고 한다.
   (4) 온도가 높을 때
      ① 맥박수가 증가한다.
      ② 혈압이 저하한다.
      ③ 혈액이 농축된다.
      ④ 심장에 무리가 온다.
      ⑤ 땀에 의한 염분이 소요된다.
      ⑥ 열경련, 열사병이 발생.
      ⑦ 대책 : ㉠ 환기, 냉방, 열을 차단한다.
              ㉡ 작업시간을 단축하고 휴식을 취한다.
              ㉢ 방열복을 착용한다.
              ㉣ 냉수욕, 급수를 한다.
   (5) 저온 시
      ① 동작이 둔감해진다.
      ② 정신 및 시각이 나빠진다.

3. 조명

생산현장의 조명은 작업능률을 높이고 불량률을 감소시키며 또 안전하고 쾌적한 작업 환경을 만드는 데 그 목적이 있다.

1) 생산현장의 조명의 영향
   ① 명시조명을 만족하여 작업능률을 향상시킨다.
   ② 불량 작업 환경이 개선되고 불량률을 감소시킨다.
   ③ 작업자의 피로도가 감소한다.
   ④ 사고 및 재해가 감소된다.
   ⑤ 근로자의 근로의욕이 향상된다.

2) 조명 시의 고려사항
   ① 작업 내용 : 정밀작업인가, 보통작업인가, 거친 작업인가를 고려한다.
   ② 작업 대상물 : 세밀한가, 광택이 있는가를 고려한다.
   ③ 작업 속도 : 속도가 빠른가, 고속으로 회전 또는 이동하는가를 고려한다.
   ④ 작업장의 환경 : 색채, 넓이, 채광상태, 온도 등을 고려한다.
   ⑤ 건물의 형태, 기타 : 건물의 층고, 배전계통, 설치 및 보수의 용이 등을 고려하여 작업장내의 적정온도와 광원을 선정한다.

3) 조명 계획시 주의사항
   ① 점등시간.
   ② 연색성
   ③ 눈부심(휘도대비 3 : 1이 최적이나, 5 : 1~7 : 1 정도를 유지)
   ④ 그림자.
   ⑤ 경제성.
   ⑥ 국부조명의 활용

4. 소음

1) 소음의 개념
   ① 소음이란 원하지 않는 소리를 지칭하는 것으로서.
   ② 정보이론의 관점에서 본 소음의 개념은 주어진 작업의 수행과는 정보적인 관련이 없는 청각적인 자극이라고 말할 수 있으며 음압의 수준은 dB로 나타난다.
   ③ 두 음의 차이가 10(dB) 이상인 경우에 발생된다.
   ④ 10(dB) 이상의 차에 의해 높은 음이 낮은 음을 상쇄시켜 높은 음만 들려 낮은 음이 들리지 않는 현상이다.

⑤ 90(dB)와 60(dB)이 발생되는 기계가 공존 시 60(dB)이 발생되는 기계는 90(dB) 소음이 발생되는 기계에 의해 상쇄되는 현상으로 90(dB)의 소리만 들린다.

⑥ 음의 세기가 다른 음이 같이 존재하는 경우에는 음의 크기가 큰 것이 나타나고, 같은 크기의 음이 두 가지가 존재하는 경우에는 한 가지일 때보다 3(dB) 정도 크게 나타난다.

⑦ 85(dB) 이상이면 소음대책을 강구하여야 한다.

2) Masking(차음) 효과 : 하나의 음이 다른 음에 비해서 크기가 현저히 작은 경우에는 강한 음에 가로 막혀 들리지 않게 되는 현상을 말한다.

3) 복합소음

① 같은 소음 수준의 기계가 2대 이상일 경우 3(dB)이 증가한다.

② 두 소음수준의 차이가 10(dB) 이상인 경우에 발생된다.

4) 소음의 한계

① 소음의 한계는 90(dB)로서 1일 8시간 정도이며 안락한계는 45~65(dB), 불쾌한계는 65~120(dB)이다.

② 소음에 의한 증상으로는 음의 분별이 곤란해지고, 부분적인 청각상실이 발생하며, 최종적으로 청력을 상실한다.

③ 소음의 허용노출 시간

dB기준	90	96	100	105	110	115	120
허용노출시간	8시간	4시간	2시간	1시간	30분	15분	5~8분

5) 소음대책

- 소음이 심한 작업으로는 압축공정, 컴프레서 공정, 분쇄, 단조, 연마 공정 등이 있으며 소음방지대책은 다음과 같다.

① 소음원을 통제한다.

② 차음장치를 한다.

③ 음향처리재를 사용한다.

④ 소음원을 격리한다.

⑤ 흡음재를 사용한다.

⑥ 적절한 기구 및 기구를 배치한다.

⑦ 방음 보호구 등을 사용.

⑧ 배경음악을 이용한다.(Back Ground Music : 60±3dB)

5. 진동 장해

1) 말초신경의 이상이 발생된다.
2) 골관절 및 근육의 장해가 온다.
3) 소화력 감소, 혈압, 맥박수의 변화가 발생한다.

6. 분진

1) 분진의 정의

   공기 중에서 사람의 키 높이에 떠다니는 미립자를 말하며, 1~100(μm) 정도의 크기를 말한다.

2) 분진의 장해
   ① 진폐증, 규폐증, 면폐증을 유발한다.
   ② 중독현상이 발생한다.
   ③ 피점막장해를 유발한다.

3) 분진의 방지대책
   ① 기술적으로 분진발생 장소를 변경한다.
   ② 공정을 개량하고 원료와 사용재료를 변경.
   ③ 분진의 비산을 억제하고 제거시킨다.
   ④ 개인보호구를 착용(방진마스크, 공기마스크)

7. 유해 화학물질

1) 정의 : 작업장에서 취급되거나 공기 중에 포함되어 있는 인체에 해로운 유기물과 무기물질.

2) 허용농도
   ① 인간이 매일 8시간씩 유해화학물질에 노출되더라도 인체에 아무런 장해가 없는 농도
   ② $\frac{C_1}{T_1} + \frac{C_2}{T_2} + \sim + \frac{C_n}{T_n} = 1$ 을 넘으면 혼합물질은 T.L.V를 초과한다.

   단, C : 측정한 유해물의 농도, T : 물질의 허용농도
   TLV : Threshold Limit Value(허용 농도)

3) 생화학적 허용한계 : 근로자의 혈액, 소변, 머리카락, 손톱, 체액 등을 채취하여 노출된 유해물질의 양을 측정 하는 것을 말한다.

8. 직업병

작업의 특수성 때문에 근로자에게 발생하는 병으로 근로자의 체질, 작업의 종류, 환경, 작업 방법에 따라 다르다.

1) 작업환경에서 오는 병 : 규폐증, 납중독, 금속증기열, 벤젠중독, 일산화탄소 중독, 난청, 생식불능, 안염, 백내장
2) 작업방법에 의한 것 : 불면증, 위장병, 편평족, 정맥류, 요통, 근시
3) 직업병의 예방법

   ① 독성이 없거나 적은 물질로 대체한다.
   ② 오염원을 피복하거나 격리시킨다.
   ③ 환기시설을 설치한다.
   ④ 개인 보호구의 착용 및 개인위생을 철저히 한다.

7.12 정전작업시 사고예방대책

1. 정전작업의 정의
정전작업이라 함은 전기설비에서 활선으로 시행할 수 없는 작업 또는 작업의 성질, 규모 등의 여건상 활선작업의 효과가 적어, 전력공급을 중단하고 시행하는 작업

2. 정전작업시 사고의 종류(원인)
1) 추락사고
   ① 감전에 의한 추락
   ② 작업시 부주의에 의한 비감전 추락사고
2) 낙하, 비래사고
   ① 작업공구 또는 자재의 낙하, 비래에 의한 사고
      비래(飛來) : 날아서 옴. '날아옴'으로 순화.
3) 감전에 의한 사고
   ① 무전압 상태의 유지 착각에 의한 감전
      ㉠ 개폐기 개방의 미보증
      ㉡ 잔류전하의 미방전
      ㉢ 단락접지의 미시행
   ② 재통전시의 안전조치 미비에 의한 감전
   ③ 개폐기나 차단기의 오조작에 의한 감전
   ④ 유도전압에 의한 감전
      ㉠ 고전압에 의한 유도 : 고전압 전로와 정전중인 전로 사이에 정전결합 (C 결합)에 의해 발생된 정전유도전압 또는 송전선 일부 회선 작업 시 인근 병행 송전선에서 대전류가 통전시 정전회선에도 전자유도가 흐르는 경우를 말함. ㉡ 전파에 의한 유도 : 방송국 또는 송신소 부근에서 고층건물의 크레인 작업 시 와이어로프와 후크가 안테나 역할을 함에 따른 전파에 의한 유도전압의 감전
4) 작업 장소 산재에 따른 작업자 이동, 자재이동시의 교통사고 등

3. 정전 작업시의 사고 예방대책

1) 추락사고 예방대책
   ① 철저한 안전교육 시행.
   ② 안전허리띠 착용방법 및 감시 감독철저
   ③ 안전망의 적정설치

2) 낙하, 비래사고 예방대책
   ① 적정한 안전공구에 의한 자재 및 공구의 이동시행 여부 감시 감독(로우프 등)
   ② 안전모, 안전화 착용철저
   ③ 작업구획 내 일정구간 안전구획 표시로 작업인외 출입금지

3) 감전사고의 예방대책(기본적인 대책)
   (1) 작업 착수 전 정전작업요령 작성 및 요령에 의한 작업시행
      ① 작업 전에 필요한 사항.
      ② 정전순서에 관한 사항
      ③ 개폐기 관리 및 표시판 부착에 관한 사항
      ④ 정전, 확인 순서에 관한 사항,
      ⑤ 단락접지 실시에 관한 사항
      ⑥ 전원의 재투입순서에 관한 사항
   (2) 정전 작업시 조치사항
      ① 작업 전 조치사항
         ㉠ 작업책임자 임명하고 지휘·명령 계통 확립 및 확인
         ㉡ 안전회의 개최
         ㉢ 개로 개폐기의 시건 또는 표지판 설치
         ㉣ 잔류전하의 방전
         ㉤ 검전기로 개로의 충전여부 확인
         ㉥ 단락접지기구로 단락접지
      ② 작업 중 조치사항
         ㉠ 작업 지휘자에 의한 지휘
         ㉡ 개폐기의 관리
         ㉢ 근접활선의 방호상태 관리
         ㉣ 단락접지 상태관리

③ 작업 후의 조치사항
　㉠ 표지의 철거
　㉡ 단락접지 기구 철거
　㉢ 작업자에 대한 위험 없음을 확인
　㉣ 개폐기를 투입하여 송전재개

4) 정전 절차의 5대 안전수칙 준수 (중요)
 (1) 작업 전 전원차단
 (2) 전원 투입의 방지
 (3) 작업 장소의 무전압 확인
 (4) 단락 접지
 (5) 작업 장소의 확보

5) 정전 작업시의 안전대책(조치)
 (1) 무전압 상태의 유지
　① 개폐기의 개방 보증
　　㉠ 통전금지의 기간, 통전금지에 관한 사항을 표시할 것
　　㉡ 작업 중에는 시건장치 할 것
　　㉢ 감시인 배치
　② 잔류 전하의 방전
　　정전용량이 큰 설비(콘덴서, 전력케이블)는 전원 차단 후에도 잔류전하가 상당히 존재하므로, 방전코일, 방전저항 등을 이용하여 잔류전하를 방전함.
　③ 단락 접지
　　고압 및 특고압 전선로 경우는 타전선로와의 접촉, 또는 유도에 의한 감전 위험을 방지토록, 다음과 같이 단락접지 시행함.
　　㉠ 단락접지 기구를 사용하여 확실하게 접지할 것
　　㉡ 검전기구에 의해 정전상태를 확인 후 단락 접지를 할 것
 (2) 재 통전시의 안전조치
　① 정전 작업이 끝난 후, 작업자 전원에 대한 인원점검 시행
　② 단락접지구, 통전금지 표시, 개폐기 잠금장치 등의 안전장치를 제거
　③ 작업 책임자의 지휘下에 한 동작씩 지시하고, 전원 투입자는 이를 반복 확인 후

그 동작을 시행.

④ 작업지휘 현장과 스위치 개소가 떨어져 있으면, 스위치 개소에 감시인을 배치하고, 작업책임자는 감시인과 직접연락하면서 재통전을 지휘한다.

(3) 오동작 방지

고압 또는 특고압 전선로에서는 부하전류 차단이 아닌 개폐기를 통한 부하전류 차단시 Arc발생에 따른 재해가 발생되므로 다음의 조치 시행.

㉠ 무부하 상태를 표시하는 Pilot Lamp를 설치

㉡ 전선로의 계통을 판별하기 위하여 태블릿(Tablet.표식)을 시설

㉢ 개폐기에 계통을 판별하기 위하여 무부하 상태가 아니면, 개로(open)할 수 없도록 Interlock장치를 시설함.

7.13 산업안전 보건기준에 의한 정전작업요령
〈2011.7.6. 산업안전보건 기준에 관한 규칙으로 개정됨〉

제319조(정전전로에서의 전기작업)

① 사업주는 근로자가 노출된 충전부 또는 그 부근에서 작업함으로써 감전될 우려가 있는 경우에는 작업에 들어가기 전에 해당 전로를 차단하여야 한다. 다만, 다음 각 호의 경우에는 그러하지 아니하다.
  1. 생명유지장치, 비상경보설비, 폭발위험장소의 환기설비, 비상조명설비 등의 장치·설비의 가동이 중지되어 사고의 위험이 증가되는 경우
  2. 기기의 설계상 또는 작동상 제한으로 전로차단이 불가능한 경우
  3. 감전, 아크 등으로 인한 화상, 화재·폭발의 위험이 없는 것으로 확인된 경우

② 제1항의 전로 차단은 다음 각 호의 절차에 따라 시행하여야 한다.
  1. 전기기기 등에 공급되는 모든 전원을 관련 도면, 배선도 등으로 확인할 것
  2. 전원을 차단한 후 각 단로기 등을 개방하고 확인할 것
  3. 차단장치나 단로기 등에 잠금장치 및 꼬리표를 부착할 것
  4. 개로된 전로에서 유도전압 또는 전기에너지가 축적되어 근로자에게 전기위험을 끼칠 수 있는 전기기기 등은 접촉하기 전에 잔류전하를 완전히 방전시킬 것
  5. 검전기를 이용하여 작업 대상 기기가 충전되었는지를 확인할 것
  6. 전기기기 등이 다른 노출 충전부와의 접촉, 유도 또는 예비동력원의 역송전 등으로 전압이 발생할 우려가 있는 경우에는 충분한 용량을 가진 단락 접지기구를 이용하여 접지할 것

③ 사업주는 작업 중 또는 작업을 마친 후 전원을 공급하는 경우에는 작업에 종사하는 근로자 또는 그 인근에서 작업하거나 정전된 전기기기등과 접촉할 우려가 있는 근로자에게 감전의 위험이 없도록 다음 각 호의 사항을 준수하여야 한다.
  1. 작업기구, 단락 접지기구 등을 제거하고 전기기기 등이 안전하게 통전될 수 있는지를 확인할 것
  2. 모든 작업자가 작업이 완료된 전기기기 등에서 떨어져 있는지를 확인할 것
  3. 잠금장치와 꼬리표는 설치한 근로자가 직접 철거할 것
  4. 모든 이상 유무를 확인한 후 전기기기 등의 전원을 투입할 것

제320조(정전전로 인근에서의 전기작업)

사업주는 근로자가 전기위험에 노출될 수 있는 정전전로 또는 그 인근에서 작업하거나 정전된 전기기기등과 접촉할 우려가 있는 경우에 작업 전에 제319조제2항제3호의 조치를 확인하여야 한다.

제321조(충전전로에서의 전기작업)

① 사업주는 근로자가 충전전로를 취급하거나 그 인근에서 작업하는 경우에는 다음 각 호의 조치를 하여야 한다.
  1. 충전전로를 정전시키는 경우에는 제319조에 따른 조치를 할 것
  2. 충전전로를 방호, 차폐하거나 절연 등의 조치를 하는 경우에는 근로자의 신체가 전로와 직접 접촉하거나 도전재료, 공구 또는 기기를 통하여 간접 접촉되지 않도록 할 것
  3. 충전전로를 취급하는 근로자에게 그 작업에 적합한 절연용 보호구를 착용시킬 것
  4. 충전전로에 근접한 장소에서 전기작업을 하는 경우에는 해당 전압에 적합한 절연용 방호구를 설치할 것. 다만, 저압인 경우에는 해당 전기작업자가 절연용 보호구를 착용하되, 충전전로에 접촉할 우려가 없는 경우에는 절연용 방호구를 설치하지 아니할 수 있다.
  5. 고압 및 특별고압의 전로에서 전기작업을 하는 근로자에게 활선작업용 기구 및 장치를 사용하도록 할 것
  6. 근로자가 절연용 방호구의 설치·해체작업을 하는 경우에는 절연용 보호구를 착용하거나 활선작업용 기구 및 장치를 사용하도록 할 것
  7. 유자격자가 아닌 근로자가 충전전로 인근의 높은 곳에서 작업할 때에 근로자의 몸 또는 긴 도전성 물체가 방호되지 않은 충전전로에서 대지전압이 50킬로볼트 이하인 경우에는 300센티미터 이내로, 대지전압이 50킬로볼트를 넘는 경우에는 10킬로볼트당 10센티미터씩 더한 거리 이내로 각각 접근할 수 없도록 할 것
  8. 유자격자가 충전전로 인근에서 작업하는 경우에는 다음 각 목의 경우를 제외하고는 노출 충전부에 다음 표에 제시된 접근한계거리 이내로 접근하거나 절연 손잡이가 없는 도전체에 접근할 수 없도록 할 것
    가. 근로자가 노출 충전부로부터 절연된 경우 또는 해당 전압에 적합한 절연장갑을 착용한 경우
    나. 노출 충전부가 다른 전위를 갖는 도전체 또는 근로자와 절연된 경우
    다. 근로자가 다른 전위를 갖는 모든 도전체로부터 절연된 경우

충전전로의 선간전압 (단위: kV)	충전전로에 대한 접근 한계거리 (단위: Cm)
0.3 이하	접촉금지
0.3 초과 0.75 이하	30
0.75 초과 2 이하	45
2 초과 15 이하	60
15 초과 37 이하	90
37 초과 88 이하	110
88 초과 121 이하	130
121 초과 145 이하	150
145 초과 169 이하	170
169 초과 242 이하	230
242 초과 362 이하	380
362 초과 550 이하	550
550 초과 800 이하	790

② 사업주는 절연이 되지 않은 충전부나 그 인근에 근로자가 접근하는 것을 막거나 제한할 필요가 있는 경우에는 방책을 설치하고 근로자가 쉽게 알아볼 수 있도록 하여야 한다. 다만, 전기와 접촉할 위험이 있는 경우에는 도전성이 있는 금속제 방책을 사용하거나, 제1항의 표에 정한 접근 한계거리 이내에 설치해서는 아니 된다.

③ 사업주는 제2항의 조치가 곤란한 경우에는 근로자를 감전위험에서 보호하기 위하여 사전에 위험을 경고하는 감시인을 배치하여야 한다.

7.14 발·변전소 안전 점검항목

1. 작업 전의 회합

작업책임자나 운전책임자는 작업 또는 조작을 시작하기 전에 작업원을 집합시켜 반드시 그 절차, 주의사항에 관하여 설명하여야 하며 특히 다음 사항을 완전히 이해시켜야 한다.

1) 작업의 목적과 범위
2) 작업용구, 공구 및 재료 등의 점검·정비
3) 유해, 위험개소의 확인 및 방호조치
4) 안전장구의 사용방법
5) 안전표지물의 설치
6) 재해발생 우려시의 작업중지 또는 대피
7) 작업완료시의 조치 및 확인
8) 작업지휘자의 임명.

2. 작업 전 확인 사항

1) 작업원에게 작업내용, 정전범위, 작업순서 및 조작순서, 주의사항 철저주지
2) 각 작업원의 담당 작업 부여
3) 보호구 착용 점검 : 안전모, 안전허리띠, 방전고무장갑, 고무소매 등
4) 방호구 설치 확인 : 고무시트, 전선카바, 애자카바 등 카바류
5) 개폐기 절체 확인
6) 접지 확인
7) 안전표지 설치 확인
8) 기 타
   ① 개폐기의 위치.
   ② 단락접지개소
   ③ 계획변경에 관한 조치
9) 실무사항 확인
   ① 작업지휘자에 의한 작업내용의 주지.
   ② 개로 개폐기의 시건 또는 표지판 설치
   ③ 잔류전하의 방전
   ④ 검전기로 개로의 충전여부 확인

⑤ 단락접지기구로 단락접지
⑥ 근접활선에 대한 방호
⑦ 일부정전 작업시 정전선로 및 활선선로의 표시

3. 작업 중 확인 사항
1) 작업 지휘자에 의한 지휘.
2) 개폐기의 관리
3) 근접활선의 방호상태 관리.
4) 단락접지 상태관리

4. 작업 후 확인 사항
1) 작업종료 상태 이상 유무 확인
2) 작업종료 연락
3) 표지의 철거
2) 단락접지 기구 철거
3) 인원확인
4) 작업자에 대한 위험 없음을 확인
5) 작업책임자에 작업완료 보고
6) 급전사령에게 작업완료보고
7) 개폐기를 투입하여 송전재개

5. 완료시
1) 개폐기 절체 확인
2) 작업현장 정리정돈 확인
3) 기 타
   ① 송전상태 확인.(결상, 오결선 등)
   ② 전압확인
   ③ 유효전력(조류) 확인
   ④ 무효전력확인
   ⑤ 주파수 확인
   ⑥ 해당 작업에서 개선할 점에 대한 간단한 토의시행 등

7.15 송전선로 안전대책

1. 개요
　대부분의 송전선로는 2회선 이상으로 되어 있고, 그 선로를 보수하는 경우에 전 회선을 정전시키기가 곤란하므로, 1회선만 정지시키고 작업하게 되는데 이때의 안전 대책은 다음과 같다.

2. 정전작업 계획 작성
　정전작업을 할 경우에는 정전작업 계획을 작성하며, 급전 담당자, 송전선 보수담당자, 작업 책임자 간의 업무 협의를 한 후, 작업 책임자는 다음 사항에 대하여 작업 관계자들에게 철저히 주지시켜야 한다.
　1) 공사내용, 안전대책, 시공방법
　2) 정지 선로명, 회로명, 구간
　3) 정지 일시
　4) 정지 범위, 작업범위, 작업시간
　5) 접지의 취부 개소 및 취부 방법
　6) 시공시의 연락선, 연락 방법 등

3. 정전의 확인
　정전작업 시에는 정전 여부를 검전기를 사용하여 확인한다.

4. 접지기구 설치 및 제거
　1) 정전 확인 후 선로에 단락 접지를 설치하되 먼저 접지 측 금구를 철탑 및 전선 등에 접속하고 접지 표시기를 부착하여 오인을 방지하도록 한다.
　2) 접지 기구를 철거할 경우에는 전원 측 금구를 제거하고 접지 측 금구를 제거한다.

5. 작업 종료 후의 주의 사항
　1) 작업 완료 후에는 작업 책임자는 작업자와 자재·공구 등의 상태를 확인하고 접지 기구와 접지표시기를 철거한 후 작업자를 철수시킨 다음 선로의 상태를 다시 한 번

점검한 후에, 설비 관리자에게 작업 종료를 보고한다.
2) 송전을 시작할 경우에는 작업자를 현장에 대기시켜 만일의 사고에 대비하여야 한다.

6. 정전유도 및 전자유도에 대한 대책 강구

1) 정전유도
   (1) 인체가 초고압 전선로에 근접하는 경우 인체에 전하가 충전된 현상.
   (2) 정전유도를 받고 있는 인체가 접지된 물체에 접촉하여 전하가 접지된 물체를 통하여 방전되어 전격을 받게 된다.

2) 정전유도 재해의 특성
   (1) 정전유도에 의한 전격은 가볍고 직접 인체에 중요한 영향을 주는 것은 아니지만 쇼크에 의한 추락, 전도 재해의 원인이 되기도 한다.
   (2) 또 심리적으로 공포를 갖기 때문에 초 고전압에서는 작업 중에 중요 문제이다.

3) 전자유도
   (1) 전자유도란, 변화하는 자계 중에 도체가 놓여 지면 그 도체에 기전력이 유기되는 현상.

4) 전자유도 재해
   전자유도가 재해에 관계되는 것은 송전 중의 전선이 유기 도체가 되어 이것과 접근 병행하는 가공지선, 전선, 공사용 wire, 공사용 전화선 등의 자유 도체에 유도 전압으로 인하여 전격 재해가 발생한다.

5) 정전유도 대책
   대용량 송전선 부근에서 정전작업 시에는 활선에 의한 정전유도 및 전자유도에 의한 전격을 방지하도록 다음과 같은 조치를 취한다.
   (1) 접지실시 송선 선로 부근의 도전성 물체 및 공구 등을 접지시켜 정전 유도전압을 대지로 방전시켜 인체가 전격을 받지 않도록 한다.
   (2) 작업자의 대책
      ① 도전성 작업복의 착용
         도전성 작업복, 장갑, 작업화, 안전모 커버 등을 착용할 때는 이들을 전기적으로 확실히 접속시켜 주고, 착용한 상태에서 머리에서 발까지 도전성 작업복류 저항 측정기로 측정하여 $1k\Omega$ 이하 인가를 확인하고, 이 값을 넘을 경우에는 세탁 등을 하여 $1k\Omega$ 이내로 유지시켜야 한다.
      ② 탑 위 작업자의 주의 사항
         ㉠ 하절기 땀이 많이 나는 시기에는 특히 전기저항이 낮은 의복류를 착용할 것

ⓛ 작업 중에 찌릿찌릿 하는 경우 작업복의 접촉이 불확실하여 접촉저항이 높기 때문이며, 작업을 중지하고 확인해야 한다.
　　　ⓒ 도전성 작업복을 착용하고 저압 전선에 직접 접촉되면 위험하므로 초고압 전로 접근 시 이외에는 착용해서는 안 된다.
　　　㉣ 뇌 현상 시에 신속히 일반 작업복을 착용해야 하며, 차량 등 차폐되어 있는 장소로 대피하여야 한다.
　　③ 공사시공 중 주의사항 접지되지 않는 금속 물에는 정전유도로 인해 전위가 상승될 우려가 있으므로 이와 같은 물체에는 접촉되기 전에 접지하는 습관이 필요하다.
　6) 전자유도 대책
　(1) 접지 실시 정전 선로나 작업공구를 접지시킬 때에는 충분한 용량의 접지선을 사용하여 지락 사고 시 등에 큰 전류를 흘릴 수 있도록 한다.
　(2) 지상 작업자의 주의 사항 전자유도 대책용 접지에 있어서 접지 점에 아주 큰 전류가 유입되는 경우에는 유도되는 전선이나 접지선과 대지 사이에 큰 전압이 유기될 수가 있기 때문에 접지선에서 멀리 떨어져 있는 전선 등이 지면과 접촉하는 경우에는 전자유도 전압에 유의해야 한다.

7. 고소 작업 시의 안전 대책

　주상 또는 철탑 위에서 작업 시는 추락으로 인한 재해를 방지하기 위해 안전대, 추락 방지 기구 등을 사용 하여야 한다.

7.16 정전작업시 사용하는 보호구 및 표지물

1. 보호구 및 안전표지의 개념
외계의 유해한 자극물을 차단하거나 또는 그 영향을 감소시키려는 목적을 가지고 근로자의 신체 일부 또는 전부에 장착하는 것으로 소극적이며 2차적인 안전대책이다.

2. 개인보호구의 정의
1) 7000[V] 이하의 활선작업 또는 활선근접 시 작업자의 감전사고를 방지하기 위하여 작업자의 몸에 착용하는 것으로 전기용 안전모, 고무장갑, 고무장화, 도전성 작업복 등을 말함.

3. 개인보호구의 구비조건
1) 착용시 작업이 용이할 것
2) 대상물(유해위험물)에 대하여 방호가 완전할 것
3) 재료의 품질이 우수할 것
4) 구조 및 표면가공이 우수할 것
5) 외관이 우수할 것
6) 장구의 원재료의 품질이 우수할 것

4. 검정대상 보호구
① 안전대 ② 보안면 ③ 안전모
④ 안전장갑 ⑤ 방진마스크 ⑥ 방독마스크
⑦ 안전화 ⑧ 송기마스크 ⑨ 귀마개 및 귀덮개
⑩ 보안경 ⑪ 방염복

5. 주요 보호구의 종류 및 특징
1) 안전모
① 안전모의 종류 및 용도
(단, 전기 안전모의 내전압성은 7[KV] 이하의 전압에 견딜 것)

종류기호	사용구분	모체의 재질	내전압성
A	물체의 낙하나 날아옴에 의한 위험을 방지, 경감시키는 것	합성수지, 금속합성수지	비내전압성
AB	물체의 낙하, 날아옴, 추락에 의한 위험을 방지, 경감시키는 것	합성수지	비내전압성
AE	물체낙하, 날아옴에 의한 위험을 방지 또는 경감하고 머리부위 감전에 의한 위험을 방지하기 위한 것(전기안전모)	합성수지 (FRP)	내전압성
ABE	물체의 낙하 또는 날아옴 및 추락에 의한 위험을 방지하기 위한 것 및 감전방지용(전기안전모)	합성수지 (FRP)	내전압성

② 안전모 각 부품에 사용하는 재료의 성질
 ㉠ 쉽게 부식하지 않는 것.
 ㉡ 피부에 해로운 영향을 주지 않는 것
 ㉢ 사용 목적에 따라 내열성, 내한성 및 내수성을 보유할 것
 ㉣ 표면을 밝고 선명한 색채로 한다.
 ㉤ 안전모의 착장체, 턱끈 등의 부속품을 제외한 무게가 0.44[kg]을 초과하지 말 것.

③ 안전모의 성능시험 종류(성능시험 과목)
 ㉠ 내관통시험.
 ㉡ 충격 흡수성 시험.
 ㉢ 내수성 시험.
 ㉣ 내전압성 시험
 ㉤ 난연성 시험

④ K.S에 의한 안전모 점검방법
 ㉠ 3.5(kg) 무게를 1.6(m) 높이에서 자유낙하
 ㉡ 보호구 점검기준 : 3.6(kg)의 강구를 1.524(m)에서 자유낙하
 ㉢ 안전모의 무게 : 450(g)이하.
 ㉣ 안전모와 머리의 간격 : 25(mm) 이상

2) 안전화

① 가죽제 발보호 안전화 성능시험 종류

㉠ 내 압박시험

㉡ 충격시험

㉢ 겉창의 박리시험

㉣ 겉창의 시험

㉤ 가죽의 은면 결렬시험

㉥ 가죽의 크롬 함유량시험

㉦ 강제 선심의 내식시험

㉧ 봉합사의 인장시험

㉨ 내 답발성 시험

② 가죽제 발보호 안전화의 일반구조

㉠ 제조하는 과정에서 발가락 끝부분에 선심을 넣어 압박 및 충격에 대하여 착용자의 발가락을 보호할 수 있는 구조일 것

㉡ 착용감이 좋으며 작업하기 편리할 것

㉢ 견고하게 제작하여야 하며 부분품의 마무리가 확실하여야 하고 형상은 균형되어 있을 것

㉣ 선심의 내측은 헝겊, 가죽, 고무 또는 플라스틱 등으로 감싸고 특히 후단부의 내측은 보강되어 있을 것

③ 정전기 대전방지용 안전화 : 정전기의 인체 대전을 방지하기 위한 것

④ 절연화 : 저압전기를 취급하는 작업시 전기감전으로부터 인체의 보호목적

3) 절연장화의 종류 및 용도 (단, 내전압성 : 15[kV/분])

종류	용도
A종	주로 300(V)를 초과, 교류 600(V), 직류750(V) 이하의 저압작업에 사용
B종	주로 교류 600(V), 직류 750(V) 초과 3,500(V) 이하의 작업에 사용
C종	주로 3,500(V) 초과 7,000(V) 이하의 작업에 사용하는 것. 즉 고압용

4) 도전화 : $10^3(\Omega)$ 이하로서 정전유도에 의한 전격 방지용

5) 보안경

① 보안경의 종류 : ㉠ 차광안경, ㉡ 유리보호안경. ㉢ 플라스틱 보호안경. ㉣ 도수렌즈 보호안경

② 차광 안경구조에 대한 기준

㉠ 취급이 간단하고 쉽게 파손되지 않을 것.

㉡ 착용 시 심한 불쾌감을 주지 않을 것

㉢ 착용자의 행동을 심하게 저해하지 않을 것.

㉣ 예각 또는 오목, 볼록면이 없을 것

③ 보안경 구비조건

㉠ 특정한 위험에 대해 적절한 보호를 할 수 있을 것

㉡ 착용했을 때 편안할 것.

㉢ 내구성이 있을 것

㉣ 충분한 소독이 되어 있을 것.

㉤ 세척이 쉬울 것

㉥ 견고하게 고정되어 착용자가 움직이더라도 쉽게 탈착 또는 움직이지 않을 것

6) 호흡용 보호구

① 방진 마스크

㉠ 여과 효율이 좋을 것

(특급 : 99.5% 이상, 1급 : 95% 이상, 2급 : 85% 이상 여과될 것)

㉡ 흡배기 저항이 낮을 것

㉢ 부피가 적을 것.

㉣ 중량이 가벼울 것

㉤ 시야가 넓을 것

㉥ 안면 밀착성이 좋을 것

㉦ 피부 접촉 부분의 고무질이 좋을 것

② 방독 마스크

㉠ 흡수통의 종류 : 10종류

㉡ 흡수제의 종류 : 활성탄(유기가스용), 큐프라마이트(암모니아용), 호프칼라이트(일산화탄소용), 실리카겔, 소다임 등

㉢ 산소결핍 장소(산소농도 16% 미만)에서는 방독마스크 착용금지 (아무리 위급한

상황에 처해 있다고 하더라도 산소농도 16% 미만인 장소에서는 사용할 수 없다.)
⇒ 질식사 예방
7) 안전대 : 전주, 철구, 철탑 등의 고소작업시는 반드시 안전대를 사용하여야 한다.
8) 방염복 : 전기적 불꽃 또는 아크에 의한 화상의 우려가 있는 충전선로 또는 충전선로에 근접하여 작업 시에는 이를 착용하여야 한다.
9) 안전허리띠
10) 방전고무장갑(전기용 고무장갑(절연장갑))
   ① 7000[V]이하 전압의 전기작업시 손이 활선부위에 접촉되어 인체가 감전 되는 것을 방지하기 위하여 사용하는 절연성의 고무장갑
   ② 종류 : A종(저압용), B종(3500V이하용), C종(고압용),
   ③ 내전압성 : 15(KV/분)
11) 보호용 가죽장갑 : 고압용 고무장갑 착용 후 그 외부에 착용할 것
12) 고무소매(절연 소매커바) : 어깨, 팔꿈치, 팔 등의 감전방지용으로 내압은 1500~2000[V/분]의 고무제품
13) 도전성 작업복
   ① 초고압 송전선로의 활선작업 또는 활선근접 작업 시 인체의 정전유도를 완화하기 위한 목적의 작업복
14) 절연복 : 상반신 감전방지용으로 내전압은 : 1500(V/분)

6. 활선작업시 사용되는 방호구

절연용 방호구란 활선작업 또는 활선근접작업시 감전사고 방지를 위해 전로의 충전부에 장착하는 절연재로 위험시설에 설치하며, 작업자 및 공중의 대전된 연선의 절연 안전을 확보하기 위한 용구

1) 고무 시트
2) 전선 카바(라인 호스)
3) 애자커버
4) 방호관 : 고·저압 전로를 방호하여 작업자의 감전을 방지
5) 점퍼 호스 : 고·저압 전선로를 방호하여 작업자의 격리를 유지하고 감전방지
6) 고무 블라켓 : 충전 중인 선로에 접근하여 작업 중 오접촉 등의 위험방지
7) 애자 후드
8) 완금 커버

9) 건축 지장용 방호관

10) COS COVER : SW덮개를 개방하였을 때에 COS Cover를 씌워 내부충전부에 접촉하는 위험을 방지한 고무제품, 내전압은 15KV

7. 표지

1) 경고표지

   카드·깃발 및 작업 중 표찰은 움직이는 기계, 노출된 충전부분, 굴착장소, 위험한 건설작업, 맨홀 커버의 이동, 도로 및 보도의 통행방해지역에 설치하여야 한다.

2) 경고표지판, 경고등, 경고깃발

   보행자나 운전자의 위험이 예상되는 작업장에는 위험을 일반인에게 알리기 위하여 사용하여야 한다.

3) 표지판, 표시등

   돌발 사고나 고장으로 도로상에서 차를 정지하게 할 때 표지판, 표시등을 내세워 교통상의 위험을 경고하여야 한다.

7.17 단락접지를 하는 이유와 주의사항

1. 단락접지의 목적
고압전로에서 정전작업을 할 경우에 있어, 전로 개폐기의 오조작, 오송전 및 역승압에 의하여 작업 중인 전로가 불의에 충전될 경우에도 전원의 보호장치가 순시동작하여 전원이 차단됨으로써 작업자를 감전위험으로부터 보호하는 목적임.

2. 단락접지 방법
1) 접지점의 선정
   ① 단락접지 방법에는 大地에 접지봉을 매설하여 사용하는 방법과 중성선(N선)에 접속하여 사용하는 방법이 있다.
   ② 대지에 접지봉을 매설할 경우에는 습기가 많은 장소를 선택하여 접지저항이 적정하게 유지되도록 할 것.
   ③ 단락접지 개소는 누구나 용이하게 알 수 있도록 접지표식을 할 것.
2) 단락순서
   ① 정전된 고압선을 단락접지 할 경우는 확실한 접지도체에 연결되는 접지도선이 접속된 Hook를 전압선 한상에 접속하고 각 상간을 단락한다.
   ② 단락접지의 순서 : 우선 접지 측을 완전히 부착 후 가공전선 1상을 접지하고 다음에 각 상간을 단락한다.
   ③ 이후 작업이 완료되면 단락접지 장치를 제거할 경우에는 설치순서의 역으로 행한다.
3) 단락용 접지용구의 굵기 선정(작업 장소, 전압에 따라 달리 적용 함)
   사고발생시의 단락전류 및 차단 시간을 고려하여 충분한 굵기를 선정하며 사용전압에 따라 접지케이블은 $22[mm^2]$ 이상 일 것.
   (1) 접지용구의 구분
      ① 갑종 접지용구 : 발전소, 변전소 및 개폐소, 지중송전선로의 작업시.
      ② 을종 접지용구 : 가공 송전선로의 작업시, 지중 송전선과 가공선의 접속점
      ③ 병종 접지용구 : 특고압 및 고압배전선로의 작업시, 각 선로를 단락·접지 하여 작업 중 오송전, 역가압, 유도전압에 의한 감전재해 예방(배전용)
   (2) 각 용도별 전압별 접지용구의 규격은 달리되어 있어 정확한 용도 및 전압별로 구분 적용할 것

3. 단락 접지시 주의사항

1) 단락접지의 설치는 정전 때문에 개방된 개폐기의 부하 측 또는 작업현장 부근에서 가까이 설치함.
2) 작업구간에 대한 전원이 2개소 이상 있을 때는 가급적 각각 전원마다 전원에 가까이 설치함.
3) 접지할 경우에는 먼저 하단을 접지봉에 연결하고 타단을 전선에 접속할 것.
4) 접지는 보기 쉬운 장소로 골라 붉은 기나 기타의 표식을 달 것.
5) 접지를 제거할 경에는 반드시 3)의 역으로 하며 접지봉을 제일 마지막에 제거할 것.
6) 송전금지 표찰을 설치하여 정전작업 때문에 개방된 개폐기는 다른 사람이 과오로 투입하는 일이 없도록 『작업 중 또는 송전하지 말 것 』 등의 송전 금지 및 작업組명을 병기한 표식을 설치할 것. 이 일은 특히 소속이 다른 2개조 이상이 동일구역 내 작업장소에 있을 경우에 필요하다.
7) 정전시간의 엄수, 정전시간이 연장될 경우에는 수용가에게 피해를 주게 되므로 예정시간에는 확실하게 송전할 수 있도록 작업계획을 작성하고 작업前에 충분한 타협을 하여 순서대로 작업을 진행하며 반드시 정전시간 내에 끝마무리를 하여야 한다.

〈참고:접지용구〉

1. 7kV용 접지 용구

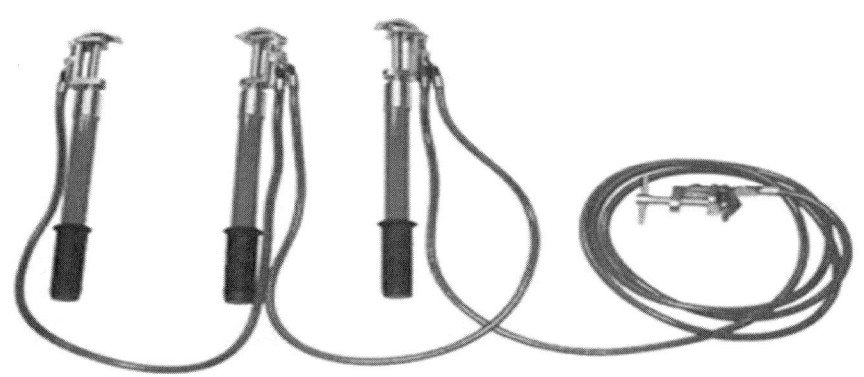

2. 송전용 접지 용구(66~345kV용)

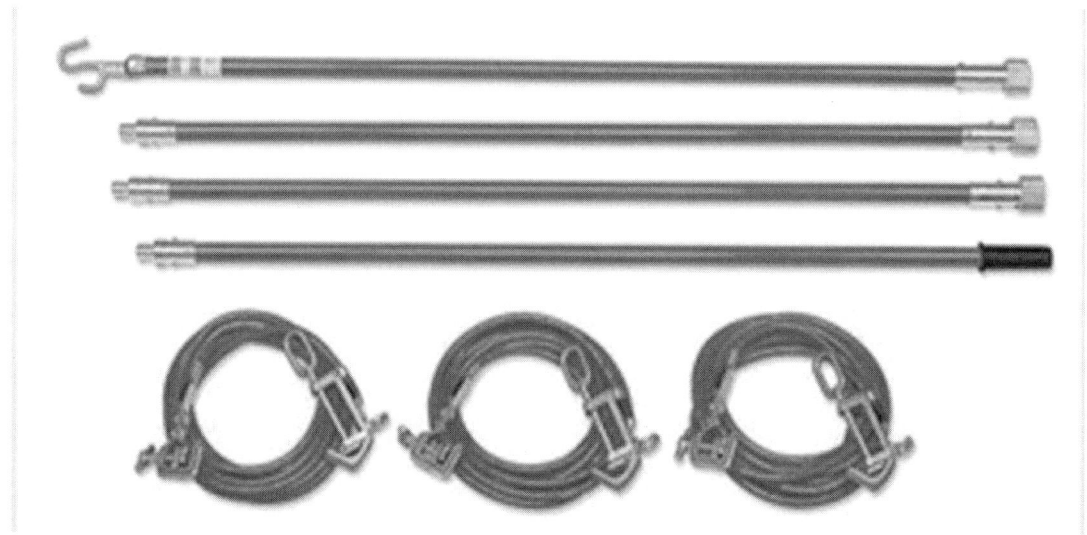

7.18 검전기 및 활선 접근 경보기

1. 검전기의 종류(일반적인 회로 전압에 따른 분류)

용도	사용 급
저압용	저압 600V 이하에서는 600V 급
고압용	고압 600V 초과 7,000 V 이하에서는 6kV급
특별고압	7000V 초과 66kV 또는 154kV급 등을 사용

2. 저압검전기

1) 사용전압범위 : AC 50 ~ 600V(제품별로 차이 있음)
2) 사용방법
   - 절연선에 검지부를 접촉시킨 상태에서 동작
   - 나선 등 충전부 노출부위는 비접촉에도 동작
3) 동작표시 : 발광 및 연속 부저음
4) 절연내력 : 검지부와 손잡이간 2,000V 1분간
5) 주의사항
   - 기기를 사용하려는 선로는 활선으로써 위험하다는 것을 염두
   - 사용 전 기기의 손상이나 오염여부를 확인하고 제품 성능확인시험 시행
   - 최고 사용전압을 초과하여 사용하지 말아야 함
   - 취급 및 작업 중에 충격을 가하지 않도록 주의

3. 다전압 휴대용 검전기

1) 사용전압범위
   - AC(저압) : 100 ~ 600V. ○ AC(고 · 특고압) : 3kV ~ 22.9kV
2) 사용방법
   - 저압 : 검전기의 상표를 손가락으로 접촉하고 저압선에 검전기의 검지자를 접촉시켜 검전
   - 고압 · 특고압 : 검전기의 절연봉을 완전 연장하여(1,230㎜) 고무손잡이를 잡고 검지자를 전선로에 접촉시켜 검전
3) 동작표시 : 발광 및 연속 부저음

4) 절연저항 : 2,000MΩ
5) 주의사항

　○ 사용 전 검전기 각 부분이 균열, 손상 등 이상이 없는지 점검 확인
　○ 저압과 고압 검전방법이 다르므로 검전방법을 완전 숙지 후 사용
　○ 우천시는 검점기 사용금지

※ 부득이 한 경우 특고압절연장갑과 고압절연고무장화를 착용하고 검전

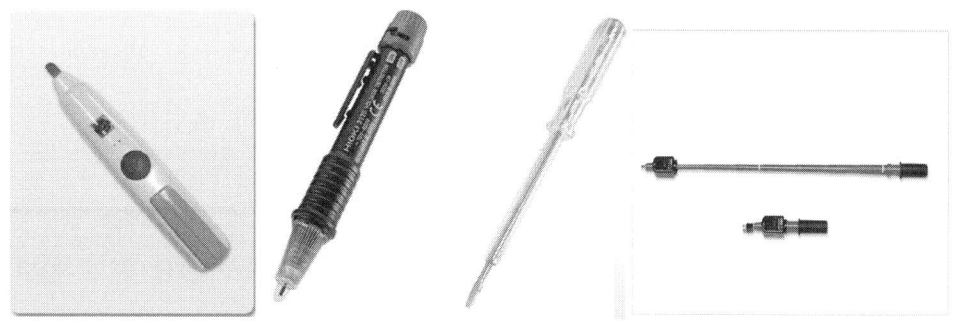

4. 특고압 검전기

◉ 제품명 : 특고압용 검전기 [YS3345,3154,3023]　　　◉ 제품명 : 신계발 특고압용 검전기 [YSN765,345,154]

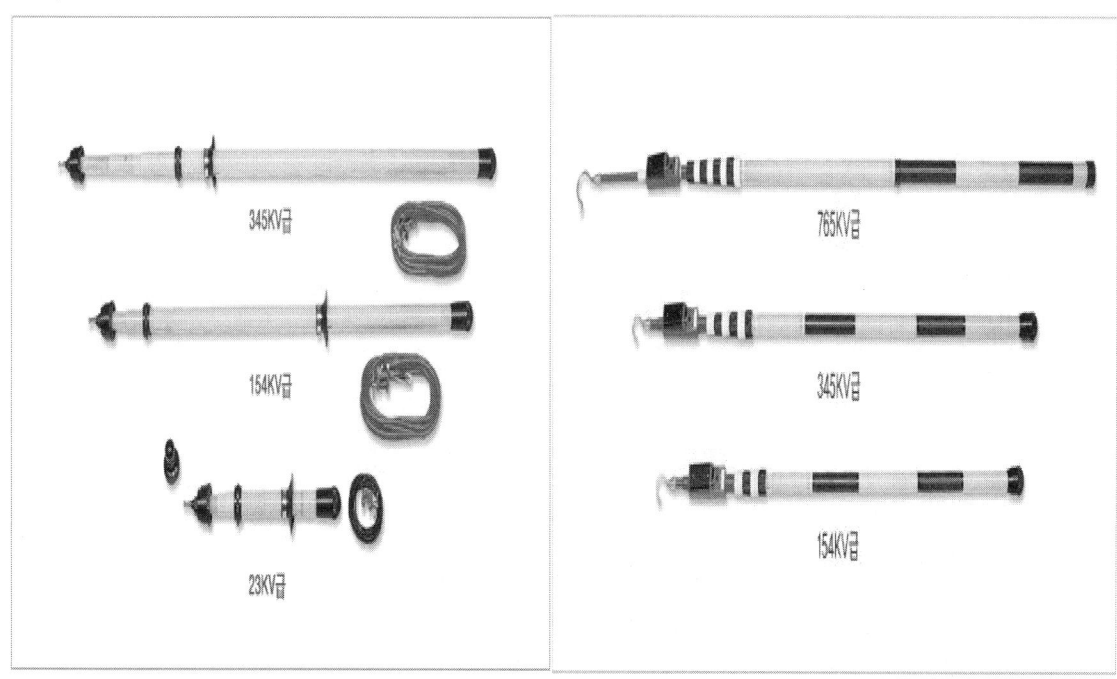

1) 사용전압범위
   ○ AC 154kV, AC 345kV, AC 765kV
2) 사용방법 : 검전기의 절연봉을 완전 연장하여 손잡이를 잡고 검지자를 전선로에 접촉시켜 검전
3) 동작표시 : 발광 및 연속 부저음
4) 절연저항 : 2,000MΩ
5) 주의사항
   ○ 사용 전 검전기의 파손, 오손, 균열 등 이상이 없는지 확인
   ○ 사용 전 시험용 버턴을 눌러 음향과 발광 상태를 확인
   ○ 충전된 선로에서 반드시 정상 동작여부를 확인 후 전로를 검전
   ○ 우천 시 검전기 사용 금지

※ 검전이 불가피한 경우에는 안전조치(특고압 고무절연장갑 및 장화착용 등) 후 사용하며 검출부가 비에 젖은 상태에서는 주의하여야 함○ 검전기 제 1단 절연 봉의 적색 표시부가 충전설비 또는 접지구조물에 근접·접촉 시는 지락 또는 단락고장 발생요인이 될 수 있어 접촉되어서는 안 됨.

5. 용량성 검전기

1) 사용전압범위: AC 4kV ~ AC 36kV(제품별로 상이함)
2) 사용용도 : 전압이 인가된 선로에서 엘보접속재의 검점점을 이용하여 케이블의 사활을 판정
3) 사용방법
   ○ 선로의 전압규격에 맞는 절연봉을 연결하여 사용하고 검전하려는 선로의 엘보접속재 검전점(voltage test point)의 덮개를 벗기고 그곳에 용량성 검전기의 시험전극을 접촉하여 검전
4) 동작표시 : 발광 및 연속 부저음
5) 주의사항
   ○ 기기를 사용하려는 선로는 활선으로써 위험하다는 것을 염두
   ○ 사용전 기기의 손상이나 오염여부를 확인하고 제품 성능확인시험 시행
   ○ 사용전 동작시험기로 램프가 정상적으로 작동하는지 여부 확인
   ○ 최고 사용전압을 초과하여 사용하지 말아야 함
   ○ 취급 및 작업중에 충격을 가하지 않도록 주의

○ 용량성 검전기를 사용시 사용하려는 선로의 전압규격에 맞는 절연봉을 꼭 연결하여 사용하여야 함

6. 활선접근 경보기

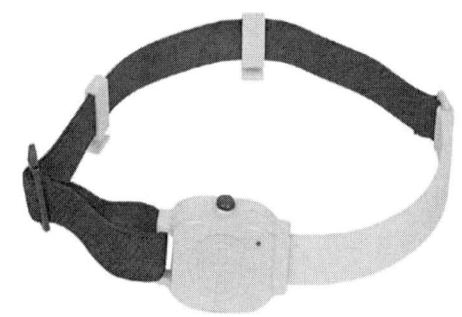

1) 사용전압 : AC 22.9kV
2) 동작거리: ㉠ 13,200V : 110cm ± 10cm, ㉡ 6,600V : 80cm ± 10cm
3) 사용용도

   배전전로에서 작업자의 착각 또는 오인 등으로 충전된 기기나 전로에 근접하게 될 경우 발광과 경고음을 발생하여 위험을 경고함으로서 감전재해 예방을 위하여 사용
   ○ 사선구간과 활선구간이 공존된 경우
   ○ 활선에 근접하여 작업하는 경우
   ○ 변전소에서 22.9kV D/L 차단기 검수, 보수작업
   ○ 기타 착각 오인에 의한 감전이 우려되는 곳에서 작업하는 경우
4) 주의사항
   ○ 본체 및 안테나(밴드)의 이상 유무를 확인
   ○ 시험용 버턴을 눌러 발광상태 및 경보음이 10초 이상 단속음이 발생되는지 확인, 점검
   ○ 안테나(밴드)가 안전모 정면으로 부착하고 시험용 버턴은 하향이 되도록 안전모 외측에 보조밴드로 고정
   ○ 팔에 착용할 시는 안테나(밴드)가 충전부의 정면으로 착용하고 시험용 버턴은 하향이 되도록 착용
   ○ 사용 중 활선접근경보기에 물이 들어가지 않도록 관리
   ○ 변전소의 실내, 큐비클 내부에서는 부동작 또는 오동작우려가 있으므로 사용 금지

7. 검전기의 보관

1) 보관책임자 등의 선임

   안전장비류를 갖추고 있는 사업소 작업장소 등에서는 반드시 관리자 및 관리책임자를 두고 그 책임을 명확하게 함과 동시에 관리자는 안전장비류의 정기점검, 정기시험 및 이들의 정비·관리를 하고 보관책임자는 보관 및 일상점검을 실시한다.

2) 보관상의 일반적 주의사항

   (1) 보관 장소는 먼지, 습기, 유기 등이 적고 통풍이 잘 되고 약품에 의한 부식 등이 없는 장소 특히 고무피혁 및 합성수지제의 것은 직사광선을 피하고 온도 및 습도가 현저한 영향이 없는 장소를 선정하여 보관한다.

   (2) 보관에 있어서는 언제라도 완전하게 사용할 수 있도록 정비하여 둔다.

   (3) 진흙, 약품, 기름 등이 묻어있는 경우는 빨리 청소하고 또 젖은 경우는 건조시킨다. 항상, 고무피혁 및 합성수지제의 부분은 직사광선과 강한 화력 등에 의한 급격한 건조를 피한다.

   (4) 고무제의 것은 타르크를 전면에 도포하여 보관한다.

   (5) 금속성의 부분은 녹 발생을 방지하기 위해 기계유을 도포하여 보관한다.

   (6) 보관창고에는 품목별 일람표를 계시하면 이것에 기록하여 항상 정리정돈을 한다.

7.19 충전부 방호 방법

(산업보건안전기준에 관한 규칙. 2011. 7. 6 개정판)

제301조(전기 기계·기구 등의 충전부 방호)
① 사업주는 근로자가 작업이나 통행 등으로 인하여 전기기계, 기구
[전동기·변압기·접속기·개폐기·분전반(分電盤)·배전반(配電盤) 등 전기를 통하는 기계·기구, 그 밖의 설비 중 배선 및 이동전선 외의 것을 말한다.]
또는 전로 등의 충전부분에 접촉하거나 접근함으로써 감전 위험이 있는 충전부분에 대하여 감전을 방지하기 위하여 다음 각 호의 방법 중 하나 이상의 방법으로 방호하여야 한다.
  1. 충전부가 노출되지 않도록 폐쇄형 외함(外函)이 있는 구조로 할 것
  2. 충전부에 충분한 절연효과가 있는 방호망이나 절연덮개를 설치할 것
  3. 충전부는 내구성이 있는 절연물로 완전히 덮어 감쌀 것
  4. 발전소·변전소 및 개폐소 등 구획되어 있는 장소로서 관계 근로자가 아닌 사람의 출입이 금지되는 장소에 충전부를 설치하고, 위험표시 등의 방법으로 방호를 강화할 것
  5. 전주 위 및 철탑 위 등 격리되어 있는 장소로서 관계 근로자가 아닌 사람이 접근할 우려가 없는 장소에 충전부를 설치할 것
② 근로자가 노출 충전부가 있는 맨홀 또는 지하실 등의 밀폐공간에서 작업하는 경우에는 노출 충전부와의 접촉으로 인한 전기위험을 방지하기 위하여 덮개, 방책 또는 절연 칸막이 등을 설치하여야 한다.
③ 근로자의 감전위험을 방지하기 위하여 개폐되는 문, 경첩이 있는 Panel등(분전반 또는 제어반 문)을 견고하게 고정시켜야 한다.

제302조(전기 기계·기구의 접지)
① 사업주는 누전에 의한 감전의 위험을 방지하기 위하여 다음 각 호의 부분에 대하여 접지를 하여야 한다.
  1. 전기 기계·기구의 금속제 외함, 금속제 외피 및 철대
  2. 고정 설치되거나 고정배선에 접속된 전기기계·기구의 노출된 비충전 금속체 중 충전될 우려가 있는 다음 각 목의 어느 하나에 해당하는 비충전 금속체

가. 지면이나 접지된 금속체로부터 수직거리 2.4미터, 수평거리 1.5미터 이내인 것
　　나. 물기 또는 습기가 있는 장소에 설치되어 있는 것
　　다. 금속으로 되어 있는 기기접지용 전선의 피복·외장 또는 배선관 등
　　라. 사용전압이 대지전압 150볼트를 넘는 것
　3. 전기를 사용하지 아니하는 설비 중 다음 각 목의 어느 하나에 해당하는 금속체
　　가. 전동식 양중기의 프레임과 궤도
　　나. 전선이 붙어 있는 비전동식 양중기의 프레임
　　다. 고압(750볼트 초과 7천 볼트 이하의 직류전압 또는 600볼트 초과 7천 볼트 이하의 교류전압을 말한다. 이하 같다) 이상의 전기를 사용하는 전기 기계·기구 주변의 금속제 칸막이·망 및 이와 유사한 장치
　4. 코드와 플러그를 접속하여 사용하는 전기 기계·기구 중 다음 각 목의 어느 하나에 해당하는 노출된 비충전 금속체
　　가. 사용전압이 대지전압 150볼트를 넘는 것
　　나. 냉장고·세탁기·컴퓨터 및 주변기기 등과 같은 고정형 전기기계·기구
　　다. 고정형·이동형 또는 휴대형 전동기계·기구
　　라. 물 또는 도전성(導電性)이 높은 곳에서 사용하는 전기기계·기구, 콘센트
　　마. 휴대형 손전등
　5. 수중펌프를 금속제 물탱크 등의 내부에 설치하여 사용하는 경우 그 탱크(이 경우 탱크를 수중펌프의 접지선과 접속하여야 한다.)
② 사업주는 다음 각 호의 어느 하나에 해당하는 경우에는 제1항을 적용하지 아니할 수 있다.
　1. 「전기용품안전 관리법」에 따른 이중절연구조 또는 이와 동등 이상으로 보호되는 전기기계·기구
　2. 절연대 위 등과 같이 감전 위험이 없는 장소에서 사용하는 전기기계·기구
　3. 비접지방식의 전로(그 전기기계·기구의 전원측의 전로에 설치한 절연변압기의 2차전압이 300V 이하, 정격용량이 3kVA 이하이고 그 절연전압기의 부하측의 전로가 접지되어 있지 아니한 것으로 한정한다)에 접속하여 사용되는 전기기계·기구
③ 사업주는 특별고압(7,000V를 초과하는 직교류전압을 말한다. 이하 같다.)의 전기를 취급하는 변전소·개폐소, 그 밖에 이와 유사한 장소에서 지락(地絡) 사고가 발생하는 경우에는 접지극의 전위상승에 의한 감전위험을 줄이기 위한 조치를 하여야 한다.
④ 사업주는 제1항에 따라 설치된 접지설비에 대하여 항상 적정상태가 유지되는지를 점검하고 이상이 발견되면 즉시 보수하거나 재설치하여야 한다.

제303조(전기 기계·기구의 적정설치 등)
① 사업주는 전기 기계·기구를 설치하려는 경우에는 다음 각 호의 사항을 고려하여 적절하게 설치하여야 한다.
   1. 전기 기계·기구의 충분한 전기적 용량 및 기계적 강도
   2. 습기·분진 등 사용 장소의 주위 환경
   3. 전기적·기계적 방호수단의 적정성
② 사업주는 전기 기계·기구를 사용하는 경우에는 국내외의 공인된 인증기관의 인증을 받은 제품을 사용하되, 제조자의 제품설명서 등에서 정하는 조건에 따라 설치하고 사용하여야 한다.

제304조(누전차단기에 의한 감전방지)
① 사업주는 다음 각 호의 전기 기계·기구에 대하여 누전에 의한 감전위험을 방지하기 위하여 해당 전로의 정격에 적합하고 감도가 양호하며 확실하게 작동하는 감전방지용 누전차단기를 설치하여야 한다.
   1. 대지전압이 150V를 초과하는 이동형 또는 휴대형 전기기계·기구
   2. 물 등 도전성이 높은 액체가 있는 습윤 장소에서 사용하는 저압(750V 이하 직류전압이나 600V 이하의 교류전압을 말한다)용 전기기계·기구
   3. 철판·철골 위 등 도전성이 높은 장소에서 사용하는 이동형 또는 휴대형 전기기계·기구
   4. 임시배선의 전로가 설치되는 장소에서 사용하는 이동형 또는 휴대형 전기기계·기구
② 사업주는 제1항에 따라 감전방지용 누전차단기를 설치하기 어려운 경우에는 작업시작 전에 접지선의 연결 및 접속부 상태 등이 적합한지 확실하게 점검하여야 한다.
③ 다음 각 호의 어느 하나에 해당하는 경우에는 제1항과 제2항을 적용하지 아니한다.
   1. 「전기용품안전관리법」에 따른 이중절연구조 또는 이와 동등 이상으로 보호되는 전기기계·기구
   2. 절연대 위 등과 같이 감전위험이 없는 장소에서 사용하는 전기기계·기구
   3. 비접지방식의 전로
④ 사업주는 제1항에 따라 전기기계·기구를 사용하기 전에 해당 누전차단기의 작동상태를 점검하고 이상이 발견되면 즉시 보수하거나 교환하여야 한다.
⑤ 사업주는 제1항에 따라 설치한 누전차단기를 접속하는 경우에 다음 각 호의 사항을 준수하여야 한다.

1. 전기기계·기구에 설치되어 있는 누전차단기는 정격감도전류가 30mA 이하이고 작동시간은 0.03초 이내일 것.
   다만, 정격전부하 전류가 50A이상인 전기기계·기구에 접속되는 누전 차단기는 오작동을 방지하기 위하여 정격감도전류는 200mA 이하로, 작동시간은 0.1초 이내로 할 수 있다.
2. 분기회로 또는 전기기계·기구마다 누전차단기를 접속할 것. 다만, 평상시 누설전류가 매우 적은 소용량 부하의 전로에는 분기회로에 일괄하여 접속할 수 있다.
3. 누전차단기는 배전반 또는 분전반 내에 접속하거나 꽂음 접속기형 누전차단기를 콘센트에 접속하는 등 파손이나 감전 사고를 방지할 수 있는 장소에 접속할 것
4. 지락보호전용 기능만 있는 누전차단기는 과전류를 차단하는 퓨즈나 차단기 등과 조합하여 접속할 것

제305조(과전류 차단장치)

사업주는 과전류[단락(短絡)사고전류, 지락사고전류를 포함]로 인한 재해를 방지하기 위하여 다음 각 호의 방법으로 과전류차단장치[차단기·퓨즈 또는 보호계전기 등]를 설치하여야 한다.

1. 과전류차단장치는 반드시 접지선이 아닌 전로에 직렬로 연결하여 과전류 발생 시 전로를 자동으로 차단하도록 설치할 것
2. 차단기·퓨즈는 계통에서 발생하는 최대 과전류에 대하여 충분하게 차단할 수 있는 성능을 가질 것
3. 과전류차단장치가 전기계통상에서 상호 협조·보완되어 과전류를 효과적으로 차단하도록 할 것

7.20 충전구조물 도장 작업시 안전대책

1. 작업책임자의 조치 및 도장작업자의 안전조치
1) 충전회로 기기의 구조물이나 이에 근접하여 도장작업을 할 때에는 작업책임자는 미리 작업장소의 위험요인을 제거하고 기타 안전사고 예방조치를 하여야 하며,
2) 도장작업자는 통상 전기를 잘 모르므로 작업 중의 위험을 경고하기 위한 감시인을 배치해야 한다.

2. 안전표지용구의 설치
충전전로 구조물이나 기기의 근접작업 시는 구획표지망 등 안전표지용구를 충분히 설치한 후 작업하여야 한다.

3. 현장입회
철탑, 철주 및 철구도장은 작업책임자나 현장안전원이 매 작업현장마다 입회하기 전에는 작업하여서는 안된다.

4. 작업원의 작업내용 숙지
작업원은 작업구역 및 충전부분과 기기에 대한 설명을 듣고 완전히 이해한 후 작업에 착수 하여야 한다.

5. 보호 고무장갑 착용 등
1) 애자나 도체에 접촉될 우려가 있는 철주나 철탑 청소작업은 작업원의 보호대책 없이 시행함을 금하며
2) 고압 이하로 충전되었을 때는 보호용 고무장갑구를 착용하여야 함.

6. 충전 2회선의 철탑 도장작업 방법
고압 이상으로 충전된 2회선 선로의 철탑도장은 다음과 같이 시행하여야 한다.
① 작업원은 규정된 이격거리를 유지하고 철탑내부에서 작업을 시작해야 하며 또한 서 있는 위치에서 손이 미치는 범위 내에서만 작업하여야 한다.

② 2회선 중 1회선이 정전되었다면 정전된 선로 측부터 도장하여야 하며 충전된 선로측은 가항과 같이 시행하여야 한다.
③ ①②항을 이행하기 어려울 경우에는 정전시켜 접지시공 후 도장하여야 한다.

7. 충전선로에 승주작업 시 도장

충전선로에 승주작업 시 작업원은 안전작업을 위하여 반드시 충전부에 대한 안전거리를 유지할 수 있도록 행동하여야 하며 작업책임자의 지시에 의해서만 도장하여야 한다.

8. 분무기 도장

분무기로 페인트 도장작업을 할 때는 작업범위 8[m] 이내에서 담배를 피우거나 화기취급을 금하며 활선근처에서는 분무식 도장작업을 해서는 안된다.

9. 격리판 사용

고압 이상으로 충전된 변전소 철구 상에서 이격거리 유지가 불가능한 곳은 승인된 격리판을 사용하여야 한다.

10. 안전모, 안전허리띠 착용

작업원은 철탑이나 철주, 철구를 도장시 안전모, 안전허리띠를 착용하여야 한다.

11. 고압이하로 충전된 변압기의 도장

고압이하로 충전된 변압기는 붓싱단자 및 인입전선이 절연물로 덮여진 상태에서 충전된 채로 도장할 수 있다.

12. 이격거리 유지

[표1. 충전부에 대한 안전거리]

충전부 선로전압(kV)	안전거리(cm)	활선작업거리(cm)
22.9	30	75
66	75	95
154	160	160
345	350	350
765	730	730

13. 정전축전기(Capacitor)는 정전시켜 방전시킨 후에 도장해야 한다.

〈 도장 작업시 주의사항 〉

1) 충전회로 기기 구조물이나 이에 근접하여 도장작업을 할 때 작업책임자는 미리 작업장소의 위험요인을 제거하고 기타 안전사고 예방조치를 하여야 하며, 도장작업자의 작업 중 위험을 경고하기 위하여 감시할 것.
2) 충전선로 구조물이나 기기에 근접 작업시는 구획로프 등 안전표지물을 충분히 설치한 후 작업하여야 한다.
3) 철탑, 철주 및 철구도장은 작업책임자나 안전담당자가 매 작업현장마다 입회하기 전에는 작업하여서는 안된다.
4) 작업원은 작업구역 및 충전부분과 기기에 대한 설명을 듣고 완전히 이해한 후 작업에 착수하여야 한다.
5) 애자나 도체에 접촉될 우려가 있는 철탑이나 철구작업은 작업원의 보호대책을 수립 후 시행하여야 한다.
6) 충전선로에 승탑작업시 작업원은 안전작업을 위하여 반드시 안전거리를 유지할 수 있도록 행동하여야 하며 작업책임자의 지시에 의해서만 도장하여야 한다.
  ① 345KV 이상 전압에서 안전거리를 유지하고 점검 및 보수작업을 할 경우에도 작업원의 정전유도에 대한 안전대책을 강구한 후 (도전성작업복·작업화·양말 등을 착용 또는 기타) 작업을 해야 한다.
  ② 안전거리 : 충전부위에 대하여 인체부위가 통전 및 정전유도에 대한 보호조치를 하지 않고서는 이 이내에 접근해서는 안되는 거리를 말하며, 날씨 및 눈어림차를 감안 충분한 거리를 유지해야 한다.
  ③ 활선작업거리 : 활선장구를 사용할 경우 활선장구의 충전부 접촉점과 작업원의 손으로 잡은 부분과의 최소 한계거리를 말하며, 작업원은 항상 이 거리 이상을 유지하여야 하고 동시에 충전부와 인체부위와는 앞 "①"항의 안전거리 이상을 유지하여야 한다.
7) 변전소 철구상에서 이격거리 유지가 불가능한 곳은 절연봉을 사용하여 도장하여야 한다.
8) 작업원은 철탑이나 철주, 철구를 도장시 안전모, 안전허리띠를 착용하여야 한다.
9) 변압기중 66KV까지는 변압기 최상부로부터 아래로 1.2m, 154KV이하는 1.5m 이내의 부분은 휴전하고 접지시공 후 도장하여야 하며 기타 부분은 운전상태에서 도장할 수 있다.
10) 정전축전기는 휴전하고 5분 이후 방전된 상태에서 도장하여야 한다.

7.21 활선 작업시 안전대책

1. 활선작업 및 활선근접 작업시 감전재해가 증가하는 이유

1) 활선작업 및 활선근접 작업에 활선장구를 미사용
   ① 활선작업은 활선장구 및 고무장갑을 사용해야 한다.
   ② 단, 7,000[V]를 초과하여 고무보호장구를 사용하지 말 것
2) 작업시행시 작업 절차 확인 불충분 및 무단 활선작업 시행
3) 활선작업조의 규정된 인원 미편성, 작업 강행과 활선조장 역할 미준수
4) 활선작업은 활선작업지시에 의거 시행하여야 되나 이를 미 준수
5) 작업지시상에 임명한 작업책임자의 지시, 감독 미시행
6) 작업책임자는 지상에서 작업지시 및 감독하여야 하며
7) 활선부위와 작업원의 거리를 확인할 수 있는 위치에게 주상작업자의 동태를 항상 감시하여야 하고, 만일 활선에 근접시는 즉시 경고해야 되나 이의 미준수. (즉, 안전거리, 활선작업거리 확보 미시행)
8) 현장활선작업자의 활선작업방법이외의 방법으로 임의 활선작업시행
9) 작업원은 작업책임자로부터의 불복종 및 작업책임자로부터 작업외의 작업시행 (임의 및 단독작업 시행)
10) 활선작업 수행동안 다른 작업을 동일 장주 또는 가까운 전주에서 시행
11) 작업전에 직접해당 설비와 인접설비의 상태를 면밀히 점검하고, 불량한 시설을 발견시에 미교체 또는 미보강 시행
12) 작업원이 활선작업시행동안 도체나 작업기구 바로 밑에 위치하는 경우
13) 작업원이 모든 접지선, 지선 및 접지된 기구에 접촉시
14) 작업착수전에 작업장소의 도체(전화선 포함)는 대지전압 7,000(V) 이하일 때는 반드시 고무보호 장구로서 방호하여야 하며, 7,000V 초과는 활선장구를 사용해야 하나 이를 미준수시
15) 활선작업에 사용하는 로프 및 활차는 기름이나 오물 등에 오염되어서는 안되며, 특히 습기를 피하여야 한다.
16) 활선작업 조건의 미비
   ① 준비의 미비 : 장비, 장구점검, 관리, 작업책임자의 업무수행능력 부족 등
   ② 일기의 불순

작업 중 강우 등에 의한 활선작업거리 불충분 → 이 경우 계속 작업시는 활선작업거리를 1.2배 이상 유지요
17) 활선장구를 도체에 견고하게 설치하여야 하나, 이의 준수 및 작업동안 도체의 안전한 지지가 안된 경우
18) 활선장구 선택시 전선중량과 장력을 미고려한 경우
19) 발주측으로 부터, 동시다발적인 물량 수주로 인한 활선작업원의 과중한 현장 업무부담 으로 피곤현상 과중
20) 하절기 작업시 특히, 땀으로 인한 작업복의 절연성능 저하 및 인체저항의 저하로 인한 전격우려 증대

2. 활선작업시 감전재해 방지대책(활선작업시 조치사항)

1) 교육훈련 시행, 절연물에 대한 보호구 및 방호구 착용, 활선작업용 기구사용
2) 고압활선근접 작업시 절연용 방호구를 설치해야 되는 신체의 한계거리 인식
3) 활선작업용 기구사용 및 절연용 보호구 사용(안전모, 고무장갑, 고무장화, 가죽장갑 등)
4) 활선작업용 장치사용
5) 활선작업공구의 작업 전 점검 철저
   ① 절연용 기구의 작업 전 점검 철저
      ㉠ 육안점검 및 공기점검
      ㉡ 활선 경보기 동작확인
6) 충전전로의 사용전압에 따른 접근한계거리 이상유지 철저(표 참조)
7) 작업시는 충전전로에 대한 접근한계 거리가 유지되도록, 보기 쉬운 장소에 표지판을 부착하거나 감시인을 배치함.
8) 고압 및 특별고압 활선작업이나 위험 상존작업은 반드시 2인 이상 시행
9) 활선작업시의 안전거리를 다음과 같이 확보할 것
   고압이상의 전압이 가압된 선로나 기기에서 활선작업조가 활선장구를 사용 작업
  (1) 안전거리 : 충전부에 대한 안전거리란, 충전부위에 대하여 인체부위가 통전 및 정전유도에 대한 보호조치를 하지 않고서는 접근해서 안되는 인체와 충전부 사이의 거리
  (2) 활선작업거리
   ① 접근작업거리 : 작업자의 신체 또는 사용하는 금속제 공구, 재료 등의 도전체중에서 특별고압의 충전부분에 가장 근접한 부분과 충전전로와의 가장 근

접한 최단 선간거리에 있어서 아크섬락의 우려가 있는 거리

충전부선로전압(KV)	안전거리(cm)	활선작업거리(cm)
3.3 ~ 6.6	20	60
11.4	20	60
22 ~ 22.9	75	75
66	95	95
154	160	160
345	350	350
765	730	730

10) 발주자 측과 활선공사자 측의 수주물량 적정배분에 대한 사전협의 : 시기조정, 건수 조정
11) 철저한 안전교육 시행
12) 철저한 활선감독 시행 및 배전사령실과의 연락 철저, 배전계통의 정확한 확인 등

7.22 무정전 작업 안전대책

1. 정의(종류)
아래와 같은 작업으로 정전 없이(즉 무정전) 배전공사로 작업하는 것을 말함
1) 임시송전작업
   ① 이동용변압기공법
   ② 공사용개폐기공법
   ③ 바이패스케이블 공법(가지지공법 포함)
   ㉠ 위상변환 바이패스 장치를 이용한 배전선로 무정전 공법
   ㉡ 위상변환 바이패스 장치를 이용한 주상변압기 무정전 교체
   ㉢ 무정전 고압선로 바이패스 장치를 이용한 주상변압기 교체
   ④ 지상변압기 무정전교체 공법
   ⑤ 엘보접속재 활선 분리, 연결공법
2) 직접송전작업 : 전선이선공법

2. 무정전배전공사의 기준
1) 무정전작업을 시행하고자 할 때에는 배전센터 운영지침「휴전, 활선, 무정전 작업」 및 무정전배전공사 시공회사관리기준에 준하여 시행한다.
2) 무정전 작업 중에 발생하는 충전부에서의 활선작업은 배전작업안전수칙에 준하여 시행
3) 무정전작업은 무정전작업지시서에 의거 무정전공법상의 인원으로 시행하여야 하며 작업지시서에 임명된 작업책임자의 지시, 감독하에 시행하여야 한다.

3. 작업전 준비사항
1) 작업절차서 작성 및 시행
   ① 작업책임자는 작업전에 작업내용과 관련되는 기본적인 작업절차서를 작성하고 현장의 설비형태, 도로상황 및 교통량 등을 확인하여 최종적인 작업절차서를 작성.
   ② 현장에서의 무정전작업은 1항의 작업절차서를 보면서 작업을 진행시켜야 한다.
2) 무정전작업 관계자회의: 계통조작이 수반되는 공사는 작업시행 1일전에 관계자회의를 개최.

4. 작업전 현장확인

1) 분기선, 인입선 등에 의한 감전 및 정전사고를 예방하기 위하여 재해방지대책을 강구.
2) 작업에 필요한 무정전작업용 장비 및 기자재 수량을 파악하고 필요시 교통 통제 계획수립 및 관계기관에 협조 요청한다.

5. 작업의 시행

무정전 작업 시작 전 작업내용, 작업방법 등에 대한 준수사항을 작업원 전원이 참석하여 충분히 협의하고 작업에 임하여야 한다.

6. 무정전작업의 임시송전공법 중 이동용변압기차 공법

1) 개요

   변압기차 공법은 무정전으로 주상변압기를 교체하고자 할 경우, 이동용 변압기차를 이용하여 저압부하를 공급하고 변압기를 교체하는 작업

2) 작업시 주의사항

   (1) 작업책임자는 이동용변압기차 운전시 병렬운전에 대한 주의사항 및 요령과 함께 특고압 및 저압케이블의 연결순서를 작업원들에게 숙지시켜야 한다.
   (2) 탭절환은 반드시 이동용변압기의 1차 개폐기를 개방시킨 후에 하여야 한다.
   (3) 검상 후 상이 맞지 않을 경우에는 공사용개폐기를 반드시 개방한 후에 시행.
   (4) 설치 작업시는 주상변압기 2차 인하선을 분리한 후에 COS를 개방하고 철거 작업시는 COS를 투입한 후에 주상변압기의 2차인하선을 접속한다.

3) 작업절차

   (1) 작업준비

   ① 이동용 변압기차를 작업 장소에 주차시킬 때 주상변압기 직하는 가급적 피하고 통행인, 차량 등에 지장이 없도록 유의한다.
   ② 적당한 장소에 공구진열 시트를 깐다.
   ③ 작업현장의 장주형태, 공급방식, 현장상황 등을 확인한다.

   (2) 공기구 점검

   ① 작업내용을 충분히 숙지하고, 필요한 공구, 방호구 등을 충분히 준비한다.
   ② 필요한 공구 및 방호구, 보호구, 케이블 기자재 등을 점검 배치한다.

   (3) 작업장소 출입통제

   인도변 및 도로에 작업시 작업구간 전후에 구획로프 및 위험표지판 설치하고 작업

장 전후 교통통제요원을 배치한다.
(4) 작업전 안전회의
　① 작업전에 안전회의를 실시한다.
　② 작업책임자는 이동용 변압기차에 의한 작업순서 및 개인별 임무를 작업원에게 명확히 설명한다.
　③ 이동용 변압기차의 병렬운전 요령 및 특고압 및 저압케이블 연결순서를 숙지.
(5) 배전센터 등 통보
　① 작업책임자는 작업시행 전·후 배전센터, 배전운영실 등에 작업장소, 작업내용 등을 통보한다.
　② 작업현장과 비상통신 수단 확보
　③ 작업전 변전소 또는 배전선로 전원측 R/C 재폐로 동작기능정지 확인 및 사령실의 작업통제에 따른다.
(6) 변압기 차량 점검
　① 변압기차에 부속된 케이블 상태와 접속콘넥타 및 변압기의 절연상태 등 청결상태를 확인 점검한다.
　② 변압기차의 고압케이블 1차측 콘넥타 연결부분의 소켓 등을 확인점검
　③ 변압기 차량 외함에 1종단독접지 및 중성선에 공동 접지한다.
(7) 공사용 개폐기의 점검
　① 공사용 개폐기의 정상 가스압력과 붓싱상태 확인한다.
　② 개폐기 접지단자에 접지선 연결한다.
　③ 공사용 개폐기와 저압차단기의 개방을 확인한다.
(8) 특고압케이블 및 저압케이블 설치
　① 접속부분의 청결상태 확인 후 변압기차 VAN 접속부에 입상케이블을 연결한다.
　② 전력선 충전부는 완전한 절연(절연커버)을 시공하고 입상케이블의 중성선은 접지단자에 연결한다.
　③ 전선에 임시걸이를 설치시 전선의 피복을 벗기지 않고 설치한다.
　④ 전선의 피복제거는 반드시 규정된 피박기로 피복을 제거한다.
　⑤ 저압개폐기 OFF 상태에서 고압케이블 연결하고, 저압케이블은 주상변압기 2차 간선에 콘넥타로 접속하고 저압개폐기를 투입하기 전 검상기로 각상을 확인한다.
　⑥ 작업전 필히 주상변압기 2차 전류를 측정하여 적정규격의 저압케이블을 사용하고, 저압케이블 고정 및 저압 간선과의 접속을 약 30cm 간격으로 시공하여 혼촉

방지 및 접촉저항 저감을 위해 저압케이블의 크램프를 견고히 조인다.
⑦ 변압기 차량내부의 저압개폐기를 투입하고 부하상태 확인
⑧ 공사용 개폐기 투입시 조작봉 고리에 스틱을 걸어 확실히 투입되었는가를 확인
⑨ 투입된 상태에서 상이 맞지 않아 각상의 교체를 시행할 때는 반드시 개폐기를 OFF한 후 실시한다.

(9) 주상변압기의 2차 인하선 분리
① 전선 절단기로 2차 인하선 절단시 전압선 및 접지선 순서로 전선 절단한다.
② 분리한 저압선의 충전부 끝단을 절연테이프로 방호조치 한다.
③ 주상변압기 2차측 저압 인하선을 분리할 때 저압간선 연결부분을 절단하고, 절단된 2차 인하선은 충전상태이므로 반드시 충전부 임시 절연캡으로 절연처리해 놓는다.
④ 교체할 주상변압기 용량중 75kVA 이상은 반드시 과부하 운전여부를 확인한 후 변압기 교체 작업을 시행한다. (과부하시 변압기차량의 변압기소손 우려)

(10) 주상변압기 COS 개방
① 2차 인하선 각상분리 확인 후 스틱으로 각상 COS를 개방한다.
② COS 홀다 개방 후, 1차 활선크램프를 분기고리에서 분리 철거한다.

(11) 변압기 교체작업 : 변압기 교체작업 후 반드시 휴즈링크의 적정용량을 확인한다.

(12) 복구작업(환원)
① 각상을 필히 확인하여 접지측 전선 및 전압측 전선을 사전에 구분한다.
② 인하선 접속은 접지측 및 전압선 순서로 접속한다.
③ 오결선으로 인한 선간단락을 방지하고, 전압선 접속시 부하가 걸린 상태로 스파크가 발생할 수 있으므로 신속하게 접속한다.
④ 변압기 2차 리드선(인하선)을 연결한 후에는 변압기 1차 부싱 및 COS 2차는 활선상태이므로 유의할 것
⑤ 저압케이블 철거순서는 주상측 부터 철거하고, 저압 접속구 측을 철거.
⑥ 전압선 케이블부터 철거하고, 중성선에 접속된 접지케이블을 마지막에 철거.
⑦ 본선 접속용 케이블을 철거하여 임시걸이에 물려놓아 충전전류로부터 안전사고를 예방한다.

제8장
피뢰설비

8.1 이상전압. 개폐 서지 현상

1. 개요
전력계통에서 발생하는 과전압(이상전압)

외부 이상전압	뇌에 의한 과전압 (뇌 서어지)	직격뢰, 유도뢰
내부 이상전압	개폐시의 과도적 과전압(개폐 서어지)	충전전류 개폐서지, 여자전류 개폐서지 고장전류 개폐서지, 3상 비동기 투입서지 고속 재폐로 서지, 무부하 개폐서지
	지속적 과전압	지락 등에 의한 과전압 기본파 철공진, 특수 철공진, 자기여자현상

2. 뇌에 의한 과전압
1) 도체 직격

   도체에 직접 낙뢰가 침입

2) 역 Flash
   - 철탑이나 가공지선에 낙뢰가 침입할 때 철탑이나 가공지선을 통하여 큰 뇌격 전류가 대지로 흐른다.
   - 이 전류에 의해 철탑 등의 전위가 대지보다 높게 되는데 이때 철탑이나 가공지선과 도체간의 전위차가 크게 되어 절연레벨을 초과하면 도체를 향하여 Flashover가 발생하는데 이를 역Flash(역섬락)라 한다.

3) 유도뢰
   - 유도뢰는 뇌운이 배전선 가까이에 접근하면 정전유도현상에 의해 뇌운 하부에는 반대극성의 구속전하가 유도되고 뇌운과 근접해있는 송전선 부근에는 이것과 반대인 전하가 모여 있다가
   - 뇌운 상호간 또는 뇌운과 대지 사이의 방전에 의해서 뇌운의 전하가 소멸되면 송전선에 구속된 전하는 자유전하가 되어 양방향으로 퍼져 나간다. 이것을 유도뢰라고 합니다.

4) 대책
- 가공 지선 설치(A-W이론에 의한 보호각 반영)
- 매설 지선 설치 : 철탑 접지저항 값 낮춤
- 건축물 : 외부 - 피뢰침 설치
         내부 - 피뢰기 설치

3. 스위치 개폐시의 과전압

1) 충전전류 개폐서지

   충전전류는 앞선전류로서 차단하기는 쉽지만 재 점호를 일으키는 경우가 있고, 그때마다 서지에 의한 이상전압이 발생한다.

   (1) 투입시
   - 과도전압 : 교류 전압 최대값의 2배까지 나타난다.
   - 돌입전류 : Imax = Ic $(1 + \sqrt{\frac{Xc}{Xl}})$. 약 5~6배
   - 돌입 주파수 = $f \sqrt{\frac{Xc}{X_L}}$
   - 대책

     계통 전압이 낮을 때는 문제가 되지 않지만, 345kV이상에서는 대책이 필요
     ① 투입저항
        투입시에 개폐 과전압을 억제 하기위해 수백Ω의 저항을 삽입한 후 주 접점을 투입
     ② 765kV 계통 : 분로 리액터 사용

   (2) 차단시(개방시) : 재점호

   차단 과정 중 회복전압에 이르는 과정에서 과도전압(재기전압)이 나타나게 되며, 재기 전압이 크면 차단기 접촉자 사이에 절연이 파괴되어 아크가 발생하는 재 점호가 일어나며, 그 크기는 교류 전압 최대값의 약3배에 이르는 서지가 발생하며, 반복 재점호의 경우에는 최대 상전압의 약 6~7배의 높은 전압이 발생한다.

   대책 : - 차단기의 고속 차단 또는 전극의 개리속도를 빠르게
          - 중성점을 직접 접지 또는 임피던스 접지하여 선로의 잔류전하를 신속히 방전

2) 여자전류(지상 소전류) 개폐서지

   유도성(지연전류) 소전류 차단시 발생하는 서지로서 다음과 같은 종류의 서지가 있다.

(1) 전류 재단(절단) 서지

변압기나 전동기가 소용량인 경우 서지가 더 심하며 진공차단기 등 소호력이 강한 차단기로 차단시 전류가 자연 "0"점 전에 강제적으로 소호되는 현상으로 다음과 같은 이상전압 발생

이상전압 $e = L \cdot \dfrac{di}{dt}$ (V)

(2) 반복 재점호 서지

전류 절단으로 서지 발생시 차단기의 극간 절연이 충분히 회복되지 않으면 재발호 현상이 나타나고 조건에 따라 발호, 소호가 짧은 시간에 여러번 반복되는 현상을 반복 재점호라 한다.

(3) 대책
- 병렬 콘덴서 설치
- Tr에 LA 설치
- CR형 SA 또는 LA 설치

3) 고장전류 개폐서지
- 중성점을 리액터접지 시킨 계통에서 고장전류는 90°에 가까운 지상 전류 이다. 이것을 전류 영점에서 차단하면 차단기의 차단 전압이 상시 대지전압의 약 2배 이하로 걸릴 수 있다.
- 대책 : 일반적으로 대책이 필요 없지만 심할 경우 NGR를 설치

4) 3상 비동기 투입
- 차단기의 각상 전극은 정확히 동일한 시간에 투입되지 않고 근소하나마 시간적 차이가 있는 것이 보통이다.
- 이 차이가 심한 경우는 상규 대지 전압의 3배 전후의 써지가 발생할 수 있다.
- 대책 : 심한 경우 변압기에 보호 콘덴서나 LA 설치

5) 고속 재폐로 서지
- 재 폐로시에 선로의 잔류 전하에 의해 재 점호가 일어나면 큰 써지가 발생한다.
- 대책 : 잔류 전하가 방전이 된 후 재투입(345kV : 약 20Cy)
  HSGS(High Speed Ground Switch)설치하여 잔류 전하를 대지로 신속 방전

6) 무부하 선로투입
- 무부하선로에 최대치 Em의 전원을 투입하면 전압의 진행파가 선로의 종단에 도달했을 때 종단이 개방되어 있으므로 정반사하여 2 Em의 이상전압이 발생하나 별 대책은 필요치 않음.

4. 지속성 이상전압

1) 지락시 과전압

   지락사고 발생시 건전상의 대지전압 상승
   - 유효 접지계 : 1.3배 이하
   - 비 유효 접지계 : $\sqrt{3}$배 이하

2) 기본파 철공진 이상전압

   (1) 원인
   - 선로의 단선
   - 개폐기의 불안정한 투입
   - Fuse 용단

     즉, 회로가 단선 상태가 되면 변압기의 여자 임피던스와 선로의 정전 용량이 철공진을 한다.

   (2) 대책
   - 사고시 직렬공진이 일어나지 않도록 회로구성
   - 차단기, 개폐기류의 불안정한 투입방지
   - 차단기, 개폐기류의 보수 철저

3) 특수 철공진 이상전압

   철심이 있는 리액터(주로 GPT)의 포화에 의해 고조파 전압, 전류가 발생하고, 이 고조파가 회로와 공진했을때 발생하는 현상으로 GPT중성점 불안정현상이 대표적이다.

   (1) GPT 불안정 현상 원인
   - 계통이 비접지일때 PT를 접지한 경우
   - 계통이 접지계일때 일시적으로 계통분리에 의해 비접지 계통이 된 경우
   - PT의 2차 부담이 적은 경우

   (2) 영향
   - 철공진을 일으켜 중성점 과도 진동 형상 발생
   - PT 대지전압이 높아져 철심 포화 → 계통 절연 파괴
   - 포화 → 다른상 대지전압 발생 → 포화의 악순환 형상 발생

   (3) 대책
   - PT의 적정 부담 선정
   - 3차측 Open Δ측에 CLR 삽입

     CLR 크기 : 3.3kV → 50Ω

     6.6kV → 25Ω

4) 자기여자현상
- 자기여자 현상이란 발전기에서 계자전류가 없는 상태에서도 발전기에 전압이 유기되는 현상을 말하며
- 선로 충전용량에 비해서 발전기 용량이 작은 경우 선로 충전전류에 의한 전기자 반작용에 의해 발전기 전압이 상승함.
- 전기자 반작용 : 전기자에 흐르는 전류에 의해서 발생된 전기자 자속 이 계자의 자속에 영향을 주는 현상

5. 서지전압 억제방법
1) 가공 지선 및 피뢰설비
2) 피뢰기
3) surge absorber
4) 중성점 접지
5) 절연레벨 협조
6) 건물 등전위 접지
7) 적정 보호 계전 방식 등

〈참고〉
1) **充電電流의 遮斷 메카니즘**

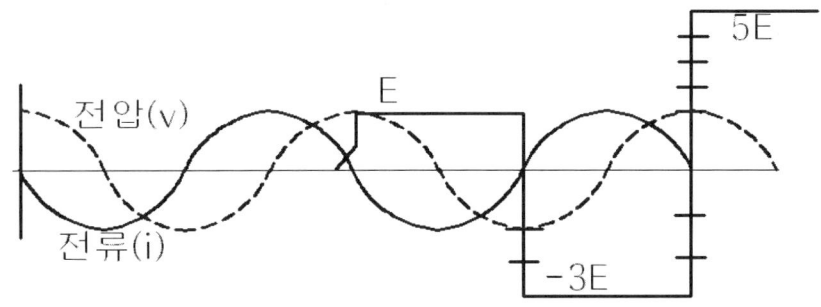

(1) 충전전류는 전압보다 90° 앞선 진상전류로 아크전압과 회복전압의 위상이 동상이므로 재기전압은 낮아서 아크는 쉽게 꺼진다.
(2) 그러나 전류가 "0"점이 되는 순간 차단기를 개방하면 선로(부하)측 전극은 Em으로 충전된 상태의 잔류전하가 존재하고 있다.

(3) 한편 전원측 전압도 차단된 순간은 Em이나 $\frac{1}{2}$Cy 후에는 전원전압이 −Em이 되어 개폐기 전극간 전압은 2 Em이 된다.

(4) 이때 개폐기 전극간 절연내력이 2 Em에 견디지 못하면 절연이 파괴 되어 Arc가 발생하는데 이것을 재점호(Reignition)라 한다.

(5) 이때 −Em을 중심으로 2Em을 진폭으로 하는 고주파진동($f=\frac{1}{2\pi\sqrt{LC}}$)이 일어나 −3Em의 이상 전압이 된다.

(6) 다음 $\frac{1}{2}$Cy 후에 전극간 절연이 불충분하면 4Em을 중심으로 고주파 진동이 일어나 5Em의 이상 전압이 발생하고

(7) 이 현상이 이론적으로 7Em, 9Em으로 계속되나 실제 회로에서는 선로정수(R, L, C) 및 중성점 접지에 의하여 제한되기 때문에 대지 전압의 3.5배 이하의 이상전압이 발생하고 그 시간도 0.5Cy 이내에서 종료된다.

(8) 영향
 − 과전압으로 콘덴서나 모선의 접속기기의 절연파괴
 − 특히 직렬 리액터의 층간 절연이 우려 됨.

(9) 방지대책
 − 절연 회복 성능이 빠른 개폐기 선정
 − 고압 : 방전 코일 설치
   저압 : 방전 저항 설치
 − 중성점을 임피던스 접지

8.2 BIL. 절연협조

1. 개요

1) BIL(Basic Impulse Insulation Level)이란

   피 보호기기의 기준 충격 절연강도를 말하는 것으로 기기의 절연을 표준화 하고 통일된 절연 체계를 구성하기 위해, 절연 계급을 설정하며, 계통 기기의 채용상 경제성과 기능유지 및 절연협조의 기준이 되는 것으로 계통에서 발생할 수 있는 최대전압으로 뇌 충격파고도 한다.

2) 절연협조란

   - 계통내의 각 기기, 기구, 애자 등의 상호간에 적정한 절연강도를 갖게 하여, 계통설계를 합리적, 경제적으로 할 수 있게 한 것
   - 하나의 전력계통에서 피뢰기 제한전압을 기준으로 하여, 이것에 어느 정도 여유를 가진 절연강도를 구비해서, 모든 기기에 이것 이상의 내압을 갖도록 함과 동시에
   - 기기의 중요도, 특수성 및 피뢰기의 원근에 따라 합리적인 격차를 두어, 계통 전체로서의 정연하고 합리적인 절연체계를 갖도록 하는 것.
   - 피뢰기 제한전압 < 기기의 절연강도 < 애자의 절연강도가 되어야 함.

2. 기기의 절연 내력 결정시 고려사항

1) 계통의 이상 전압 파고치
2) 보호 장치의 보호 능력
3) 기기의 중요도
4) 보수성
5) 실험 데이터 등

3. 충격파 표시 방법

1) 파두장

   파고값 30%에서 파고값 90%까지 직선을 그었을 때 가로축과 만나는 기점~ 파고값과 만나는 교점까지의 파형을 그리는 시간

2) 파미장

   파고값 30%에서 파고값 90%까지 직선을 그을때 가로축과 만나는 기점~파고점의 50%까지 내려오는 파형을 그리는 시간

3) 충격파 표시법

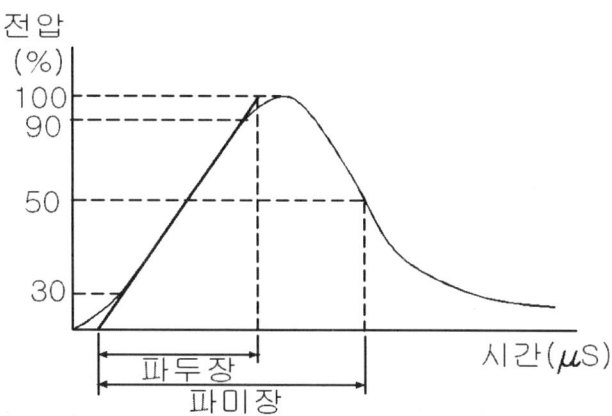

충격파 : 파두장 × 파미장(μs)
우리나라 표준충격파 : 1.2 × 50μs

4. 절연계급

1) 전력기기나 계통, 공작물 등의 절연 강도 계급을 말하는 것이다.
2) 절연 계급 목적
   - 계통에서 발생하는 내부 또는 외부의 이상 전압에 대한 설계의 표준화
   - 기기 절연의 표준화
   - 절연 계통의 체계화
3) 절연 계급 표시 방법
   (1) 유입 변압기

   BIL = 5 E + 50 (E : 절연계급 = 공칭전압 / 1.1)

   예) 22KV 계통

   5 × 22 / 1.1 + 50 = 150.1KV   정격: 150KV

(2) 몰드 및 건식 변압기

BIL = 1.25 × $\sqrt{2}$ × 상용주파내전압

(상용주파내전압 = 공칭전압 × 2.3)

정격전압(KV)	절연계급	상용주파(KV)	BIL(KV)
3.3	3A	16	45
	3B	10	30
6.6	6A	22	60
	6B	16	45
22	20A	50	150
	20B		125
154	140	325	750(650.1단저감)
345	300	720	1550(1050.2단저감)
A : 표준레벨, B : 저레벨(피뢰기 등으로 낮게 억제될 때 적용)			

<유입 변압기 절연 계급>

예) 22KV 계통에서 몰드변압기의 BIL값은:(B종)

$1.25 \times \sqrt{2} \times 22 \times 2.3 ≒ 95KV$

정격 전압(KV)	상용주파(KV)	BIL(KV)
3.3	10	25
6.6	16	35
22	50	95

< 건식 변압기 절연 계급 >

8.2.1 충격파

1. 정의
전력설비가 직격뢰를 받게 될 때 나타나는 뇌전압 또는 뇌전류로서, 뇌Surge라고도 부르며, 이 파형은 극히 짧은 시간에 파고값에 달하고, 또한 극히 짧은 시간에 소멸하는 Impulse Wave를 말한다.

2. 규약 표준 파형
1) 정의
   - 과도적으로 단시간 내에 나타나는 충격전압과 충격전류 중 진동파가 겹치지 않는 단극성의 파형을 말하며
   - 각종 전기기기의 절연강도, 절연협조에 이용하는 파형이다.
   - 우리나라는 파두장(파두시간) × 파미장(파미시간) = 1.2 × 50(μ s)를 표준 충격파로 사용하고 있다.
2) 충격파 파형

〈 충격 전압파 〉　　　　　　　〈 충격 전류파 〉

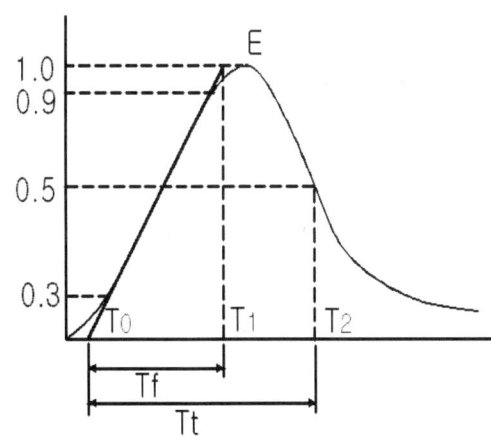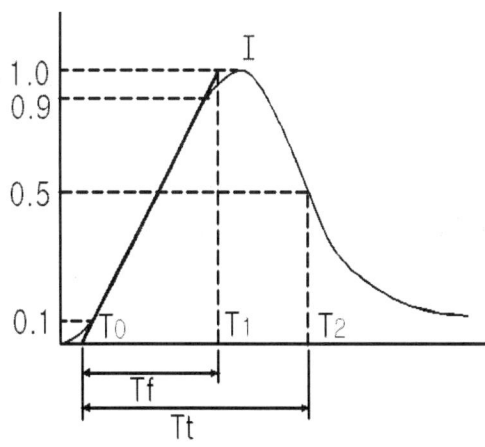

여기서　　E : 전압 파고치　　　　　　Tf : 규약 파두장($t_1 - t_0$)
　　　　　I : 전류 파고치　　　　　　Tt : 규약 파미장($t_2 - t_0$)
　　　　　T_0 : 규약 원점　　　　　　E/Tf : 규약 파두준도

3. 용어 설명

1) 규약 파두장(규약 파두 시간) Tf

   파두의 계속시간을 규약으로 정한 값

   (1) 전압파 규약 파두장
   - 파고값 30%에서 파고값 90%까지 직선을 그었을 때 가로축과 만나는 기점~파고값과 만나는 교점까지의 파형을 그리는 시간으로
   - 파고치 30%에서 90%까지 순시치가 상승하는데 필요한 시간을 1.67배한 값임.

   (2) 전류파 규약 파두장
   - 파고값 10%에서 파고값 90%까지 직선을 그었을 때 가로축과 만나는 기점~파고값과 만나는 교점까지의 파형을 그리는 시간으로
   - 파고치 10%에서 90%까지 순시치가 상승하는데 필요한 시간을 1.25배한 값임.

2) 규약 원점 t_0

   (1) 전압파 규약원점

   －파고값 30%에서 파고값 90%까지 직선을 그었을 때 가로축과 만나는 점

   (2) 전류파 규약원점
   - 파고값 10%에서 파고값 90%까지 직선을 그었을 때 가로축과 만나는 점

3) 규약 파두준도

   파고치를 규약파두시간으로 나눈값 (E/Tf)

   즉. 그래프의 기울기로 그 값이 클수록 전압이 급 상승함을 의미함.

참고.

뇌임펄스(BIL) =LIWL(Lightning Impulse Withstand Level) 1.2x50 μ S

개폐임펄스 =SIWL(Swiching Impulse Withstand Level) 250x2500 μ S

8.3 V-t곡선 (75.1.13)

1. V-t 곡선
1) 동일한 절연물이라도 인가하는 표준 충격파의 파도 준도(kV/μS)가 다르면 Flash over하는 시간이 달라진다.
2) 준도가 높을수록 충격파의 앞부분에서 Flash over가 발생하고 준도가 낮을수록 충격파의 뒤 부분에서 Flash over가 발생한다.
3) 이 인가 전압의 파두준도와 Flash over하는 시간과의 관계를 표시한 곡선을 V-t 곡선이라 한다.

2. 50% 방전 충격 전압
- 50% flashover voltage를 말하며
- 표준파형(1.2×50μS)의 충격파 전압을 수 회 인가하였을 때 그 반수는 Flash over를 하고, 나머지 반수는 Flash over를 하지 않는 전압을 말함.

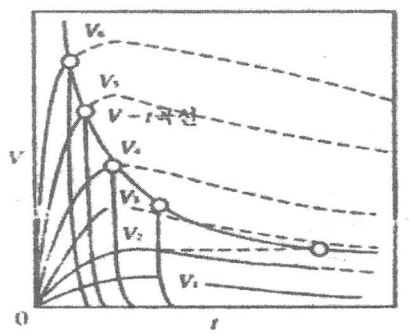

그림1 V-t 곡선

8.4 진행파의 특성임피던스

1. 개요

1) 진행파의 정의

   진행파란 선로위를 일정한 방향으로 전파하는 파동으로서, 무손실 선로 에서는 특성임피던스 $\sqrt{\dfrac{L}{C}}$ 에 의해 결정된다.

2) 개념도

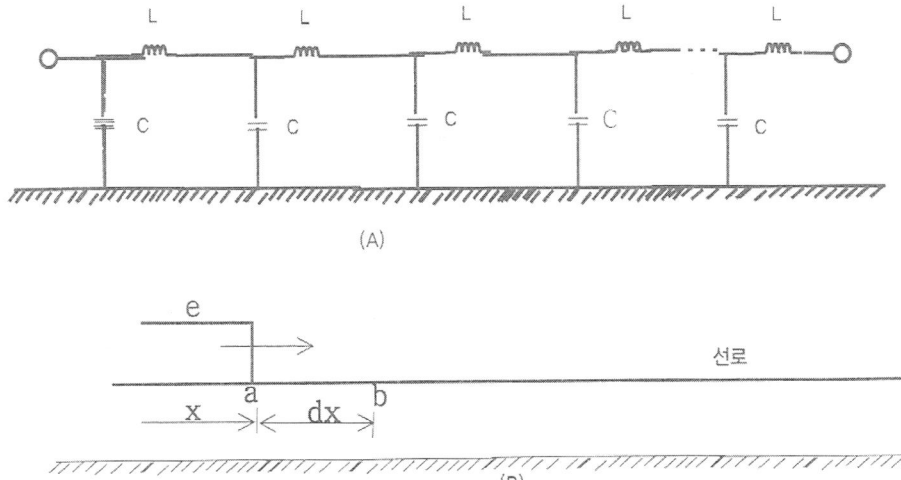

2. 무한장 선로의 특성 임피던스

1) 선로 정수가 L, C뿐인 무한장 선로에서 전위 진행파가 점 a까지 진행하면 dx만큼 앞선 b점에는 진행파가 도달하지 못하였으므로 전위 및 전류는 "0"이다.

2) 이때 dx구간에 축적될 전하 dq = e C dx이고

   - dx구간을 충전하기 위한 전류 진행파 관계식

     $$i = \dfrac{dq}{dt} = eC\dfrac{dx}{dt} = eCV \quad \left[단, 전파속도 V = \dfrac{dx}{dt} 임\right]$$

   - I에 의한 자속 $d\Phi$ = Li dx에서 전압진행파 관계식

     $$e = \dfrac{d\Phi}{dt} = Li\dfrac{dx}{dt} = LiV 임.$$

   〈참고〉
   q = C e
   Φ = L I
   $i = \dfrac{dq}{dt}$
   $e = \dfrac{d\Phi}{dt}$

위에서 특성임피던스

$$Z = \frac{e}{i} = \frac{LiV}{eCV} = \frac{Li}{eC} = \frac{L}{ZC}$$

$$Z^2 = \frac{L}{C} \Rightarrow Z = \sqrt{\frac{L}{C}} \text{ 임.}$$

3. 전파속도

$e = iLV$

$\quad = eCV \cdot LV$ 에서

$1 = CV \cdot LV$

$\therefore V^2 = \dfrac{1}{LC} \quad \Rightarrow V = \dfrac{1}{\sqrt{LC}}$ 임

4. 진행파의 반사 및 투과

1) 변이점 : 파동 임피던스가 다른 회로의 연결점.

2) 변이점에서 진행파는 아래 그림과 같이 일부 반사, 일부 통과하여 타 회로에 전달된다.

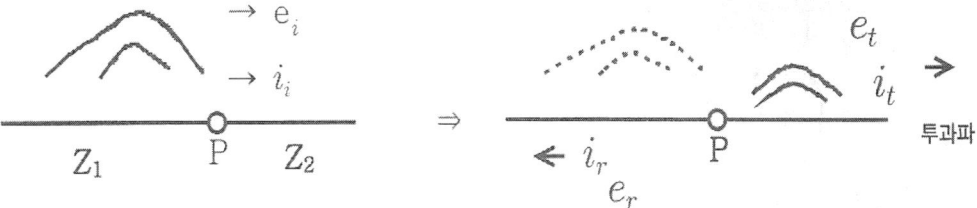

e_i, i_i : 진입파 파고치 전압, 전류   P : transition point

e_r, i_r : 반사파의 전압, 전류 Z_1 : 변이점 前의 특성 임피던스

e_t, i_t : 투과파의 전압, 전류 Z_2 : 변이점 後의 특성 임피던스

8.5 이행 전압

1. 변압기 이행 전압이란
1) 변압기의 1차측에 가해진 서지가 정전적 혹은 전자적으로 2차측으로 이행되는 현상
2) 변압기 2차 권선 및 2차측에 접속되는 기기의 절연에 영향을 줌.

2. 정전 이행 전압
1) 변압기 권선에 가해지는 서지 전압이 양 권선간 및 2차 권선과 대지간의 정전 용량으로 분압되어 생기는 전압.
2) 등가 회로

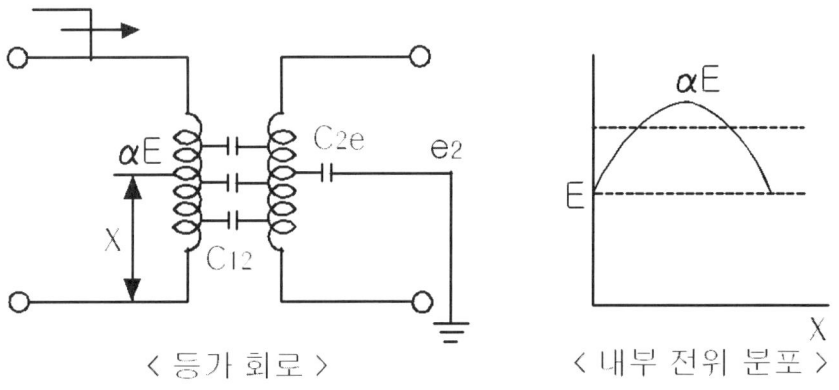

< 등가 회로 >　　　< 내부 전위 분포 >

3) 2차 권선으로 이행되는 전압 $e_2 = E \cdot \dfrac{\alpha\, C_{12}}{C_{12} + C_{2e}}$

　여기서 E : 1차측 서지 전압
　　　　C_{12} : 변압기 1,2차 권선 정전 용량
　　　　C_{2e} : 변압기 2차권선과 대지간 정전 용량
　　　　α : 변압기 구조에 따른 정수(보통 1.3~1.5)

4) 고압측 전압이 높아질수록 권선간의 절연거리가 커져서 양 권선간의 정전 용량은 작아짐.
5) 정전 이행 전압의 저감 대책
　- 2차측에 피뢰기 설치

- 2차측에 보호 콘덴서 설치하여 2차권선과 대지간 정전 용량을 크게 함.
  (많이 사용하는 방식임)
- 2차측 BIL을 높인다.

3. 전자 이행 전압

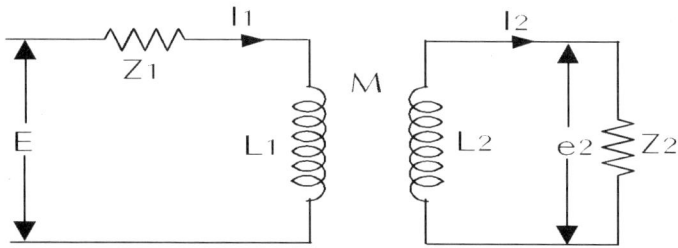

1) 변압기 1차 권선을 흐르는 서지 전류에 의한 자속이 2차 권선과 쇄교 하여 유기되는 전압.
2) 전자 이행 전압은 권선비에 비례하여 정해지며 부하 임피던스가 클수록 큰 값이 된다.
3) 전자 이행 전압은 실제로 크게 문제가 되지는 않는다.

8.6 S A (Surge Absorbor) (74.1.13)

1. 개요

S A는 피뢰기와 비슷한 구조로 개폐 써지와 같은 과도 이상전압에 변압기나 전동기등 내전압이 낮은 기기보호를 위해 설치한다.
L A : 뇌서지 등 파고치가 높고 이상전압의 지속시간이 짧은 곳에 사용
S A : 개폐써지 등 파고치가 낮고 이상전압의 지속시간이 긴 곳에 사용

구 분	파고치	파두장 × 파미장
뇌 서지	높다	1.2 × 50 μs 정도 (짧다)
개폐 서지	낮다	250 × 2500 μs 정도 (길다)

2. S A 정격

공칭 전압(KV)	3.3	6.6	22.9
정격 전압(KV)	4.5	7.5	18
공칭 방전전류(KA)	5	5	5

3. S A 종류 및 용도

1) C-R TYPE : 전동기나 발전기 보호용
2) GAP TYPE 및 GAPLESS TYPE : 변압기 보호
3) Zn O TYPE : 전동기 보호

4. S A 선정시 고려사항

1) S A 방전 개시 전압
   발생 써지 크기는 기기BIL의 85% 이하가 되도록 하며 15% 여유를 합하여 방전개시 전압 = 기기의 BIL × 0.85 × 0.85 (KV) 정도로 선정한다.
2) 상시 전압에서 누설 전류가 적을 것
3) 방전 전류에 견디고 계통 고장에 의한 과전압에 견딜 것.

5. 설치위치 및 설치 대상

1) 설치위치

   피보호기기 전단 또는 개폐서지 발생 차단기 2차 각상 전로와 대지간

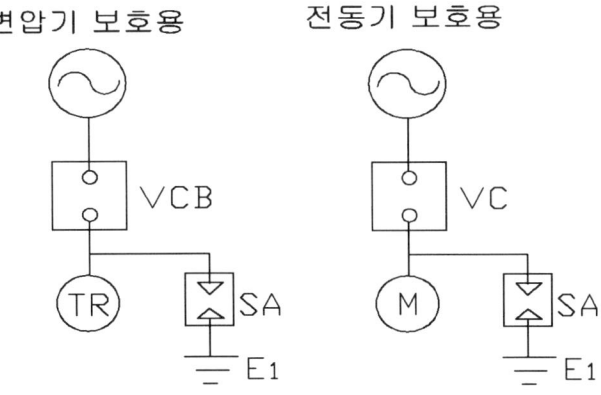

2) 설치 대상

차단기 종류		VCB		
전압 등급		3KV	6KV	20KV
전동기		적용	적용	-
변압기	유입식	불필요	불필요	불필요
	몰드식, 건식	적용	적용	적용
변압기+전동기 혼합		적용	적용	-

8.7 피뢰기 (내선규정 3250)

피뢰기의 설치 목적, 구조 및 구성, 정격선정, 설치위치, Gapless (63.4.5)
피뢰기의 성능, 위치, 선정시 고려사항, 제한전압, 정격전압, 방전내량(74.3.1)
피뢰기 공칭 방전 전류 정의 설명(68.1.1)
피뢰기의 충격비와 제한전압 설명(81.1.9)

1. 피뢰기 설치 목적

피뢰기의 중요 책무는 선로에 발생하는 이상 전압을 대지로 방전 시킴으로써 기기의 절연이 파괴되지 않도록 하는데 있으며 자세히 설명하면 다음과 같다.
- 외부 이상전압(유도뢰 등) 억제
- 전기 기계기구의 절연보호
- 이상전압을 대지로 방전시키고 속류 차단

2. 종류

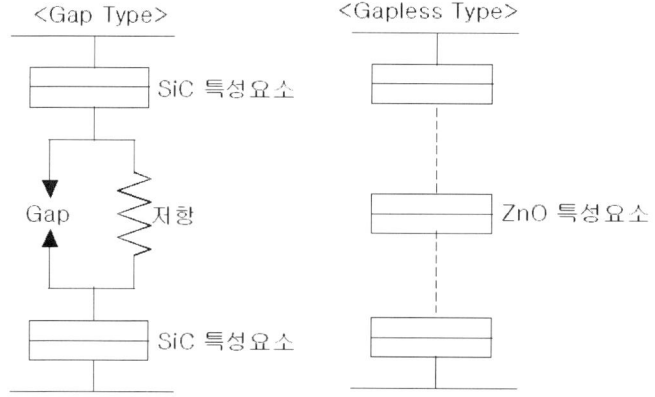

1) GAP 형
 (1) 직렬 갭
  - 직렬갭은 정상시에는 대지에 대하여 절연을 유지토록 하여 방전을 억제하지만
  - 이상전압 발생시는 이상전압을 대지로 방전시키는 특성을 가진다.

(2) 특성 요소
- 탄화규소(Si C)를 각종 결합체와 혼합하여 고온에서 소성하면 비 저항 특성을 나타내는 원리 이용
- 큰 방전전류에서는 저항값이 적어져 방전하여 제한 전압을 낮게 억제하고, 적은 방전전류에 대해서는 저항값이 높아져서 직렬 갭의 속류의 차단을 돕는다.
- 속류(Follow current) : 뇌전류 통과에 이어 대지 전압에 의해 전류가 흐르는 현상

2) GAPLESS 형

산화아연(ZnO)을 주성분으로 하는 피뢰기를 갭레스 피뢰기라하며 아래 그림과 같이 Vo 이하에서는 거의 전류가 흐르지 않기 때문에, 선로의 교류전압의 최대 순시값을 이 전압보다도 작게 해 두면 직렬갭을 따로 두어 속류를 차단할 필요가 없다.

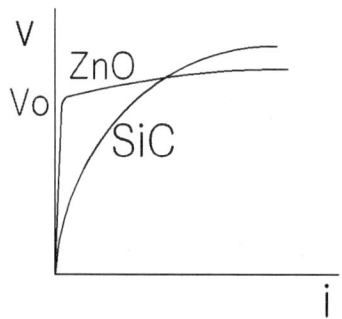

〈갭레스 피뢰기의 특성〉

(1) 갭레스형 피뢰기의 특징

특성요소의 뛰어난 비직선 저항곡선을 이용하여 특성 요소만으로 제작되어 다음과 같은 특징이 있다.
- 직렬갭이 없으므로 소형, 경량이고 구조 간단
- 동작이 확실하다.
- 불꽃 방전이 없어 방전에 따른 특성 요소가 변하지 않는다.
- 단점: 직렬갭이 없어 사고시 피뢰기 내부 고장으로 지락사고로 이어질 가능성이 있다.

3. 동작 원리

1) 상용 주파전압에 이상전압이 더하여져 방전개시전압이 되면 방전개시
2) 방전 전류가 흐르고 있을 때 제한 전압 발생
3) 써지 전압 소멸 후에도 속류로 인해 도통상태 지속되다가 일정값 이하에서 속류차단
4) 이러한 동작이 반 싸이클 내에 이루어진다.
5) 종류에는 밸브형, 저항형, 밸브 저항형, 갭레스형이 있으나 최근에는 주로 갭레스형이 많이 사용된다.

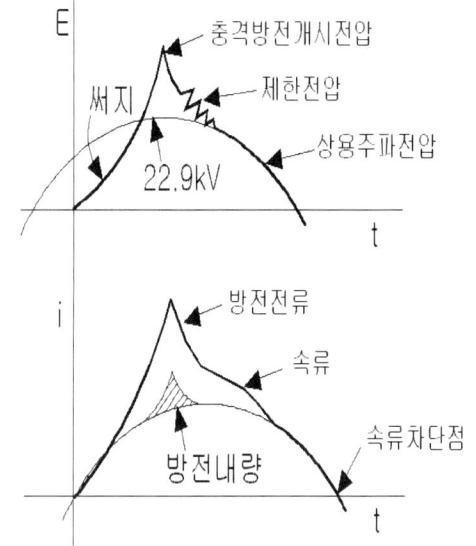

4. 피뢰기의 정격 선정

1) 정격 전압 = 상용 주파 허용 단자전압
   - 양 단자간에 전압을 인가한 상태에서 규정 동작 회수를 수행 할 수 있는 상용 주파 전압.
   - 또한 속류를 차단할 수 있는 최대의 교류 전압(실효값).

   (1) 계산에 의한 방법

   가. 접지 계통

   정격전압 $Er = \alpha \;\; \beta \;\times\; \dfrac{Vm}{\sqrt{3}} = 1 \times 1.15 \times \dfrac{25.8}{\sqrt{3}} = 18 \,(KV)$

   고장 중 건전상의 최대 대지 전압

   여기서 α (접지계수) $= \dfrac{\text{고장중 건전상의 최대 대지 전압}}{\text{건전시 최대 선간 전압}}$

   (유효접지계통 : 0.75~0.85, 비유효 : 1.0~1.1이나 보통 1적용)
   β : 여유도 (보통 1.15 적용)
   Vm : 계통 최고 전압 (KV) : 공칭전압의 1.1~1.05배

   나. 비 접지 계통

   정격전압 $Er = 공칭전압 \times \dfrac{1.4}{1.1} = 22 \times \dfrac{1.4}{1.1} = 28\,(KV)$

(2) 내선 규정에 의한 방법(3250)

선로 공칭전압 (KV)	중성점 접지	피뢰기 정격 전압 / 공칭 방전 전류	
		변 전 소	배전선로. 수용가
6.6	비 접지	7.5KV / 2.5KA	7.5KV / 2.5KA
22.9	직접 접지	21 KV / 5KA	18KV / 2.5KA
22	비 접지	24KV / 5KA	-
66	비 접지	72KV / 5KA	
154	직접 접지	138KV / 10KA	ANSI : 144kV
345	직접 접지	288KV / 10KA	
765	직접 접지	612KV / 10KA	

2) 공칭 방전 전류
   - 피뢰기의 보호 성능을 표현하기 위하여 방전 전류 파고치 뇌 충격전류 로 표시, 그 지방의 뇌우발생일수와 관계되나
   - 제 요소를 고려하여 일반적인 장소의 공칭 방전 전류는 내선규정에 위 표와 같이 규정하고 있다.
3) 방전 내량
   - 방전전류가 흐를 수 있는 최대한도(파고치)
4) (상용주파)방전 개시 전압
   - 피뢰기가 방전을 개시하는 전압
   - 보통 이 값은 피뢰기 정격전압의 1.5배 이상이 되도록 잡고 있다.
   - 실효치로 나타냄.
   - 오손, 적설, 안개 등 환경의 영향을 많이 받는다.
   - 예, 154kV LA = 138 x 1.5 = 207kV
5) 제한 전압
   - 피뢰기 동작(방전)후 피뢰기의 단자 간에 남게 되는 전압으로
   - 침입해 오는 서지를 방전 중 그 값으로 제한하는 전압을 말함.
   - 제한전압 = BIL x 0.8정도

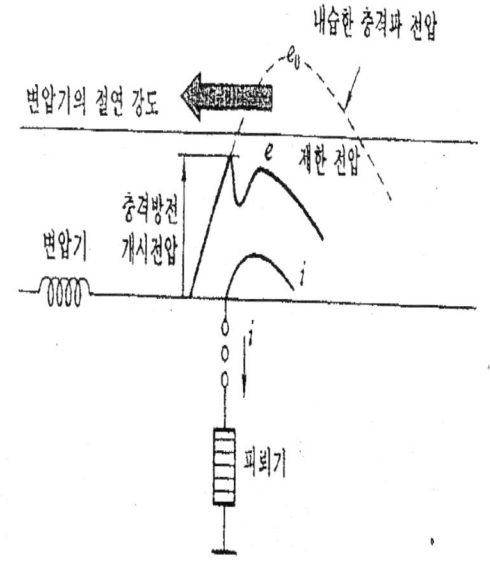

6) 충격방전 개시전압
  - 피뢰기 단자간에 충격파 전압을 가했을때 방전을 개시하는 전압
  - 충격방전 개시전압 = BIL × 0.85 정도

7) 충격비
  - 충격비 = $\dfrac{\text{충격 방전 개시 전압}}{\text{상용주파 방전 개시 전압}}$

8) 보호 레벨
  피뢰기에 의해 과전압을 어느 정도까지 억제 할 수 있는지, 어느 정도의 절연 기기까지 보호 할 수 있는지의 정도를 표시 하는 값

5. 피뢰기의 설치 위치(LA 설치시 고려사항)
- 피 보호기의 제1 보호대상은 전력용 변압기이며, 가능한 이에 근접설치
- 피뢰기의 접지선은 가능한 짧게 한다.

1) 변압기와 피뢰기의 거리

선로 전압(KV)	유효 이격 거리(m)
22 또는 22.9	20
154	65

위 값은 한전 설계기준 2531 이었으나 폐지되어 참고값임.

2) 피뢰기 설치장소 (판단기준 제42조)
 (1) 발.변전소의 인입구 및 인출구
 (2) 배전용 변압기의 고압 및 특별 고압측
 (3) 특별 고압 수용가의 인입구
 (4) 지중선로와 가공선로의 접속점

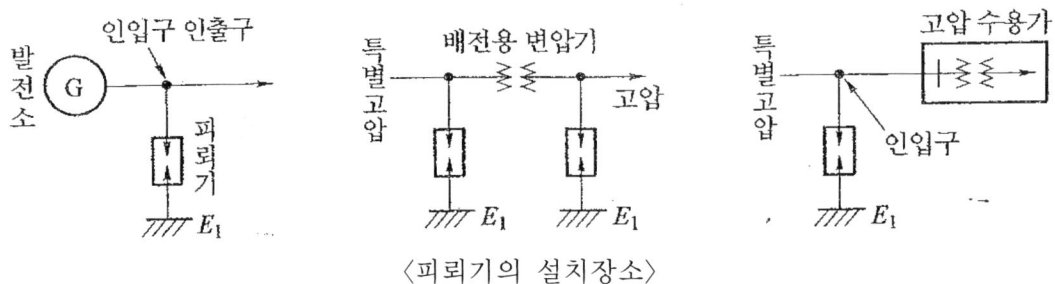

〈피뢰기의 설치장소〉

6. 절연 협조

1) 절연협조란

　　피뢰기의 제한전압을 기준으로 하여 기계, 기구, 애자 등의 상호간에 적정한 절연강도를 갖게 하여 계통을 경제적이고 합리적으로 결정하는 것으로

2) 기기의 중요도, 특수성, 피뢰기와의 이격거리 등에 따라 합리적인 격차를 두어 결정함.

3) 변압기 절연강도 〉 피뢰기 제한전압 + 피뢰기 접지저항의 저항강하

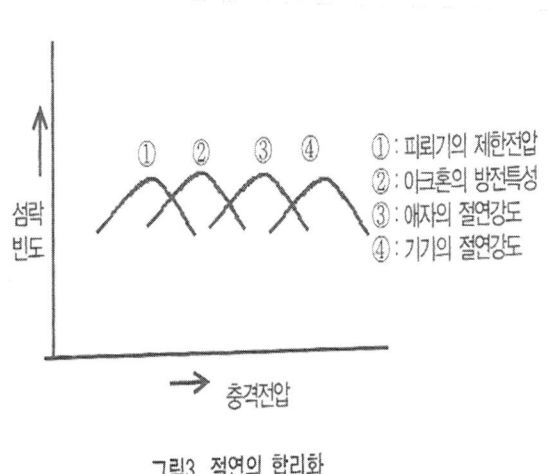

그림3. 절연의 합리화

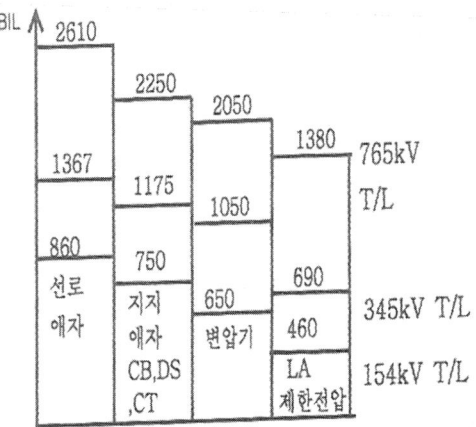

그림4. 절연강도 비교표

7. 피뢰기의 접지선 굵기

$$S = \frac{\sqrt{t}}{282} \cdot I_s \ (mm^2)$$

여기서 I_s : 고장전류, 낙뢰전류

　　　　t : 지속시간 (Sec)

8.8 산화아연 피뢰기 및 열폭주 현상 (66.1.8)

1. 개요
1) 산화아연 소자에 일정전압을 인가하면 소자의 저항분에 의한 누설전류 발생
2) 이 누설전류에 의한 발열량과 방열량이 평형 일 때 온도 안정
3) 발열량 ≥ 방열량이면 ZnO 소자 온도 상승 및 누설전류 증가
   → 피뢰기 과열 → 열축적 → 파괴

2. 산화아연 피뢰기의 열폭주 현상

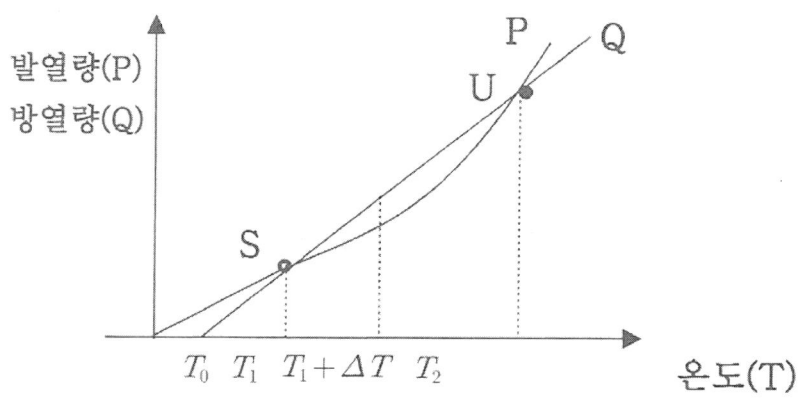

1) 발열곡선 : 발열량(P)은 온도에 대하여 지수함수적으로 증가
2) 방열곡선 : 방열량(Q)은 주위온도와 소자온도의 차에 비례
3) P = Q 일 때 안정
4) P < Q (U점 이하) : 온도변화 ΔT가 U보다 작을 때 점차 온도가 낮아져 S점에서 안정됨.
5) P > Q (U점 초과) :
   - 산화아연 소자가 열화하여 전압 과전류 특성이 악화
   - 개폐서지 등 열적요인으로 소자온도 및 누설전류가 증가하면서 열폭주 현상 발생

3. 결론
1) 산화 아연 소자 피뢰기는 동작 책무 시험에 파괴되지 않아야 하며

2) 사용시의 인가 전압에 의해 파괴되지 않아야 하며 서지 방전전류에 의해서도 파괴되지 않아야 한다.
3) 정격검토 : 정격전압, 방전개시전압, 공칭방전전류, 방전내량등
4) 사고시 대비 : Disconnector 취부형 사용

〈 참고 〉

1. Gap Type과 Gapless Type의 비교

구 분	GAP TYPE	GAPLESS TYPE
주성분	탄화 규소(Si C)	산화 아연 (Zn O)
단자 전압	직렬 갭이 방전을 개시할 때까지 단자 전압이 상승한다.	소자에 흐르는 전류의 크기에 따른 단자 전압의 변화가 거의 없다.
특성	단속 특성	연속 특성
속류 차단	계통의 전류 파형이 "0"이 되는 순간 직렬 갭이 속류를 차단함으로 속류 차단 속도가 늦다.	이상 전압의 소멸과 동시에 속류를 차단한다.
서지 흡수	직렬 갭이 방전할 때까지 서지의 원 파형이 그대로 존재하므로 서지의 흡수 속도가 늦다.	이상전압의 발생과 동시에 방전하여 서지의 흡수 속도가 빠르다.

2. 폴리머 피뢰기

기존 애자형 피뢰기의 단점인 흡습 열화로 인한 폭발을 예방하기 위하여 ZnO 소자와 내부 부품을 FRP절연물로 Winding을 실시하고, FRP절연물 과 고분자 고무 재질의 하우징 사이를 계면 처리하여 만약 폭발의 경우 에도 피뢰기가 비산하지 않도록 되어있다.

〈 특징 〉
(1) 기밀성이 뛰어나 흡습에 대한 예방 효과 우수
(2) 애자형 피뢰기에 비해 경량
(3) 아크에 의한 폭발시 파편 비산 등 2차 사고 예방

폴리머형 피뢰기 18kV, 5kA

형식		KMX-18
정격전압	(kV)	18
적용회로전압	(kV)	22.9
기준전압(C1mA D.C)	(kV)	22 이상
제한전압 (8×20㎲)	(kV)	65 이하
공칭방전전류	(kV)	5
방전내량 (4×10㎲)	(kV)	65
정격주파수	(Hz)	60
중 량	(kg)	2.1

8.9 건축물의 설비기준 등에 관한 규칙

[일부개정 2010.11.5 국토해양부령 제306호]　(93.4.3)

제20조(피뢰설비) 영 제87조제2항에 따라 낙뢰의 우려가 있는 건축물 또는 높이 20미터 이상의 건축물에는 다음 각 호의 기준에 적합하게 피뢰설비를 설치하여야 한다.

1. 피뢰설비는 한국산업표준이 정하는 피뢰레벨 등급에 적합한 피뢰설비일 것. 다만, 위험물저장 및 처리시설에 설치하는 피뢰설비는 한국산업표준이 정하는 피뢰시스템레벨 Ⅱ 이상이어야 한다.

2. 돌침은 건축물의 맨 윗부분으로부터 25센티미터 이상 돌출시켜 설치하되, 「건축물의 구조기준 등에 관한 규칙」 제9조에 따른 설계하중에 견딜 수 있는 구조일 것

3. 피뢰설비의 재료는 최소 단면적이 피복이 없는 동선을 기준으로 수뢰부, 인하도선 및 접지극은 50㎟ 이상이거나 이와 동등 이상의 성능을 갖출 것

4. 피뢰설비의 인하도선을 대신하여 철골조의 철골구조물과 철근콘크리트조의 철근구조체 등을 사용하는 경우에는 전기적 연속성이 보장될 것. 이 경우 전기적 연속성이 있다고 판단되기 위해서는 건축물 금속 구조체의 최상단부와 지표레벨 사이의 전기저항이 0.2Ω 이하이어야 한다.

5. 측면 낙뢰를 방지하기 위하여 높이가 60m를 초과하는 건축물 등에는 지면에서 건축물 높이의 4/5 되는 지점부터 최상단부분까지의 측면에 수뢰부를 설치하여야 하며, 지표레벨에서 최상단부의 높이가 150m를 초과하는 건축물은 120m 지점부터 최상단부분까지의 측면에 수뢰부를 설치할 것. 다만, 건축물의 외벽이 금속부재(部材)로 마감되고, 금속부재 상호간에 제4호 후단에 적합한 전기적 연속성이 보장되며 피뢰시스템 레벨 등급에 적합하게 설치하여 인하도선에 연결한 경우에는 측면 수뢰부가 설치된 것으로 본다.

6. 접지(接地)는 환경오염을 일으킬 수 있는 시공방법이나 화학 첨가물 등을 사용하지 아니할 것

7. 급수·급탕·난방·가스 등을 공급하기 위하여 건축물에 설치하는 금속배관 및 금속재 설비는 전위(電位)가 균등하게 이루어지도록 전기적으로 접속 할 것

8. 전기설비의 접지계통과 건축물의 피뢰설비 및 통신설비 등의 접지극을 공용하는 통합 접지공사를 하는 경우에는 낙뢰 등으로 인한 과전압으로 부터 전기설비 등을 보호하기 위하여 한국산업표준에 적합한 서지보호 장치(SPD)를 설치할 것

9. 그 밖에 피뢰설비와 관련된 사항은 한국산업표준에 적합하게 설치할 것

산업안전보건기준에 관한 규칙

개정 2011. 7. 6 고용노동부령 제30호

제326조(피뢰설비의 설치)

① 사업주는 화약류 또는 위험물을 저장하거나 취급하는 시설물에 낙뢰에 의한 산업재해를 예방하기 위하여 피뢰설비를 설치하여야 한다.

② 사업주는 제1항에 따라 피뢰설비를 설치하는 경우에는 「산업표준화법」에 따른 한국산업표준에 적합한 피뢰설비를 사용하여야 한다.

8.10 피뢰설비(KSC IEC 62305-84.2.1)
(84.1.12 : 인하 도선)
(80.1.4 : IEC62305 파트별 주요내용)

1. 개요
IEC는 2006년 1월에 60m 이하의 일반 건축물에만 적용되었던 기존의 건축물 피뢰시스템 기술 기준 IEC61024를 폐지하고 높이의 제한이 없는 새로운 피뢰 규격인 IEC 62305를 제정하였다.

이에 부응하여 국내에서도 그동안 사용해오던 KSC IEC 61024를 지난 2007년 11월에 폐지하고 새로운 규격 KSC IEC 62305를 제정하였으며 그 구성은 다음과 같다.
1) 제1부 : 일반적 사항
2) 제2부 : 위험성 관리
3) 제3부 : 구조물과 인체의 보호
4) 제4부 : 구조물 내부의 전기 전자 시스템 보호

2. KSC IEC 62305 구성
1) 제1부 : 일반적 사항
 (1) 뇌격으로 인한 영향

 구조물에 가해진 뇌격은 구조물 자체 또는 거주자와 내부 시스템의 고장을 포함한 내용물에 손상을 일으킨다. 그 피해나 고장들은 구조물 주변으로 확산되고 심지어 그 국소적인 환경에도 영향을 미친다.

 이러한 피해 확산의 정도는 구조물과 뇌 방전 특성에 따라 다르며 다음과 같다.
 가. 뇌격에 의한 인체나 가축의 피해
 나. 건축물의 화재나 파괴
 다. 전기설비의 절연 파괴
 라. 전자 장비의 파괴 또는 시스템 고장
 마 인입 설비(전력선, 통신선, 수도관, 석유관, 가스관 등)의 손상 등

 (2) 낙뢰 보호 시스템(LPMP) 구조

1. 구조물
2. 수뢰부 시스템
3. 인하도선 시스템
4. 접지 시스템
5. 방(LPZ 2차폐)
6. 인입 설비

S_1 : 구조물 뇌격
S_2 : 구조물 근처 뇌격
S_3 : 구조물에 접속된 인입설비 뇌격
S_4 : 구조물에 접속된 인입설비 근처 뇌격
r : 회전 구체 반지름

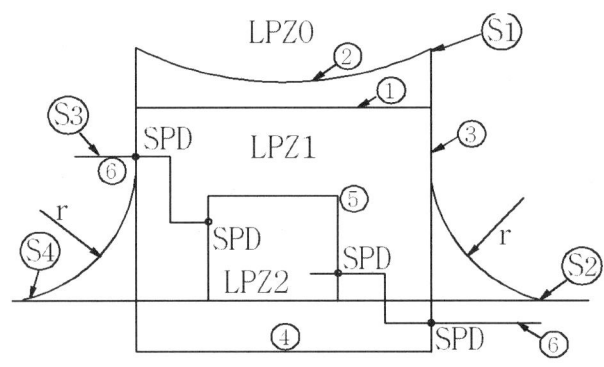

(3) 피뢰 구역(LPZ:Lightning Protection Zone)

뇌격의 위협에 대하여 아래와 같이 LPZ가 구별된다.

가. LPZ 0 : 구조물 외부의 설비
(가로등, 감시카메라, 옥상수전설비, 옥외공조설비, 안테나, 항공장애 등)

나. LPZ 1 : 건물내 인입설비(수변전 설비, MDF, 전화 교환기 등)

다. LPZ 2 : 건물 내부 설비 (중앙 감시실, 방재센터, 전산센터 설비 등)

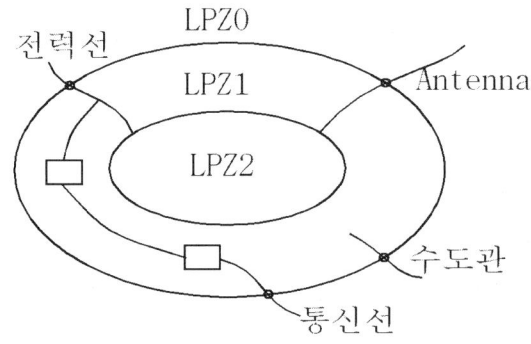

2) 제2부 : 위험성(Risk) 관리

제2부에서는 낙뢰로 인한 위험 요소의 평가를 위한 절차에 대하여 설명한다.

 (1) 손상의 원인

뇌격 전류는 손상의 기본적인 원인이며 뇌격점에 따라 다음과 같은 원인으로 구별한다.

S1 : 구조물에 대한 직접뢰

S2 : 건축물 근처의 뢰격

S3 : 구조물에 접속된 인입 설비의 직격뢰

S4 : 인입 설비 근처의 뢰격

 (2) 손상의 유형(Damage)

낙뢰에 의한 위험성의 평가를 위하여 다음과 같이 손상을 세가지 유형으로 구분한다.

D1 : 인축에 대한 상해

D2 : 물리적 손상(화재, 폭발, 기계적 파괴, 화학 물질 누출 등)

D3 : 전기 및 전자 시스템의 고장

 (3) 손실의 유형(Loss)

손상의 각 유형은 그 손상 단독이거나 또는 다른 손상과 결합되거나 보호 대상물에 다양한 결과의 손실을 일으키며, 발생 될 수 있는 손실의 유형은 보호 대상물 자체와 그 내용물의 특성에 따라 좌우 되며 다음과 같은 손실의 유형으로 나타낸다.

L1 : 인명의 손실

L2 : 공공 설비의 손실

L3 : 문화 유산의 손실

L4 : 경제적 손실(구조물과 그의 내용물, 인입설비와 기능의 손실)

3) 제3부 구조물과 인체의 보호

제3부에서는 피뢰 시스템에 의한 구조물의 물리적 손상보호 및 피뢰 시스템 주위의 접촉전압과 보폭 전압에 의한 인축의 보호에 대하여 설명한다.

 (1) 수뢰부 시스템

가. 수뢰부의 종류

- 돌침 방식

선단에 뾰족한 금속도체를 설치, 뇌격전류를 흡입, 방류

수평면적이 좁은 건물, 위험물 저장소에 적용

- 수평도체

  보호하고자하는 건축물의 상부에 수평도체를 설치하여 인하도선을 통하여 대지로 방류하며 투영면적이 비교적 큰 건물이나 송전선등에 유리.
- 메쉬 방식(케이지 방식)

  피보호물 주위를 적당한 간격의 Mesh로 감싸, 완전히 보호하는 방식이며, 산악지대, 레이더기지, 휴게소, 천연기념물, 나무에 적용

나. 배치 방법

구조물의 모퉁이, 뾰족한 점, 용마루 모서리에 다음의 하나 이상의 방법으로 수뢰부 시스템을 배치해야한다.
- 보호각법 : 간단한 형상의 건물에 적용
- 회전 구체법 : 모든 경우에 적용 가능
- 메쉬법 : 보호 대상 구조물의 표면이 평평한 경우에 적합

다. 보호 레벨별 회전 구체 반경, 메쉬 치수, 보호각

피뢰시스템 레벨	보호법		
	회전구체반경 r(m)	메시법폭 W(m)	보호각 α°
I	20	5 × 5	아래 그림 참조
II	30	10 × 10	
III	45	15 × 15	
IV	60	20 × 20	

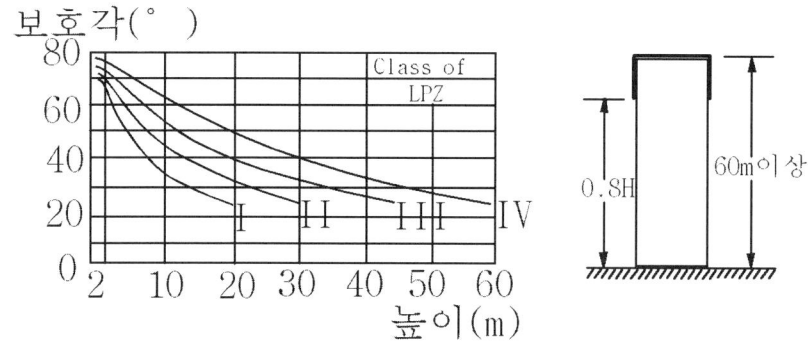

(2) 인하도선 시스템

뇌격 전류에 의한 손상을 줄이기 위하여 뇌격점과 대지 사이의 인하도선은 다음과 같이 설치한다.

- 여러개의 병렬 전류 통로를 형성 할 것
- 전류 통로의 길이를 최소로 할 것
- 구조물의 도전성 부분에 등전위 본딩을 실시할 것
- 지표면과 매 10~20m 높이마다 측면에서 인하도선($50mm^2$ 이상)을 서로 접속.
- 수뢰부가 분리된 피뢰 시스템의 인하도선은 돌침인 경우 1조 이상 분리되지 않은 피뢰 시스템은 2조 이상의 인하도선이 필요하다.
- 인하도선은 가능한 한 구조물의 모퉁이마다 설치한다.
- 인하도선이 절연재료로 피복되어 있어도 처마 또는 수직 홈통안에 설치하면 안된다.
- 벽이 불연성 재료인 경우 인하도선을 벽의 표면이나 내부에 설치 가능하나, 가연성인 경우 뇌격 전류에 의한 온도 상승이 벽에 위험을 주지 않는다면 인하도선을 벽에 설치할 수 있다.
- 벽이 가연성 재료이며 온도 상승이 벽에 위험을 주는 경우에는 벽에서 0.1m 이상 이격하여 인하도선을 설치해야한다.
- 인하도선과 가연성 재료 사이의 거리를 충분히 확보할 수 없는 경우에는 인하도선의 단면적을 $100mm^2$ 이상으로 한다.
- 자연적 부재이용 : 철골 등 자연부재의 상단부와 하단부의 전기저항이 0.2Ω 이하인 경우 인하도선으로 사용할 수 있으며 이때에 접속부는 땜질, 용접, 압착, 나사 조임 등의 방법으로 확실하게 해야 한다.

가. 인하도선 및 수평 환도체 간격

단위 : m

보호 수준	인하 도선 간격	수평 도체 간격
I	10	10
II	10	10
III	15	15
IV	20	20

나. 전선 최소 굵기

단위 : ㎟

보호 수준	인 하 도 선	수 뢰 부
Ⅰ ~ Ⅳ (동)	50	50

(3) 접지 시스템

접지 시스템에서 접지극은 다음의 두 종류가 있다.

가. A형 접지극

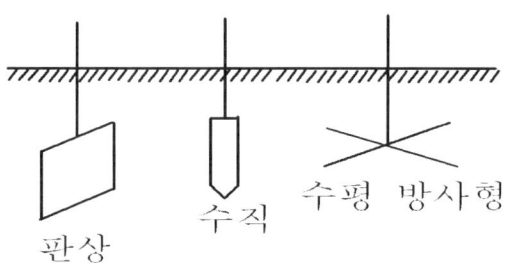

판상 접지극, 수직 접지극, 방사형 접지극 등

나. B형 접지극

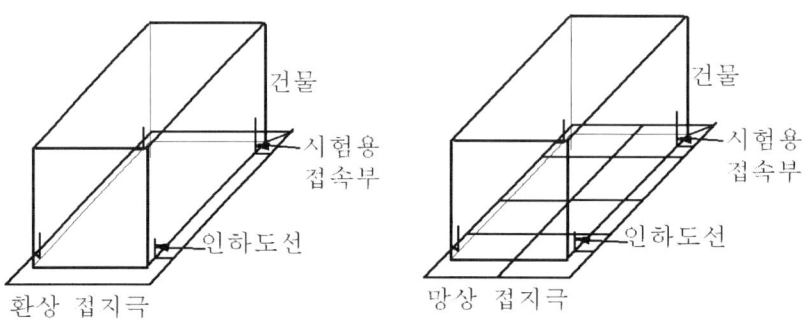

환상 접지극, 망상 접지극, 또는 기초 접지극

(4) 등전위 본딩

상기 방식은 외부 피뢰 시스템인 반면 내부 피뢰 시스템으로 가장 좋은 방법 중 하나는 등전위 본딩이며, 다음과 같은 계통을 서로 접속함으로서 등 전위화를 이룰 수 있다.

- 구조물 금속 부분
- 금속제 설비
- 내부 시스템
- 구조물에 접속된 외부 도전성 부분과 선로
  피뢰 등전위 본딩을 내부 시스템에 시설할 대 뇌격 전류 일부가 내부 시스템에 흐를 수 있으므로 이의 영향을 고려해야한다.

가. 설치방법
- 본딩용 도체는 쉽게 점검할 수 있도록 설치하고 본딩 바에 접속해야 한다.
- 높이 20m 이상의 건축물에는 두 개 이상의 본딩바를 설치하고 상호 접속해야 한다.

나. 도체의 최소 단면적

본딩 위치	재료	최소 단면적(mm^2)
본딩바 상호 및 본딩바와 접지 시스템	Cu	16
	Al	22
내부 금속 설비와 본딩바 사이	Cu	6
	Al	8

4) 제4부 : 구조물 내부의 전기 전자 시스템 보호
 (1) LPMS 기본 보호 대책
  - 접지 : 뇌격 전류 분산
  - 본딩 : 전위차 줄임
  - 자기 차폐와 선로 배치
  - 협조된 서지 보호기(SPD)를 사용한 보호
 (2) 효과적인 본딩 시공 규칙
  - 모든 본딩은 저임피던스 구현
  - 본딩바는 0.5M 이하의 짧은 경로로 접지계에 연결
  - 본딩바의 최소 단면적은 50mm^2 이상
  - 본딩바와 접지계는 최소 16mm^2 이상
  - SPD는 짧게 연결하여 유도 전압 강하 저감(선로 인입부 설치)

8.11 내부피뢰시스템(KSC IEC 62305-3부. 88.3.3)

1. 일반사항

1) 내부피뢰시스템은 외부피뢰시스템 혹은 피보호 구조물의 도전성 부분을 통하여 흐르는 뇌격전류에 의해 피보호 구조물의 내부에서 위험한 불꽃 방전의 발생을 방지하도록 시설한다.
2) 위험한 불꽃방전은 다음과 같은 구성요소 사이에서 발생할 수 있다.
   - 금속제 설비
   - 내부시스템
   - 피보호 구조물에 접속된 외부 도전성 부분과 선로

2. 피뢰 등전위본딩

1) 일반사항
   (1) 등전위화는 다음과 같은 피뢰시스템을 서로 접속함으로써 등전위화를 이룰 수 있다.
      - 구조물 금속 부분
      - 금속제 설비
      - 내부시스템
      - 구조물에 접속된 외부 도전성 부분과 선로
   (2) 피뢰등전위본딩을 내부시스템에 시설할 때, 뇌격전류 일부가 내부 시스템에 흐를 수 있으므로 이의 영향을 고려해야 한다.
   (3) 상호간의 접속은 다음과 같은 방법으로 할 수 있다.
      - 자연적 구성부재를 통한 본딩
      - 본딩 도체로 직접 접속할 수 없는 장소의 경우는 SPD를 설치한다.

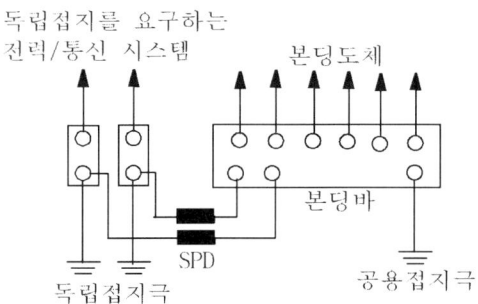

(4) 피뢰등전위본딩을 시설하는 방법은 중요하여, 통신기술자, 전기 기술자, 기타 관련 기술자, 기관의 당국자와 협의해야 한다.

(5) 서지보호장치는 점검할 수 있는 방법으로 설치해야 한다.

2) 금속제 설비에 대한 피뢰 등전위본딩 시설 방법
   - 본딩도체는 그것을 통과하는 뇌격전류에 견딜 수 있도록 한다.
   - 본딩 바 상호 또는 본딩 바를 접지시스템에 접속하는 도체의 최소단면적

피뢰레벨	재료	단면적 (mm^2)
Ⅰ~Ⅳ	구리	16
	알루미늄	22
	강철	50

   - 내부 금속설비를 본딩 바에 접속하는 도체의 최소단면적

피뢰레벨	재료	단면적 (mm^2)
Ⅰ~Ⅳ	구리	6
	알루미늄	8
	강철	16

   - 본딩용 도체는 쉽게 점검할 수 있도록 설치하고 본딩용 바에 접속하여야 한다.
   - 본딩용 바는 접지시스템에 접속되어야 한다.
   - 대형 건축물(일반적으로 높이 20m 이상)에서는 두 개 이상의 본딩용 바를 설치하고, 상호 접속해야 한다.
   - 피뢰 등전위본딩 접속은 가능한 한 똑바르고 곧게 연결해야 한다.
   - 구조물의 도전성 부분을 피뢰 등전위 본딩으로 하면 뇌격전류의 일부가 구조물에 흐를 수도 있으므로 이 영향을 고려하는 것이 좋다.

3) 외부 도전성 부분에 대한 피뢰등전위본딩
   - 외부 도전성 부분이란 뇌격 전류가 흐를 수 있는 배관, 케이블 금속 요소, 금속덕트 등의 금속물체를 말하며
   - 가능한 한 피보호 구조물 가까이에서 등전위 본딩을 실시한다.
   - 외부 도전성 부분에 흐를 수 있는 뇌격전류에 견딜 수 있는 굵기이어야 한다.
   - 직접 본딩 할 수 없는 경우는 서지 보호장치를 사용해야 한다.

4) 내부시스템에 대한 피뢰 등전위본딩

- 내부 시스템이란 구조물 내부의 전기 전자 시스템을 말하며
- 피뢰 등전위본딩은 반드시 2)절에 따라 시설한다.
- 만약 내부시스템 도체가 차폐되어 있거나 금속관 내에 배선되어 있으면 차폐층과 금속관을 본딩하는 것으로 충분하다.
- 내부시스템 도체가 차폐되지도 않고, 금속관 내에 배선되지 않은 경우는 내부시스템 도체는 서지보호장치를 설치해야 한다.
- 내부시스템에 서지에 대한 보호가 요구되는 경우 SPD를 설치한다.
- TN계통에서 보호도체(PE)와 중성선 겸용 보호도체(PEN)는 직접 또는 서지보호장치를 통하여 본딩 바에 접속한다.

5) 피보호 대상물에 접속된 선로에 대한 피뢰등전위본딩
- 각 선의 도체는 직접 또는 서지보호장치를 적용하여 본딩한다.
- 전원선이나 통신선이 차폐되어 있거나 금속관 내에 배선되어 있으면, 차폐층과 금속관을 본딩해야 한다.
- 만약 차폐층 또는 금속관의 단면적이 규정치의 최소단면적보다 크면 별도의 피뢰등전위본딩은 필요하지 않다.
- 케이블 차폐층과 금속관의 등전위본딩은 구조물 인입점 근방에서 해야 한다.

8.12 피뢰침의 검사 및 유지보수(KSC IEC 62305-3.7)

〈검 사〉
1. 검사의 목적
 a) 피뢰시스템의 설계 적합성 여부
 b) 피뢰시스템의 구성요소가 모두 양호한 상태이고, 설계시의 기능을 수행할 수 있으며 부식이 있는지 여부
 c) 최근 추가된 설비 또는 구조물이 피뢰시스템에 적합한지의 여부

2. 검사의 순서
 1) 구조물의 건설 중에 매설 접지극을 확인하기 위한 검사
 2) 피뢰시스템의 설치를 완료한 후의 검사
 3) 부식문제와 피뢰시스템의 레벨과 같은 보호대상 구조물의 특성에 따라 결정한 주기에 의해 정기적으로 하는 검사
  〈정기적인 검사에는 특별히 다음의 사항을 확인한다.〉
   - 수뢰부시스템 요소, 도체, 연결부분의 열화와 부식
   - 접지극의 부식
   - 접지시스템의 접지저항
   - 접속, 등전위본딩, 고정 상태
 4) 교체, 수리 후 또는 구조물에 뇌격이 입사된 것이 확인되었을 때 검사

3. 정기 검사 주기

표 E.2 - 피뢰시스템 검사의 최대 주기

보호레벨	육안검사(년)	전체검사(년)	주요시스템 전체검사(년)
Ⅰ과 Ⅱ	1	2	1
Ⅲ과 Ⅳ	2	4	1

비고 : 폭발성 위험이 있는 구조물에 시설된 피뢰시스템은 매 6개월 마다 육안검사를 한다. 설비의 정기적 시험은 년 1회 실시한다.

4. 육안 검사

- 설계가 본 규격에 부합하는지
- 피뢰시스템이 양호한 상태인지
- 피뢰시스템의 도체와 접속점에 느슨해진 곳이 없고 파손된 부위가 없는지
- 특히 지표면에서 부식으로 인해 시스템의 일부분이 약화된 곳이 없는지
- 모든 육안으로 볼 수 있는 접지 접속이 원상태 그대로인지
- 모든 육안으로 볼 수 있는 도체와 시스템 구성부재는 부착표면에 견고히 고정되었고, 기계적 보호를 하는 구성부재는 원상태 그대로인지
- 추가보호가 필요한 피보호 구조물에 추가 시설 및 변경은 없는지
- 피뢰시스템, 서지보호장치와 그것을 보호하는 퓨즈에 대한 손상의 징후는 없는지
- 최근의 검사 이후 건축물 내부에 새로운 인입선이나 추가시설에 대해 등전위본딩은 적절히 이루어졌고, 이들 새로운 추가설비에 대한 연속성 시험은 실시되어 왔는지
- 건축물 내의 본딩용 도체와 접속이 존재하고 손상되지 않았는지
- 이격거리가 유지되는지
- 본딩용 도체, 접속점, 차폐장치, 케이블경로와 서지보호장치에 대한 점검과 시험은 실시되어 왔는지

5. 시험

1) 초기시공 기간 중에 육안으로 점검을 할 수 없었고, 추후에도 육안검사를 할 수 없는 피뢰시스템의 부분에 대한 연속성 시험을 실시한다.
2) 접지시스템의 접지저항측정을 실시한다. 그 다음 분리와 조합하여 접지저항을 측정하고 점검하며, 그 결과를 피뢰시스템 검사보고서에 기록한다.
   개별 접지극의 접지저항은 분리된 위치에서 인하도선과 접지극 사이 시험점에서 분리된 상태로 측정한다. 만약 전체 접지시스템의 접지저항이 10Ω을 넘으면 접지 극이 적합한지를 확인하기 위한 점검을 한다.

6. 검사 기록

피뢰시스템의 검사보고서에는 시험한 사항이 포함되도록 한다.

7. 유지관리

1) 유지 관리절차의 빈도는 다음 사항에 의존한다.
   - 기후와 환경에 의한 열화
   - 실제 뇌격손상에 대한 노출
   - 구조물에 대하여 선정된 보호레벨
2) 피뢰시스템의 유지 관리절차는 개개의 피뢰시스템에 대하여 세우고 건축물의 전체 유지 관리프로그램의 일부로 한다.
3) 유지 관리프로그램에는 다음 항목을 포함시킨다.
   - 모든 피뢰시스템 도체와 시스템 구성 부재의 확인
   - 피뢰시스템 설비의 전기적 연속성의 확인
   - 접지시스템의 접지저항 측정
   - 서지보호장치의 점검
   - 구성 부재와 도체의 재고정
   - 건축물과 그 설비에 추가 또는 변경을 한 후 피뢰시스템의 효용성이 저하되지 않았음을 보증하는 확인 점검

8.13 수뢰부 시스템의 배치(KSC IEC 62305 부속서A)

1. 보호각법을 이용한 수뢰부시스템의 배치

1) 수직피뢰침

수직피뢰침에 의한 보호범위는 수뢰부 축의 꼭지점이 위로 놓이도록 세운 보호각 α 인 원추형으로 되며, 보호각은 피뢰레벨과 수뢰부시스템의 높이에 의하여 표.2와 같이 정해진다. 보호범위의 예를 그림 A.1에 나타내었다.

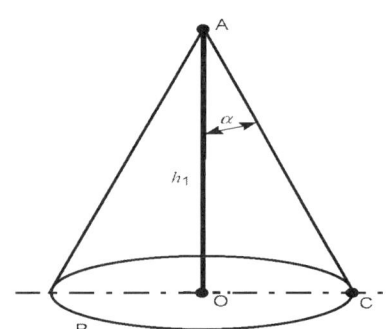

A : 수직 피뢰침
B : 기준면
OC : 보호 영역의 반경
h_1 : 기준면의 수직 피뢰침의 높이
α : 그림 A.2에 따른 보호각

그림 A.1 - 수직피뢰침에 의한 보호범위

피뢰시스템 레벨	보호법		보호각 α°
	회전구체반경 r(m)	메시법폭 W(m)	
I	20	5 X 5	아래 그림 참조
II	30	10 X 10	
III	45	15 X 15	
IV	60	20 X 20	

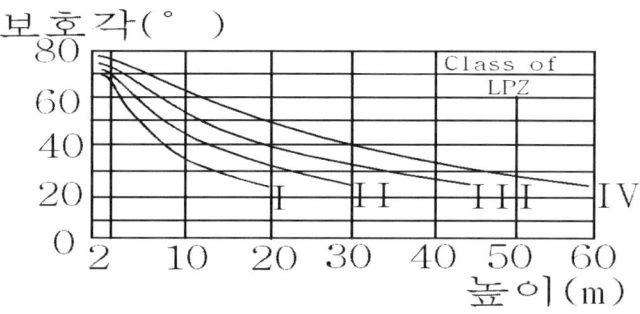

〈 표 2. 보호각 〉

2) 수평피뢰도선

수평피뢰도선에 의한 보호범위는 그 수평피뢰도선상에 꼭지점이 놓이는 가상수직 피뢰침에 의한 보호 범위로 되며, 보호 범위의 예를 그림 A.3에 나타내었다.

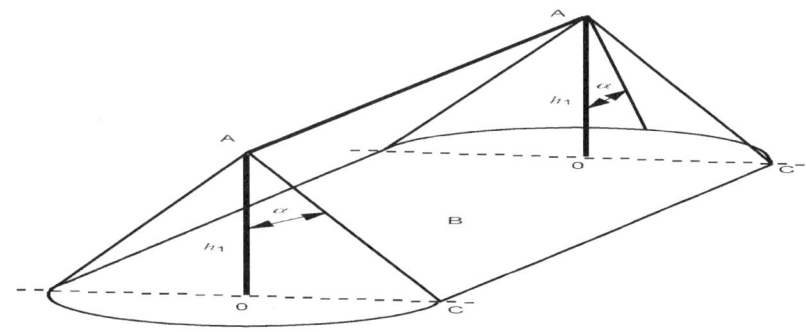

그림 A.3 - 수평피뢰도선에 의한 보호범위

3) 메시와 조합된 수평피뢰도선

메시와 조합된 수평피뢰도선에 의한 보호범위는 메시를 이루는 단일 도체에 의해서 정해지는 보호범위의 조합으로 정의된다.

2. 회전구체법을 이용한 수뢰부시스템의 배치

피뢰레벨에 따라 정해지는 반경 r(표 2 참조)인 구체를 구조물의 상부와 둘레에 걸쳐 모든 방향으로 굴렸을 때 피보호 구조물의 어느 점에도 닿지 않을 경우, 이 회전구체법을 적용해 수뢰부시스템 위치를 정하는 것이 적절하다. 그러므로 회전구체는 단지 수뢰부시스템에만 접촉한다(그림 A.6 참조).

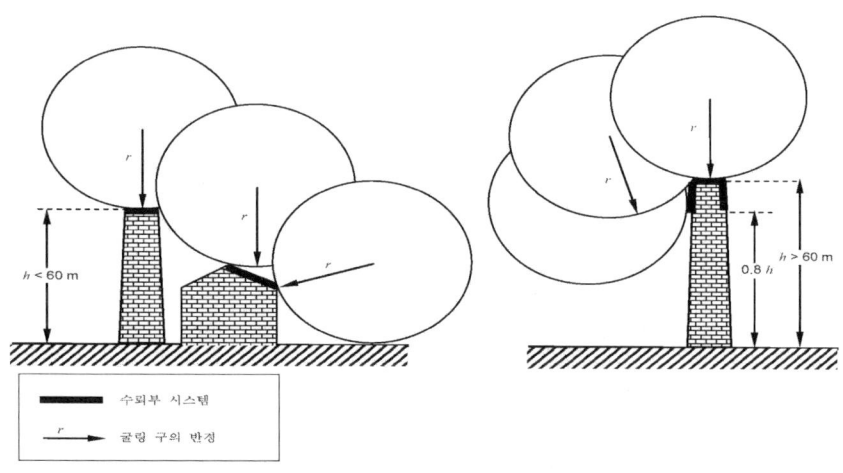

비고 1 회전구체의 반경 r은 표 2의 피뢰레벨에 따른다.
비고 2 $H = h$

그림 A.6 - 회전구체법에 따른 수뢰부시스템의 설계

회전구체의 반경 r 보다 높은 모든 구조물에는 측뢰가 입사할 수 있다. 회전구체에 의해서 닿는 구조물의 각 측면점에는 뇌격이 입사할 수 있다. **그러나 일반적으로 60m 이하의 구조물에 측뢰가 입사할 확률은 무시할 수 있을 정도이다.** 높은 구조물에 내습하는 뇌격의 대부분은 그 구조물의 꼭대기, 가장자리, 모서리에 입사한다. 측뢰의 발생은 단지 수 %에 지나지 않는다.

더욱이 관측결과에 의하면, 지표면에서 측정할 때 측뢰의 발생확률은 높은 구조물상의 뇌격점의 높이에 따라 급격히 감소한다. 따라서 높은 구조물의 상층부(대표적으로 구조물 높이의 상부 20%)에 측방 수뢰부시스템을 설치한다. 이 경우 회전구체법은 단지 구조물 상층부의 수뢰부시스템의 배치에 적용된다.

해 설

외부 피뢰시스템에서는 뇌격거리의 이론을 기초로 하는 회전구체법을 보호범위의 산정에 대하여 기본으로 하고 있다. 낙뢰에 이르기까지 뇌방전의 시간에 따른 진전과정을 보면 뇌운의 하단에서 리더가 발생하여 진전과 중지를 반복하여 계단상으로 진전한다. 아래의 그림에 나타낸 바와 같이 계단상 리더의 맨 앞단이 대지 또는 피뢰침 가까이 도달하였을 때 대지 또는 피뢰침에서 상향스트리머가 출발하여 하향리더와 상향스트리머가 만나는 순간 대지로부터 많은 양의 전하가 선행방전로로 주입되며, 귀환뇌격이 뇌운을 향하여 진행하게 된다.

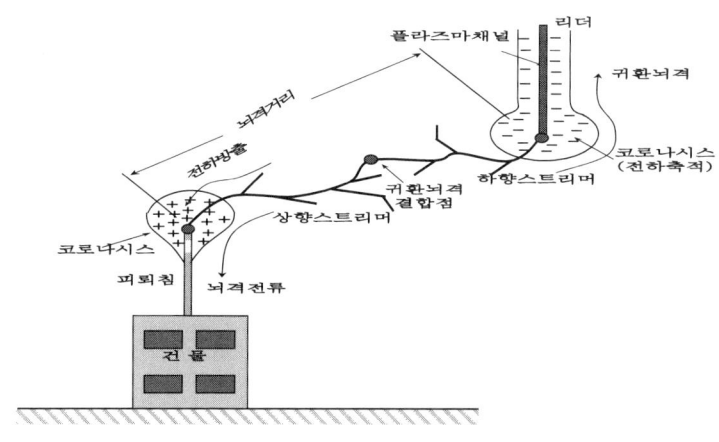

<귀환뇌격에 의한 뇌격거리>

낙뢰는 귀환뇌격 직전의 리더에서 가장 가까운 장소에서 발생하는 상향스트리머가 발단된 곳 즉, 대지 또는 구조물이나 피뢰침에 발생하게 된다. 이와 같이 하여 아래의 그림에서 R_1, R_2가 뇌격거리 R보다 크면 낙뢰는 C점이나 D점에 떨어진다. 리더의 선단으로부터 동일한 거리의 부분에 낙뢰가 떨어질 수 있으므로 최종 단계 직전의 리더의 위치에 중심점이 놓인 구의 표면이 뇌격점으로 된다.

2개 이상의 수뢰부에 동시에 접촉되도록 또는 1개 이상의 수뢰부와 대지에 동시에 접촉되도록 구체를 회전시킬 때에 구체표면의 포락면으로부터 보호대상물 측을 보호범위로 하는 방법이 회전구체법이며, 이 회전시킨 구체를 회전구체라 한다.

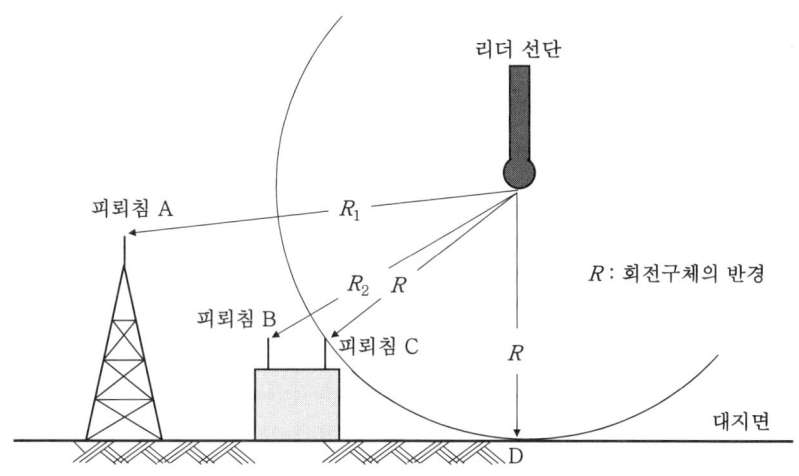

<대지에 근접한 리더에 의한 귀환뇌격>

회전구체법을 적용하여 보호범위를 산정하는 경우 회전구체가 접촉하는 부분에 수뢰부를 설치해야 하며, 아래의 그림과 같이 보호반경에 해당되는 구체를 회전시켰을 때 구체에 의해 가려지는 부분이 보호범위이다. 본 규격에서는 회전구체의 반경을 60m 이내로 해야 되며, 건축기준법상 20m를 넘는 부분에만 수뢰장치를 설치하면 된다.

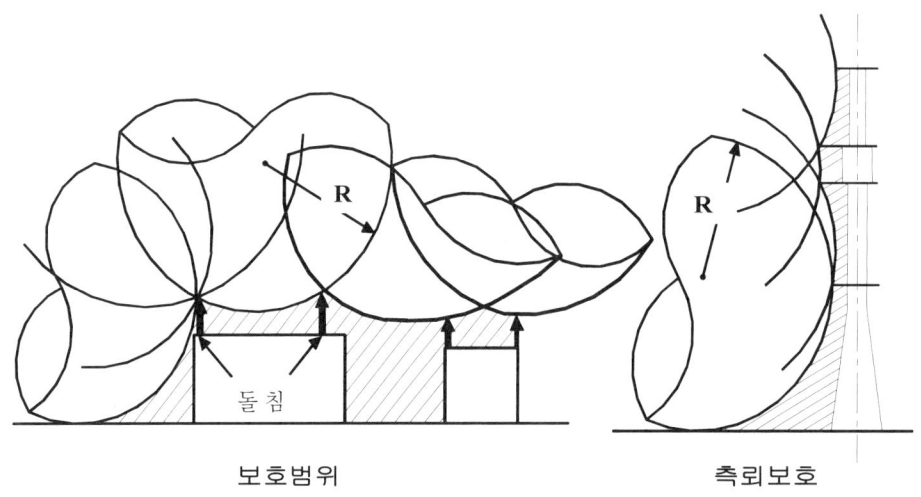

<회전구체법에 의한 보호범위>

3. 메시법을 이용한 수뢰부시스템의 배치

평탄면을 보호할 경우 다음 조건에 적합하다면, 메시법이 전체 표면을 보호하는 것으로 간주한다.

가) 수뢰도체는 다음의 위치에 배치한다.
 - 지붕 끝선
 - 지붕 돌출부
 - 지붕 경사가 1/10을 넘는 경우 지붕 마루선

 비고 1. 메시법은 굴곡이 없는 수평이거나 경사진 지붕에 적당하다.
 비고 2. 메시법은 측뢰방지를 위해 평평한 측면에 적당하다.
 비고 3. 지붕의 경사가 1/10을 넘으면 메시 대신에 메시폭의 치수를 넘지 않는 간격의 평행수뢰도체를 사용할 수 있다.

  a) 관련 회전 구체의 반경값 보다 높은 레벨의 건축물 측면 표면에 수뢰부시스템이 시공되어 있을 때
  b) 수뢰망 메시 치수는 표 2에 나타낸 값 이하로 한다.
  c) 수뢰부시스템망은 뇌격전류가 항상 접지시스템에 이르는 2개 이상의 금속체로 연결되도록 구성한다.
  d) 수뢰부시스템의 보호범위 밖으로 금속체 설비가 돌출되지 않아야 한다.
  e) 수뢰도체는 가능한 짧고 직선 경로가 되도록 한다.

8.14 뇌차폐 이론(AW이론)

가) 개요

: 피뢰설비의 보호범위에 관한 이론 중 1960년대 후반에 발표된 Armstrong과 Whitehead의 이론은 뇌격전류에 따른 뇌격거리를 계산하여 해석과 작도에 의하여 가공지선의 뇌격차폐 보호범위를 정하는 이론으로서 현재로는 가장 적절 한 방법으로 알려져 있으며, 수평도체에 의한 건축물의 보호에도 그대로 적용 가능한데 이를 AW 이론이라 칭한다.

나) AW이론의 기본 개념

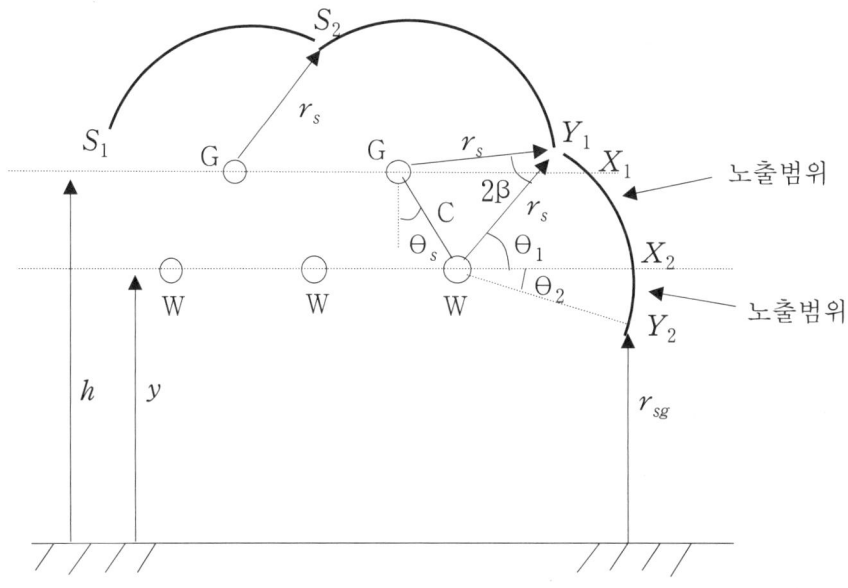

· W : 높이 y로 가설된 송전선,
· G : 높이 h인 가공지선
· W 및 G로부터 반경이 도체의 뇌격거리 r_s인 원을 그리고, Y_2점을 대지로 흡인되는 뇌격거리 r_{sg}인 높이로 잡으면 원호 $S_1 S_2 Y_1$은 가공지선이 뇌격을 흡인할 수 있는 범위이고, Y_2와 대지 사이로 도달한 뇌격은 대지로 흡인된다. 이 때 원호 $Y_1 X_1 X_2 Y_2$에 도달한 선행방전은 송전선 도체에 흡인된다.

- 송전선로로의 뇌격을 완전 차폐하려면 노출범위인 원호 $Y_1X_1X_2Y_2$가 노출되지 않도록 차폐각 θ_s를 작게 하여야 하는데 θ_s는 다음과 같이 구할 수 있다.

  $\theta_1 = \theta_2 = \sin^{-1}(\dfrac{y-r_{sg}}{r_s})$ 및 $\beta = \sin^{-1}(\dfrac{C}{2r_s})$로부터 θ_1과 β를 구하고,

  $\theta_s \leq \theta_1 - \beta$를 만족하도록 θ_s를 정하면 된다.

- r_s와 r_{sg}는 보통 같은 것으로 보며 h 및 y가 r_s보다 클 경우에는 차폐효율이 나빠지고, 특히 뇌격전류가 작을수록 r_s가 작아지므로 차폐각 θ_s를 충분히 작게 하여야 한다.

다) 불완전차폐

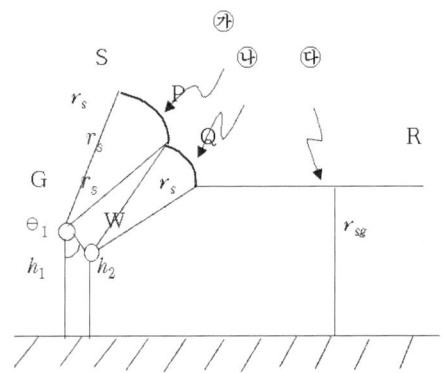

G : 가공지선   W : 송전선
r_s : 가공지선 및 송전선의 뇌격거리
r_{sg} : 대지면 뇌격거리
▶ θ_1 : 보호각
▶ 원호 PQ로 침입한 선행방전 ㉯는 송전선 W에 직격한다.

라) 완전차폐

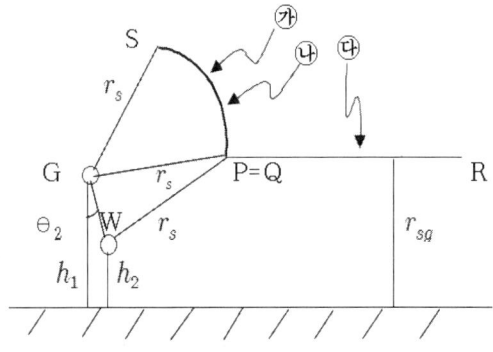

▶ 보호각(차폐각) : $\theta_2 < \theta_1$
▶ 보호각이 작을수록 보호효율이 높다.
▶ 선행방전 ㉯는 가공지선에 흡수된다.

마) 이상에서는 기준면으로 대지면을 수평면인 것으로 가정한 경우이지만 대지면이 경사를 이루고 있는 경우에는 그 경사각을 고려하여야 한다.

특히 산지에서는 山側보다 谷側에서 송전선의 높이가 더 높은 셈이므로 이 곳의 차폐각은 (라)의 완전차폐각에서 산지 경사각을 뺀 값으로 설정해야만 완전한 보호를 기대할 수가 있다. 따라서 A-W 이론을 일명 Hill-side Effect라고도 부른다.

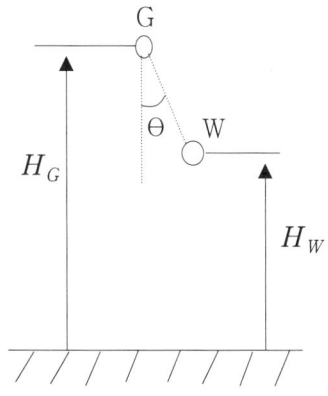

G, H_G : 가공지선 및 높이
W, H_W : 송전선 및 높이

바) 계통 전압별 가공지선의 차폐각
- 765[kV] : -5°~-8°
- 345[kV] : 0°
- 154[kV] : 2조 → 5°, 1조 → 30° 이내

사) 가공지선의 차폐효과
  : 오른쪽 그래프는 가공지선 1가닥의 높이와 보호각에 따른 차폐효과를 나타낸 것이다.

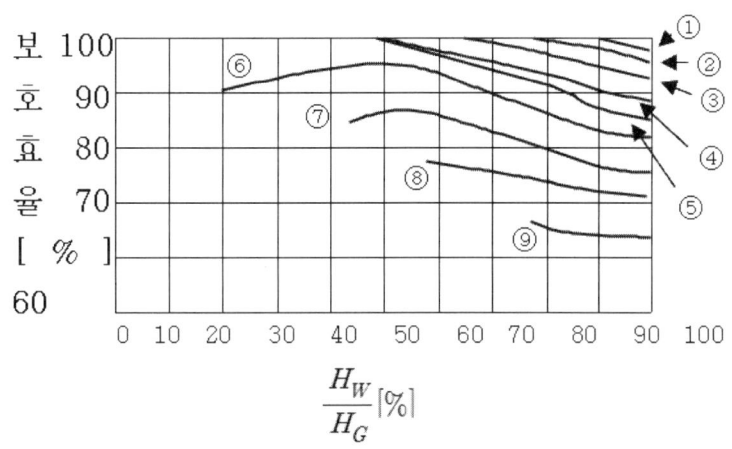

▶ 차폐각 θ 의 값
① 10° ② 20° ③ 30° ④ 40° ⑤ 45° ⑥ 50° ⑦ 60° ⑧ 70° ⑨ 80°

즉, 차폐각이 적을수록 차폐효과가 커진다.

< 가공지선 1가닥의 차폐효과 >

제9장
옥내배선

9.1 옥내 저압용 이동전선의 시설 (판단기준 제198조)

1. 이동전선

이동전선은 옥내 또는 옥외의 일정장소에 고정하지 않는 전기기기와 옥내배선과의 접속을 위하여 사용하는 전선으로서 조영물에 고정하지 않는 것을 말한다. 이동전선은 주로 이동형, 가변형의 전기기기에 사용되며 특히 건설현장이나 공장 등의 작업장에서 많이 사용되고 있어 작업자의 안전에 대한 고려가 필수적이라 할 수 있다.

2. 이동전선의 안전화 대책

1) 누전 및 인체감전 방지조치

    근로자가 작업 또는 통행 등으로 인하여 접촉하거나 접촉할 우려가 있는 이동전선에 대하여는 절연피복의 손상과 노화로 인한 감전의 위험을 방지하기 위한 조치를 하여야 한다. 일례로 이동용 전선의 인출 분전반에 적정한 누전차단기를 설치하고 각 기기의 외함은 접지를 실시한다.

2) 이동용 전선의 설치제한

    이동용 전선은 차량이나 기타 물체의 통과 등으로 인하여 손상될 우려가 있는 통로 바닥의 경우에는 설치해서는 안 된다. 적절한 조치를 하는 경우에는 예외로 할 수 있다.

3) 이동용 전선의 선정

    단면적 $0.75[mm^2]$ 이상의 코드 또는 0.6/1kV EP고무절연 클로로프랜 캡타이어케이블 사용한다. 거칠게 사용하거나 대지 전압이 150[V]를 넘는 것은 캡타이어케이블을 사용한다.

4) 접지

    기기 외함 등을 접지하는 경우는 이동전선의 1선 심을 접지선으로 사용한다. 단상인 경우 3심, 삼상은 4심 케이블을 사용하여 녹색의 심선을 접지극 전용선으로 사용한다.

5) 이동용 배선의 접속

    이동전선의 접속 시에는 전선과 동일한 절연을 갖도록 충분하게 피복하거나 접지극을 갖춘 콘센트 및 꽂임 플러그를 사용한다.

3. 작업자에 대한 교육

이동용 전선은 수시 이동하며 사용됨으로써 사용자에 대한 안전교육이 매우 중요하다. 이동 용전선의 설치 및 취급방법에 관하여 정기적인 안전교육을 실시하고 안전취급방법에 대한 작업자의 숙지가 필요하다.

4. 배선 및 이동전선으로 인한 위험방지

1) 배선 등의 절연피복 등
   ① 근로자가 작업 또는 통행 등으로 인하여 접촉하거나 접촉할 우려가 있는 배선으로 절연피복이 있는 것 또는 이동전선에 대하여는 절연피복이 손상되거나 노화됨으로 인한 감전의 위험을 방지하기 위하여 필요한 조치를 하여야 한다.
   ② 전선을 서로 접속하는 때에는 당해 전선의 절연가능성 이상으로 절연될 수 있는 것으로 충분히 피복하거나 적합한 접속기구를 사용하여야 한다.

2) 습윤한 장소의 이동전선 등
   물 등의 전동성이 높은 액체가 있는 습윤한 장소에서 근로자가 작업 또는 통행 등으로 인하여 접촉할 우려가 있는 이동전선 및 이에 부속하는 접속기구는 당해 전도성이 높은 액체에 대하여 충분한 절연효과가 있는 것을 사용하여야 한다.

3) 통로바닥에서의 전선 등 사용금지
   통로바닥에 전선 또는 이동전선을 설치하여 사용하여서는 안된다. 다만, 차량 기타 물체의 통과 등으로 인하여 당해 전선의 절연피복이 손상될 우려가 없는 상태에서 설치하여 사용하는 때에는 그러하지 아니하다.

4) 배선 및 이동 전선으로 인한 감전방지대책
   ① 전로의 절연
      전기가 대지로부터 절연되어 있지 않으며 누전에 의해 화재나 감전의 위험이 있기 때문에 사용전압에 따라 전선 상호 간 및 전로와 대지 간의 절연사항은 규정값 이상 유지해야 한다.(9.10 참조)
   ② 배선 등의 절연피복 및 접속
   ③ 누전차단기의 설치
   ④ 적정한 방호장치

9.2 옥내 저압용 배선기구 시설방법

1. 개요
　전기안전사고나 전기화재 등의 전기재해는 예상 외로 고압보다는 저압 측에서 많은 부분을 차지하고 있다. 더구나 각종 전기사용기기의 급증과 더불어 저압 옥내 기구류의 합리적인 시설은 안전상 매우 중요하다.

2. 배선기구의 시설원칙
1) 충전부 방호(노출금지)
2) 설치장소
　가능한 습기가 없고 작업이나 일상적인 활동에 접촉할 우려가 없는 장소에 설치
3) 적정한 보호장치 설치
　과부하, 단락을 보호하고, 주변에 습기가 많은 장소에 배선기구를 설치하는 경우에는 지기가 발생 시 자동적으로 전로를 차단할 수 있는 누전차단기가 설치되어야 한다.
4) 적정한 절연내력 확보
　절연저항치 기준표에 의한 적정한 절연성능을 갖추어야 한다.
5) 적정한 규격품 선정
　KS, 전기용품안전기준 등의 적정한 규격품을 사용해야 한다.

3. 시설방법
제168조 (저압 옥내배선의 사용전선)
　① 저압 옥내배선의 전선은 다음 각 호 어느 하나에 적합한 것을 사용하여야 한다.
　　1. 단면적이 2.5 mm^2 이상의 연동선
　　2. 단면적이 1 mm^2 이상의 미네럴인슈레이션케이블
　② 옥내배선의 사용 전압이 400 V 미만인 경우로 다음 각 호 어느 하나에 해당 하는 경우에는 제1항을 적용하지 않는다.
　　1. 전광표시 장치·출퇴 표시 등(出退表示燈) 기타 이와 유사한 장치 또는 제어 회로 등에 사용하는 배선에 단면적 1.5 mm^2 이상의 연동선을 사용하고 이를 합성수지관 공사·금속관 공사·금속 몰드 공사·금속 덕트 공사·플로어 덕트 공사 또는 셀룰러 덕트 공사에 의하여 시설하는 경우

2. 전광표시 장치·출퇴 표시 등 기타 이와 유사한 장치 또는 제어회로 등의 배선에 단면적 0.75㎟ 이상인 다심케이블 또는 다심 캡타이어 케이블을 사용하고 또한 과전류가 생겼을 때에 자동적으로 전로에서 차단하는 장치를 시설하는 경우
3. 제205조의 규정에 의하여 단면적 0.75㎟ 이상인 코드 또는 캡타이어케이블을 사용하는 경우

제170조 (저압용의 배선기구의 시설)
① 옥내에 시설하는 저압용의 배선기구는 그 충전 부분이 노출하지 아니하도록 시설하여야 한다. 다만, 취급자 이외의 자가 출입할 수 없도록 시설한 곳에서는 그러하지 아니하다.
② 옥내에 시설하는 저압용의 비포장 퓨즈는 불연성의 것으로 제작한 함 또는 안쪽면 전체에 불연성의 것을 사용하여 제작한 함의 내부에 시설하여야 한다. 다만, 사용전압이 400 V 미만인 저압 옥내 전로에 다음 각 호에 적합한 기구 또는 「전기용품 안전 관리법」의 적용을 받는 기구에 넣어 시설하는 경우에는 그러하지 아니하다.
 1. 극과 극 사이에는 개폐하였을 때 또는 퓨즈가 용단되었을 때 생기는 아크가 다른 극에 미치지 않도록 절연성의 격벽을 시설한 것일 것.
 2. 커버는 내(耐)아크성의 합성수지로 제작한 것이어야 하며 또한 진동에 의하여 떨어지지 않는 것일 것.
③ 옥내의 습기가 많은 곳 또는 물기가 있는 곳에 시설하는 저압용의 배선기구에는 방습 장치를 하여야 한다.
④ 옥내에 시설하는 저압용의 배선 기구에 전선을 접속하는 경우에는 나사로 고정시키거나 기타 이와 동등 이상의 효력이 있는 방법에 의하여 견고하고 또한 전기적으로 완전히 접속하고 접속점에 장력이 가하여지지 아니하도록 하여야 한다.
⑤ 저압 콘센트는 접지극이 있는 것을 사용하여 접지하여야 한다. 다만,
⑥ 욕실 등 인체가 물에 젖어있는 상태에서 물을 사용하는 장소에 콘센트를 시설하는 경우에는 다음 각 호에 따라 시설하여야한다.
 1. 인체감전보호용 누전차단기(전기용품안전기준 또는 KS C4613(2007)의 규정에 적합한 정격감도전류 15㎃ 이하, 동작시간 0.03초 이하의 전류동작형의 것에 한한다) 또는 절연변압기(정격용량 3 kVA 이하인 것에 한한다)로 보호된 전로에 접속하거나, 인체감전보호용 누전차단기가 부착된 콘센트를 시설하여야 한다.
 2. 콘센트는 접지 극이 있는 방적형 콘센트를 사용하여 접지하여야한다.

제171조 (저압용 배·분전반의 시설)

옥내에 시설하는 저압용 배·분전반의 기구 및 전선은 쉽게 점검할 수 있도록 하고 다음 각 호에 따라 시설할 것.

1. 노출된 충전부가 있는 배전반 및 분전반은 취급자 이외의 사람이 쉽게 출입할 수 없도록 설치하여야 한다.
2. 한 개의 분전반에는 한 가지 전원(1회선의 간선)만 공급하여야 한다. 다만 안전 확보가 충분하도록 격벽을 설치하고 사용전압을 쉽게 식별할 수 있도록 그 회로의 과전류차단기 가까운 곳에 그 사용전압을 표시하는 경우에는 그러하지 아니하다.
3. 다중이 이용하는 시설에 설치하는 배전반 및 분전반은 불연성 또는 난연성의 것을 시설할 것.

9.3 금속관 공사(판단기준 제184조)

① 금속관 공사에 의한 저압 옥내배선
  1. 전선은 절연전선(옥외용 비닐절연전선을 제외한다)일 것.
  2. 전선은 연선일 것. 다만, 다음의 것은 적용하지 않는다.
     가. 짧고 가는 금속관에 넣은 것.
     나. 단면적 10 ㎟(알루미늄선은 단면적 16 ㎟) 이하의 것.
  3. 전선은 금속관 안에서 접속점이 없도록 할 것.
② 금속관공사에 사용하는 금속관과 박스 기타의 부속품
  1. 다음 가목에 정하는 표준에 적합한 금속제의 전선관 및 금속제박스 기타의 부속품 또는 황동이나 동으로 견고하게 제작한 것일 것.
     가. 금속제의 전선관 및 금속제박스 기타의 부속품은 각각의 규격에 적합한 것일 것.
       (1) 강제 전선관
       (2) 알루미늄 전선관
       (3) 금속제 박스
       (4) 부속품
     나. 금속관의 방폭형 부속품 중 플렉시블 피팅
       (1) 분진방폭형의 플렉시블 피팅
         이음매 없는 단동·인청동이나 스테인리스의 가요관에 단동·황동이나 스테인레스의 편조 피복을 입힌 것
       (2) 내압(耐壓)방폭형의 플렉시블 피팅
         이음매 없는 단동·인청동이나 스테인리스의 가요관에 단동·황동이나 스테인리스의 편조피복을 입힌 것의 양쪽 끝에 커넥터 또는 유니온 카플링을 견고히 접속하고 안쪽면은 전선을 넣거나 바꿀 때에 전선의 피복을 손상하지 아니하도록 매끈한 것일 것.
       (3) 안전증방폭형의 플렉시블 피팅
         1종 금속제의 가요전선관에 단동·황동이나 스테인레스의 편조 피복을 입힌것 또는 표준에 적합한 2종 금속제의 가요전선관에 두께 0.8 ㎜ 이상의 비닐을 피복한 것의 양쪽 끝에 커넥터 또는 유니온카플링을 견고히 접속하고 안쪽면은 전선을 넣거나 바꿀 때에 전선의 피복을 손상하지 아니하도록 매끈한 것일 것.

2. 관의 두께는 다음에 의할 것.

　가. 콘크리트에 매설하는 것은 1.2 mm 이상

　나. "가" 이외의 것은 1 mm 이상. 다만, 이음매가 없는 길이 4 m 이하인 것을 건조하고 전개된 곳에 시설하는 경우에는 0.5 mm까지로 감할 수 있다.

3. 관의 끝부분 및 안쪽 면은 전선의 피복을 손상하지 아니하도록 매끈한 것일 것.

③ 금속관과 박스 기타의 부속품 시설

1. 관 상호 간 및 관과 박스 기타의 부속품과는 나사접속 기타 이와 동 등 이상의 효력이 있는 방법에 의하여 견고하고 또한 전기적으로 완전하게 접속할 것.

2. 관의 끝 부분에는 전선의 피복을 손상하지 아니하도록 적당한 구조의 부싱을 사용할 것. 다만, 금속관공사로부터 애자사용공사로 옮기는 경우에는 그 부분의 관의 끝부분에는 절연부싱 또는 이와 유사한 것을 사용하여야 한다.

3. 습기가 많은 장소 또는 물기가 있는 장소에 시설하는 경우에는 방습 장치를 할 것.

4. 저압 옥내배선의 사용전압이 400 V 미만인 경우 관에는 제3종 접지공사를 할 것. 다만, 다음 중 1에 해당하는 경우에는 그러하지 아니하다.

　가. 관의 길이(2개 이상의 관을 접속하여 사용하는 경우에는 그 전체의 길이를 말한다. 이하 같다)가 4 m 이하인 것을 건조한 장소에 시설하는 경우

　나. 옥내배선의 사용전압이 직류 300 V 또는 교류 대지 전압 150 V 이하인 경우에 그 전선을 넣는 관의 길이가 8 m 이하인 것을 사람이 쉽게 접촉할 우려가 없도록 시설하는 때 또는 건조한 장소에 시설하는 때

5. 저압 옥내배선의 사용전압이 400 V 이상인 경우 관에는 특별 제3종 접지공사를 할 것. 다만, 사람이 접촉할 우려가 없도록 시설하는 경우에는 제3종 접지공사에 의할 수 있다.

6. 금속관을 금속제의 풀박스에 접속하여 사용하는 경우에는 제1호의 규정에 준하여 시설할 것.

9.4 저압 옥내배선의 허용전류 (판단기준 제178조)

저압 옥내배선에 사용하는 450/750V 이하 염화비닐 절연전선, 450/750V 이하 고무 절연전선, 1kV부터 3kV까지의 압출 성형 절연 전력케이블의 허용전류 및 보정계수는 KS C IEC 60364-5-52의 부속서 A(허용전류)에 따른다. 다만, 600V급 절연전선에 관한 허용전류는 한국전기기술기준위원회(대한전기협회) 표준 KECS 1501-2009에 따른다.

- KSC IEC 52 부속서 (허용전류)
1. 부속서 C : 허용전류 구하는 방식

    허용전류 $I = A \times S^m - B \times S^n \ (A)$

    여기에서 S : 도체의 공칭 단면적 (㎟)

      A, B : 케이블 종류와 설치방법에 따른 계수

      m, n : 케이블 종류와 설치방법에 따른 지수

대개의 경우 첫 번째 항만 적용하면 되고, 두 번째항은 대형 단심 케이블을 사용하는 경우에만 적용하면 된다.

[표 C.52-1(B.52-1)] 계수와 지수 표

허용 전류표	구분	구리 도체		알루미늄 도체	
		A	m	A	m
A.52-2	2	11.2	0.6118	8.61	0.616
	3 ≤ 120 ㎟	10.8	0.6015	8.361	0.6025
	3 > 120㎟	10.19	0.6118	7.84	0.616
	4	13.5	0.625	10.51	0.6254
	5	13.1	0.600	10.24	0.5994
	6 ≤ 16 ㎟	15.0	0.625	11.6	0.625
	6 > 16 ㎟	15.0	0.625	10.55	0.640
	7	17.6	0.551	13.5	0.551

표 B.52.2 — 표 B.52.1의 설치방법의 허용전류(A). PVC 절연, 2개 부하 도체, 구리 또는 알루미늄, 도체 온도 : 70 ℃, 주위온도 : 기중 30 ℃, 지중 20 ℃

도체의 공칭 단면적 mm²	표 B.52.1의 설치방법						
	A1	A2	B1	B2	C	D1	D2
1	2	3	4	5	6	7	8
구리							
1.5	14.5	14	17.5	16.5	19.5	22	22
2.5	19.5	18.5	24	23	27	29	28
4	26	25	32	30	36	37	38
6	34	32	41	38	46	46	48
10	46	43	57	52	63	60	64
16	61	57	76	69	85	78	83
25	80	75	101	90	112	99	110
35	99	92	125	111	138	119	132
50	119	110	151	133	168	140	156
70	151	139	192	168	213	173	192
95	182	167	232	201	258	204	230
120	210	192	269	232	299	231	261
150	240	219	300	258	344	261	293
185	273	248	341	294	392	292	331
240	321	291	400	344	461	336	382
300	367	334	458	394	530	379	427

표 B.52.3 — 표 B.52.1의 설치방법의 허용전류(A). XLPE 또는 EPR 절연, 2개 부하 도체, 구리 또는 알루미늄, 도체 온도 : 90 ℃, 주위온도 : 기중 30 ℃, 지중 20 ℃

도체의 공칭 단면적 mm²	표 B.52.1의 설치방법						
	A1	A2	B1	B2	C	D1	D2
1	2	3	4	5	6	7	8
구리							
1.5	19	18.5	23	22	24	25	27
2.5	26	25	31	30	33	33	35
4	35	33	42	40	45	43	46
6	45	42	54	51	58	53	58
10	61	57	75	69	80	71	77
16	81	76	100	91	107	91	100
25	106	99	133	119	138	116	129
35	131	121	164	146	171	139	155
50	158	145	198	175	209	164	183
70	200	183	253	221	269	203	225
95	241	220	306	265	328	239	270
120	278	253	354	305	382	271	306
150	318	290	393	334	441	306	343
185	362	329	449	384	506	343	387
240	424	386	528	459	599	395	448
300	486	442	603	532	693	446	502

표 B.52.14 – 기중 케이블의 허용전류에 적용되는 기중주위온도가 30 ℃ 이외인 경우의 보정계수

주위온도[a] ℃	절연체			
	PVC	XLPE 또는 EPR	무기[a]	
			PVC 피복 또는 노출로 접촉할 우려가 있는 것 (70 ℃)	노출로 접촉할 우려가 없는 것 (105 ℃)
10	1.22	1.15	1.26	1.14
15	1.17	1.12	1.20	1.11
20	1.12	1.08	1.14	1.07
25	1.06	1.04	1.07	1.04
30	1.00	1.00	1.00	1.00
35	0.94	0.96	0.93	0.96
40	0.87	0.91	0.85	0.92
45	0.79	0.87	0.78	0.88
50	0.71	0.82	0.67	0.84
55	0.61	0.76	0.57	0.80
60	0.50	0.71	0.45	0.75
65	–	0.65	–	0.70
70	–	0.58	–	0.65
75	–	0.50	–	0.60
80	–	0.41	–	0.54
85	–	–	–	0.47
90	–	–	–	0.40
95	–	–	–	0.32
95	–	–	–	

[a] 이 이상의 주위온도에 대해서는 제조자와 협의한다.

표 B.52.15 – 지중 케이블의 허용전류에 적용되는
지중 주위온도가 20 ℃ 이외인 경우의 보정계수

지중 온도 ℃	절연체	
	PVC	XLPE 또는 EPR
10	1.10	1.07
15	1.05	1.04
20	1.00	1.00
25	0.95	0.96
30	0.89	0.93
35	0.84	0.89
40	0.77	0.85
45	0.71	0.80
50	0.63	0.76
55	0.55	0.71
60	0.45	0.65
65	–	0.60
70	–	0.53
75	–	0.46
80	–	0.38

KECS1501-2009
(배선시스템 - 전선 및 케이블, 한국전기기술기준위원회)

도체		허용전류 (A)		
성형단선 및 연선 (공칭단면적 ㎟)	단선 (지름 ㎜)	경동선 또는 연동선	경알루미늄선·반경알루미늄선 또는 연알루미늄선	강심알루미늄·유합금선 또는 고력알루미늄 합금선
	1.0 이상 1.2 미만	16	12	12
	1.2 이상 1.6 미만	19	15	14
	1.6 이상 2.0 미만	27	21	19
	2.0 이상 2.6 미만	35	27	25
	2.6 이상 3.2 미만	48	37	35
	3.2 이상 4.0 미만	62	48	45
	4.0 이상 5.0 미만	81	63	58
	5.0 이상	107	83	77
0.9 이상 1.25 미만		17	13	12
1.25 이상 2 미만		19	15	14
2 이상 3.5 미만		27	21	19
3.5 이상 5.5 미만		37	29	27
5.5 이상 8 미만		49	38	35
8 이상 14 미만		61	48	44
14 이상 22 미만		88	69	63
22 이상 30 미만		115	90	83
30 이상 38 미만		139	108	100
38 이상 50 미만		162	126	117
50 이상 60 미만		190	148	137
60 이상 80 미만		217	169	156
80 이상 100 미만		257	200	185
100 이상 125 미만		298	232	215
125 이상 150 미만		344	268	248
150 이상 200 미만		395	308	284
200 이상 250 미만		469	366	338
250 이상 325 미만		556	434	400
325 이상 400 미만		650	507	468
400 이상 500 미만		745	581	536
500 이상 600 미만		842	657	606
600 이상 800 미만		930	745	690
800 이상 1000 미만		1,080	875	820
1000 이상		1,260	1,040	980

[표 A2-11]

절연체의 재료의 종류	허용전류 보정계수	전류 감소계수의 계산식
비닐혼합물(내열성이 있는 것을 제외한다) 및 천연고무 혼합물	1.00	$\sqrt{\frac{60-\theta}{30}}$
비닐혼합물(내열성이 있는 것에 한한다)·폴리에틸렌혼합물(가교한 것을 제외한다) 및 스틸렌 부타디엔 고무혼합물	1.22	$\sqrt{\frac{75-\theta}{30}}$
불소수지혼합물	1.27	$0.9\sqrt{\frac{90-\theta}{30}}$
에틸렌프로피렌 고무혼합물	1.29	$\sqrt{\frac{80-\theta}{30}}$
폴리에틸렌 혼합물(가교한 것에 한한다) 및 규소고무혼합물	1.41	$\sqrt{\frac{90-\theta}{30}}$

[표 A2-13]

동일관내의 전선수	전류 감소계수
3 이하	0.7
4	0.63
5 또는 6	0.56
7 이상 15 이하	0.49
16 이상 40 이하	0.43
41 이상 60 이하	0.39
61 이상	0.34

9.5 배선용 차단기 설치기준 (판단기준 38조)

1. 동작시간

구 분		배선용 차단기	FUSE
과부하보호	부동작범위	정격전류의 1배에서 자동적으로 동작하지 않을 것	정격전류의 1.1배에서 견딜것
	동작 범위	-정격전류의 1.25배 : 전류의 크기에 따라 60~120분내에 자동적으로 동작할 것 -정격전류의 2배 : 전류의 크기에 따라 2~24분 내에 자동적으로 동작할 것	-정격전류의 1.6배 : 전류의 크기에 따라 60~240분내 용단될 것 -정격전류의 2배 : 전류의 크기에 따라 2 ~ 20분내 용단될 것
단락보호	부동작범위	정격전류의 1배에서 자동적으로 동작하지 않을 것	정격전류의 1.3배에서 견딜것
	동작 범위	-정정전류 값 : 정격전류의 13배 이하일 것. -정정전류 값의 1.2배의 전류에서 0.2초 이내에 작동할 것.	-정격전류의 10배 : 20초내에 용단될 것

2. 과부하 보호장치(배선용 차단기)

1) 정격전류에 1배의 전류로 자동적으로 동작하지 아니할 것.
2) 정격전류의 1.25배 및 2배의 전류를 통한 경우에 표 38-3에서 정한 시간 내에 자동적으로 동작할 것.

[표 38-3]

정격전류의 구분	시 간	
	정격전류의 1.25배의 전류를 통한 경우	정격전류의 2배의 전류를 통한 경우
30 A 이하	60분	2분
30 A 초과 50 A 이하	60분	4분
50 A 초과 100 A 이하	120분	6분
100 A 초과 225 A 이하	120분	8분
225 A 초과 400 A 이하	120분	10분
400 A 초과 600 A 이하	120분	12분
600 A 초과 800 A 이하	120분	14분
800 A 초과 1,000 A 이하	120분	16분
1,000 A 초과 1,200 A 이하	120분	18분
1,200 A 초과 1,600 A 이하	120분	20분
1,600 A 초과 2,000 A 이하	120분	22분
2,000 A 초과	120분	24분

3. 단락 보호장치

1) 단락보호전용 차단기

가. 정격전류의 1배의 전류에서 자동적으로 작동하지 아니할 것.

나. 정정전류 값은 정격전류의 13배 이하일 것.

다. 정정전류 값의 1.2배의 전류를 통하였을 경우에 0.2초 이내에 자동적으로 작동할 것.

2) 단락보호전용 퓨즈

가. 정격전류의 1.3배의 전류에 견딜 것.

나. 정정전류의 10배의 전류를 통하였을 경우에 20초 이내에 용단 될 것.

9.6 분기회로 설계시 고려사항(74.3.5)

1. 관련 규정
- 전기설비 판단기준 176조
- 내선규정 3315-2

2. 저압 분기 회로

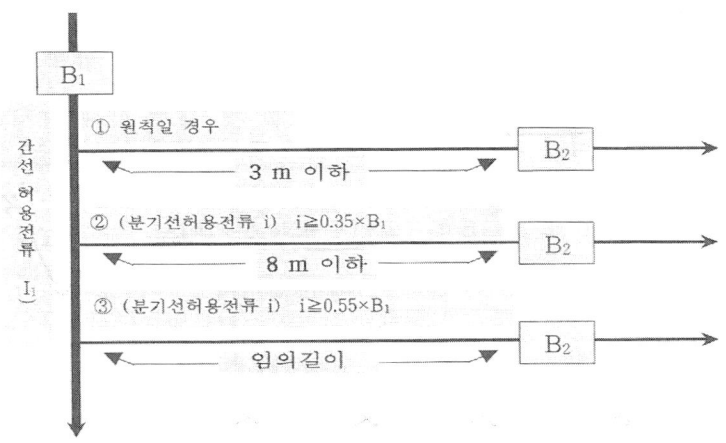

1) 저압 옥내 간선과의 분기점에서 전선의 길이(분기회로)가 3m 이하인 곳에 개폐기 또는 과전류 차단기를 시설할 것
2) 분기 회로의 허용전류가 저압 옥내 간선을 보호하는 과전류 차단기의 35% 이상 일 때는 8m 이하에
3) 분기 회로의 허용전류가 저압 옥내 간선을 보호하는 과전류 차단기의 55% 이상 일 때는 임의 길이에 과전류 차단기를 시설할 것

3. 개폐기 및 과전류 차단기 시설 기준
1) 개폐기 시설
   위 2의 개폐기는 각극에 시설할 것.
   단, 다음의 경우에는 이를 시설하지 아니할 수 있다.

- 중성선 또는 접지측 전선에 접속하는 분기회로로서 분기회로용 배전반 내에 그 옥내 배선의 인입구측의 각 극에 개폐기를 시설한 것
- 전로에 지락이 생겼을 때에 자동적으로 전로를 차단하는 장치를 시설한 경우
    단, 접지저항값이 3Ω 이하여야 한다.

2) 과전류 차단기

　위 2의 과전류 차단기는 각극에 시설할 것.
　단, 대지전압이 150V이하인 저압 전로의 접지측 회로 이외의 과전류 차단기가 각 극에 동시에 차단 될 때는 접지측에는 과전류 차단기를 생략할 수 있다.

3) 정격 전류 50A 초과 회로
- 하나의 별도 회로로 구성 할 것
- 과전류 차단기 : 그 전기 기기의 정격전류의 1.3배 이하 일 것
- 배선의 허용 전류는 과전류 차단기의 정격전류 이상 일 것

4) 전동기 회로
- 분기 회로의 과전류 차단기는 부하측 전선의 허용전류를 2.5배 한 값 이하인 정격 전류의 것
- 전선의 허용전류는 전동기 정격전류 합계의 1.25배 이상 일 것
    단, 전동기의 정격전류의 합계가 50A를 넘는 경우는 1.1배

5) 위 3), 4) 이외의 과전류 차단기는 50A 이하 일 것

4. 콘센트, 소켓 시설 기준

저압 옥내 전로 (과전류 차단기 정격전류)	콘센트 정격전류	소켓 및 나사 접속기	배선 굵기(㎟)
15A 이하 회로	15A 이하	39mm 이하	2.5
15A 초과 20A 이하 회로	20A 이하		4
20A 초과 30A 이하 회로	20A이상 30A 이하	39mm	6
30A 초과 40A 이하 회로	30A이상 40A 이하		10
40A 초과 50A 이하 회로	40A이상 50A 이하		16

9.7 간선 계획시 고려사항, 굵기 결정 요소

1. 간선설비 설계순서

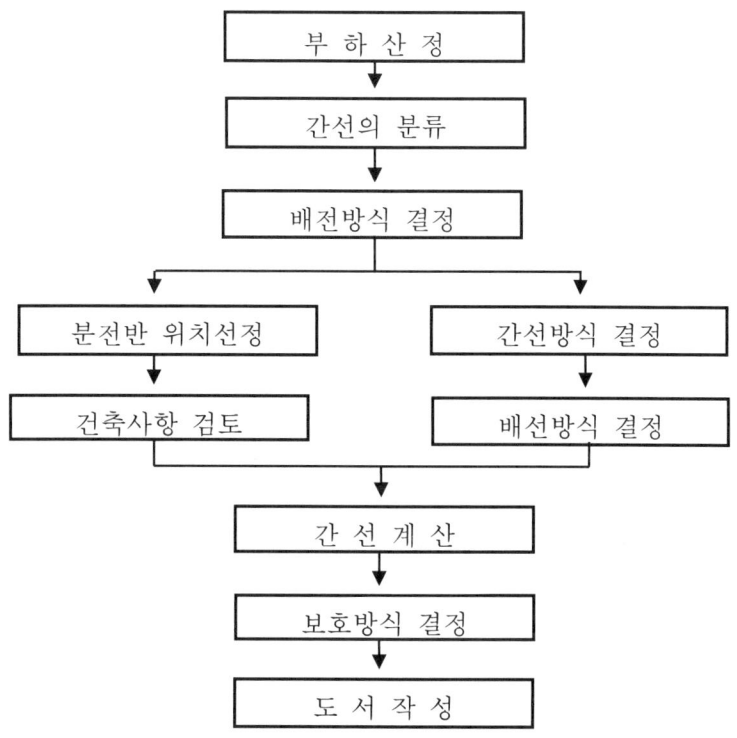

2. 환경 조건

간선 및 배선설비 설계는 설비가 영향 받을 수 있는 다음의 환경 조건을 고려한다.
1) 주위온도 및 기후조건
2) 물기, 분진, 부식 또는 오염물질의 존재 여부
3) 기계적 충격 및 진동
4) 식물 또는 곰팡이, 동물(벌레, 새, 작은 동물)
5) 전자기 장애, 정전기 또는 이온화의 영향
6) 태양방사, 지진, 낙뢰, 바람
7) 전기설비 사용특성
  (1) 전기설비 공사 중 또는 사용 중에 배선이 받는 응력

(2) 배선을 지지하는 건축물의 벽 또는 기타 부분의 특성

(3) 사람과 가축이 배선에 접촉할 가능성

(4) 지락 고장 및 단락 전류에 의해 발생할 수 있는 전기·기계적 응력

(5) 설치 장소의 특성

8) 건축물의 구조, 특성 및 용도

9) 화재 및 외부적 영향

3. 간선의 분류

간선은 일반적으로 부하의 용도에 따라 다음과 같이 분류하며, 또한, 사용부하 구성 특성에 따라 계절부하용, 고조파발생 부하용 등으로 세분화한다.

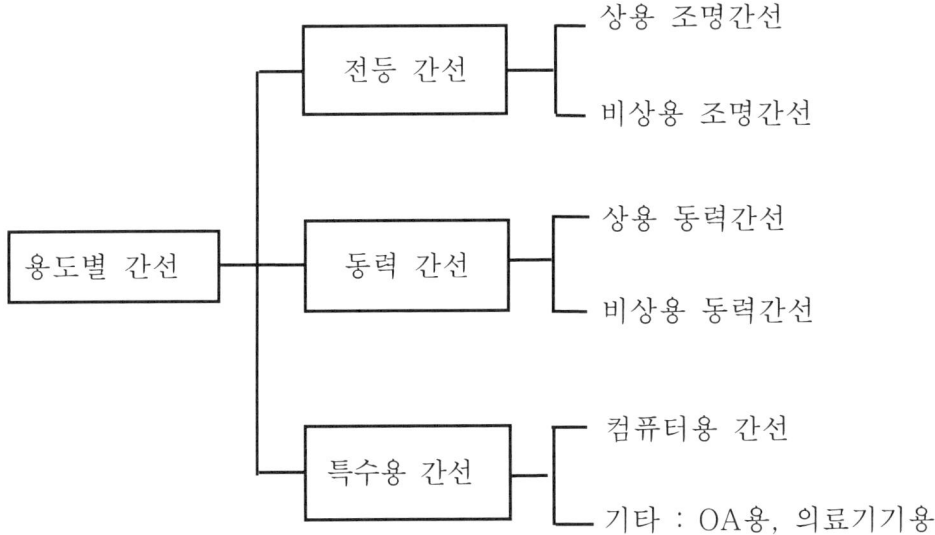

4. 간선 결정시 고려사항

1) 배전방식

종 류	특 징	비 고
단상2선식	- 110, 220V 두 종류 중 주로 220V 사용 - 220V 장점 : 전압강하, 전력 손실 감소	설비 불평형 없다.
단상3선식	- 220/110V : 승압에 따라 거의 사라짐 - 불평형율 : 40% 이하 바람직 함.	설비 불평형 발생 가능
3상3선식	- 소규모 공장에 주로 사용	설비 불평형 없다.
3상4선식	- 380/220V로 제일 많이 사용하는 방식 동 력 : 3상 380V, 전등 전열 : 단상220V - 불평형율 : 30% 이하 유지 바람직 함.	설비 불평형 발생 가능

2) 간선의 배선방식

나뭇가지식	개별방식	병용방식	루프식
- 간단, 경제적임 - 부하 감소에 따라 전선 굵기 감소 - 신뢰도가 낮고 고장 영역이 넓어짐 - 주로 소규모 채택	- 고장 최소화 - 큰용량에 적용 - 전압강하 적음 - 사고 파급효과 적음 - 설치비 고가 - 배전 복잡	- 많이 사용 하는 방식 수지식과 평행식 혼용 - 신뢰도 중간 - 설비비 중간	- 신뢰도 최고 - 중요부하 적용 - 설비비 최고가 - 거의 정전 없음 회로구성 복잡

3) 배선의 부설방식

배선방식	장 점	단 점
배관배선	· 금속관 보호시 화재의 우려가 없고 기계적인 보호성 우수	· 수직배관시 장력지지가 어려움 · 간·선용량이 제한적
케이블배선 (트레이 사용)	· 허용전류가 크고, 방열 특성이 우수, 부하 증가 시 대응이 용이 · 내진성이 큼	· 케이블이 굵어 굴곡 반경이 큼
버스덕트	· 대용량을 콤팩트하게 배전 가능 · 예정된 부하증설이 즉시 가능	· 접속부품이 많음 · 사고시 파급 범위가 커짐 · 내진성이 작음

5. 간선 설계

1) 전선의 허용 전류

(1) 연속시(상시) 허용 전류

허용전류 $I = A \times S^m - B \times S^n \ (A)$

여기에서 S : 도체의 공칭 단면적 (mm2)

　　　　　A, B : 케이블 종류와 설치방법에 따른 계수

　　　　　m, n : 케이블 종류와 설치방법에 따른 지수

대개의 경우 첫 번째 항만 적용하면 되고, 두 번째 항은 대형 단심 케이블을 사용하는 경우에만 적용하면 된다.

[표 C.52-1(B.52-1)] 계수와 지수 표

허용 전류표	구분	구리 도체		알루미늄 도체	
		A	m	A	m
A.52-2	2	11.2	0.6118	8.61	0.616
	3 ≤ 120 ㎟	10.8	0.6015	8.361	0.6025
	3 > 120㎟	10.19	0.6118	7.84	0.616
	4	13.5	0.625	10.51	0.6254
	5	13.1	0.600	10.24	0.5994
	6 ≤ 16 ㎟	15.0	0.625	11.6	0.625
	6 > 16 ㎟	15.0	0.625	10.55	0.640
	7	17.6	0.551	13.5	0.551

(2) 단락시 허용 전류

단락 또는 지락시 고장전류가 통전 가능한 허용 전류를 말하며 흐르는 시간도 대개 2초 이하이고 이때의 전선의 단면적은 다음과 같다.

단면적 $S = \dfrac{\sqrt{Is^2 \cdot t}}{k} = 0.0496 In$ (mm2)

여기서 Is : 단락 고장 전류 (A) =20In

　　　　t : 차단 장치의 동작 시간(초) = 0.1초

　　　　k : 절연재료에 의한 온도 계수 (XLPE : 130)

(3) 순시(기동시) 허용 전류

- 기동 전류가 큰 전기 기기 동작 시 배전선의 손상 없이 짧은 시간(0.5초) 내에 최대로 허용 할 수 있는 순시 전류로 전선의 열화특성, 기계적 특성, 전기적 특성을 고려하여 결정하여야 한다.

2) 전압강하

(1) 직류회로

$\Delta e = 2 \cdot L \cdot I \cdot R$

여기서 Δe : 전압강하(V)

　　　　L : 전선 1본 길이(m)

　　　　I : 선로의 전류(A)

　　　　R : 전선의 저항(Ω/m)

(2) 교류회로

$\Delta e = Es - Er = Kw\, L\, I\, (R \cos \theta + X \sin \theta)$

- 여기에서 Kw : 배전 방식에 의한 계수

X항은 무시, R에 고유저항($\dfrac{1}{58} \times \dfrac{100}{97}$)을 대입하여 간단히 하면 아래와 같이 나타낼 수 있다.

전 기 방 식	전 압 강 하
- 1Φ2w - 직류 2선식 (Kw:2)	$e = \dfrac{35.6\, L\, I}{1000\, A}$
- 3Φ3w (Kw: $\sqrt{3}$)	$e = \dfrac{30.8\, L\, I}{1000\, A}$
- 3Φ4w, 1Φ3w (Kw:1)	$e = \dfrac{17.8\, L\, I}{1000\, A}$
e : 상전압 강하임. 　　따라서 380/220V 회로에서 전압강하율은 e / 220 이어야 함.	

(3) 내선 규정에 의한 허용 전압강하 (1415-1)
- 저압 배선중의 전압 강하는 간선 및 분기회로에서 각각 표준전압의 2% 이하로 하는 것을 원칙으로 한다.
- 단, 전기사용장소안에 시설한 변압기에서 공급하는 경우에는 간선의 전압강하를 3% 이하로 할 수 있다.
- 공급 변압기 2차측 단자(전기 사업자로부터 공급을 받는 경우는 인입선 접속점)에서 최원단(遠端)의 부하에 이르는 전로가 60m를 초과하는 경우에는 다음에 따를 수 있다.

구 분	120 m 이하	200m 이하	200m 초과
전기 사업자로부터 공급	4 % 이하	5 % 이하	6 % 이하
전기사용장소안에 시설한 변압기에서 공급	5 % 이하	6 % 이하	7 % 이하

3) 기계적 강도
 (1) 단락시 열적 용량
  - 전선에 의해 발생한 Joule열은 도체의 온도를 상승시킴과 동시에 절연물 속을 통해서 외부로 방산된다.
  - 그러나 수초 이하의 단락 전류 일 때는 도체에서 발생한 열은 모두 도체의 온도를 상승 시키는데 소비된다.
 (2) 단락시 전자력
    단락 고장시 단락 전류의 상호 작용에 의해 개개의 도체에 전자력이 작용한다. 전류가 같은 방향이면 흡인력, 반대 방향이면 반발력이 생기고 그 힘은 아래 공식과 같다.
    $F = K \times 2.04 \times 10^{-8} \times Im^2 / D$ (kg/m)
      K : 배열 형태에 따른 계수 (0.866~0.809)
      Im : 단락전류 피크치 (A)
      D : 케이블 중심 간격 (m)
    대책 : 전자력에 너무 커지지 않도록 스페이서의 간격을 조정한다.

(3) 진동
  1. 부수덕트
   - Bus Duct가 건물의 진동 주기와 접근하면 공진을 일으킬 수 있으므로 스프링 행거 등의 간격을 적당히 하여 공진을 방지한다.
  2. 전선
   - 1상에 여러 가닥의 케이블을 사용할 때는 그 배치에 따라 동상 케이블에 흐르는 전류에 불 평형이 생겨 케이블의 이용율이 저하됨은 물론 역율 저하, 선로 전압 강하, 전력 손실 및 도체 발열 및 진동으로 이어진다.
   - 이를 해결하기 위해서는 (전류 불평형 방지대책)
     1. 연가(선로가 긴 경우)
     2. 상별 배치를 어긋나게(예. RST STR TRS)
     3. 동일 종류, 같은 굵기, 같은 길이의 전선사용
        위는 선로 정수 감소 대책이지 완전 해결책은 아님.

(4) 신축
 가. BUS DUCT
    Expantion 또는 엘보 등을 두어야한다.
 나. Cable Tray
    - 케이블 트레이는 1.5m ~ 2m 간격으로 조영재에 견고히 고정
    - Snake 배열과 연가 등을 하여 전자력을 감소시키는 방안 검토.
 다. 수직 부설
    - 자중이 커지므로 적당한 간격으로 지지한다.

4) 연결점의 허용온도
단자부와 같이 연결부는 다른 부분에 비하여 접촉저항이 크므로 열 발생이 많기 때문에 접촉면적을 크게 하고 접촉압력도 높여야 한다.
또한 주기적인 점검이 필요하며 어느 용량 이상의 경우는 온도센서 등을 사용하여 허용온도 이상 발생되지 않는지 점검해야 한다.

5) 열방산 조건
주위 조건에 따라 열방산이 좋은 곳도 있지만 주위온도가 높거나 밀폐 공간 등 전선의 온도를 높일 조건이 있다면 이를 고려해야 한다.

6) 간선 계산시 기타 고려 기타
 (1) 장래 증설에 대한 여유도

건물의 특징, 용도 등에 따라 장래 증설시 간선을 교체하지 않을 정도로 여유를 두는 것이 좋다.

(2) 부하의 수용율

부하의 수용율에 대하여는 내선규정 부록 표300-1-1과 300-2-1 에 설명되어 있으며 부하가 많을수록 수용율은 낮게 할 수 있다.

(3) 비선형부하의 연결

비선형 부하의 대표적인 것은 전력변환장치와 같이 고조파 발생 부하이며 이를 감안하여 충분한 용량의 간선을 선택해야 한다.

9.8 전선의 용단4단계

1. 개요
　절연전선에 허용전류보다 큰 전류가 흐를 경우 줄열에 의해 절연피복이 파괴되고 결국 연소하여 용단이 되는데 전선의 연소과정은 다음과 같이 4단계로 구분된다.

2. 발화의 종류
　1) 가연성 물질이 산화제와 혼합되거나 산화성 분위기 중에서 연소하기 시작하는 현상.
　2) 발화는 자연 발화와 불씨에 의한 발화의 두 가지로 구분된다.
　　　전자는 간단하게 발화 또는 착화, 점화 등으로 불리고, 후자는 인화(pilot ignition)라고 하는 경우가 많다.

3. 전선의 용단과정
　1) 인화 단계
　　 - 허용전류의 3배가 흐를 경우
　　 - 내부의 절연피복이 녹고, 불을 가까이 대면 절연피복이 인화함
　2) 착화 단계
　　 - 큰 전류가 흐를 경우
　　 - 절연물이 탄화되고 심선이 노출되며,
　　 - 어느정도 지나면 화구가 없더라도 절연물이 착화 연소됨
　3) 발화 단계
　　 - 더 큰 전류가 흐를 경우
　　 - 심선이 용단되기 전에 절연물이 발화함
　4) 순시 용단 단계
　　 - 대전류가 순간적으로 흐를 경우
　　 - 심선이 순시 용단되어 도선이 폭발함

4. 배선의 용단단계에 따른 전선 전류밀도(A/mm^2)
　○ 인화 : 40~43
　○ 착화 : 43~60
　○ 발화 : 60~120
　○ 순시용단 : 120 이상

9.9 절연저항 및 절연내력

(기술기준 제52조, 판단기준 제13조~제17조)

1. 저압전로의 절연성능(기술기준 제52조)

전기사용 장소의 사용전압이 저압인 전로의 전선 상호간 및 전로와 대지 사이의 절연저항은 개폐기 또는 과전류차단기로 구분할 수 있는 전로마다 다음 표에서 정한 값 이상이어야 한다. 다만, 전동기 등 기계 기구를 쉽게 분리하기 곤란한 분기회로의 경우 전로의 전선 상호 간의 절연저항에 대해서는 기기 접속 전에 측정한다.

전로의 사용전압 구분		절연저항
400 V 미만	대지전압이 150 V 이하인 경우	0.1 MΩ
	대지전압이 150 V 초과 300 V 이하인 경우	0.2 MΩ
	사용전압이 300 V 초과 400 V 미만인 경우	0.3 MΩ
400 V 이상		0.4 MΩ

2. 전로의 절연저항 및 절연내력(판단기준 제13조)

① 사용전압이 저압인 전로에서 정전이 어려운 경우 등 절연저항 측정이 곤란한 경우에는 누설전류를 1 mA 이하로 유지하여야 한다.
② 고압 및 특고압의 전로는 표 13-1에서 정한 시험전압을 전로와 대지 사이에 연속하여 10분간 가하여 절연내력을 시험하였을 때에 이에 견디어야 한다.

[표 13-1]

전로의 종류	시험전압
1. 최대사용전압 7 kV 이하	최대사용전압의 1.5배의 전압
2. 최대사용전압 7 kV 초과 25 kV 이하인 중성점 접지식	최대사용전압의 0.92배의 전압
3. 최대사용전압 7 kV 초과 60 kV 이하인 전로(비접지식)	최대사용전압의 1.25배의 전압 (최저 10,500 V)
4. 최대사용전압 60 kV 초과 중성점 비접지식전로	최대사용전압의 1.25배의 전압
6. 최대사용전압이 60 kV 초과 중성점 직접접지식 전로	최대사용전압의 0.72배의 전압
7. 최대사용전압이 170 kV 초과 중성점 직접 접지식 전로	최대사용전압의 0.64배의 전압

9.10 다중이용장소의 전기안전

1. 관련규정 : 다중이용업소의 안전관리에 관한 특별법 시행령

2. 다중이용업소 (제2조)
   1) 휴게음식점, 일반음식점 : 바닥면적 합계가 100㎡
      단란주점과 유흥주점
   2) 영화상영관 · 비디오물감상실업 · 비디오물 소극장
   3) 학원 : 수용인원 300인 이상인 것.
          단, 다음의 경우는 수용인원 100명 이상 300명 미만도 포함
      - 하나의 건축물에 학원과 기숙사가 함께 있는 학원
      - 다중이용업과 학원이 함께 있는 경우
   4) 목욕장 : 수용인원 100명 이상인 것
   5) 게임제공업 · 인터넷컴퓨터게임시설제공업 및 복합유통게임제공업, 노래연습장업
   6) 산후조리업
   7) 고시원업
   8) 골프 연습장업
   9) 안마시술소
   10) 화재발생시 인명피해가 발생할 우려가 높은 불특정다수인이 출입하는 영업 등

3. 다중이용업소의 소방시설 등의 화재안전기준(NFSC 601)
      [행정자치부고시제2004-36호]
제4조(소방시설)
1. 다중이용업소 영업장안의 구획된 실
   가. 소화기 또는 자동확산소화용구는 영업장안의 구획된 각 실마다 설치
   나. 유도등 · 유도표지 또는 비상조명등은 그 중 하나 이상을 각 규정에 따라 설치할 것
   다. 휴대용비상조명등은 규정에 따라 설치할 것
   라. 비상경보설비 또는 비상방송설비는 그 중 하나 이상을 규정에 따라 설치할 것
2. 영업장의 내부에서 외부와 면하고 있는 개구부 또는 비상구 장소
   소방대상물별로 그에 적합한 피난기구를 규정에 따라 설치할 것. 다만, 지상 또는 피난층으로 피난할 수 있는 계단이 설치된 경우에는 그러하지 아니하다.
3. 가스누설경보기는 가스시설을 사용하는 주방 또는 난방시설이 설치된 장소에 설치할 것

제5조(방화시설)
1. 영업장에는 규정에 따른 비상구를 다음 각목의 기준에 적합하도록 설치할 것.
   가. 문은 피난방향으로 열리는 구조로 하고, 비상구는 구획된 실 또는 천장으로 통하는 구조가 아닐 것
   나. 주 출입구의 반대방향에 설치할 것.
2. 주요구조부(영업장의 벽, 천장, 바닥을 말한다)가 내화구조인 경우 비상구 및 주 출입구의 문은 방화문으로 설치할 것.
3. 보일러실과 영업장 사이의 출입문은 방화문으로 설치하고, 개구부에는 자동방화댐퍼를 설치할 것

제6조(그 밖의 시설)
1. 영업장안의 구획된 실에서 노래반주기 등 영상음향장치를 사용하는 경우에는 영상음향차단장치를 다음 각목의 기준에 따라 설치할 것
   가. 영상음향차단장치는 화재시 자동 또는 수동으로 음향 및 영상이 정지될 수 있는 구조로 설치할 것
   나. 영상음향차단장치의 수동차단스위치를 설치하는 경우에는 관계인이 상주하거나 상시 근무하는 장소에 설치할 것.
2. 전기로 인한 화재발생 위험을 예방하기 위하여 부하용량에 적정한 누전차단기(과전류차단기를 포함한다)를 설치할 것
3. 영업장안에 통로 또는 복도가 있는 경우에는 피난 유도선을 설치할 것. 다만, 유도등·유도표지 또는 비상조명등이 설치되어 있거나 유사시 대피가 용이한 구조인 경우에는 그러하지 아니하다.
4. 소방안전교육 내용 (시행규칙 제7조)
   1. 화재안전과 관련된 법령 및 제도
   2. 다중이용업소에서 화재가 발생한 경우 초기대응 및 대피요령
   3. 소방시설 및 방화시설(防火施設)의 유지·관리 및 사용방법
   4. 심폐소생술 등 응급처치 요령
   5. 안전관리자 선임
      다중이용시설은 20KW 이상시 전기안전관리자선임

9.11 용단전류 및 W.H Preece 실험식

1. 용단 전류 [fusing current, 溶斷電流]
어떤 특별한 조건에서 퓨즈, 전선 등이 실제로 용단되는 최소한도의 전류를 이른다.

2. 용단 시간 [melting time, 溶斷時間]
- 퓨즈에서 과전류가 전류 감응 요소를 절단하기 위한 소요 시간. 용단 전류가 흐르기 시작한 순간부터 가용체가 용단하여 아크가 발생하기까지의 시간이다.
- 아크가 소멸하기(전류가 차단되는)까지의 시간이 아크 시간이고, 용단 시간에 아크 시간을 더한 것이 퓨즈의 동작 시간이다.
  즉, 동작 시간 = 용단 시간 + 아크 시간으로 나타낸다.

3. W.H Preece 실험식
1) 용단전류 표현식

   $I = a \cdot b^{1.5}(A)$ 여기서 I : 용단전류(A)

   a : 도체 재질에 따른 정수

   b : 도체직경(mm)

2) 도체 재질에 따른 계수

재 질	정 수
동	80
알루미늄	59.3

3) 동선의 지름에 따른 용단전류

제10장
전기화재 및 대책

10.1 일반화재 개론

1. 연소의 정의
물질이 공기 중 산소를 매개로 많은 열과 빛을 동반하면서 타는 현상으로 일반적으로는 불꽃을 내며 타는 현상을 말한다.

2. 연소의 조건(연소의 3요소)
어떤 물질이 연소하기 위해서는 3가지 요소가 필요하다.
1) 가연물
   첫 번째 요소는 불에 탈 수 있는 재료로서 연료(타는 물질)이다.
  (1) 가연물의 종류
    - 고체연료 : 연탄, 나무, 종이, 숯, 초 등
    - 액체연료 : 석유, 휘발유, 알코올, 벙커C유 등
    - 기체연료 : 천연가스, 프로판가스 등이 있으며 일반적으로 고체보다는 액체가, 액체보다는 기체가 더 잘 연소된다.

  (2) 가연물의 구비조건
    - 지연성(支燃性:연소를 지탱하는 역할) 또는 조연성(연소를 돕는 역할) 물질인 산소, 염소 등과의 친화력이 클 것
    - 산화하기 쉬운 물질로서 반응열이 클 것
    - 연료의 밀도가 적을 것 (기체〈액체〈고체)
    - 활성 에너지가 적을 것
      활성 에너지 : 반응을 일으키는데 필요한 최소한의 에너지
    - 연쇄 반응이 일어나는 물질일 것
    - 표면적이 클 것

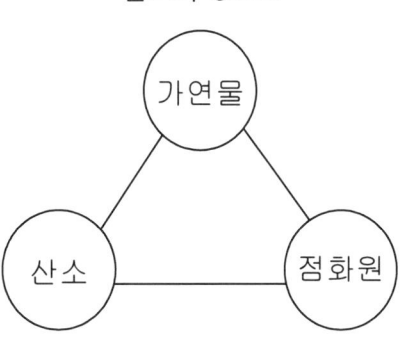

연소의 3요소

  (3) 가연물이 될 수 없는 조건
    - 불활성 기체 (He, Ne, Ar, Xe): 화학적으로 안정되어 반응이 없음
    - 흡열 반응 물질
    - 산화 반응 완결물질(H_2O, CO_2): 이미 산화된 물질은 산소와 결합하지 않음

2) 점화원(발화원)
 (1) 화학적 점화원
  ① 용해열 : 어떤 물질이 용해될 때 발생하는 열
  ② 자연 발화열 : 자연 발화온도 이상 되면 발화
   - 산화, 분해, 중합 등 화학 반응열이 축적될 때
  ③ 연소열 : 가연물이 산소와 반응하여 발열 생성되는 열량
  ④ 분해열 : 화합물이 분해시 발생하는 열($C_2H_2 -> 2C+H_2O+54.2kcal$)
  ⑤ 중합열
   중합(polymerization, 重合) : 동일분자를 2개 이상 결합시켜 분자량이 큰 화합물을 생성하는 반응. 이같이 중합에 의해 생성된 화합물을 중합체 또는 포리머라고 함.
 (2) 전기적 점화원
  ① 전기 불꽃 및 스파크
  ② 낙뢰
  ③ 전기 접점 개폐시
  ④ 단락 사고시 또는 과전류
  ⑤ 정전기 스파크
  ⑥ 누전 및 누설전류
 (3) 기계적(물리적) 점화원
  ① 충격 및 마찰
   - 쇠붙이에 의한 충격이 일어날 때
   - 배관 내 고속 기류를 따라 운반되는 협잡물이 배관내면과 마찰
   - 회전 부분에서 마찰이 일어 날 때
  ② 단열압축
   - 밸브의 급격한 개방
   - 탱크 내 위험물의 갑작스런 투입
  ③ 나화(裸火)
   - 가스 용접기 불꽃
   - 화로나 성냥불
   - 전기 용접불꽃
  ④ 고온표면(고열 고체)
   - 전열기, 가열기, 배기관, 연도의 고온부위
   - 열처리 중의 금속

3) 산소 공급원

이 세가지의 조건 중 어느 하나라도 충족 되지 못하면 애초에 연소 반응이 일어나지 않으며, 설사 연소반응이 일어나고 있다고 하더라도 타고 있는 물질의 불은 꺼지게 된다.

(1) 공기

(2) 지연성 가스 : 불연성가스와 똑같이 연소하지 않지만 연소를 지지하는 가스를 말하며, 산소를 비롯해 염소 등이 있다.

(3) 산화제
 - 가연물 자체에서 산소를 다량 함유하면서 별도의 산소 공급이 없어도 산소를 소비하면서 연소하는 물질
 - 종류 : 황산, 질산, 과산화수소 등

(4) 자기 연소성 물질

연소에 필요한 산소를 함유하고 있는 물질

(제5류 위험물 : 니트로화합물, 셀룰로이드류, 질산에스테르류 등)

4) 연쇄반응(연소의 4요소)

어떤 화학반응에서는 한 분자가 반응하여 생성되는 생성물질이 다른 분자에 작용하여 다음 반응이 계속 일어나는데, 이와 같이 진행되는 반응을 연쇄반응이라 한다. 화학반응에서 볼 수 있는 연쇄폭발반응이나 중합반응 외에, 핵폭발에서 볼 수 있는 핵분열연쇄반응 등이 있다.

예를 들면, 수소와 염소의 1 대 1 혼합기체인 염소 폭발성기체는 빛을 조사(照射)하면 폭발적으로 반응하여 염화수소를 생성하는데 이 경우

$Cl_2 \rightarrow 2Cl$ ——————— 1단계

$Cl + H_2 \rightarrow HCl + H$ ——— 2단계

$H + Cl_2 \rightarrow HCl + Cl$ ——— 3단계

와 같은 3단계 과정에 의해서 진행된다.

3. 연소속도에 영향을 미치는 요인

1) 가연물의 온도 : 온도가 높을수록 반응이 활발해져 연소속도가 증가

2) 산소의 농도 : 농도가 높을수록 반응이 활발해져 연소속도가 증가

3) 압력 : 압력이 높을수록 분자간의 간격이 좁아져 유효충돌이 늘어나서 연소속도가 증가한다.

4) 비표면적 : 비표면적이 클수록 연소속도가 빠름.
5) 연료의 밀도 : 밀도가 낮을수록 연소속도가 증가(기체〈액체〈고체)
6) 촉매 반응
   반응속도를 증가 또는 감소시키는 효과를 나타내고 반응이 종료된 다음에도 원래의 상태로 존재할 수 있는 물질.(이산화망간 등)

4. 소화방법(화재 및 폭발 방지 기본 대책)
가연물, 산소공급원, 점화원 중 한가지 요소만 없애면 소화 할 수 있다.
1) 가연물의 제거(연료제거 소화방법)
   가연물을 완전히 제거하는 것이 제일 효율적인 방법이다.
2) 산소공급원의 차단 (질식소화법)
   산소 공급원을 차단하면 연소는 멈추고 산소가 적어지면 연소는 계속 하기 어렵다.
   - 불연성 포말로 연소를 감싸는 방법
   - 고체로 감싸는 방법
3) 점화원의 제거
4) 냉각에 의한 온도 저하
   연소시 발생하는 열이 연소를 계속하는데 필요한 열원으로 활동하는 것을 막아준다.
   - 액체를 사용하는 방법
   - 고체를 사용하는 방법
5) 희석 소화방법
   - 수용성 액체 화재 : 물을 주입 희석
   - 불활성 가스 첨가 : CO_2, N_2, 수증기
6) 연쇄 반응 차단
   연쇄 반응 촉매를 화학적으로 제거하여 소화 (예 : 하론)

5. 연기유동
1) 굴뚝 효과(Stack Effect)
   - 건물의 높이가 높을수록 굴뚝현상이 크게 나타나는데 대규모 건물의 아래쪽에서 화재가 발생하게 되면 그 영향은 더 커지게 된다.
   - 엘리베이터 피트, 계단실 등 수직공간이 주 원인
   - 중성대 : 실내·외 압력이 같은 높이의 위치
     중성대 하부 : 실내 압력 〈 실외 압력 → 공기가 화재실로 유입됨.

중성대 상부 : 실내 압력 〉 실외 압력 → 연기가 화재실 밖으로 유출
2) 부력 효과
- 화재가 발생하면 고온의 공기는 밀도가 감소하여 부력을 발생시킨다.
- 이 부력에 의한 압력차 때문에 연기는 화재구역의 문, 벽 등의 틈새를 통하여 다른 구역으로 이동하며
- 특히 천장에 틈새가 있는 건물은 이 부력효과 때문에 연기는 급격히 상부층으로 이동한다.
3) 열팽창 효과
- 화재로 인해 방출되는 에너지는 팽창에 따른 연기유동을 야기 시킨다.
- 기밀이 잘 유지되고 있는 화재실의 경우 팽창에 의한 압력차가 크게 발생한다.
- 일반적으로 화재시 실내온도가 600℃까지 올라가면 공기의 체적이 원래의 약 3배가 되어 타지역으로 누출되게 된다.
4) 풍압 효과(바람)
- 문이나 창문 등의 기밀성이 좋은 건물은 화재 초기에 연기의 유동은 적어 풍압효과는 경미하나
- 개방창 또는 개방문이 있는 건물은 화재시 바람에 의한 풍압효과가 크다.
- 건물의 형태, 인접건물과의 상호관계, 풍속, 풍향 등에 따라 풍압 효과는 다르게 나타난다.
5) 공조설비 영향
- 공조설비가 작동중이면 연기유동현상이 더 커진다.
6) 엘리베이터 피스톤 효과
- 엘리베이터 앞부분 : 피스톤 작용에 의해 가압이 발생하여 연기를 다른 부분으로 확산시킨다.
- 엘리베이터 뒷부분 : 연기를 유입하여 다른 공간으로 확산시킨다.

참고1. 화재의 종류(NFPA．National Fire Protection Association)

화재란 인간의 의도에 반하여 여러 원인으로 인해 발생·확대되어 소화를 요하는 연소현상을 말하며, 소화하는 데 소화시설이나 소화 효과가 있는 것의 이용을 필요로 하는 것을 말한다.
1) 화재의 종류
(1) A급 화재(일반 가연화재 — 백색)
- 고체에서 주로 발생하며 연소 후 재를 남기는 종류로서 목재, 종이, 섬유 등의 화재

- 물에 의한 냉각소화로 주수, 산알칼리, 포 등을 사용하여 소화한다.
(2) B급 화재(유류 및 가수화재 — 황색)
- 인화성 액체, 기체 등에서 발생하는 화재로 연소 후 아무것도 남기지 않는 종류의 화재
- 화학포, 증발성 액체(할로겐화물), 탄산가스, 소화분말 등을 사용하여 공기차단으로 질식 소화를 한다.
(3) C급 화재(전기화재 — 청색)
- 전기에너지를 이용하는 전기기구에서 발생한 화재로 소화가 쉽지 않다.
- 탄산가스, 증발성 액체, 분말소화 등으로 전기적 절연성을 가진 소화기로 소화한다.
(4) D급 화재(금속화재 — 무색)
- 마그네슘 같은 가연성 금속에서 발생하는 화재
- 건조사(모래) 등으로 덮어서 진압한다.

참고2. 위험물 종류

1. 제1류(산화성 고체)
   - 가열시 분해하면 다량의 산소를 함유 하고 있어 산화성이 강한 물질
   - 염소산염류, 과염소산염류, 무기과산화물 등
2. 제2류(가연성 고체)
   - 비교적 낮은 온도에서 발화하기 쉬운 고체물질
   - 황, 황화린, 적린, 철분 등
3. 제3류(자연발화성 물질)
   - 고체 또는 액체로 공기 중에서 발화의 위험이 있는 것 또는 물과 접촉하여 가연성가스를 발생하거나 발화의 위험이 있는 것.
   - 칼륨, 나트륨, 황린 등.
4. 제4류(인화성 액체)
   - 낮은 온도에서 인화의 위험이 있는 액체(주로 기름 종류)
   - 특수인화물, 제1석유류, 알콜류 등
5. 제5류(자기반응성 물질)
   - 고체 또는 액체로서 가열이나 충격에 의해 폭발 가능성이 있는 것.
   - 유기과산화물, 셀룰로이드류 등
6. 제6류(강산화성 액체)
   - 황산, 질산 등...

10.2 전기화재 원인 및 대책

1. 개요
1) 전기화재는 주로 합선 및 전기기기 등의 제작 불량에 의한 구조적 결함과 시공 부적합, 전기설비의 취급 소홀, 사용 상태로의 방치 및 전기지식 부족, 부주의 등에 의해 발생한다.
2) 전기화재는 유독가스, 부식성 가스가 다량 발생하며, 연소속도가 빠르고 열기가 강해 소화기 정도로 소화할 수 없는 대형사고로 타 계통에 미치는 영향이 막대하므로 철저한 점검 이 필요하다.

2. 전기화재의 발화원
- 이동식 전열기로 전기난로, 풍로, 다리미, 장판
- 고정식 전열기로 건조기, 전기로, 전기히터
- 전기기기로 형광등, 전등, 냉장고, 전자기기
- 배선은 인입선, 옥내배선, 케이블, 코드
- 배선기구는 개폐기, 과전류차단기, 접속기
- 누전은 구조재와 전기기계기구 및 배선에 의한 것
- 정전기 및 스파크는 고무레더, 제지용 기계, 롤러 등이 있다.

3. 전기화재의 원인
1) 단락(합선)에 의한 발화
   - 저압 옥내 배선의 경우 보통 수백~수천(A)의 단락전류가 발생하여 스파크로 발화된다.
   - 단락시 스파크로 주위의 인화성 물질에 착화한다.
   - 단락순간 적열된 전선이 인화성 물질에 접촉하여 착화한다.
   - 단락발생시 열에 의한 전선피복이 연소된다.
   - 불완전 단락시 발생열에 의해 전선피복이 직접 발화한다.
2) 과전류에 의한 발화
   - 전선에 전류가 흐르면 Joule 열이 발생한다.
   - 정격의 200~300(%) 과전류는 피복을 변질시킨다.
   - 정격의 500~600(%) 과전류는 전열 후 용융한다.

- 과전류 예방대책
  * 부하전류에 적합한 배선기구 사용
  * 부하용량에 적합한 과전류 차단기의 설치
  * 부하용량에 적합한 굵기의 전선을 사용.

3) 지락에 의한 발화
- 전선로당 1선 또는 2선이 대지에 접촉하여 전류가 대지로 통과하는 것을 지락이라 하고 이때 흐르는 전류를 지락전류라 한다.

4) 누전에 의한 발화
- 규정된 전로를 이탈하여 전기가 흐르는 것을 누전이라 하고 이때 흐르는 전류를 누설 전류라 한다.
- 누전화재의 요건으로 누전점, 발화점, 접지점 등이 있다.
- 누설전류에 의한 발열이 누적되어 발화한다.
- 발화까지의 누전전류 최소치는 300 ~ 500(mA) 이다.
- 저압누전은 누전회로의 저항이 큰 경우 국부적 미약한 누설전류라도 발열량이 1개소에 집중하여 과열 및 화재의 가능성이 있다.
- 고압누전은 네온용 변압기 2차측(고압)으로부터 누전되어 발화한다.

5) 접속부 과열에 의한 발화
- 전기화재의 95(%)를 차지한다.
- 전기적 접촉상태가 불완전할 때 접촉저항에 의한 발열 및 발화의 원인이 된다.
- 아산화동 발열현상과 접촉저항에 의해 발화한다.
  * 아산화동 발열현상
    동선과 단자의 접속부분에서 산화 및 발열하면서 아산화동을 증식시키는 현상이다.

6) 스파크에 의한 발화
- 개폐기 및 스위치 등 전기회로를 On/Off 시 또는 용접기 불꽃에 의해 발화한다.
- 스파크는 off 시 더욱 심하다.
- 스파크에 의한 최소발화 에너지전류는 0.02~0.3(mA) 이다.

7) 절연열화 또는 탄화에 의한 열화
- 절연체 등이 시간경과에 따라 절연성이 저하되고 접촉부분이 탄화되어 발열 또는 트래킹(Tracking) 현상에 의해 발화한다.
- 미소전류에 의한 국부발열과 탄화현상이 누적 되어 발열 또는 누전현상이 발생한다.
- 절연파괴에 의한 발화 원인

① 기계적 성질저하
② 취급불량에서 오는 절연피복의 손상 및 절연재료의 파손
③ 이상전압에 의한 절연파괴
④ 허용전류를 넘는 과전류에 의한 열적열화
⑤ 경년변화에 따른 절연체의 열화 및 절연재료의 열화 등

8) 열적경과에 의한 발화

열 발생 전기기기의 열 축적에 의해 발화한다.

9) 정전기에 의한 발화

정전기 스파크에 의해 가연성 가스에 착화하여 발화한다.

10) 낙뢰에 의한 발화

- 낙뢰 시 절연파괴 또는 화재의 원인이 된다.
- 낙뢰전류는 수(KA) ~ 수백(KA) 범위, 온도는 약 10,000(℃), 압력은 최고 100 기압 정도 이다.

4. 배선의 용단 4단계

1) 1단계

과전류가 200% 이상 흐르면 전선내부에 작은 구멍이 생기고 연기 발생하고 전선의 외부는 뚜렷한 변화가 없다.

2) 2단계

과전류가 300% 2분 이상 흐르면 전선피복은 부풀고 내부는 그물모양으로 변한다.

3) 3단계

과전류가 3분 이상 흐르면 피복은 녹고 외부는 그물모양으로 변화하고 탄화된다.

4) 4단계

과전류가 5분 이상 흐르면 피복은 흘러 도체에서 탈락하고 도체와 닿는 부분은 연녹색으로 변한다.

5. 전기화재 대책

1) 단락 및 혼촉 방지대책

- 이동전선의 관리를 철저히 한다.
- 전선 인출부를 보강한다.
- 규격 전선을 사용한다.

- 작업 시 전원스위치를 차단한다.
2) 과전류방지
   - 적정용량의 과전류 차단장치를 사용한다.
   - 문어발식 배선의 사용을 금지한다.
   - 스위치 등의 접촉부분을 점검한다.
   - 고장난 전기기기의 사용을 금지한다.
   - 동일 전선관에 많은 전선의 사용을 금지한다.
3) 지락 및 누전방지
   - 누전차단기를 설치한다.
   - 주기적으로 누전 여부를 측정한다.
4) 접촉 불량 방지
   - 전기공사 시공을 철저히 한다.
   - 전기설비 점검을 철저히 한다.
5) 저발열 조명등 선택
   - 가능한 백열등, 할로겐보다는 LED 램프 사용
6) 내화성 전기기기 선택
7) 정전기 발생 작업면을 도전성으로 하고 제전기 등을 사용하여 정전기 축적을 방지
8) 가연성 액체 : 유속 저하
9) 방폭형 전기기기 사용
10) 피뢰기 및 피뢰침 사용
11) 등전위 본딩 실시하고 접지저항을 2(Ω) 이하로 관리

6. 반단선

1) 전선이 피복내에서 일부 또는 전체가 끊어져 이어짐과 끊어짐을 반복하는 현상을 말함
2) 단선부위를 움직이면 불꽃이나 소리가 발생하고 계속되면 부하전류가 없어도 열이 발생한다.
3) 부하전류가 없이 발화흔적이 있는 경우에는 반단선으로 추정이 가능
4) 주로 플러그나 코드가 만나는 부분에서 발생하기 쉬우며 쉽게 발견되지 않아 화재의 확산우려가 있어 정기적인 점검이 필요하다.
5) 방지대책

- 전선 연결부위를 조이고
- 고정시 못이나 스탬프를 사용하지 말고
- 코드는 짧고 꼬이지 말아야 하고 코드 커넥터를 사용하고
- 접속상태를 정기적으로 점검
- 플러그와 코드가 만나는 부위는 고무 등으로 절연을 보강한다.

7. 전기화재 소화방법

전기에 인한 화재의 소화방법에는 크게 물리적 소화와 화학적 소화 방법이 있다.
- 물리적 소화 : 연소의 3요소를 제어
- 화학적 소화 : 연쇄반응을 중단시켜 소화

1) 물리적 소화

 (1) 냉각 소화
  - 화재시 발생하는 열을 흡수하는 매개체를 투입하여 냉각시킴.
  (종류)
  - 물질의 열용량을 이용하는 방법 : 암분 사용
  - 물질의 잠열을 이용하는 방법 : 물, CO_2

 (2) 조성변화에 의한 소화(농도 한계를 이용하는 방법)
  ① 불활성가스 첨가 없이 하는 방법
   - 연소중인 용기를 기계적으로 닫음
   - 가연물에 포 등을 방사 거품으로 공기 차단
   - 가연물의 온도를 인화점 미만으로 냉각
   - 수용성 액체에 물을 주입하여 희석
  ② 불활성가스 첨가하는 방법
   - CO_2, N_2, 수증기 등을 첨가

 (3) 제거 소화
  - 가스 화재시 가스 공급 차단
  - 전기 화재시 전원 공급 차단
  - 삼림 화재시 미리 벌목

2) 화학적 소화

  연쇄 반응 차단 : 연쇄 반응 촉매를 화학적으로 제거하여 소화
  (예 : 하론)

3) 물분무 설비 이용

 (1) 스프링클러 : 비 상태의 물방울로 살수
                절연성이 유지 안됨

 (2) 물분무 살수설비 : 0.02~2.5mm의 미립자(안개비)로 분무.
    입자간 불연속성이 유지되어 입자간 전기적 절연성이 확보되고 감전의 우려가 없기 때문에 전기화재에 적용가능
    단, 물분무 헤드와 전기기기간 이격 거리가 유지되어야 함

10.3 자동화재 탐지설비

1. 개요

자동화재탐지설비는 화재 발생시 초기단계에서 발생하는 열 또는 연기를 자동적으로 검출하여 건물 내의 관계자에게 발화 장소를 표시하여 주는 동시에 경보를 발하는 설비로서 열 또는 연기를 감지하는 감지기, 발화 장소를 명시하는 수신기, 발신기, 음향장치, 배선, 전원으로 구성되어 있다.

2. 법적 설치 대상

소 방 대 상 물	기 준
근린생활시설(일반목욕장제외)·위락시설·숙박시설·노유자시설·의료시설·복합건축물	연면적 600(㎡) 이상
일반목욕장·관람 집회 및 운동시설·통신촬영시설·관광휴게시설·지하가(註1)·판매시설·아파트 및 기숙사·업무시설·운수자동차 관련시설·전시시설·공장·창고시설	연면적 1,000(㎡) 이상
교육연구시설·종교시설·동식물 관련시설·위생관련시설·교정시설	연면적 2,000(㎡) 이상
공장 및 창고시설로서 특수가연물을 저장·취급하는 것.	지정수량 500배 이상
지하구	길이가 500m 이상

(註) 1. 터널을 제외한다.

3. 구성

1) 수신기 구조

감지기 또는 발신기로부터 발하여진 신호를 직접 또는 중계기를 거쳐 수신하여 화재의 발생을 당해건물 관계자에게 램프표시 및 음향장치로 알려주는 것으로서 다음과 같이 분류된다.

(1) P형 수신기

일반적으로 대부분이 이것을 사용하는데 각 회로별 경계구역을 표시하는 지구표시등이 설치되어 있는 것으로 성능에 따라 1급과 2급으로 나눈다.

[그림] P형 1급 수신기(10회로용) 각부 명칭

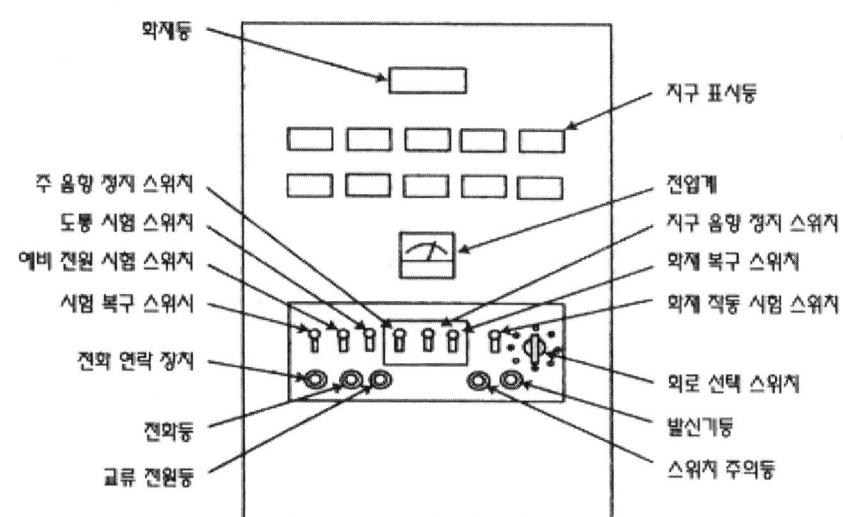

가. P형 1급 수신기

화재표시 동작, 감지기배선 도통시험, 상용전원 및 비상전원간의 전환 등이 가능하며 회로 수에 제한이 없다.

나. P형 2급 수신기

P형 1급의 구조와 거의 같으나 회선수가 5회선 이하이다.

다. R형 수신기

고유의 신호를 수신하는 것으로서 숫자 등의 기록 장치에 의해 표시되며 회선수가 매우 많은 동일구내의 다수동이나 초고층 빌딩 등에 사용된다.

(R형 수신기의 특징)

① 선로수가 적게 들어 경제적이다.

② 선로의 길이를 길게 만들 수 있다.

③ 발생지구를 선명하게 숫자로 표시할 수 있다.

④ 신호의 전달이 정확하다.

2) 수신기의 설치기준

(1) 수위실 등 상시 사람이 근무하고 있는 장소에 설치하고, 그 장소에는 경계구역 일람도를 비치할 것

(2) 수신기의 음향 기구는 그 음량 및 음색이 다른 기기의 소음 등과 명확히 구별될 수 있는 것으로 할 것

(3) 수신기를 감지기중계기 또는 발신기가 작동하는 경계구역을 표시할 수 있는 것으로 할 것.
(4) 하나의 표시등에는 하나의 경계구역이 표시되도록 할 것.
(5) 수신기 조작스위치는 바닥으로부터의 높이가 0.8~1.5m인 장소에 설치할 것.
(6) 하나의 소방대상물에 2 이상의 수신기를 설치하는 경우에는 수신기가 설치된 장소 상호간에 동시통화가 가능한 설비를 설치할 것.

3) P형과 R형의 비교

항 목	P형 System	R형 System
System의 신뢰성	외부선로의 단락 등으로 인하여 수신반에 고장이 발생한 경우에는 System이 마비 됨.	외부선로의 단락 등으로 인하여 특정 중계기에 고장이 발생하더라도 기타 중계기는 정상적인 동작을 하므로 전체 System이 마비되는 경우는 없음.
유지관리	간선의 배선수가 많으므로 유지관리가 어려우며 수신반 내부회로 연결이 복잡하여 수리가 어렵다.	간선수가 적으므로 유지관리가 쉽고 내부부품이 Module화 되어있어 수리가 쉽다.
회로의 증설 및 변경	건축물의 증축이나 내부구조의 변경으로 인하여 회로가 증설되면 기기장치로부터 수신반까지 배선, 배관을 추가해야 하며 자탐설비 등의 회로가 증가될 경우에는 별도의 수신반을 추가로 설치해야 함.	회로의 증설시에는 중계기의 예비회로를 사용하거나 별도의 중계기를 신규로 설치하고 기설치 된 중계기에서 신호선만 분기하면 되므로 건축물을 손상시키지 않고 회로의 증설을 시행할 수 있음.
배관, 배선공사비	간선수가 많으므로 배관탑배선공사비 및 인건비가 많이 소요됨	간선수가 적으므로 배관탑배선 공사비 및 인건비 등이 대폭 절감됨.
수신반 가격	수신반 자체가격은 R형에 비하여 저렴하다.	수신반 자체가격은 P형에 비하여 고가이다.

4) 중계기
 (1) 집합형
  - 전원 장치를 내장(A.C 110/220V)하며 보통 전기 Pit실 등에 설치
  - 회로는 대용량(30~40회로)의 회로를 수용하며 하나의 중계기당 보통 2~3개 층을 담당한다.
 (2) 분산형
  - 전원 장치를 내장하지 않고 수신기의 전원(D.C 24V)을 이용하며 발신기함 등에 내장하여 설치한다.
  - 회로는 소용량(5회로 미만)으로 Local기기별로 중계기를 설치한다.

구 분	집 합 형 (대규모)	분 산 형 (소규모)
입력 전원	A.C 220V	D.C 24V
전원 공급	1. 외부 전원을 이용 2. 정류기 및 비상전원 내장	1. 수신기의 비상전원을 이용 2. 중계기에 전원 장치 없음
회로 수용 능력	대용량(30~40회로)	소용량(5회로 미만)
외형 크기	대형	소형
실치 방식	1. 전기Pit실 등에 설치 2. 2~3개층 당 1대씩	1. 발신기함에 내장하거나 별도의 격납함에 설치 2. 각 local기기별 1대씩
전원 공급사고	내장된 예비전원에 의해 정상적인 동작을 수행	중계기 전원 선로의 사고시 해당 계통 전체 시스템 마비
설치 적용	1. 전압 강하가 우려되는 장소 2. 수신기와 거리가 먼 초고층 빌딩	1. 전기피트가 좁은 건축물 2. 아날로그 감지기를 객실별로 설치하는 호텔

5) 감지기
  (1) 차동식 스포트형 감지기
     주위 온도가 일정 상승률 이상이 되는 경우에 작동하는 것으로서 일국소에서의 열효과에 의하여 작동하는 것
  (2) 차동식 분포형 감지기
     주위 온도가 일정 상승률 이상이 되는 경우에 작동하는 것으로서 넓은 범위에서의 열효과에 의하여 작동하는 것.
  (3) 정온식 스포트형 감지기
     일국소의 주위 온도가 일정한 온도 이상이 되는 경우에 작동하는 것으로서 외관이 전선으로 되어 있지 않는 것
  (4) 정온식 감지선형 감지기
     일국소(一局所)의 주위 온도가 일정한 온도 이상이 되는 경우에 작동하는 것으로서 외관이 전선으로 되어 있는 것
  (5) 보상식 스포트형 감지기
     차동식 스포트형과 정온식 스포트형 성능을 겸용한 것으로서 차동식 스포트형 또는 정온식 스포트형의 한 기능이 작동되면 작동 신호를 발하는 것

(6) 이온화식 연기 감지기

　　주위의 공기가 일정한 농도의 연기를 포함하게 되는 경우에 작동하는 것으로서 일국소의 연기에 의하여 이온 전류가 변화하여 작동하는 것

(7) 광전식 연기 감지기

　　주위의 공기가 일정한 농도의 연기를 포함하게 되는 경우에 작동하는 것으로서 일국소의 연기에 의하여 광전소자에 접하는 광량의 변화로 작동하는 것

(8) 열 복합형 감지기

　　차동식 스포트형 감지기와 정온식 스포트형 감지기의 성능이 있는 것으로서 두가지의 감지 기능이 동시에 작동하면 작동 신호를 발하는 것

(9) 연기 복합형 감지기

　　이온화식 연기 감지기와 광전식 연기 감지기의 성능이 있는 것으로서 두가지의 감지 기능이 동시에 작동하면 작동 신호를 발하는 것

(10) 자외선식 불꽃 감지기

　　불꽃에서 방사되는 자외선의 변화가 일정량 이상 되었을 때 작동하는 것으로서 일국소의 자외선에 의하여 수광 소자의 수광량 변화에 의해 작동하는 것

4. 전원 및 배선

1) 전원

(1) 전원은 전기가 정상적으로 공급되는 축전지 또는 교류 압의 옥내간선으로 하고, 전원까지의 배선은 전용으로 할 것.

(2) 개폐기에는 "자동화재탐지설비용"이라고 표시한 표지를 할 것.

(3) 자동화재탐지설비에는 그 설비에 대한 감시상태를 60분간 지속한 후 유효하게 10분 이상 경보할 수 있는 축전지설비(수신기에 내장하는 경우를 포함한다)를 설치하여야 한다.

2) 배선

자동화재탐지설비의 배선은 전기설비기술기준에 관한 규칙에서 정한 것 외에 다음 각 호의 기준에 의하여 설치하여야 한다.

(1) 전원회로의 배선은 내화배선에 이르고, 그 밖의 배선(감지기 상호간 또는 감지기로부터 수신기에 이르는 감지기회로의 배선을 제외한다)은 내화배선 또는 내열배선에 의한다.

(2) 감지기 상호간 또는 감지기로부터 수신기에 이르는 감지기회로의 배선은 행정자치부장관이 정하여 고시하는 바에 따라 설치하여야 한다.

(3) 감지기회로의 도통시험을 위한 종단저항은 다음의 기준에 의할 것.
  - 점검 및 관리가 쉬운 장소에 설치할 것
  - 전용함을 설치하는 경우 그 설치 높이는 바닥으로부터 1.5m 이내로 할 것.
  - 감지기회로의 끝부분에 설치하며, 종단감지기에 설치할 경우 구별이 쉽도록 해당 감지기의 기판 등에 별도의 표시를 할 것.

(4) 감지기 사이의 회로 배선은 송배선식으로 하며, 그 밖의 설치에 관여하는 행정자치부장 관이 정하여 고시하는 바에 의한다.

(5) 전원회로 전로와 대지사이 및 배선 상호간의 절연저항은 전기설비기술기준에 관한 규칙이 정하는 바에 의하고, 감지기회로 및 부속회로의 전로와 대지사이 및 배선상호간의 절연저항은 1경계구역마다 직류 250V의 절연저항측정기를 사용하여 측정한 절연저항이 0.1MΩ 이상이 되도록 할 것.

(6) 자동화재탐지설비의 배선은 다른 전선과 별도의 관·닥트(절연효력이 있는 것으로 구획한 때에는 그 구획된 부분은 별개의 닥트로 본다)·몰드 또는 풀박스 등에 설치할 것. 다만, 60V미만의 약전류회로에 사용하는 전선으로서 각각의 전압이 같을 때에는 그러하지 아니한다.

(7) P형 수신기 및 GP형 수신기의 감지회로의 배선에 있어서 하나의 공통선에 접속할 수 있는 경계구역은 7개 이하로 할 것.

(8) 자동화재탐지설비의 감지기회로의 전로저항은 50Ω 이하가 되도록 하여야 한다.

10.4 내화배선, 내열배선

(옥내소화전설비의 화재안전기준. NFSC 102. 소방방재청장)

1. 온도 특성
(내열 및 내화 시험)

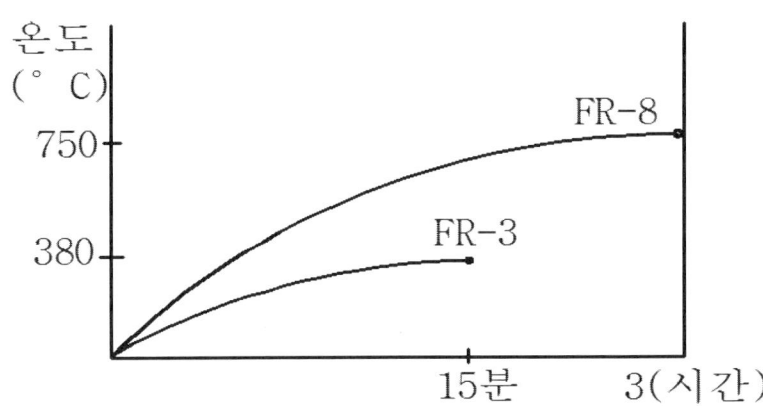

2. 구조

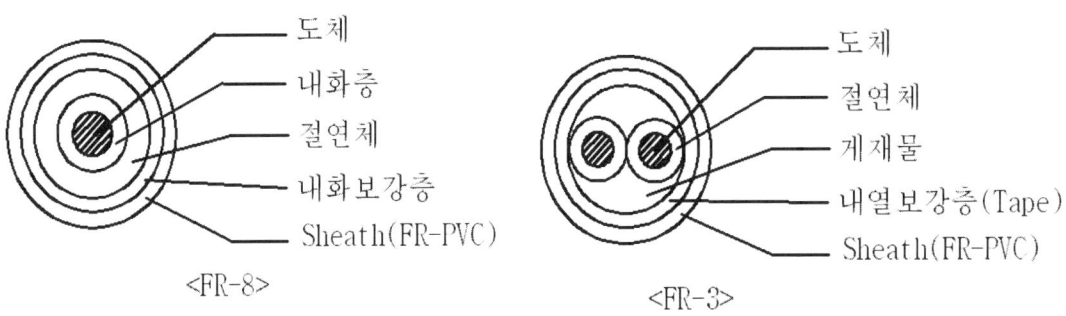

3. 내화 전선(FR-8)

1) 정의

"내화전선"이라 함은 옥내소화전설비, 스프링클러설비, 옥외소화전 설비, 자동화재탐지설비, 비상방송설비, 연결송수관설비, 비상콘센트설비 등의 배선에 사용되는 내화성을 가진 전선을 말함.

2) 내화 보강층 위에 난연성 시즈를 처리한 것.

3) 사용전압이 저압인 전로에 사용되는 내화전선의 성능과 재질은 폴리에틸렌으로 절연하고, 넌할로겐 난연성 폴리올레핀으로 쉬즈한 전선임.

4) 사용전압이 고압의 전로에 사용되는 내화전선의 성능 및 재질은 부틸고무계 합성고무 또는 가교폴리에틸렌 등으로 절연하고, 염화비닐수지, 플로로플렌염화비닐수지 또는 폴리에틸렌 등으로 쉬즈한 전선임.

5) 난연성 시험

   가열시간은(816 ± 10) ℃를 유지하면서 20분간 불꽃을 가한 후 버어너의 불꽃을 제거하였을 때 자연 소화되어야 한다.

6) 내화성 시험

   750 ± 5℃로 3시간 동안 계속한 다음 버어너의 불꽃을 소화시키며, 인가하던 전압을 차단한다.

   시험 중 및 시험 종료 12시간 후 다시 시험전압을 시료에 인가할 경우 퓨즈가 단선되지 아니하여야 한다.

7) 절연내력시험
   - 저압 내화전선의 인가전압 : AC 1,500 V
   - 누설전류 : 50 mA 이하

4. 내열전선(FR-3)

1) 정의

   "내열전선"이라 함은 옥내소화전설비, 스프링클러설비, 옥외소화전, 자동화재탐지설비, 비상방송설비, 연결송수관설비, 비상콘센트설비 등의 배선에 사용되는 내열성을 가진 전선을 말한다.

2) 내열 시험 방법

   380 ± 38℃의 온도를 15분 이상 유지할 수 있는 성능이 있어야 한다.

절연저항 시험	- 가열전 : 500㏁ 이상 - 가열중 : 5분마다 15분까지 측정시 0.1㏁ 이상 이어야 한다.
절연내력 시험	- AC 250V 시험전압을 인가하고 있을 때 퓨즈가 단선되지 아니하여야 한다.
연 소 성	- 가열 종료 후 시편의 연소 길이는 로벽에서 부터 150mm 이하 이어야 한다.

5. 사용 예

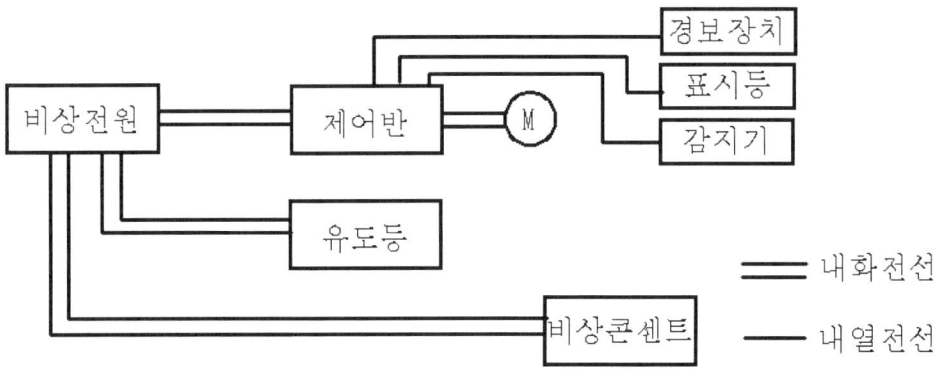

6. 비교

항 목	내화 케이블	내열 케이블
종류	FR-8, NFR-8	FR-3, NFR-3
구조	PE 절연 마이카 / 글라스테이프	XLPE 테이프
내열/ 내화 시험	750℃ - 3시간	380℃ - 15분
용도	600V 전력 케이블 비상용 전원 선로 스프링쿨러, 옥내 소화전 배연 설비, 유도 등	100V 이하 약전 배선 자동 화재 경보설비 감지기 회로 비상 대피 안내 방송 회로 등

7. 옥내소화전설비의 화재안전기준에 의한 전선종류(NFSC102. 소방방재청장)

1. 내화배선 〈개정 2009.10.22〉

사용전선의 종류	공 사 방 법
1. 450/750V 내열비닐절연전선 또는 배선용 비닐 절연전선 2. 가교폴리에틸렌 절연비닐외장 케이블 3. 클로로플렌외장케이블 4. 강대외장케이블 5. 버스덕트(Bus Duct) 6. 알루미늄피복 케이블 7. CD케이블(Combined Duct Cable) 8. 하이파론 절연전선 9. 4불화에틸렌 절연전선 10. 실리콘 절연전선 11. 연피케이블 12. 기타 공산품 품질규정에 따라 동등 이상의 내화성능이 있다고 주무부장관이 인정하는 것	금속관, 2종 금속제 가요전선관 또는 합성수지관에 수납하여 내화구조로 된 벽 또는 바닥 등에 벽 또는 바닥의 표면으로부터 25mm 이상의 깊이로 매설하여야 한다. 다만 다음 각목의 기준에 적합하게 설치하는 경우에는 그러하지 아니하다. 가. 내화성능을 갖는 배선전용실 또는 배선을 배선용 샤프트·피트·덕트 등에 설치하는 경우 나. 배선전용실 또는 배선용 샤프트·피트·덕트 등에 다른 설비의 배선이 있는 경우에는 이로부터 15cm 이상 떨어지게 하거나 소화설비의 배선과 이웃 다른 설비의 배선사이에 배선지름(배선의 지름이 다른 경우에는 가장 큰 것을 기준으로 한다)의 1.5배 이상의 높이의 불연성 격벽을 설치하는 경우
내화전선·엠아이케이블	케이블공사의 방법에 따라 설치하여야 한다.

2) 내열배선〈개정 2008.12.15, 2009.10.22〉

사용전선의 종류	공 사 방 법
1. 450/750V 내열비닐절연전선 또는 배선용 비닐 절연전선 2. 가교폴리에틸렌 절연비닐외장 케이블 3. 클로로플렌외장케이블 4. 강대외장케이블 5. 버스덕트(Bus Duct) 6. 알루미늄피복 케이블 7. CD케이블(Combined Duct Cable) 8. 하이파론 절연전선 9. 4불화에틸렌 절연전선 10. 실리콘 절연전선 11. 연피케이블 12. 기타 공산품 품질규정에 따라 동등 이상의 내열성능이 있다고 주무부장관이 인정하는 것	금속관·금속제 가요전선관·금속덕트 또는 케이블 (불연성덕트에 설치하는 경우에 한한다)공사방법에 따라야 한다. 다만, 다음 각목의 기준에 적합하게 설치하는 경우에는 그러하지 아니하다. 가. 배선을 내화성능을 갖는 배선전용실 또는 배선용 샤프트·피트·덕트 등에 설치하는 경우 나. 배선전용실 또는 배선용 샤프트·피트·덕트 등에 다른 설비의 배선이 있는 경우에는 이로부터 15㎝ 이상 떨어지게 하거나 소화설비의 배선과 이웃하는 다른 설비의 배선사이에 배선지름(배선의 지름이 다른 경우에는 지름이 가장 큰 것을 기준으로 한다)의 1.5배 이상의 높이의 불연성 격벽을 설치하는 경우
내화전선·내열전선·엠아이케이블	케이블공사의 방법에 따라 설치하여야 한다.

10.5 비상 콘센트(NFSC 504)

1. 비상 콘센트의 기능

건물 화재시 옥내 부분이 어두워 소화 활동이 불가하므로, 비상 콘센트를 설치하여 유사시 소방관이 필요한 조명기, 파괴기, 배연기 등을 필요한 층까지 운반하여 소화 활동을 원활하게 하도록 설치하는 비상 전원 설비.

2. 설치 대상

- 지하층을 포함하여 11층 이상인 것은 11층 이상부터 설치
- 지하층 층수가 3 이상이고 지하층 바닥면적 합계가 1,000㎡ 이상인 경우 지하층 전체
- 지하가 중 터널로서 길이가 500m 이상인 것

3. 설치 기준

1) 전원

  (1) 상용 전원 회로
   - 저압 수전 : 인입 개폐기 직후에서
   - 특고압 또는 고압 수전 : 전력용 변압기 2차측의 주 차단기 1차측 또는 2차측에서 분기하여 전용 배선.

  (2) 비상전원
   - 지하층을 제외한 층수가 7층 이상으로서 연면적이 2,000㎡ 이상
   - 지하층의 바닥면적(주차장, 기계실, 전기실 등 제외)의 합계가 3,000㎡ 이상인 소방 대상물의 비상 콘센트 설비는 자가 발전기 설비 또는 비상 전원 수전 설비를 비상 전원으로 한다.
   * 다만 2 이상의 변전소에서 전력을 동시에 공급 받을 수 있거나 하나의 변전소로부터 전력의 공급이 중단될 때 자동으로 다른 변전소로부터 전력을 공급 받을 수 있도록 상용 전원을 설치한 경우는 비상 전원을 설치하지 않아도 된다.

  (3) 자가 발전 설비 설치 기준
   - 점검이 편리하고 화재 및 침수의 피해를 받을 우려가 없는 곳
   - 비상 콘센트 설비를 20분 이상 유효하게 작동 시킬 수 있을 것
   - 상용 전원이 중단 될 때 자동으로 비상 전원으로 전력을 공급 받을 수 있도록 할 것.

- 비상 전원의 설치장소는 다른 장소와 방화 구획을 할 것
- 비상 전원실의 실내에 비상 조명등을 설치할 것

2) 비상 콘센트의 전원 회로

 (1) 단상교류 : 단상 교류 220V, 1.5(KVA) 이상
 (2) 전원 회로는 각 층에 2 이상이 되도록 할 것
    단, 설치하여야 할 층의 비상 콘센트가 1개인 때에는 1회로 가능
 (3) 전원 회로는 주 배전반에서 전용 회로로 할 것
    단, 다른 설비 회로의 사고에 따른 영향이 없는 경우는 제외
 (4) 분기 배선용 차단기는 보호함 안에 설치할 것.
 (5) 콘센트마다 배선용 차단기를 설치하여야 하며 충전부가 노출되지 아니하도록 할 것.
 (6) 개폐기에는 "비상콘센트"라고 표시한 표지를 할 것
 (7) 풀박스 등은 두께 1.6mm 이상의 철판으로 방청 도장을 할 것.
 (8) 하나의 전용회로에 설치하는 비상 콘센트는 10개 이하로 할 것

3) 비상 콘센트용 플러그

 (1) 단상 교류 220V : 접지형 2극 플러그

4) 비상 콘센트 설치 기준

 (1) 바닥으로부터 0.8m이상 1.5m이하
 (2) 아파트 또는 바닥면적 1,000㎡ 미만인 층 : 계단의 출입구로부터 5m 이내
       1,000㎡ 이상(아파트 제외) : 각 계단의 출입구로부터 5m 이내
       바닥면적 합계 3,000㎡ 이상 : 수평 거리 25m 마다 설치
              기타 : 수평거리 50m 마다 설치

5) 절연 저항 및 절연 내력

측정 부위	절연 저항	절연 내력 (1분 이상)
전원과 외함 사이	20MΩ / 500V 메가	정격 전압 150V이하 : 1,000V(실효값) 〃 이상 : 정격전압*2+1,000V

6) 보호함
 - 쉽게 개폐할 수 있는 문 설치
 - 함 표면에 "비상 콘센트" 표지 설치
 - 함 상부에 적색 표시등 설치
  (옥내 소화전과 겸용시 옥내 소화전용으로 겸용 가능)

7) 배선
 - 전원 회로 배선 : 내화 전선
         기타 : 내화 전선 또는 내열 전선 사용

10.6 비상 조명등, 휴대용 비상 조명등

1. 비상 조명등

"비상조명등"이라 함은 화재발생 등에 따른 정전시에 안전하고 원활한 피난활동을 할 수 있도록 거실 및 피난통로 등에 설치되어 자동 점등되는 조명등을 말한다.

1) 설치 대상
  (1) 지하층 제외 층수가 5층 이상인 건축물로 연면적 $3,000m^2$ 이상인 것
  (2) 바닥 면적이 $450m^2$ 이상인 지하층 또는 무창층 부분
  (3) 지하가 중 터널로서 그 길이가 500미터 이상인 것

2) 설치기준
  (1) 각 거실, 복도, 계단, 통로
  (2) 예비 전원 내장형
    - 점검용 스위치
    - 20분 이상 작동 가능 축전지 및 충전기 내장
  (3) 예비 전원 비 내장형
    - 20분 이상 점등 시킬 수 있는 발전기 또는 축전지
    - 정전시 자동으로 비상 전원으로 교체 가능할 것
  (4) 각 부분의 바닥 조도가 1(lx) 이상 일 것.
  (5) 비상전원의 설치장소 : 다른 장소와 방화구획 할 것.
    이 경우 그 장소에는 비상전원의 공급에 필요한 기구나 설비외의 것을 두어서는 아니 된다.
  (6) 비상전원을 실내에 설치하는 때에는 그 실내에 비상조명등을 설치할 것
  (7) 다만, 다음의 경우에는 그 부분에서 피난층에 이르는 부분의 비상조명등을 60분 이상 유효하게 작동시킬 수 있는 용량으로 하여야 한다.
    가. 지하층을 제외한 층수가 11층 이상의 층
    나. 지하층 또는 무창층으로서 용도가 도매시장·소매시장·여객자동차 터미널·지하역사 또는 지하상가

3) 설치 제외 장소
  (1) 출입구에 이르는 보행거리가 15(m) 이내인 부분
  (2) 의원, 경기장, 아파트, 기숙사, 학교의 거실

2. 휴대용 비상 조명등

"휴대용비상조명등"이라 함은 화재발생 등으로 정전시 안전하고 원활한 피난을 위하여 피난자가 휴대할 수 있는 조명등을 말한다.

1) 설치 장소
   - 숙박시설
   - 수용인원 100명 이상의 영화상영관, 판매시설 중 대규모 점포
   - 철도 및 도시철도시설 중 지하역사
   - 지하가 중 지하상가

2) 설치 기준
   1. 다음 각목의 장소에 설치할 것
      가. 숙박시설 또는 다중이용업소 : 객실 또는 영업장안의 구획된 실마다 잘 보이는 곳에 1개 이상 설치
      나. 백화점·대형점·쇼핑센터 및 영화상영관 : 보행거리 50m 이내 마다 3개 이상 설치
      다. 지하상가 및 지하역사 : 보행거리 25m 이내 마다 3개 이상 설치
   2. 설치높이는 바닥으로부터 0.8m 이상 1.5m 이하의 높이에 설치할 것
   3. 어둠속에서 위치를 확인할 수 있도록 할 것
   4. 사용 시 자동으로 점등되는 구조일 것
   5. 외함은 난연성능이 있을 것
   6. 건전지를 사용하는 경우에는 방전방지조치를 하여야 하고, 충전식 배터리의 경우에는 상시 충전되도록 할 것
   7. 건전지 및 충전식 배터리의 용량은 20분 이상 유효하게 사용할 수 있는 것으로 할 것

3) 설치 제외 장소

   지상1층 또는 피난층으로서 복도·통로 또는 창문 등의 개구부를 통하여 피난이 용이한 경우 또는 숙박시설로서 복도에 비상조명등을 설치 한 경우에는 휴대용비상조명등을 설치하지 아니할 수 있다.

10.7 유도등(NFSC 303)

제3조(정의) 이 기준에서 사용하는 용어의 정의는 다음과 같다.
1. "유도등"이라 함은 화재 시에 피난을 유도하기 위한 등으로서 정상상태에서는 상용전원에 따라 켜지고 상용전원이 정전되는 경우에는 비상전원으로 자동전환되어 켜지는 등을 말한다.
2. "피난구유도등"이라 함은 피난구 또는 피난경로로 사용되는 출입구를 표시하여 피난을 유도하는 등을 말한다.
3. "통로유도등"이라 함은 피난통로를 안내하기 위한 유도등으로 복도통로유도등, 거실통로유도등, 계단통로유도등을 말한다.
4. "복도통로유도등"이라 함은 피난통로가 되는 복도에 설치하는 통로유도등으로서 피난구의 방향을 명시하는 것을 말한다.
5. "거실통로유도등"이라 함은 거주, 집무, 작업, 집회, 오락 그밖에 이와 유사한 목적을 위하여 계속적으로 사용하는 거실, 주차장 등 개방된 통로에 설치하는 유도등으로 피난의 방향을 명시하는 것을 말한다.
6. "계단통로유도등"이라 함은 피난통로가 되는 계단이나 경사로에 설치하는 통로유도등으로 바닥면 및 디딤 바닥면을 비추는 것을 말한다.
7. "객석유도등"이라 함은 객석의 통로, 바닥 또는 벽에 설치하는 유도등을 말한다.
8. "피난구유도표지"라 함은 피난구 또는 피난경로로 사용되는 출입구를 표시하여 피난을 유도하는 표지를 말한다.
9. "통로유도표지"라 함은 피난통로가 되는 복도, 계단등에 설치하는 것으로서 피난구의 방향을 표시하는 유도표지를 말한다.
10. "피난유도선"이라 함은 햇빛이나 전등불에 따라 축광(이하 "축광방식"이라 한다)하거나 전류에 따라 빛을 발하는(이하 "광원점등방식"이라 한다) 유도체로서 어두운 상태에서 피난을 유도할 수 있도록 띠 형태로 설치되는 피난유도시설을 말한다.
〈신설 2009.10.22〉

제5조(피난구유도등)
① 피난구유도등은 다음 각호의 장소에 설치하여야 한다.
1. 옥내로부터 직접 지상으로 통하는 출입구 및 그 부속실의 출입구

2. 직통계단·직통계단의 계단실 및 그 부속실의 출입구

3. 제1호 및 제2호의 규정에 따른 출입구에 이르는 복도 또는 통로로 통하는 출입구

4. 안전구획된 거실로 통하는 출입구

② 피난구유도등은 피난구의 바닥으로부터 높이 1.5m 이상의 곳에 설치하여야 한다.

제6조(통로유도등 설치기준)

① 통로유도등은 소방대상물의 각 거실과 그로부터 지상에 이르는 복도 또는 계단의 통로에 다음 각호의 기준에 따라 설치하여야 한다.

1. 복도 통로유도등은 다음 각목의 기준에 따라 설치할 것

   가. 복도에 설치할 것

   나. 구부러진 모퉁이 및 보행거리 20m마다 설치할 것

   다. 바닥으로부터 높이 1m 이하의 위치에 설치할 것.

   라. 바닥에 설치하는 통로유도등은 하중에 따라 파괴되지 아니하는 강도의 것으로 할 것

2. 거실 통로유도등은 다음 각목의 기준에 따라 설치할 것

   가. 거실의 통로에 설치할 것.

   나. 바닥으로부터 높이 1.5m 이상의 위치에 설치할 것.

3. 계단 통로유도등은 다음 각목의 기준에 따라 설치할 것

   가. 각층의 경사로 참 또는 계단참마다 설치할 것

   나. 바닥으로부터 높이 1m 이하의 위치에 설치할 것

4. 통행에 지장이 없도록 설치할 것

5. 주위에 이와 유사한 등화광고물·게시물 등을 설치하지 아니할 것

② 조도는 통로유도등의 바로 밑의 바닥으로부터 수평으로 0.5m 떨어진 지점에서 측정하여 $1lx$ 이상이어야 한다.

제7조(객석유도등 설치기준)

① 객석유도등은 객석의 통로, 바닥 또는 벽에 설치하여야 한다.

② 객석내의 통로가 경사로 또는 수평로로 되어 있는 부분에 있어서는 다음의 식에 따라 산출한 수의 유도등을 설치하고, 그 조도는 통로바닥의 중심선 0.5m 높이에서 측정하여 $0.2lx$ 이상이어야 한다.

제8조(유도표지 설치기준)
　① 유도표지는 다음 각호의 기준에 따라 설치하여야 한다.
　　1. 계단에 설치하는 것을 제외하고는 각층마다 복도 및 통로의 각 부분으로부터 하나의 유도표지까지의 보행거리가 15m 이하가 되는 곳과 구부러진 모퉁이의 벽에 설치할 것
　　2. 피난구유도표지는 출입구 상단에 설치하고, 통로유도표지는 바닥으로부터 높이 1m 이하의 위치에 설치할 것〈개정 2008.12.15〉
　　3. 주위에는 이와 유사한 등화·광고물·게시물 등을 설치하지 아니할 것
　　4. 유도표지는 부착판 등을 사용하여 쉽게 떨어지지 아니하도록 설치할 것
　　5. 축광방식의 유도표지는 외광 또는 조명장치에 의하여 상시 조명이 제공되거나 비상조명등에 의한 조명이 제공되도록 설치 할 것〈신설 2009.10.22〉
　② 피난방향을 표시하는 통로유도등을 설치한 부분에 있어서는 유도표지를 설치하지 아니할 수 있다.
　③ 유도표지는 다음 각호의 기준에 적합한 것이어야 한다.
　　1. 방사성물질을 사용하는 유도표지는 쉽게 파괴되지 아니하는 재질로 처리할 것
　　2. 유도표지의 표시면은 쉽게 변형·변질 또는 변색되지 아니할 것

제8조의2(피난유도선 설치기준)
〈신설 2009.10.22〉
　① 축광방식의 피난유도선은 다음 각호의 기준에 따라 설치하여야 한다.
　　1. 구획된 각 실로부터 주출입구 또는 비상구까지 설치할 것
　　2. 바닥으로부터 높이 50㎝이하의 위치 또는 바닥 면에 설치할 것
　　3. 피난유도 표시부는 50㎝ 이내의 간격으로 연속되도록 설치
　　4. 부착대에 의하여 견고하게 설치할 것
　　5. 외광 또는 조명장치에 의하여 상시 조명이 제공되거나 비상조명등에 의한 조명이 제공되도록 설치 할 것
　② 광원점등방식의 피난유도선은 다음 각 호의 기준에 따라 설치하여야 한다.
　　1. 구획된 각 실로부터 주출입구 또는 비상구까지 설치할 것
　　2. 피난유도 표시부는 바닥으로부터 높이 1m이하의 위치 또는 바닥 면에 설치할 것
　　3. 피난유도 표시부는 50㎝ 이내의 간격으로 연속되도록 설치하되 실내장식물 등으로 설 치가 곤란할 경우 1m 이내로 설치할 것

4. 수신기로부터의 화재신호 및 수동조작에 의하여 광원이 점등되도록 설치할 것
5. 비상전원이 상시 충전상태를 유지하도록 설치할 것
6. 바닥에 설치되는 피난유도 표시부는 매립하는 방식을 사용할 것
7. 피난유도 제어부는 조작 및 관리가 용이하도록 바닥으로부터 0.8m 이상 1.5m 이하의 높이에 설치할 것

제9조(유도등의 전원)
① 유도등의 전원은 축전지 또는 교류전압의 옥내간선으로 하고, 전원까지의 배선은 전용으로 하여야 한다.
② 비상전원은 다음 각호의 기준에 적합하게 설치하여야 한다.
 1. 축전지로 할 것
 2. 유도등을 20분 이상 유효하게 작동시킬 수 있는 용량으로 할 것.
    다만, 다음의 경우에는 그 부분에서 피난층에 이르는 부분의 유도등을 60분 이상 유효하게 작동시킬 수 있는 용량으로 하여야 한다.
    가. 지하층을 제외한 층수가 11층 이상의 층
    나. 지하층 또는 무창층으로서 용도가 도매시장·소매시장·여객자동차터미널·지하역사 또는 지하상가
③ 배선은 다음 각호의 기준에 따라야 한다.
 1. 유도등의 인입선과 옥내배선은 직접 연결할 것
 2. 유도등은 전기회로에 점멸기를 설치하지 아니하고 항상 점등상태를 유지할 것. 다만, 소방대상물 또는 그 부분에 사람이 없거나 다음 각목의 1에 해당하는 장소로서 3선식 배선에 따라 상시 충전되는 구조인 경우에는 그러하지 아니하다.
    가. 외부광(光)에 따라 피난구 또는 피난방향을 쉽게 식별할 수 있는 장소
    나. 공연장, 암실(暗室) 등으로서 어두워야 할 필요가 있는 장소
    다. 소방대상물의 관계인 또는 종사원이 주로 사용하는 장소
④ 제3항제2호의 규정에 따라 3선식 배선에 따라 상시 충전되는 유도등의 전기회로에 점멸기를 설치하는 경우에는 다음 각호의 1에 해당되는 때에 점등되도록 하여야 한다.
 1. 자동화재탐지설비의 감지기 또는 발신기가 작동되는 때
 2. 비상경보설비의 발신기가 작동되는 때
 3. 상용전원이 정전되거나 전원선이 단선되는 때
 4. 방재업무를 통제하는 곳 또는 전기실의 배전반에서 수동으로 점등하는 때
 5. 자동소화설비가 작동되는 때

제10조(유도등 및 유도표지의 제외)

　①다음 각호에 해당하는 경우에는 피난구유도등을 설치하지 아니한다.

　　1. 바닥 면적이 1,000㎡ 미만인 층으로서 옥내로부터 직접 지상으로 통하는 출입구(외부의 식별이 용이한 경우에 한한다.)

　　2. 거실 각 부분으로부터 쉽게 도달할 수 있는 출입구

　　3. 거실 각 부분으로부터 하나의 출입구에 이르는 보행거리가 20m 이하이고 비상조명등과 유도표지가 설치된 거실의 출입구

　　4. 출입구가 3 이상 있는 거실로서 그 거실 각 부분으로부터 하나의 출입구에 이르는 보행거리가 30m 이하인 경우에는 주된 출입구 2개소외의 출입구(유도표지가 부착된 출입구를 말한다). 다만, 공연장·집회장·관람장·전시장·판매시설 및 영업시설·숙박시설·노유자시설·의료시설의 경우에는 그러하지 아니하다.

　② 다음 각호의 1에 해당하는 경우에는 통로유도등을 설치하지 아니한다.

　　1. 구부러지지 아니한 복도 또는 통로로서 길이가 30m 미만인 복도 또는 통로

　　2. 제1호에 해당하지 아니하는 복도 또는 통로로서 보행거리가 20m 미만이고 그 복도 또는 통로와 연결된 출입구 또는 그 부속실의 출입구에 피난구유도등이 설치된 복도 또는 통로

　③ 다음 각호의 1에 해당하는 경우에는 객석유도등을 설치하지 아니한다.

　　1. 주간에만 사용하는 장소로서 채광이 충분한 객석

　　2. 거실 등의 각 부분으로부터 하나의 거실출입구에 이르는 보행거리가 20m 이하인 객석의 통로로서 그 통로에 통로유도등이 설치된 객석

10.8 무선통신 보조설비(NFSC 505)

1. 구성(용어)
1) 누설동축케이블 : 동축케이블의 외부도체에 가느다란 홈을 만들어서 전파가 외부로 새어나갈 수 있도록 한 케이블
2) 분배기 : 신호의 전송로가 분기되는 장소에 설치하는 것으로 임피던스 매칭(Matching)과 신호 균등분배를 위해 사용하는 장치
3) 분파기 : 서로 다른 주파수의 합성된 신호를 분리하기 위해서 사용하는 장치
4) 혼합기 : 두개 이상의 입력신호를 원하는 비율로 조합한 출력이 발생하도록 하는 장치를 말한다.
5) 증폭기 : 신호 전송 시 신호가 약해져 수신이 불가능해지는 것을 방지하기 위해서 증폭하는 장치를 말한다.

2. 설치 기준
1) 지하가(터널은 제외한다) : 연면적 1,000㎡ 이상
2) 지하층의 바닥면적의 합계 : 3,000㎡ 이상
3) 지하층의 층수가 3개층 이상이고 지하층의 바닥면적의 합계가 1,000㎡ 이상인 것은 지하층의 전층
4) 지하가 중 터널로서 길이가 500m 이상인 것
5) 공동구

3. 무선 통신 장치의 전송 방식
1) 누설 동축 Cable 방식
  (1) 동축케이블과 누설 동축 케이블의 조합 방식

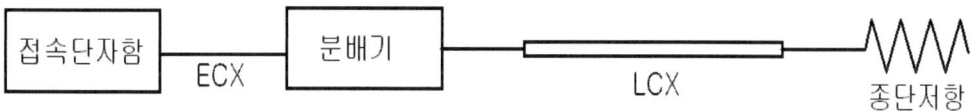

(2) 특징
- 터널, 지하철역등 폭이 좁고 긴 곳에 적합
- 전파를 균일하고 광범위하게 방사
- 케이블이 외부에 노출되므로 유지 보수 용이함.

2) 공중선 방식(안테나 방식)

(1) 동축 케이블과 안테나 조합

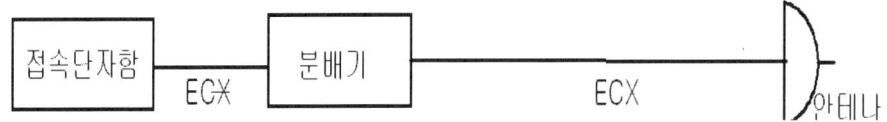

(2) 특징
- 장애물이 적은 강당, 극장에 적합
- 말단에는 전파 강도가 저하되어 통화 어려움 발생
- 케이블을 단자 내 은폐하여 화재시 영향 적고 미관 양호

3) 누설 동축케이블 + 안테나 방식

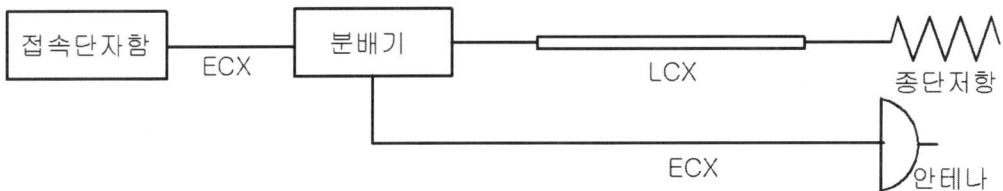

4. 누설 동축 케이블 (LCX : Leakage Coaxial Cable) 구조

1) 동축 케이블 외부 도체에 Slot을 만들어 전파가 외부로 새어 나가도록 한 구조.
2) 동축 케이블 + 안테나 역할

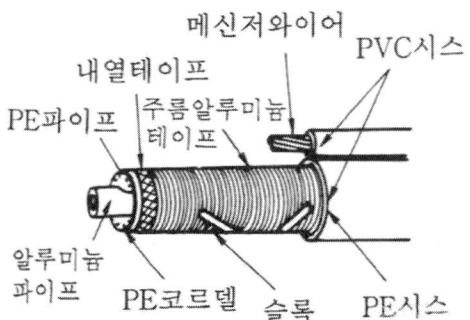

5. 동축 Cable의 그레이딩(Grading)

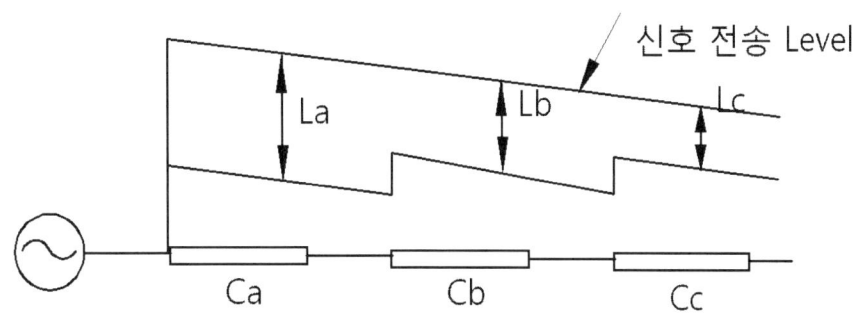

La, Lb, Lc : 각 Cable의 결합 손실

1) 신호 레벨은 Cable의 거리에 따라 점점 감쇄함.
2) 이를 평준화하기 위하여
   - 신호 레벨이 높은 곳 : 결합 손실이 큰 Cable 사용
   -     〃   낮은 곳 :   〃   낮은 〃

6. 설치 방법

1) 누설동축케이블
 1. 소방전용의 것으로 할 것.
 2. 불연 또는 난연성의 것으로서 습기에 따라 전기의 특성이 변질되지 아니하는 것으로 하고, 노출하여 설치한 경우에는 피난 및 통행에 장애가 없도록 할 것
 3. 화재에 따라 당해 케이블의 피복이 소실된 경우에 케이블 본체가 떨어지지 아니하도록 4m 이내마다 금속제 또는 자기제등의 지지금구로 벽·천장·기둥 등에 견고하게 고정시킬 것.
 4. 금속판 등에 따라 전파의 복사 또는 특성이 현저하게 저하되지 아니하는 위치에 설치할 것
 5. 고압의 전로로부터 1.5m 이상 떨어진 위치에 설치할 것.
 6. 누설동축케이블의 끝부분에는 무반사 종단저항을 견고하게 설치할 것
 7. 누설동축케이블 또는 동축케이블의 임피던스는 50Ω으로 할 것

2) 무선기기 접속단자
  1. 지상에서 유효하게 소방 활동을 할 수 있는 장소 또는 수위실 등 상시 사람이 근무하고 있는 장소에 설치할 것
  2. 단자는 바닥으로부터 높이 0.8m 이상 1.5m 이하의 위치에 설치할 것
  3. 지상에 설치하는 접속단자는 보행거리 300m 이내 마다 설치하고, 다른 용도로 사용되는 접속단지에서 5m 이상의 거리를 둘 것
  4. 지상에 설치하는 단자를 보호하기 위하여 견고하고 함부로 개폐할 수 없는 구조의 보호함을 설치하고, 먼지·습기 및 부식 등에 따라 영향을 받지 아니하도록 조치할 것
  5. 단자의 보호함의 표면에 "무선기 접속단자"라고 표시한 표지를 할 것

3) 분배기등
   분배기·분파기 및 혼합기 등은 다음의 기준에 따라 설치하여야 한다.
  1. 먼지·습기 및 부식 등에 따라 기능에 이상을 가져오지 아니하도록 할 것
  2. 임피던스는 50Ω의 것으로 할 것
  3. 점검에 편리하고 화재 등의 재해로 인한 피해의 우려가 없는 장소에 설치할 것

4) 증폭기 등
   증폭기 및 무선이동중계기를 설치하는 경우에는 다음 각호의 기준에 따라 설치하여야 한다.
  1. 전원은 전기가 정상적으로 공급되는 축전지 또는 교류전압 옥내간선으로 하고, 전원까지의 배선은 전용으로 할 것
  2. 증폭기의 전면에는 주 회로의 전원이 정상인지의 여부를 표시할 수 있는 표시등 및 전압계를 설치할 것
  3. 증폭기에는 비상전원이 부착된 것으로 하고 당해 비상전원 용량은 무선통신보조설비를 유효하게 30분 이상 작동시킬 수 있는 것으로 할 것

7. 무선통신보조설비의 전압정재파비

1) 정재파 (standing wave, 定在波)
  - 실내와 같이 한정된 공간 속에서 음을 발하면, 벽면에 입사(入射)한 음파와 반사한 음파가 겹쳐져서 음의 진폭이 큰 곳과 작은 곳이 발생하는 장소가 부분적으로 존재하는 현상

2) 정재파 비[standing wave ratio , 定在波比]
   - 전송 선로상에 생기는 정재파의 크기를 나타내는 것으로서, 정재파의 최대값과 최소값의 비에 의해 구할 수 있다.
   - 전압 정재파비와 전류 정재파비가 있으며, 각각 약해서 VSWR, CSWR이라고 한다.
   - 보통 전압 정재파비를 사용하는 경우가 많으며 전압 정재파비를 S라고 하면 S는 1~∞의 범위의 값이 되는데 1에 가까울수록 정합 상태가 좋다.
   - $VSWR = \dfrac{V_1}{V_2}$ (여기서 V_1 : 전압파 최대치, V_2 : 전압파 최소치)
   - 누설동축케이블 전압정재파비 : 1.5이하여야 한다.
   - 대책 : 누설동축케이블 말단에 무반사 종단저항을 설치하여 전자파의 반사를 줄이게 한다.

10.9 누전 화재 경보설비

1. 개요

누전 화재 경보기는 600V이하인 전로의 누설전류 또는 지락 전류를 검출하여 경보를 발하는 설비로서 전기에 의한 화재를 미연에 방지하기 위한 설비임.(내선규정:1480절, 국가화재안전기준NFSC 205)

2. 누전 화재 경보기 구성 및 동작 원리(72.3.6)

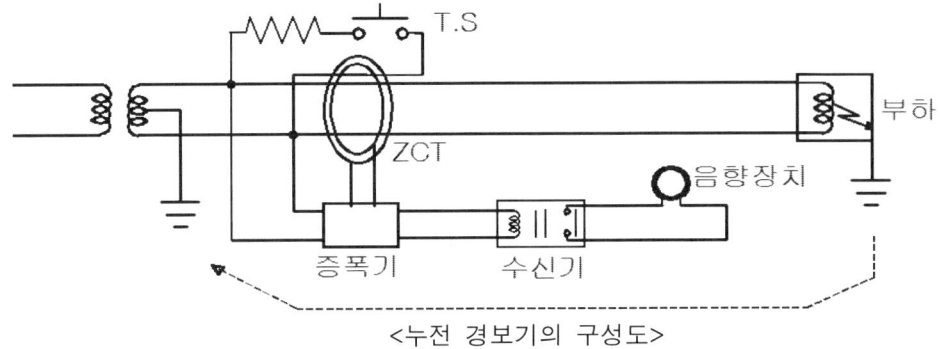

<누전 경보기의 구성도>

(1) 영상 변류기

누설 전류를 검출하는 장치로서 환상의 철심에 검출용 2차 코일을 감은 것으로 변류기 내부를 통과하는 전선에 흐르는 전류가 Balance를 이루지 않을 때 전압이 유기된다.

(2) 증폭기

영상 변류기의 감도를 높이기 위하여 증폭을 하는 것으로 일반적으로 수신기에 내장한다.

(3) 수신기

* 증폭기로부터 누설 전류에 의한 전압을 수신하여 음향장치를 동작
* 하나의 수신기에 여러개의 경보회로를 내장시킨 집합형을 주로사용
* 수신기 구비 조건

- 누전이 발생한 회로를 명확히 표시할 것
- 누전된 회로를 차단해도 그 회로를 계속 표시할 것
- 2개의 전로에서 동시에 누전이 발생시에도 각각 그 표시에 이상이 없을 것

(4) Test Button

Test Button을 누르면 변류기에 흐르는 전류는 테스트 회로를 흐르는 전류만큼 차이가 나므로 누전경보기가 동작한다.

(5) 음향장치

보통 수신기에 내장하며 사용 전압의 80%에서 정상 경보음이 나와야 하며, 1m 거리에서 90 Phone 이상이 되어야 한다.

2) 동작 원리

(1) 옥내 배선이 접지되어 있는 금속체 접촉시 누설전류는 2차측 전선 → 누전점 → 금속체 → 대지 → 제2종 접지로 흘러 폐회로 가 형성되면 변압기에 불평형 전류가 발생

(2) 누전 화재 경보기가 불평형 전류를 검출 → 경보발생

3. 설치 장소

다음 건축물에 저압 전로가 시설되어 있는 경우에는 당해 전로에 접지가 생겼을 경우에 자동적으로 경보를 발하는 누전 화재 경보기 설치를 해야 한다.

1) 문화재에 관한 법률에 의한 중요 문화재, 중요 민속자료사적, 중요 미술품 등으로 인정되는 건조물
2) 기타 장소

연 면 적	해 당 건 축 물
150m² 이상	여관, 공중 목욕탕, 호텔 등 숙박업소, 기숙사
300m² 이상	나이트클럽, 관람장, 연회장, 백화점, 병원, 복지시설, 구호시설, 유치원, 공장 등
500m² 이상	학교, 도서관, 미술관, 교회, 사원, 선박, 항공기 발착장 등

3) 계약 전류 용량이 100(A) 초과하는 곳(NFSC 205)

4. 설치기준 및 시설 방법

1) 누전 경보기 종류

경계 선로의 정격전류	종 별
60A 초과하는 전로	1급 누전 경보기
60A 이하의 전로	1급 또는 2급 누전 경보기

2) 수신기 설치

옥내의 점검에 편리한 장소에 설치하되, 가연성의 증기·먼지 등이 체류할 우려가 있는 장소의 전기회로에는 당해 부분의 전기회로를 차단할 수 있는 차단 기구를 가진 수신부를 설치하여야 한다.

이 경우 차단기구의 부분은 당해 장소외의 안전한 장소에 설치하여야 한다.

〈설치하면 안 되는 장소〉
1. 가연성의 증기·먼지·가스 등이나 부식성의 증기·가스 등이 다량으로 체류하는 장소
2. 화약류를 제조하거나 저장 또는 취급하는 장소
3. 습도가 높은 장소
4. 온도의 변화가 급격한 장소
5. 대전류회로·고주파 발생회로 등에 따른 영향을 받을 우려가 있는 장소
   다만, 방폭·방식·방습·방온·방진 및 정전기 차폐 등의 방호조치를 한 곳은 설치 가능함.

3) 음향장치

수위실 등 상시 사람이 근무하는 장소에 설치하여야 하며, 그 음량 및 음색은 다른 기기의 소음 등과 명확히 구별할 수 있는 것으로 하여야 한다.

4) 전원
1. 전원은 분전반으로부터 전용회로로 하고, 각극에 개폐기 및 15A 이하의 과전류차단기(배선용 차단기에 있어서는 20A 이하의 것으로 각극을 개폐할 수 있는 것)를 설치할 것
2. 전원을 분기할 때에는 다른 차단기에 의하여 전원이 차단되지 아니하도록 할 것
3. 전원의 개폐기에는 누전경보기용임을 표시한 표지를 할 것

5) 옥외 설치

옥외에 시설하는 변류기 또는 경보기는 방수함에 넣어 시설하거나 적절한 방수 시설을 하여 우수의 침입을 방지해야 한다.

5. 최근동향

1) 1개의 수신기로 여러 회로를 사용하는 집합형이 주로 사용되며
2) 주로 디지털 방식이 개발되어 사용되고 있으며 그 특징은 아래와 같다.
   - 동작 시간이 빠르고, 다 기능화되어 사고 시간, 동작 전류, 실시간 지락 전류값을 확인할 수 있다.
   - 고감도부터 대전류의 누전까지 정정 범위가 광범위한 Tap이 가능하며
   - 동작 지연 시간을 적절하게 정정하여 보호 협조가 가능하고
   - 기존의 아날로그 방식에 비해 여러 가지 기능들이 좋아지고 있다.

10.10 누전 화재 대책

1. 개요

1) 누전

절연이 나빠서 전류가 대지로 흐르는 상태이며, 이것은 감전 및 화재의 원인이 된다. 전기기계기구나 전선의 절연이 열화되거나 손상을 받으면 절연 효력이 상실되어 여기서 전기기계기구의 케이스를 통해서 대지로 전류가 흐른다. 이것을 누전이라 하며, 대지로 흐르는 전류를 누설전류라 한다.

누전되고 있는 기계기구의 금속 케이스에 인체가 접촉하면 인체의 일부를 통해서 지락전류가 흘러서 감전재해나 기계기구·전선의 이상 발열이 발생한다.

누전보호에는 기계기구의 금속 케이스를 접지, 누전차단기, 접지 릴레이를 부착하는 등의 대책을 취한다. 절연저항을 측정해서 누전이 없는 것을 확인하여야 한다.

2) 지락

전선 또는 전로 중 일부가 직접적으로 대지로 연결된 경우로, 즉 전로와 대지간의 절연이 저하하여 아크 또는 도전성 물질의 영향으로 전로 또는 기기의 외부에 위험한 전압이 나타나거나, 전류가 흐르게 되는 상태를 말한다.

이렇게 하여 흐르는 전류를 지락전류라 하며 감전, 화재 또는 기기의 손상 등을 일으키는 원인이 된다.

2. 누전 화재의 발생원인

1) 원인
   - 절연물의 절연이 나빠지면 절연물을 통하여 주울열이 발생하고 이 열이 축적되면 전기 화재가 발생한다.
   - $W = I^2 R\, t\ (J) = 0.24\, I^2 R\, t\ (cal)$

2) 저압 누전
   - 최소 발화에너지 : 300~500mA 정도
   - 허용누설전류 $\leq \dfrac{최대정격전류}{2,000}$ 일 것

3) 고압 누전
   - 저압중 비교적 전압이 높은 380V 이상과 고압 특고압을 말한다.

- 전압이 높아 유기화합물인 목재에 누전시 발화되고, 특히 비에 젖은 목재의 경우 더욱 발화의 위험이 크다.

3. 누전의 3요소

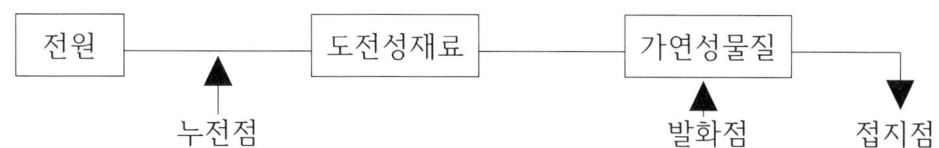

1) 누전점
   - 전선로의 절연파괴시 전류가 유입되는 지점
   - 전선이 금속도체와 직접적인 접촉이 없어도 유기물의 흑연화 부분을 경유하여 누전이 되기도 함.
   - 누전 차단기 1차측에서 누전시에는 누전차단기 동작이 안 되므로 전기 화재로 이어질 가능성이 높음
2) 출화점(발화점)
   - 누설전류로 과열되어 화재가 발생하는 지점으로 때로는 누전점이나 접지점이 그대로 발화점이 된다.
   - 못이나 철판이 전선피복에 박혀 누전점에서 발화하는 경우가 많음.
3) 접지점
   - 접지측으로 전류가 유입되는점
   - 누설 전류가 이동한 경로를 확인할 때 조사에 활용됨.

4. 누전화재 방지 방법

1) 누전 방지 대책
   - 절연물의 과열, 습기, 부식 방지
   - 충전부와 절연물을 구조체, 수도관, 가스관등 금속체로부터 이격
2) 누전 화재 예방 대책 강구
   - 전기 화재 경보기(누전 화재 경보기) 설치
   - 누전 차단기 설치

- 배선 손상 유무, 배선과 건조물과의 이격 거리 확인
- 접지선의 단선 유무 확인
- 정기적인 절연저항 확인

10.11. 트랙킹, 흑연화, 아산화동 증식현상

1. 트랙킹 현상

1) 트랙킹 현상 이란

전기 제품 등에서 전압이 인가된 극사이의 절연물 표면에 경년변화나 먼지 등 도전성 통로에 의한 전로가 생성되어 결국은 지락, 단락으로 진행되어 발화하는 현상.
(전기재료의 절연성능, 열화의 일종)

2) Tracking 진화과정
   - 제1단계 : 표면 오염에 의한 도전로 형성
   - 제2단계 : 미소 발광, 방전 현상 발생
   - 제3단계 : 표면에 열화개시 및 Track 형성

3) Tracking 현상 방지 대책
   - 자기재 애자 사용
   - 폴리머 애자 사용시
     * EPDM Rubber 사용
     * Tracking 시험
     * 수산화 알루미늄을 고분자 물질에 첨가시켜 성형시킨 애자를 사용
   - 폴리머 물질 사용한 저압기기 Tracking 대책
     * 연결 부위의 오염 물질 주기적 제거
     * 방진 제품 사용
     * 정기적 안전 관리.

2. 흑연화 현상(탄화현상, 가네하라 현상)

1) 누전회로에 발생하는 스파크 등에 의하여 목재, 고무등은 탄화도전로 가 생성되어 도전로가 증식, 확대되어 발열량이 증대, 발화하는 현상.

2) 트랙킹과 흑연화 현상 비교
   - 트랙킹은 표면간의 방전에 의해 발생하지만, 흑연화 현상은 전기 불꽃에 의해 발생된다.
   - 이 두가지는 절연체 표면에 탄화 도전로가 발생하는 점은 비슷하지만 흑연화 현상은 저압 누전화재의 발화기구로서 발화까지 포함한다.

- 양자의 구별은 확실하지 않지만 관례상 전기 기계, 기구에 나타나는 경우를 트래킹 현상이라 하고 그 외의 곳에 나타나는 경우를 그래파이트(Graphite, 흑연)현상으로 부른다.
- 일본의 동경대학 가네하라 교수가 화재 현장에서 화재원인을 조사 분석하던 중 전기 기계·기구 전원연결 코드가 콘센트에 꼽혀 있을 때 접촉부분에서 생기는 열이 절연체인 콘센트의 몸체에 전도되고 계속적으로 축적이 되어 절연체가 탄화(탄소성분을가짐)되는 현상이 발생되어 여기로 누설전류가 대지로 흐르면서 열이 점점 높아져 이로 인한 화재가 발생되는 것을 밝혀 가네하라현상 이라고 한다.

3. 아산화동 증식 발열

- 동으로 된 도체의 접촉저항이 증가하여 접촉부가 과열하게 되면 접촉부의 표면에 산화물의 막이 점차적으로 형성되어지는데 이 산화막은 도체의 표면에 국한되며 내부로 진행하지 않고 아산화동을 발생시키면서 발열하는데 이 현상을 아산화동 증식 발열이라 한다.
- 아산화동 증식 발열은 최초에 접촉부에서 빨간불이 희미하게 나타나면서 흑색의 물질이 생성되며 이것이 서서히 커져, 띠형을 형성한다. 이 검은 덩어리 부분이 아산화동이다.
- 즉, 아산화동은 일종의 반도체(半導體)이며 전기가 흐르고 있는 구리 도체(銅導體)와 구리 도체 사이에 접촉 불량이나 전선 단선(斷線)에 의한 스위칭(Switching)작용에 의해서 생기는 이상적(異常的)인 접촉 저항으로 인해 접촉부의 극히 높은 열에 따라 아산화동 성분의 산화막(酸化膜)이 생겨나고 이것이 더욱 높은 열을 발생시켜 아산화동이 더욱 커지는 현상

10.12 열 경화성과 열 가소성 비교

1. 개요
1) 고분자 물질이란 탄소를 포함한 여러 화합물이 폴리머 상태로 화학 반응된 물질임.
2) 폴리머 : 작은 유기 및 무기 화합물이 거대한 분자(고분자)를 이룬 것.
3) 고분자 물질은 플라스틱, 고무, 성형품, 섬유, 페인트 등이 있음.
4) 화재는 고분자 물질을 중심으로 발전 됨.

2. 고분자 물질의 연소 특성
1) 분자량이 10,000 이상을 고분자 물질(폴리머)이라 함.
2) 분자량이 클수록 발열량이 크고 인화점이 높다.
3) 분자량이 클수록 연소속도가 빠르고 온도 상승이 커짐.
4) 분자량이 작으면 액체, 분자량이 크면 고체임.
5) 불완전 연소의 지속 시간이 길다.
6) 연기 가스가 다량 발생함.

3. 열 경화성과 열 가소성 비교

항 목	열 경화성 수지 (Themosetting Resin)	열 가소성 수지 (Themoplastic Resin)
1. 정의	용융하면 다른성형으로 재성형이 불가하고 영구 성형 경화 됨. (재가열 재성형 불가능)	온도가 올라가면 부드러워지고 내려가면 딱딱해지는 성질임. (재 가열 재 성형 가능)
2. 특성	1. 고분자 구조가 3차원적 교차 결합이므로 녹지 않음. 2. 연소시 숯이 생성 됨.	1. 가열하면 고체->겔->액체가 됨 2. 재 성형이 용이 3. 연소시 확산 위험이 큼
3. 유독가스	CO, CO_2, HCl, NH_3 등	좌와 비슷함. $C_1 \sim C_4$: 기체 성질 $C_5 \sim C_{15}$: 액체 성질 C_{16} : 고체 성질
4. 제품	페놀수지, 멜라민 수지, 요소수지 등	염화비닐수지, 폴리에틸렌, 폴리프로필렌 등

4. 고분자 물질의 화재 방재 대책

1) 고분자 물질의 연소 과정(PVC, 케이블외피 등)

(1) 가열(Heating)
- 외부 열을 받아 전도, 대류, 복사의 열 전달과정을 거쳐 온도상승
- 온도 상승속도 : 공급열 유입속도, 공급열의 온도, 고분자 물질의 열전도율 등에 따라 결정됨.

(2) (열)분해 : 열 분해에 의해 다음과 같은 물질이 생성됨.
- 가연성 가스 : 메탄, 에탄, 에틸렌, 아세톤, 일산화탄소
- 불연성 가스 : 이산화탄소, 염화수소 가스, 브롬산가스, 수증기
- 액체 : 고분자 또는 유기화합물의 분해물
- 고체 : 탄소성 잔유물(숯, 재)
- 기체 : 연기처럼 보이는 고체입자나 고분자의 미립자들

(3) 점화(Ignition)
- 점화는 화염이나 스파크와 같은 외부 점화원, 온도, 혼합가스 비율 등에 따라 좌우됨.
- 인화점, 발화점에 따라 달라짐.
- 인화점 : 불꽃이 있을 때 가연물에서 점화가 일어나기 위한 최저온도
 발화점 : 불꽃이 없을 때(오로지 열로서) 가연물에서 점화가 일어나기 위한 최저 온도
 한계 산소농도 : 점화와 연소가 지속되기 위하여 필요한 산소의 최저농도

(4) 연소
연소열은 가연성의 가스 생성물의 온도를 높이므로 열의 전도량을 늘리고 가스의 팽창으로 열의 대류량도 늘린다.

(5) 연소 확대
표면에 노출된 쪽이 내부보다 연소확대가 잘 일어난다.

(6) 훈소
훈소는 작은 구멍이 많은(다공성) 가연성 물질의 내부에서 발생하는 것으로 불꽃이 없이 타는 연소이다. 훈소를 일으키는 물질로는 불꽃 없이 타는 깜부기불이나 목탄숯 그리고 담배이다.

(7) 배출
연기 및 유독가스를 다량 배출시켜, 밖으로 연기 및 유독가스를 배출시킨다.

2) 고분자 물질의 화재시 위험성
   (1) 산소 결핍
       생존을 위한 최소 산소 농도 : 공기 중 산소농도가 10% 일 때
   (2) 화염
   (3) 열
   (4) 연소 가스 및 유독 가스
       CO, CO_2, NO_2, NH_3, HC_l 등
   (5) 연기
   (6) 구조물 피해
3) 화재 방지 대책
   (1) 점화원 억제
   (2) 열 축적 방지(환기설비 등)
   (3) 고열을 피함.
   (4) 산소 농도를 한계 산소 농도 이내로 유지
   (5) 난연화 대책
4) 소화 방법
   (1) 산소 공급 차단
   (2) 가연물 제거
   (3) 냉각
   (4) 소화 : 불활성 가스 등으로 소화하여 연쇄반응 억제

10.13 전력케이블 화재대책

1. 개요
1) 최근 건축물이 대형화, 고층화되면서 대전력 공급을 요구하고 시공의 편리성, 인력 절감, 지진, 진동에 대한 안전성을 고려하여 케이블공법 이 주류를 이루고 있다.
2) 전력 공동구 내에서 전기사고 발생 시 복구에 많은 시간이 필요하고 교통 및 산업활동, 국가기간산업 의 마비를 초래하고 있다.

2. 케이블 화재 원인
1) 누전에 의한 발화
   - 유기질 절연물의 탄화에 의한 발화
   - 전선이나 기기의 절연물질이 열화, 노화, 탄화 또는 기계적 손상 등으로 파괴되어 누전에 의해 발화
2) 단락 및 지락 시의 과전류
3) 접속부 과열에 의한 발화
   - 접속부의 접촉저항에 의한 국부가열로 인해 화재가 발생한다.
   - 접속 시 이물질 투입으로 트래킹현상이 발생하여 발화
4) 절연 파괴부의 ARC열에 의한 발화
5) 다조부설 등으로 인한 과열
6) 외부 불꽃에 의한 경우
   - 공사 중 용접 불꽃
   - 케이블이 접속되어 있는 기기류의 사고(화재)
   - 오일 등 가연물이나 건축물의 연소
   - GAS 축적에 따른 화학반응 연소
   - 인력에 의한 방화가 있다.

3. 케이블 화재의 문제점
1) 부식성 가스 및 유독성 가스가 발생하여 질식
2) 연소에너지가 높고 열기가 강하다.
3) 연소가 빠르다.

4) 연기발생으로 시계방해, 피난, 소화활동에 지장을 초래한다.
5) 발화점을 알 수 없고 소화기 정도로 소화되지 않는다.
6) 사고시 대형피해로 기간산업이 마비된다.
7) 사고시 타 계통에 연계피해가 우려된다.

4. 케이블 화재의 방지 대책

1. 설계의 적정화	- 보호 계통의 검토 - 접지 계통의 검토 - 케이블 종류, 규격의 검토 - 배선방법의 검토 - 지진, 수해대책
2. 케이블 난연화	- 내화 및 내열 케이블 사용 - 케이블의 방화보호 - 방화도료, 방화테이프, 방화시트
3. 케이블 점검, 보수 및 유지보수	- 절연 진단 - 정기 점검 - 온도 확인 - 외상 및 변형 확인
4. 관통부 방화조치	- 구획, 관통부 방화조치 - 통로, 덕트내 격벽
5. 화재의 조기발견, 초기소화	- 케이블 이상온도 검지 - 화재경보 설비 : 감지기, 화재경보 - 자동소화 설비 : 스프링클러, CO_2, 할론
6. 기타	- 소동물의 침입방지 - 방화 대책 등

1) 설계, 시공시 대책
   - 벽, 바닥 등 관통부에서의 방화조치로 난연재 및 불연재에 의한 절연진단을 실시한다.
   - 수직부 굴뚝효과를 방지한다.
   - 전로를 격리하여 전력 및 제어라인을 분리시킨다.
   - 화재를 감지하는 경보시스템을 설치한다.

- 선로에 연소 가능한 이물질을 제거하고 선로를 정기점검한다.
- 선로 설계시 가급적 다조화시키지 말고 케이블 관통은 가급적 적게 한다.

2) 케이블의 난연화
- 난연케이블 사용(FR-8)으로 발화, 연소, 화재의 확대를 방지한다.
- 케이블의 난연화 방법으로 난연제를 케이블 외부에 Coating하는 방법과 피복 물질 제조시 난연제를 첨가하는 방법이 있다.

3) 전선류의 보수점검
- 설치된 케이블의 외부요인에 의한 손상을 방지
- 정기적인 점검 및 절연진단을 실시
- 유압온도 감시장치를 부착하여 이상온도 감시 및 경보를 한다.

4) 선로 대책
- 선로의 설계를 적정화하여 보호계통, 접지계통, 배선방법을 검토하고 Cable의 종류 및 규격을 검토한다.
- 점검 및 보수의 철저로 이상점검, 절연진단, 공사 중의 부주의, 용접불꽃 등에 대한 대책을 수립 한다.
- 케이블의 난연화 및 불연화방법으로 난연, 불연 케이블을 채용(MI, 고난연, FR-8, FR-3) 하고 케이블 방화조치로 모래채우기, 방화시트, 방화 Tape를 사용한다.
- Cable 관통부위, 구획 관통부, Panel 하부에 방화실을 구성하고 Pit 및 Duct 내에 격벽을 설치한다.
- 케이블 화재검지를 위해 케이블 이상온도감지 및 화재검지 System을 채용한다.

5) 관통부 대책
- Cable Rack은 내열Seal로 충진한다.
- 전선관은 관통부위 전후 1(m)에 불연재를 도포한다.
- 분전반 및 제어반은 내열판, 내열 Seal로 화재전달을 방지한다.

< 방화구획 관통부 >　　　　　　< 바닥 슬리브 >

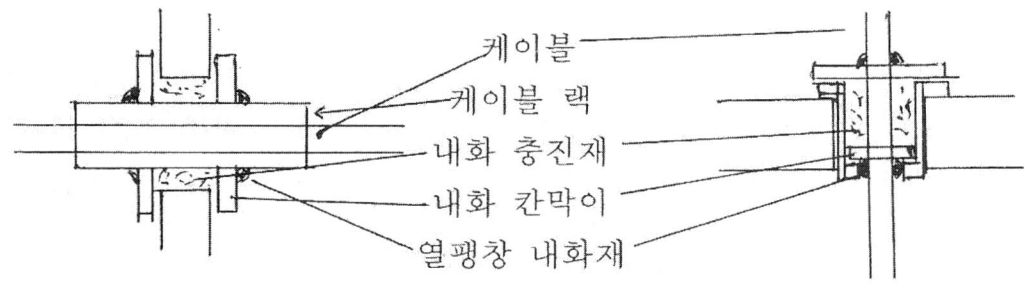

6) 기설 Cable 대책

 (1) 방화도료 도포
 - 기존 Cable 표면에 방화도료 도포 및 난연피복을 형성하여 선로의 연소 확대를 방지 한다.
 - 어떤 형태의 Cable도 용이하게 도포할 수 있다.

 (2) 방화 테이프
 - 주로 단선으로 된 케이블의 표면에 감는 난연성 피복으로 선로에 많이 사용한다.
 - CV 케이블 및 특고 CV 케이블 등 대용량 케이블에 적합하다.

 (3) 방화 Sheet
 - 불연재인 유리섬유를 이중 재단하여 봉재한 시트로 케이블 및 선로 전체를 덮으면 선로의 난연화, 연소방지효과가 증대된다.
 - 방화 Sheet 사용 시 케이블 발열에 장애가 된다.
 - 주로 발열이 없는 통신 및 신호케이블에 이용하나 최근에는 전력 케이블에도 사용한다.

10.14 전기화재 조사방법

1. 화재 조사 목적
1) 발화원인 및 연소 확대 원인을 규명하여 화재 예방을 위한 대책 수립
2) 화재 발생상황, 원인 및 피해 상황을 통계화 하여 소방행정자료 활용
3) 화재의 피해를 알려 경각심을 높이고 유사 화재 재발 방지
4) 화재 진압 대책의 규명 자료로 활용
5) 방화 및 실화 원인 책임

2. 조사자 기본자세 및 역할
1) 조사자 기본자세
   - 가능한 모든 화재 원인을 추적할 것
   - 화재 목격자의 면담 및 목격자 신원 파악
   - 물적 증거 수집 및 화재 현장 사진촬영
   - 조사자가 감전 및 화상을 입지 않도록 안전 조치 취할 것
   - 화재 감지기의 외관등 철저 조사
2) 화재 현장 보존
   - 화재 조사자는 화재 현장 도착 당시의 상태를 정확히 기록 기억할 것
   - 가능한 발화원 지점의 접근 및 사진 촬영
   - 조사가 끝날때까지 증거물들이 손실되지 않도록 현장 보존을 할 것
3) 화재 현장의 적절한 통제

3. 화재 조사 절차 및 방법
1) 3가지 큰 원인 파악
   (1) 전기 배선이나 전기기기 또는 그 부근의 발화
   (2) 누전 경로 부근의 발화
   (3) 정전기 스파크에 의한 가연성 분진 등에 착화 발화
2) 전선의 녹아있는 흔적 조사
   (1) 1차 흔적
      - 화재 전에 이미 녹은 흔적 또는 화재 원인이 된 흔적

- 합선시 녹은 흔적의 모양 및 광택

  급격한 온도 상승 : 광택이 있음

  서서히 온도가 상승시 : 동의 재질이 변화하여 녹은 부분이 광택이 없음.

(2) 2차 흔적

① 전압이 가하여져 있는 상태에서 타 원인에 의하여 화재가 일어나 전선피복이 연소된 후 합선시 생긴 흔적 : 이때는 동 본래의 광택이 없고 녹아있는 방울이 약간 아래쪽으로 늘어짐.

② 전압이 가하여 있지 않은 상태에서 화재열 만에 의하여 전선이 용단된 흔적 : 용단된 끝 부분이 동그란 형태가 아님.

3) 통전 상태 여부 조사

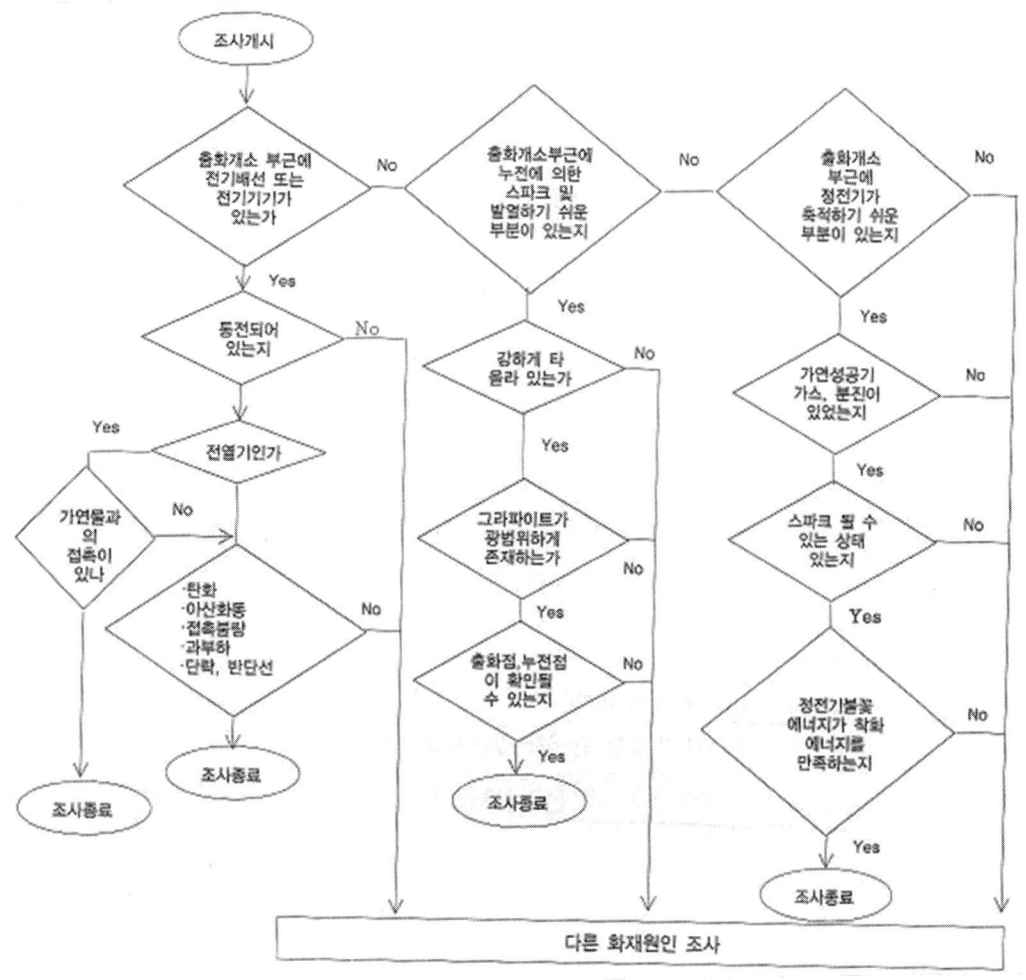

(1) 조사는 부하측으로부터 차츰 전원측으로 조사
(2) 배선의 통전 여부
 - 가압된 전선이 탔을 때는 상기 1차, 2차 형태가 보임.
(3) 플러그 및 콘센트
 - 화재시 플러그가 꽂혀 있는 상태에서 열을 받았다면 콘센트 날은 탄성을 잃게 되고 벌어져 있게 됨.
(4) 스위치 On, Off상태 조사

4. 발화부 판단요소

1) 소락(燒落), 전도 방향

 대개 기둥, 벽, 가구 등은 발화부를 향하여 넘어진다.

2) V-패턴

 화재의 불꽃은 V자를 그리고 타 올라간다.

 따라서 연기나 소실된 모양의 최하단 뾰족한 부분이 발화지점이 된다.

3) 탄화 심도

 발화지점의 심도가 타 부분보다 깊게 나타난다.

4) 균열흔

 - 목재 표면은 거북이등 모양으로 탄화된다.
 - 고온 영향 : 굵은 균열흔
   저온 영향 : 가는 균열흔

5) 박리흔

 벽돌, 블록, 모르타르 등이 강한 열을 받게 되면 푸석푸석해지고 박리, 탈락이 발생함

6) 변색흔

 철구 구조물, 책장, 냉장고등 철재류가 열에 의해 광택이 변하며 온도에 따라 다른 색채가 나타난다.

7) 주연(走燃)흔 : 연기 흔적

 연기의 진행방향에 따라 나타나는 흔적으로 주로 연기에 의해 나타난다.

8) 주염(走焰)흔 : 불의 흔적

 건물 내부의 집적물과 연소조건에 따라서 건물 내 외벽에 주염흔이 생기느냐 주연흔이 생기느냐의 차이가 생긴다. 주염흔은 왕성한 화열에 의해 발생한다.

 대개 주염흔은 주연흔 뒤에 형성되는 경우가 대부분이다.

9) 훈소흔

발열체가 목재면에 밀착되면 그 목재 이면에는 훈소흔이 남는다.

10) 용융흔

발화부 부근의 새시, 거울 등의 녹은 모양에 따라 발화 판단

11) 복사흔

발열부로부터 복사된 열에 의한 방황을 판단

10.15 비상 발전기 용량 산정

1. 개요

최근 전동기 가동 방식이 VVVF 및 인버터 제어방식 등으로 인한 기기의 고조파 발생 및 역상 전류를 고려한 용량 산정 방법이 요구되어, 일본에 서는 1983년 PG방식을 폐기하고 RG방식에 의한 용량 산출 방식을 사용 하고 있으며 발전기 용량 산정시 다음 사항을 고려해야한다.
- 고조파 및 역상 전류 발생부하를 검토
- 단상 부하의 연결 상태를 검토
- 전동기 기동 방시 및 기동 전류 검토
- 변압기 돌입전류 검토

2. 발전기 용량 산정 방법 비교(국토해양부 설계기준)

1) NEC방식(미국에서 사용)
   - 전부하를 합산
   - 전동기 부하는 125%를 적용
   - 일반 부하는 100% 적용
   - 비상 대상 부하는 전부 합산
   - 수용율을 적용하지 않는다.
   - 용량 산정 방법이 간단하다.
2) PG방식

   PG방식은 한국에서 주로 사용하는 방식으로 PG1, PG2, PG3, PG4 중 가장 큰 값을 채택하며, 설계 기준에 의하면 설계기준에 나와 있는 PG1, PG2, PG3 방식은 사이리스터 부하가 포함되지 않은 경우에 적용한다라고 되어있어 사이리스터가 있는 부하는 PG4를 반드시 검토해야 할 필요성이 있다.

(1) PG1 (부하의 정상 운전시에 필요한 발전기 용량)

$$PGI = \frac{\sum P_L \times Df}{\eta_L \times \cos\theta} \text{ (kVA)}$$

$\sum P_L$: 부하 출력 합계 (kW)

Df : 부하의 종합 수용율

η_L : 부하의 종합 효율 (분명하지 않을 경우 0.85)

$\cos\theta$: 부하의 종합 역율 (분명하지 않을 경우 0.8)

(2) PG2 (부하중 최대 기동전류를 갖는 전동기 기동시 순시 전압 강하를 고려한 발전기 용량)

$$PG2 = Pm \times \beta \times C \times Xd'' \times \frac{100 - \Delta V}{\Delta V} \text{ (kVA)}$$

Pm : 최대 기동 전류를 갖는 전동기 출력 (kW)

β : 전동기 기동 계수 (분명하지 않을 경우 7.2)

C : 기동 방식에 따른 계수 (직입:1.0 Y-Δ:0.67)

Xd'' : 발전기 정수 (0.25~0.3)

ΔV : 발전기 허용 전압 강하율(승가기 경우 20%, 기타 25%)

(3) PG3 (발전기를 가동하여 부하에 사용 중 최대 기동 전류를 갖는 전동기를 마지막으로 기동 할 때 필요한 발전기 용량)

$$PG3 = \left[\frac{\sum P_L - Pm}{\eta_L} + (Pm \times \beta \times C \times Pf)\right] \times \frac{1}{\cos\theta} \text{ (kVA)}$$

$\sum P_L$: 부하 출력 합계 (kW)

Pm : 최대 기동 전류를 갖는 전동기 출력(kw)

η_L : 부하의 종합 효율 (분명하지 않을 경우 0.85)

β : 전동기 기동 계수 (분명하지 않을 경우 7.2)

C : 기동 방식에 따른 계수 (직입 : 1.0 Y-Δ : 0.67)

Pf : 최대 기동 전류를 갖는 전동기 기동시 역율
 (분명하지 않을 경우 0.4)

$\cos\theta$: 부하의 종합 역율 (분명하지 않을 경우 0.8)

(4) PG4 (부하중 고조파 부분을 고려한 경우 발전기 용량)

PG4 = Pc × (2~2.5) + PG1

Pc : 고조파분 부하(제6고조파 : Pc×2.67, 제12고조파 : Pc×1.47)

- 발전기 용량분의 고조파분이 120% 미만이 될 수 있도록 발전기 용량을 선정 하는

것이 바람직함.

(5) 발전기용 엔진의 선정

$$Pe = \frac{Pg \times \cos\theta g}{\eta g} \times \frac{1}{0.736} \text{ (PS)}$$

여기서 Pe : 발전기 원동기 출력값(PS)

Pg : PG 방식에 의한 발전기 용량(KVA)

$\cos\theta g$: 발전기 역율 (보통 0.8)

ηg : 발전기 효율 (0.85 ~ 0.95, 보통 0.92)

3) RG 방식

RG방식은 일본에서 1983년 PG방식을 폐기하고 현재 사용하는 방법이 으로 PG방식은 전동기 기동에 따른 전압강하만을 고려했으나, RG방식 은 단시간 과전류 내력을 고려한 RG3와 허용 역상 전류를 고려한 RG4가 보완이 된 계산 방식이지만 계산이 복잡한 단점이 있다.

(1) 계산 방법

발전기 출력계수(RG)를 산정하여 부하 출력 합계(K)와의 곱으로 계산.

즉, G = RG · K

여기서 G : 발전기 용량(KVA)

RG : 발전기 출력 계수

(RG_1, RG_2, RG_3, RG_4 중 가장 큰 계수)

K : 부하 출력 합계 (KW)

RG_1 : 정상 부하 출력 계수

RG_2 : 최대 기동 전류 전동기 기동에 따른 발전기 허용 전압 강하 출력 계수

RG_3 : 발전기 단시간 과전류 출력계수

RG_4 : 허용 역상전류, 고조파 전류 출력 계수

(2) 출력 계수

가. 정상 부하 출력 계수 (RG_1)

나. 허용 전압 강하 출력 계수 (RG_2)

다. 단시간 과전류 내력 출력계수 (RG_3)

라. 허용 역상전류, 고조파 전류 출력 계수 (RG_4)

10.16 유입변압기 화재대책

1. 개요
 변압기 사고원인에는 기기 결함, 공사상의 결함, 번개(雷)에 의한 이상 전압, 부하 측의 단락 등이 있지만, 전기적 또는 기계적인 열화에 의한 경우가 많다. 또, 일반적으로 유입(油入)변압기가 많아, 기름 화재를 함께 발생할 위험성도 있다.

2. 변압기 화재 원인
1) 절연유 속에 동 및 잔류산소 공존하여 산화작용에 의해 절연유 열화
2) 변압기 내부 부품의 접촉 불량, 단락
3) 절연재료의 부분방전에 의한 열화
4) 층간 또는 상간 단락
5) 장시간 과부하 운전
6) 단락시 신속 차단 실패
7) 변압기 내부에 수분 유입
8) 광유의 최저 인화점(140℃) 이상의 운전
9) 장기간 무보수 운전(노후 변압기)으로 변압기 및 절연재 열화
10) 외부 뇌서지 및 개폐서지 유입에 의한 절연파괴
11) 부하의 지속적인 증가
12) 불평형 부하에 의한 일부 상 과열
13) 고조파 다량 유입에 따른 과열등

3. 화재 방지대책
1) 독립 내화 구조
 변압기는 되도록 독립된 내화구조의 변전실에 설치하거나, 다른 건물 등에서 충분히 분리된 장소(옥외)에 설치할 것.
2) 배유구 설치
 바닥에 배유구(排油口)를 설치해서 사고시 유출하는 기름의 조기 배출을 도모할 것. 또한 옥외 변압기의 경우는 변압기 주위에 방유제를 설치하고, 또한 자갈들을 깔아 새나간 기름의 흡수를 도모할 것.

3) 불연성 절연유를 사용한 변압기나 건식 변압기 사용에 노력할 것.
4) 과부하 방지
   - 과부하 보호 계전기 설치
5) 피뢰기 설치
   - 피뢰기 설치하여 유도뢰를 대지로 방류
6) 사고시 신속 소화
   - 초고속 물분무 소화설비
7) 진단 설비 구비
   - 절연유 시험
     수시로 절연유를 시험하여 산가, 절연파괴전압, 가스 분석 등을 하여 열화를 방지
   - On-Line 가스 분석기 설치
     대용량의 변압기에 가스 분석기를 설치하여 열화 상태를 상시감시
8) 변압기측 방지 대책
  (1) 콘서베이터 사용
     - 콘서베이터를 설치하여 광유가 공기와 접촉하는 면을 작게 함.
  (2) 질소 봉입
     - 변압기 내부에 공기대신 질소 봉입하여 광유의 열화방지
     - 가스가 상부에 혼입되어도 질소가 불활성가스이므로 연소하지 않음
  (3) 수분 흡착제 사용
     - 온도 변화에 따라 변압기유가 팽창 또는 수축하므로 변압기 상부를 밀봉할 수가 없고 호흡하도록 해야 하며 이를 Breather(호흡구)라 한다.
     - 이 호흡구에 실리카겔 등 흡습제를 두어서 드나드는 공기가 이를 통과하여 습기를 제거하도록 한다.

10.17 지하구 화재대책

1. 개요
 지하구 (지하공동구)란 전력, 통신용의 전선이나 가스, 냉난방의 배관 또는 이와 비슷한 것을 수용하기 위하여 설치한 지하공작물로서 사람이 점검 또는 보수하기 위하여 출입이 가능 한 것 중 폭이 1.8m 이상이고 높이가 2m 이상이며 길이가 50m(단, 전력 또는 통신용의 경우 500m)이상인 것

2. 지하구화재의 발생원인
 1) 내부원인(케이블자체의 발화)
  - 과전류 단락, 지락, 누전에 의한 발화
  - 접촉부 과열에 의한 발화
  - 스파크 등에 의한 발화
  - 절연열화 및 탄화에 의한 발화
  - 다회선 포설에 의한 허용전류 저감률 부족으로 온도상승에 의한 발화
  - 시공불량 등에 의한 온도상승으로 부분 발열발화
 2) 외부원인(외부 발화원에 의한 발화)
  - 공사 중 용접불꽃 등에 의한 발화
  - 케이블 주위에서 기름등의 가연물의 연소에 의한 발화
  - 케이블이 접속되어 있는 기기류의 과열에 의한 발화
  - 타구역에서 발생한 화재가 케이블로 연소 확대에 따른 발화
  - 방화

3. 지하구 화재의 특성
 1) 지하의 밀폐공간성
 2) 연소확대의 위험성
 3) 연소시 유독가스 및 연기 대량발생

4. 지하구의 안전대책
 1) 지하구 공간의 용적확대 : 수요예측을 통한 중장기적인 계획

2) 장기적으로 보다 미래적인 지하구 설계지점의 개발
   - 내화성능 보유 : 통로 및 케이블 공간의 구획설치
   - 소방, 방재시설의 구비 : 사고감지 및 대응체계 구축
   - 수용 케이블이나 난방관의 난연화 증진 : 지하구내 연소가능한 물질의 저감
   - 관리용 시설의 개선 : 상시 점검이 가능한 시스템 구축
   - 배연, 환기시설의 개선

5. 소방시설의 종류

1) 자동화재탐지 설비
   - 지하구의 하나의 경계구역의 길이는 700m 이하로 할 것
   - 설치할 감지기의 종류
     ㉮ 정온식 감지선형 감지기
     ㉯ 주소형감지기 (아날로그감지기)
   - 정온식 감지선형감지기는 지하구등에 지지물이 적당하지 않는 장소에서 보조선을 설치하고, 그 보조선 위에 설치할 것
   - 지하구에 설치하는 감지기는 먼지, 습기등의 영향을 받지 아니하고, 발화지점을 확인할 수 있는 감지기 (즉 주소형감지기)를 설치할 것
2) 통합감시시설 구축기준
   - 소방관서와 공동구의 통제실간의 화재 등 소화활동에 관련된 정보를 상시 교환할 수 있는 정보통신망을 설치할 것
   - 정보통신망은 광케이블 또는 이와 유사한 성능을 가진 선로로서 원격제어가 가능할 것
   - 주수신기는 공동구의 통제실에, 보조수신기는 관할 소방관서에 설치하여야 하고 수신기에는 원격 제어가 가능할 것
   - 비상시에 대비하여 예비선로를 구축할 것
3) 무선통신보조설비
4) 연소방지설비
   - 지하구 안에 설치된 케이블, 전선 등에는 연소방지용 도료를 도포
   - 단, 케이블, 전선 등이 옥내소화전설비의 화재안전기준에서 정한 내화배선방법으로 설치한 경우나 이와 동등 이상의 내화성능이 있는 경우에는 연소방지도료를 도포하지 않아도 된다.
5) 방화벽(전력 또는 통신산업용의 지하구에 한함)

- 내화구조로서 홀로 설 수 있는 구조로 할 것
- 방화벽에 출입문을 설치하는 경우에는 방화문으로 할 것
- 방화벽을 관통하는 케이블, 전선 등에는 내화성이 있는 화재차단재로 마감할 것
- 방화벽의 위치는 분기구 및 환기구등의 구조를 고려하여 설치할 것

6) 소화기 등

10.18 지하건축물 전기설비의 안전대책

1. 개요
1) 지하건축물이라면 지하도의 지하상가, 백화점의 지하상가 등을 말한다.
2) 지상과 지하의 건축물의 전기설비는 차이점이 많다.
3) 대표적으로 건축물의 용적율에 따라 신뢰도, 수전방식, 비상용 전원 등 많은 것이 지상과 현격한 차이가 발생하며
4) 계획단계부터 정전 및 전기화재사고 발생에 대비한 안전대책을 구성하여야 한다.

2. 정전 사고 대책
1) 외부적 요인에 대한 정전대책
   전력공급회사측의 요인으로 인해 정전사고가 발생할 경우에 대비하여 전원설비에 대한 신뢰도 및 안전성을 향상 시킨다.
   (1) 고 신뢰도 수전방식 채택
      도심의 빌딩과 지하철 등과 연계된 지하 공간 시설에는 정전사고시 위험성에 대비하여 공급신뢰도가 높은 2회선 수전방식을 채택하여 정전발생에 대한 영향을 최소화 한다.
   (2) 급전소간의 비상연락체계 구축
      전력공급회사측의 급전지령소와 지하공간시설의 방재센터간에 비상연락선을 설치하여 전력공급회사 선로 측의 이상여부에 대한 신속한 정보교환으로 장해발생시 신속한 조치를 할 수 있도록 한다.
2) 내부적 요인에 의한 정전대책
   (1) 비상용 전원설비 설치
      - 정전발생시 비상용 전원설비에서 순시대응 가능하도록 하여야 하며, 소방법 및 건축법, 전기설비기준 등의 관계법규에 정한 비상전원 또는 예비전원 설비를 하여야 한다.
   (2) 자가발전설비
      상용전원 정전시 사고검출 후 2초 이내에 자동으로 가동하여 10초 이내 자동으로 전압을 규정값으로 유지하고 30분 이상 안정하게 전원을 공급할 수 있어야 한다.

(3) 축전지설비

축전지 설비는 비상시 가장 신뢰할 수 있는 전원으로서 정전사고 발생 직후 자가 발전기에 의한 비상용 전력이 공급되기까지 40초에서 1분정도까지 전원공급이 중단되고, 소방법에 규정하는 유도등, 무선통신보조설비, 자동화재탐지설비등과 보안상 필요한 부하에 설비를 작동 시킬 수 있는 충분한 용량(30분 이상)을 확보하여야 한다.

(4) 무정전전원장치(UPS)

높은 신뢰성과 안전성이 요구되는 특수 부하기기에 대해서는 무정전 전원장치를 설치하는 곳이 바람직하다.

3) 보조조명 간선의 전용화
- 정전 발생시 심한 Panic이 우려 되므로 거주자 및 이용자의 안전을 위해서 보도조명 부하는 보도조명용 간선은 단독회로 구성합니다.

4) 간선의 중요계통 구분 및 이중화
- 지하 공간 시설의 규모 및 용도에 지역별로 구분하여 변전설비를 설치하고, 부하의 중요도에 따라 일반용과 비상용 2계통의 간선으로 설치하여 공급신뢰도를 향상 시킵니다.

5) 모선연락용 차단기 설치
- 변압기 뱅크에 이상이 발생할 경우 모선연락용 차단기에 의해 다른 변압기 뱅크로부터 전원공급이 가능하도록 합니다.

6) 중앙 감시 시스템의 채택

3. 전기화재 대책

1) 수변전 설비기기
- 수변전 설비기기는 옥내형 폐쇄 배전반 내의 수납.
- 변압기, CT, PT등은 난연성, 불연성의 몰드형으로 채택.
- 전기실의 실내조건은 25℃를 유지하도록 하고, 특고변압기는 송풍기에 의해서 강제 공냉식을 도모, 설정온도 70℃를 초과하는 경우에는 중앙감시반 등에 경보 발생하도록 한다.

2) 누전화재에 대한 대책
- 철저한 절연관리 및 절연등급을 상향조정을 하고 누전차단기의적용, 도전체의 접지를 한다.

3) 전기설비 집중감시 시스템의 채택
4) 철저한 안전관리 체계 구축
5) 전기 설비에 대한 철저한 정기적인 점검을 통하여 접속부의 불량 및 과전류상태 등을 사전에 조치하도록 안전관리 체계를 구축을 한다.

10.19 엘리베이터의 기본 구성 및 안전장치

1. 개요

최근 건축물의 대형화, 고층화가 운송의 대량화, 고속화에 수반하여 기계식 운송설비가 대폭적으로 채용되게 되었다.

엘리베이터는 불특정 다수가 이용하는 것으로 특히 안전장치가 중요하며 안전장치는 다음과 같은 사항에 따라 이루어져야 한다.

1) 엘리베이터에 이상이 발생하면 카가 안전하게 정지할 것.
2) 카 안에 승객을 가두지 말 것.
3) 고장이 발생하지 않도록 정기적인 보수 점검이 이루어 질 것.

〈 구 조 도 〉

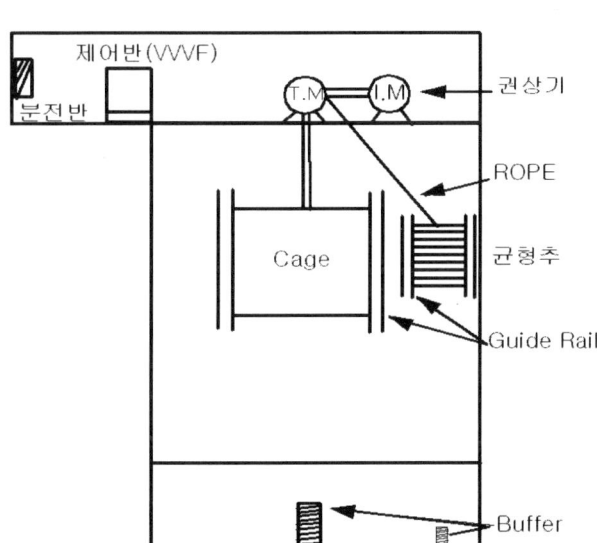

2. 주요 기기

1) 권상기(트랙션 머신) : 전동기 축의 회전력을 로우프측에 전달하는 기기로서 기어식과 기어레스식이 있으며 종전에는 기어식이 많이 사용되었으나 최근에는 다음과 같은 장점이 있는 기어레스식을 점차 많이 사용 하고 있다.
   - 전동기 용량 축소로 에너지 절감(약 30~40%)
   - 기계실 축소로 건설 단가 절감

- 승차감 개선, 저소음, 저진동
    - 기어를 사용하지 않으므로 장 수명
 2) 케이지(Cage, Car) : 승객이 승차하는 공간 또는 화물을 적재하는 공간으로 적재 하중은 보통 다음 기준에 의한다.
    - 승객용 : 65Kg/인
    - 화물용 : 250Kg/m^2
 3) 균형추(Counter Weight) : 승강기의 중량을 보상하는 추
    - 균형추 중량 = Car 중량 + 최대 적재량 * (0.4~0.6)
 4) Guide Rail : 카 가이드 레일과 균형추 가이드 레일이 있으며 지진이나 비상 정지시 굴절되지 않도록 설계해야 한다.
 5) 로우프 : 강도 - 고 탄소강 사용
    유연성 : 꼬임 방법 선택
        3~5년에 한번씩 교체하여 안전 확보
 6) 자동 착상 장치 : 각 층마다 유도판이라는 전자석에 의해 각층에 정확히 착상하게 하는 장치
 7) 전기 제어장치
   (1) 수전반 : 수전 목적으로 수전용 MCCB, MG, 전압계, 전류계 등이 설치된다.
   (2) 제어반 : 권상기의 속도 제어, 문의 개폐 제어 목적
   (3) 신호반 : 각층 호출에 의하여 전동기의 시동, 목적층에서의 정지.
        최근에는 위의 3가지 Panel을 별도로 하지 않고 1개의 반에 내장하는 경우가 많다.
 8) 전동 문닫힘 장치
    문이 열린 후 수초(보통 5~7초)후에 자동으로 문이 닫히도록 Timer가 설치 됨.

3. 안전장치

안전장치에는 기계적인 안전장치와 전기적인 안전장치가 있으며 완충기와 같이 독립된 안전장치도 있지만 조속기나 전자 브레이크등 대부분의 안전장치는 상호 협력하여 작동한다.
 1) 완충기(Buffer) : 승강기가 추락할 경우 충격을 완화하기 위하여 설치하는 안전장치로 승강로 하부에 설치하며 다음과 같은 종류가 있다.

- 스프링식 : 엘리베이터 속도 60M/Min 이하에 적용
- 유 압 식 :   〃   〃   넘는 곳에 적용
- 정격 하중의 2배 이상으로 설계한다.

2) 조속기(Govener) : 승강기가 일정속도 이상으로 상승할 때 브레이크나 안전장치를 작동시키는 기기
- 카의 가속도가 120~130% 넘게 되면 제1동작 전자브레이크 작동
- 정격속도 140% 이내에서 비상 정지 장치 작동
- 디스크형과 버터 플라이형이 있음

3) 전자 브레이크
- 전자석내의 플랜저를 흡인함으로서 브레이크슈에 힘이 가해지고, 이 힘의 마찰력에 의하여 제동력이 발생한다.
- 교류식과 직류식이 있으며 직류식이 우수하여 많이 사용한다.

4) 비상 정지 장치
    카의 속도가 정격속도의 1.4배 이내에서 브레이크가 가이드 레일을 강제적으로 잡아 카를 안전하게 정지시킴.

5) 도어 스위치
    카 도어 구동 장치에 취부된 도어 안전장치로서 도어가 완전히 닫혀야만 출발을 시킬 수 있는 안전장치.

6) 도어 인터록 스위치
    승강장 도어 안전장치로서 승강장 도어가 열렸을 때는 카가 운행 할 수 없도록 하며, 카가 없는 층에서는 외부에서 도어를 열수 없도록 잠그는 장치

7) 문 닫힘 안전장치(끼임 방지 장치)
    승강기 문에 승객 또는 물건이 끼었을 때 자동으로 문이 다시 열리 게 되어있는 장치

8) 리미트 스위치
    승강기가 최상층 이상 또는 최하층 이하에서는 운행이 되지 않도록 하는 안전장치

9) 최종 리미트 스위치
    상기 리미트 스위치가 정지에 실패하였을 경우 동작하여 전원을 차단하고 전자 브레이크 작동 하여 승강기가 멈추게 하는 안전장치

10) 비상 버튼 및 인터폰
    정전이나 고장으로 승객이 갇혔을 때 외부와의 연락을 위한 장치

11) 과부하 감지 장치
    정격 적재하중 초과시 경보가 울리고 도어가 열리며, 해소시 까지 문이 닫히지 아니함.

12) 승객 구출 장치
  (1) 정전시 자동 착상 장치
    운행 중 정전시 브레이크가 자동적으로 작동하여 엘리베이터를 정지 시킬 경우 층과 층의 중간에 카가 정지하게 되면 가까운 층까지 저 속으로 자동 주행하여 도어가 열려 승객을 구출하는 장치
  (2) 승객 구출 장치
    엘리베이터의 제어장치에 고장이 발생하여 층과 층의 중간에 카가 정지한 경우 자동적으로 가까운 층까지 저속으로 운전하여 도어를 열게 하는 장치
13) 범죄 방지 장치
  (1) 각층 강제 정지 운전 장치
    야간에 각층에 강제로 정지할 수 있게 스위치를 설치
  (2) 방범 카메라

10.20 건축법상 승강기 설치기준

구 분	승용 승강기	비상용 승강기
일반 건축물	6층 이상으로서 연면적 2,000m² 이상	높이 31m를 초과하는 건축물 - 최대 바닥면적 1,500m² 이하 : 1대 이상 - 최대 바닥 면적이 1,500m²를 초과 : 1,500m²를 넘는 3,000m² 마다 1대씩 더한 대수
공동주택	6층 이상 (6인승 이상) - 계단실형 : 계단실마다 1대 이상 - 복 도 형 : 100세대마다 1대 이상	10층 이상인 공동주택 : 승용승강기를 비상용승강기의 구조

〈건축법〉

제64조(승강기)

① 건축주는 6층 이상으로서 연면적이 2,000m² 이상인 건축물을 건축하려면 승강기를 설치하여야 한다.

② 높이 31m를 초과하는 건축물에는 대통령령으로 정하는 바에 따라 제1항에 따른 승강기뿐만 아니라 비상용승강기를 추가로 설치하여야 한다.

〈시행령〉

시행령 제90조(비상용 승강기의 설치)

① 법 제64조제2항에 따라 높이 31m를 넘는 건축물에는 다음 각 호의 기준에 따른 대수 이상의 비상용 승강기를 설치하여야 한다. 다만, 법 제64조제1항에 따라 설치되는 승강기를 비상용 승강기의 구조로 하는 경우에는 그러하지 아니하다.

1. 높이 31m를 넘는 각 층의 바닥면적 중 최대 바닥 면적이 1,500m² 이하인 건축물: 1대 이상

2. 높이 31m를 넘는 각 층의 바닥면적 중 최대 바닥 면적이 1,500m²를 넘는 건축물: 1대에 1,500m²를 넘는 3,000m² 이내마다 1대씩 더한 대수 이상

〈주택건설기준 등에 관한 규정〉
제15조(승강기등)
① 6층 이상인 공동주택에는 대당 6인승 이상인 승용승강기를 설치해야 한다.
② 10층 이상인 공동주택의 경우에는 제1항의 승용승강기를 비상용승강기의 구조로 하여야 한다.

〈시행규칙〉
제4조(승강기) 영 제15조제1항 본문의 규정에 의하여 6층 이상인 공동주택에 설치하는 승용승강기의 설치기준은 다음 각호와 같다.
 1. 계단실형인 공동주택에는 계단실마다 1대 이상을 설치하되,
 2. 복도형인 공동주택에는 100세대마다 1대 이상을 설치

〈건축물의설비기준등에관한규칙〉
제10조 (비상용승강기의 승강장 및 승강로의 구조)
1. 승강장의 구조
  가. 승강장의 창문·출입구 기타 개구부를 제외한 부분은 당해 건축물의 다른 부분과 내화구조의 바닥 및 벽으로 구획할 것. 다만, 공동주택의 경우에는 승강장과 특별피난계단의 부속실과의 겸용부분을 특별피난계단의 계단실과 별도로 구획하는 때에는 승강장을 특별피난계단의 부속실과 겸용할 수 있다.
  나. 피난층을 제외한 각층의 내부와 연결될 수 있도록 하되, 그 출입구에는 갑종방화문을 설치할 것
  다. 노대 또는 외부를 향하여 열 수 있는 창문이나 배연설비를 설치할 것
  라. 벽 및 반자가 실내에 접하는 부분의 마감 재료는 불연 재료로 할 것
  마. 채광이 되는 창문이 있거나 예비전원에 의한 조명 설비를 할 것
  바. 승강장의 바닥면적은 비상용승강기 1대에 대하여 $6m^2$ 이상으로 할 것. 다만, 옥외에 승강장을 설치하는 경우에는 그러하지 아니하다.
  사. 피난층이 있는 승강장의 출입구로부터 도로 또는 공지에 이르는 거리가 30m이하일 것
  아. 승강장 출입구 부근의 잘 보이는 곳에 당해 승강기가 비상용승강기임을 알 수 있는 표지를 할 것

2. 승강로의 구조
  가. 승강로는 당해 건축물의 다른 부분과 내화구조로 구획할 것
  나. 승강로는 전층을 단일구조로서 연결하여 설치할 것

10.21 SI 단위

1. 개요
- "SI"란 프랑스어 Le Systeme International d'Unites의 약어로 현재 세계 대부분의 국가에서 채택하여 국제 공동으로 사용하고 있는 "국제단위계"를 말한다.
- 국제단위계(SI)는 기본단위, 유도단위 2가지 부류의 단위로 형성 되어 있다.
- "기본단위"는 가장 기본이 되는 7개의 단위로서 독립적인 차원을 갖도록 정의되어 있다.
- "유도단위"는 기본단위를 물리법칙에 의해 대수적인 관계식으로 결합하여 나타내는 것이다.

2. SI의 특징
1) 각 속성(또는 물리량)에 대하여 한가지 단위만 사용
   예로서, 길이에 대하여는 미터만 사용
   (자(尺) 또는 피트(foot) 같은 단위를 사용하지 않음)
   → 전체적으로 볼 때 단위의 수가 대폭 감소
2) 모든 활동분야에 적용
   - 과학이나 기술 또는 상업 등 모든 분야에 적용
   - 전 세계가 같은 방법으로 사용
   → 상호 교류나 이해를 쉽게 함
3) 일관성 있는 체계
   몇가지 기본단위를 바탕으로 이들의 곱이나 비의 형식으로
   모든 물리량을 나타내는 일관성 있는 체계를 형성
   → 다른 체계와의 혼합에서 오는 인자들이 없어지게 됨
4) 배우기와 사용하기가 쉽다.
   한마디로, SI는 그 명칭이 뜻하는 대로 "국제" 단위계이다.

3. SI 기본단위

다음은 물리학에서 사용하는 기본 단위이다.

단위	이름	기호
길이(length)	미터(meter)	m
질량(mass)	킬로그램(kilogram)	kg
시간(time)	초(second)	s
전류(electric current)	암페어(Amphere)	A
온도(thermodynamic temperature)	켈빈(Kelvin)	K
물질의 양 (amount of substance)	몰(mole)	mol
광도(luminous intensity)	칸델라(candela)	cd

4. SI 유도 단위계

단위	이름	기호
면적	제곱미터	m^2
부피	세제곱미터	m^3
진동수	헤르쯔	Hz
밀도	킬로그램/세제곱미터	kg/m^3
속력, 속도	미터/초	m/s
각속도	라디안/초	rad/s
가속도	미터/초^2	m/s^2
힘	뉴턴	N
압력	파스칼	Pa
일, 에너지, 열량	줄	J
일률	와트	W
전하량	쿨롱	C
퍼텐셜차, 기전력	볼트	V
전기저항	옴	Ω
전기용량	패럿	F
전기선속	웨버	Wb
인덕턴스	헨리	H
자기선속밀도	테슬라	T
자기장의 세기	암페어/미터	A/m
비열	줄/킬로그램/켈빈	J/kg·K
열전도도	와트/미터/켈빈	W/m·k

10.22 열전 현상 (제벡효과, 펠티에효과, 톰슨효과)

1. 개요
1) 금속이나 반도체는 열과 전기가 서로 상관 관계가 있으며 이를 열전 현상이라 하고
2) 제백효과, 펠티에 효과, 톰슨효과의 대표적인 것이 있다.

2. 열전 현상
1) 제벡 효과 (SeeBack Effect) : 열전 효과

   (1) 개념

   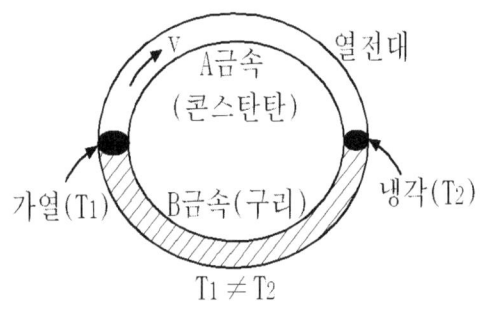

   - 금속이나 반도체에 온도차를 주면 열이 전기 에너지로 변환 되어 기전력이 발생하고
   - 폐회로에서는 열기전력이 발생함.
   - 이 열 기전력을 발생하는 금속을 열전대라 하고
   - 열전대에서 발생하는 기전력을 열기전력이라 함.

   (2) 원리

   열 기전력 $V = \alpha \cdot \triangle T = \alpha(T_h - T_c)$

   여기서 α : 제벡 계수

   　　　　$\triangle T$: 양단의 온도차 $(T_h - T_c)$

   (3) 적용
   - 용광로 속 온도 측정
   - 온도 제어
   - 열전기 발전
   - 화재 감지기
   - 열전대 반도체 등

2) 펠티에 효과
  (1) 개념
    - 열전 현상의 반대인 전열 현상임.
    - 두 종류의 금속을 조합 시킨 후 전류를 통과 시키면 접속점에서 열 흡수 또는 열 발생함.

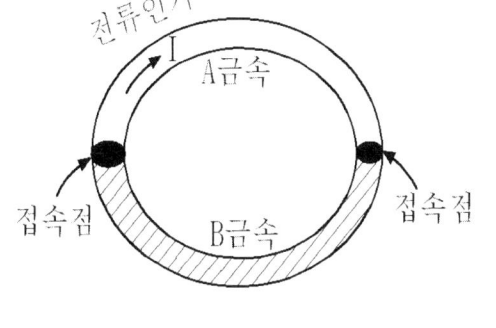

  (2) 원리

    열량 $H = \alpha \int I \cdot dt \;(cal)$

    여기서 H : 발열량 또는 흡열량
    α : 펠티에 계수
    I : 인가 전류
    t : 통전 시간 (Sec)

3) 톰슨 효과

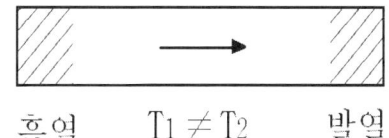

  (1) 동일한 금속 중에서 두 점간에 온도차가 있을 때 그 것에 전류가 흐르면
  (2) 전류 및 온도차에 비례한 열 발생 또는 열 흡수가 일어난다.

  (3) 열량 $H = \alpha \cdot \int_{t1}^{t2}(I \cdot \triangle T)dt \;(cal)$

    여기서 I : 통과 전류 (A)
    α : 톰슨 계수
    $\triangle T$: 각 점의 온도차
    t_1, t_2 : 통전 시간 (Sec)

직 경(mm)	용단전류(A)	계산 예
0.26	10.6	
1.6	162	* 동, 2.0mm의 경우
2.0	226	$80 \times 2^{1.5} = 226(A)$
2.6	335	